JN200810

カラー資料

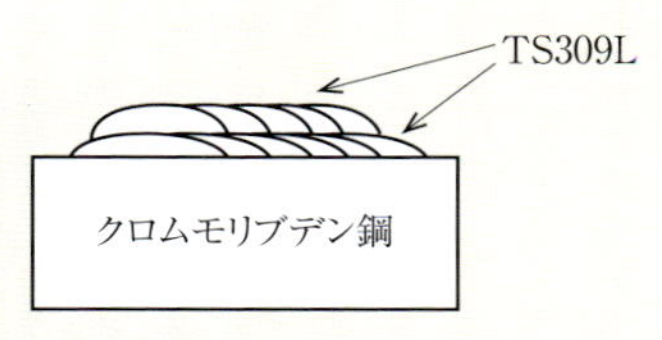

図 3.27　異材肉盛溶接材の PWHT 後の側曲げ試験結果（PWHT 条件：650℃×10h）

図 3.100　EPR 配管向け異材溶接継手モックアップ外観

図 3.101　化学プラント向け圧力容器ノズル部外観

図 3.105　ステンレス製防災船着場の外観

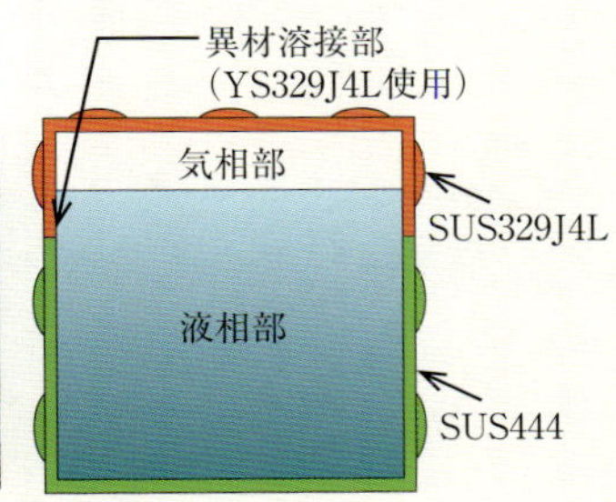

図 3.106　SUS329J4L/SUS444 製貯蔵タンクの外観とタンク模式図

図 3.108　スーパーオーステナイト系ステンレス鋼製食品タンクの外観

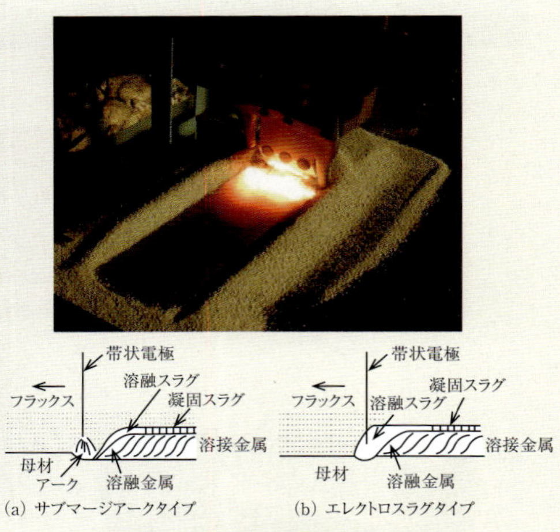

図 3.116　帯状電極肉盛溶接法

図 4.13　種々のニッケル合金が使用されたジェットエンジンとタービン

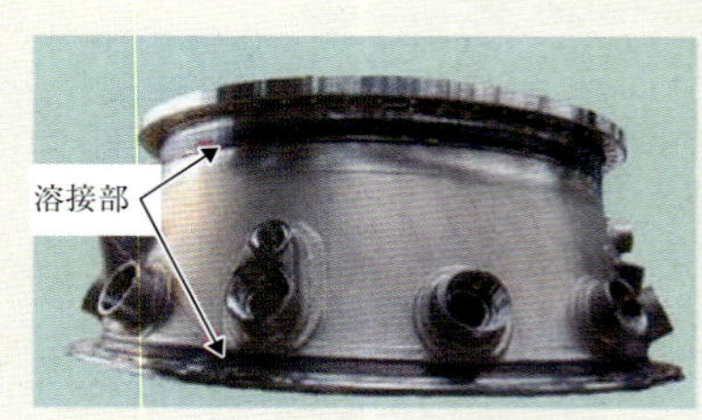

図 4.14　ジェットエンジンのケーシング

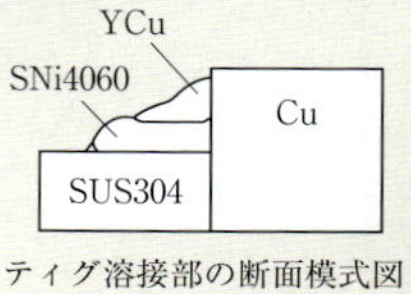

図 5.19　核融合機器フランジ

(a) 耐摩耗肉盛溶接施工状況

(b) 耐摩耗肉盛溶接施工済み

図 6.23　搬送用スクリューコンベアの耐摩耗肉盛溶接

図 6.24　スリットを有する高耐摩耗ローラの一例

図 6.28　再生されたローラプレス

図 6.29　設置現場でのジャイレトリクラッシャ自動肉盛補修施工の一例

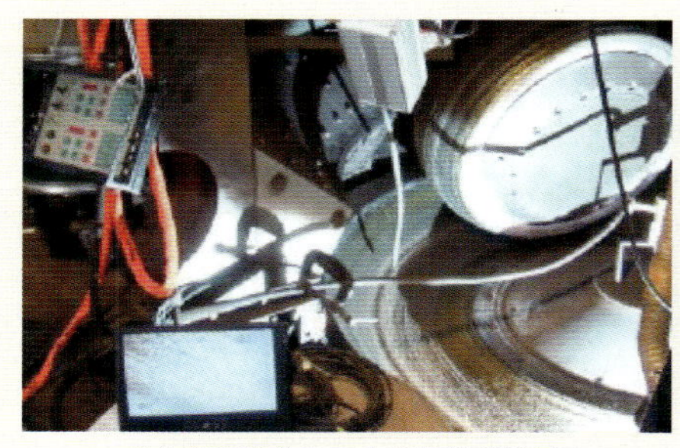

(a) 遠隔操作による自動溶接施工

(b) ミル内での同時施工(ローラ 3 個)

図 6.30　竪型ミル内自動肉盛溶接によるローラとテーブルライナの補修

(a) 鬼歯

(b) 受け歯

図 6.31　硬化肉盛溶接された鬼歯と受け歯

図 7.18　19,700DWT ケミカルタンカー

図 7.50　チタンクラッド鋼を用いた製紙プラント用漂白塔

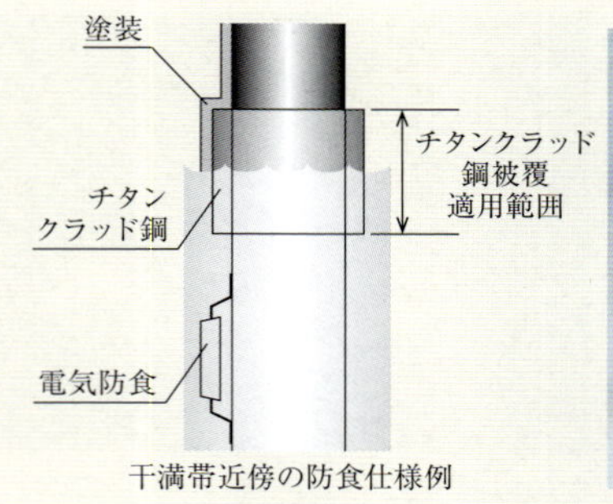

図 7.51　海洋に設置された橋脚干満帯の防食にチタンクラッド鋼を用いた事例

異材・肉盛溶接とクラッド鋼の溶接

日本溶接協会 特殊材料溶接研究委員会　編

産報出版

まえがき

近年，社会の成熟化に伴い，安全･安心な社会システムへの指向が進むなか，工業製品に対しては健全性や長期使用に耐える安全性がより重要視される傾向がある。また，地球環境保全の観点から環境負荷低減，省資源，省エネルギーなども重要な要求要素とされる。このような社会の要請を背景に，エネルギー関連機器，化学プラント，環境保全機器，航空宇宙機器，輸送機器などの工業製品には高信頼性，高性能，長期安定性などを向上させる技術のさらなる高度化が求められている。構造物の高信頼性化，高性能化，長期安定性向上のためには製品の設計は言うに及ばず，構成材料の適切な選択が重要となる。工業製品の構成材料は要求性能と材料コストにより選定されるが，単一の材料だけではなく，複数の材料を組み合わせて用いる場合が多い。異種材料を組合せて利用するのは，単に製品の低コスト化のみならず，製品の構造強度と機能性をそれぞれの材料に機能分担させることにより，高信頼性化，高性能化を一層向上させる意図もある。高強度構造材料の表面に耐食，耐酸化機能や耐磨耗機能を持たせたクラッド材や，耐熱合金や耐食合金などを使用環境が変わる箇所にのみ用いた高強度構造材料との組合せ部材などがその例である。異材溶接は異種材料組合せ製作において不可欠であり従来から実践されている技術であるが，工業製品の多様化および要求基準の高度化に伴いその必要度は一層増加するものといえる。

一般に，溶接構造物の破壊や種々の事故は材質的および力学的に特異点となる溶接部で生じやすいことはよく知られた事実である。同種材料の組合せにおいても溶接部は凝固組織となる溶接金属，および，特性が変化する熱影響部で構成されるため，材質的に不連続となる。また，溶接残留応力の存在や余盛などの形状により力学的にも不連続となる。

一方，異種材料の組合せで構成される異材溶接部では母材間で材質が大きく異なる材質的不連続に加えて，母材の物性差により力学的にも溶接部が特異点となる傾向がより顕著となる。さらに，溶接構造物の供用過程で生じる異材溶接部特有の組織変化が溶接部の材質的不連続を助長する。したがって，異材溶接においては同種材料溶接に比べ，より慎重な配慮が要求される。

異材溶接では施工過程においても同種材料の溶接に比べて，健全性確保のため留意すべき点が多い。溶加材や溶接条件の選定にあたっては，溶接金属部の希釈の影響を考慮に入れ，溶接部の性能を確保するとともに成分の変化に伴って生じる溶接割れなどの欠陥発生を防止する対策が必要となる。溶接後，熱処理が必要となる場合は異材溶接部では熱処理条件をいずれの材料に合わせるかが要検討項目となる。また，異材溶接部では供用下における溶接部の浸炭・脱炭や組織変化の可能性も大きいことからその影響を考慮した材料選定も必要となる。

このように異材溶接では高度の技術が要求されるにもかかわらず，従来，異材溶接は各種材料の溶接プロセスの一部として取り扱われることが多く，異材溶接を対象とした専門書も皆無であった。一方，近年我が国では製造業は人的コスト低減や製品の供給経路短縮の観点より，製造拠点の海外移転や技術移転を進めた結果，国内での製造基盤分野の人的資源の枯渇が著しく，製造業を支えてきた高度生産技術の伝承が不安視されている。過去の膨大な情報をデータベースとしたAIを活用する試みや，データに表せない匠の技をエキスパートシステムの中へ取り入れる試みもあるが，現状ではそれらはいずれもが未成熟で完全な技術伝承の手段にはなり得ていない。このため，国の経済基盤を支える製造業の高度製造技術ノウハウの伝承も危うくなっている現状がある。このような状況において，かつての技術，情報，ノウハウを纏めて後世に残していくことが急務といえる。

(一社)日本溶接協会 特殊材料溶接研究委員会では溶接技術伝承の一助にすべく，これまで培われた溶接技術ノウハウを纏めた技術書を発刊してきた。例えば，特殊材料の溶接・接合施工の情報・技術や溶接部の特性をデータシート化した“溶接施工データ集”(1997)，“クリープ脆化データ集”(1998)，ステンレス鋼および耐熱・耐食超合金の溶接に関するガイドブックである“ステンレス鋼溶接のトラブル事例集”(2003)，“スーパーアロイの溶接”(2010)などである。

本書は，この方針に沿った書籍であり，異材溶接・肉盛溶接を主題として取り上げ，以下の8章構成とした。第1章異材溶接・肉盛溶接の基礎，第2章炭素鋼・低合金鋼の異材溶接，第3章ステンレス鋼の異材溶接・肉盛溶接，第4章ニッケル合金の異材・肉盛溶接，第5章銅および銅合金の異材溶接・肉盛溶接，第6章硬化肉盛溶接，第7章クラッド鋼の溶接，第8章アルミニウムと鋼の異材溶接・異材接合である。第1章では，異材溶接部および肉盛溶接部に生起する諸現象の理解に必要な基礎をまとめ，第2章～第8章では，各種材料の組合せによる異材溶接に採用される溶接プロセスおよび溶接材料，溶接過程に生じる可能性のある問題点とその対策，溶接部性質などを詳述した。また，巻末には参考資料として，異材・肉盛溶接施工に関する規格・基準(要求内容)をまとめた。

本書の執筆には斯界で活躍する大学研究者および素材，溶接材料メーカならびに各種製造業の技術者が担当した。記述内容は単なる教科書ではなく，異材溶接に関わる現象の理解に必要な基礎的事項および溶接欠陥の発生機構とその対策ならびに実際に活用できる施工上の留意点や施工事例をできるだけ多く折り込み，実用上有用な技術書となるように配慮した。

本書が溶接技術を担当される各位の参考になり，溶接構造物の健全性や信頼性向上にお役に立てれば幸いである。

本書の刊行にあたって，監修 西本和俊 大阪大学名誉教授，文章校正担当 篠﨑賢二 広島大学名誉教授を始め，執筆を分担して頂いた編纂ワーキング委員の各位に対して，厚く御礼申し上げます。

（一社）日本溶接協会 特殊材料溶接研究委員会 委員長

才田　一幸

※本書中で使用したインコネル（Inconel），インコロイ（Incoloy）およびモネル（Monel）は，スペシャルメタルズ（Special Metals Corporation）社（旧インコ社・International Nickel Company）の商標，ハステロイ（Hastelloy）は，ヘインズ（Haynes International, Inc.）社の商標，ステライト（Stellite）およびトリバロイ（Tribaloy）は，デロロステライトグループ（Deloro Stellite Group）の商標，コルモノイ（Colmonoy）は，ウォールコルモノイ（Wall Colmonoy）社の商標，ノコロック（NOCOLOK）は，ソルベイフルーア（Solvay Fluor GmbH）社の商標である。

執筆者リスト

主査／特殊材料溶接研究委員会委員長

才田　一幸*　　大阪大学大学院教授

監修／文章校正

西本　和俊　　大阪大学名誉教授
篠﨑　賢二*　　広島大学名誉教授／呉工業高等専門学校名誉教授

編集 WG 委員

小川　和博*　　大阪大学接合科学研究所招へい教授
山岡　弘人*　　㈱ IHI
勝村　宗英　　産業技術総合研究所
葛西　省五*　　東北精密㈱
岡崎　　司*　　元 ㈱タセト
王　　　昆*　　日本冶金工業㈱
御幸　正則*　　日本冶金工業㈱
浅井　　知*　　大阪大学接合科学研究所特任教授
井上　裕滋*　　元 大阪大学接合科学研究所教授
岡内　宏憲*　　川崎重工㈱
藤田　善宏*　　東芝エネルギーシステムズ㈱
鈴木　正道*　　㈱神戸製鋼所
田中　智大　　日立造船㈱（カナデビア㈱）
清水　友基*　　㈱ウェルディングアロイズ・ジャパン

（＊執筆担当）

依頼執筆者

青田　利一　　元 ㈱ウェルディングアロイズ・ジャパン
春名　　匠　　関西大学教授
宮本　健二　　日産自動車㈱（現 ダイキン工業㈱）

事務局

染谷　直登　　（一社）日本溶接協会

CONTENTS

第1章

異材溶接・肉盛溶接の基礎

複数の材料を組み合わせ，それぞれの材料に機能を分担させることで，構造物の高性能化，高信頼性化や低コスト化の実現が可能となる場合が多い。このような異種材料を組合せた構造物の製作において，異材溶接・異材肉盛溶接は不可欠な技術であるが，これら異種材料間の溶接部は，材質的な不連続や力学的な特異点となるため，破壊の起点や進展経路になりやすい。

本書では，各種材料の組合せによる異材溶接部および異材肉盛溶接部の特性や問題点とその対策などを基礎的事項から一般的施工での留意事項や推奨条件，適用事例など応用面について解説している。本章では，第2章以降の各異種材料間の溶接部で生起する化学組成や組織の変化，割れの発生，腐食挙動や力学的特性などの諸現象の理解に必要な基礎事項を記述する。

1.1　溶融溶接が可能な異種金属の組合せ

1.1.1　異種金属溶接における材料の組合せ

異材溶接・異材肉盛溶接は，組成や性質の異なる材料を組合せ，両材のそれぞれの特徴を活かした接合体を作製するための重要な要素技術である。異種金属間の溶接・接合（溶融溶接・固相接合）における溶接・接合性を文献[1),2)]および平衡状態図などを参考にしてまとめたものを**表 1.1** に示す。汎用的に使用されている Fe，Ni，Cu などの金属を中心に異種金属間の溶接・接合性の評価・検討がなされており，溶接・接合性が良好な組合せの中には，適用実績がかなり多いものもある。しかし，鋼 / アルミニウム合金などの溶接・接合性が劣る組合せでは，適用事例が非常に限定的か，あるいは，溶接・接合自体が不可能とされ，まったく適用されていない組合せも存在する。一方，溶接・接合性がいまだ検討・解明されていない材料組合せもかなりあり，異種金属間の溶接・接合では，材料の組合せにより適用実績が大きく異なる。

表 1.1　異種金属間の溶接・接合における材料組合せ例

Ag	Al	Au	Be	Cd	Co	Cr	Cu	Fe	Mg	Mn	Mo	Nb	Ni	Pb	Pd	Pt	Re	Sn	Ta	Ti	U	V	W	Zr	
	C	S	×	C	D	C	C	D	×	C	D	N	C	C	S	S	D	C	D	C	N	D	D	×	Ag
		×	C	×	×	×	C	×	C	×	×	×	×	C	C	×	N	C	×	×	×	×	×	×	Al
			×	×	C	D	S	C	×	×	C	N	S	×	S	S	N	×	N	×	N	D	N	×	Au
				N	×	×	×	×	×	×	×	×	×	N	N	×	×	D	D	×	C	×	×	×	Be
					D	D	×	D	S	D	N	N	D	C	N	×	N	C	N	×	N	N	N	D	Cd
						C	C	C	×	C	×	×	S	C	S	S	S	×	×	×	×	×	×	×	Co
							C	C	×	C	S	×	C	C	C	C	S	C	×	S	D	D	S	×	Cr
								C	×	S	D	D	S	C	S	S	D	C	D	×	D	D	D	×	Cu
									D	C	C	×	C	C	C	S	×	×	×	×	×	S	×	×	Fe
										×	D	N	×	×	N	×	N	×	N	D	N	N	D	D	Mg
											D	×	C	C	×	×	N	×	×	×	×	×	D	×	Mn
												S	×	D	C	D	×	D	S	S	D	S	S	×	Mo
													×	N	N	×	×	×	D	S	S	S	D	S	Nb
														×	S	N	C	N	×	N	N	N	D	×	Ni
															×	C	×	×	×	×	×	×	×	×	Pb
																S	N	×	N	×	C	×	D	×	Pd
																	C	×	×	×	N	×	×	×	Pt
																		D	D	×	N	D	×	×	Re
																			×	×	×	×	D	×	Sn
																				S	C	D	D	×	Ta
																					C	S	C	S	Ti
																						C	C	C	U
																							D	×	V
																								×	W
																									Zr

× 金属間化合物を生成(溶接･接合性に劣る組合せ)
S 固溶体を生成(溶接･接合性に優れる組合せ)
C 相分離／複雑な組織を形成(溶接･接合性に可能性がある組合せ)
D データ不足(溶接･接合性未解明)
N データなし(溶接･接合性未解明)

現在，異種材料間の溶融溶接(異材溶接)は，様々な産業分野で使用されており，その組合せや施工・適用例はきわめて多岐にわたっているが，本書では，その中でも施工実績および適用例が比較的多い材料の組合せ(**表 1.2**)を取り扱っている。また，これらの異種材料間の溶接施工としては，①継手溶接，②肉盛溶接，③クラッド鋼の溶接に分類できる。具体的な異種材料間の継手溶接事例としては，炭素鋼・低合金鋼(クロム鋼，クロムモリブデン鋼)同士の異材溶接，ステンレス鋼と炭素鋼・低合金鋼・耐熱鋼の異材溶接，ステンレス鋼(オーステナイト系，フェライト系，マルテンサイト系，二相系)同士の異材溶接，ニッケル合金の異材溶接，銅および銅合金の異材溶接などがある。

肉盛溶接としては，ステンレス鋼(およびオーステナイト系耐熱鋼)の肉盛溶接，ニッケル合金の肉盛溶接，鋳鉄・鋳鋼の肉盛溶接を含む硬化肉盛溶接，銅および銅合金の肉盛溶接が代表的な適用事例である。また，クラッド鋼の溶接では，ステンレスクラッド鋼，ニッケル合金クラッド鋼，チタン・ジルコニウムクラッド鋼などの溶接が代表的な適用事例である。このように，異材溶接の施工実績についてみると，ステンレス鋼を対象とした異材溶接の適用事例が非

表 1.2 本書で取り扱う材料組合せ例

	材料A ＼ 材料B	Al/Al合金	Ti/Zr	Cu/Cu合金	Co合金/ステライト	Ni/Ni合金	ステンレス鋼				鉄鋼		
							二相系	マルテンサイト系	フェライト系	オーステナイト系	鋳鉄・鋳鋼	耐熱鋼	低合金鋼
鉄鋼	炭素鋼	○	○	○	○	○	○	○	○	○	○	○	○
	低合金鋼	○	—	○	○	○	○	○	○	○	○	○	
	耐熱鋼	—	—	—	—	○	—	—	—	○	—		
	鋳鉄・鋳鋼	—	—	—	—	—	—	—	—	—	○		
ステンレス鋼	オーステナイト系	○	—	○	○	○	○	○	○	○			
	フェライト系	—	—	—	—	○	—	—					
	マルテンサイト系	—	—	○	—	○	—						
	二相系	—	—	—	—	○							
Ni/Ni合金		—	—	—	—	○							
Co合金/ステライト		—	—	—									
Cu/Cu合金		—	—	○									

○：本書で取扱う材料の組合せ

常に多く，最も重要な材料組合せとなっている。また，実用的には，耐摩耗用途としてステライト，高クロム鋳鉄などによる硬化肉盛溶接も施工事例が多く，異材溶接における重要な材料組合せといえる。

一方，非鉄金属のなかでも，アルミニウム合金，マグネシウム合金やチタンなどと鉄鋼材料の異材溶接に関しては，後述のように，難溶融溶接の材料組合せであり，溶接施工事例はほとんど皆無である。このような材料組合せに関しては，溶融溶接法以外の接合方法(固相接合，摩擦撹拌接合，ろう付など)が適用されている。このなかで，本書では，アルミニウム合金と鋼との異材溶接・異材接合について解説している。なお，マグネシウム合金についての異材接合の詳細については他書を参考にされたい。

1.1.2 異種金属間の反応と状態図

(1) 平衡状態図

異種金属間の溶融溶接性を評価する上で，平衡状態図は有益な情報を提供する。二元系合金の平衡状態図は，**図 1.1**[3] に示すように，①全率固溶型，②二相分離型，③中間相(金属間化合物：Intermetallic compound (IMC))形成型に分類できる。このうち，二相分離型は**図 1.2** に示すように，反応系により，共晶系，包晶系および偏晶系に細分類できる。なお，共晶系，包晶系および偏晶系状態図では，固液間反応と固相間反応により，呼称(共晶／共析，包晶／包析など)が異なる。図 1.1 あるいは図 1.2 に示すような単純な基本型状態図をもつ合金もあるが，多くの実用合金では，これらの基本型状態図の組合せにより状態図が構成されている。例えば，中間相形成型の状態図は，一般的に全率固

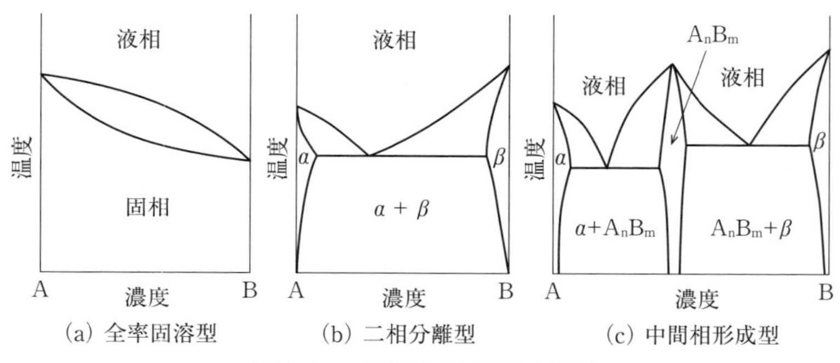

図 1.1　二元系平衡状態図の分類

反応系	共晶系	包晶系	偏晶系
液−液	—	—	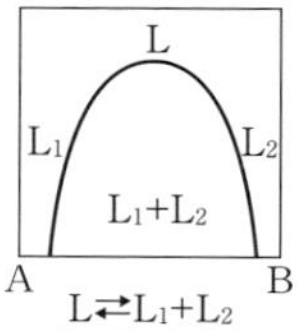 L, L_1, L_2, L_1+L_2, A, B $L \rightleftarrows L_1+L_2$ (二液分離)
固−液	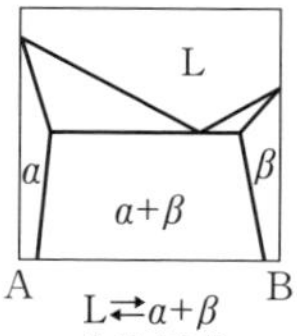 L, α, β, α+β, A, B $L \rightleftarrows α+β$ 共晶反応 (Eutectic reaction)	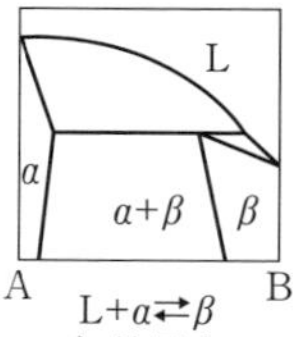 L, α, α+β, β, A, B $L+α \rightleftarrows β$ 包晶反応 (Peritectic reaction)	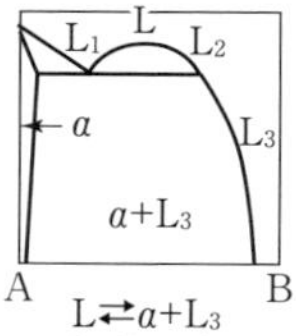 L, L_1, L_2, α, L_3, $α+L_3$, A, B $L \rightleftarrows α+L_3$ 偏晶反応 (Monotectic reaction)
固−固	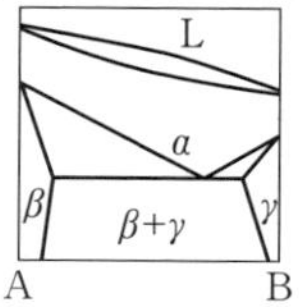 L, α, β, γ, β+γ, A, B $α \rightleftarrows β+γ$ 共析反応 (Eutectoid reaction)	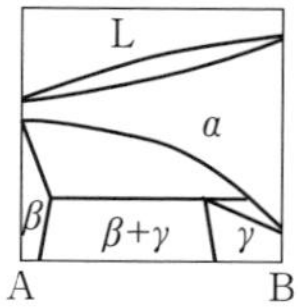 L, α, β, β+γ, γ, A, B $α+β \rightleftarrows γ$ 包析反応 (Peritectoid reaction)	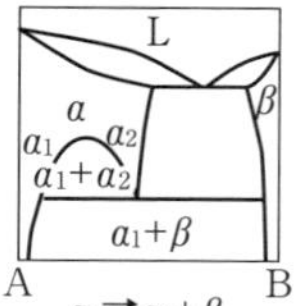 L, α, β, $α_1$, $α_2$, $α_1+α_2$, $α_1+β$, A, B $α_2 \rightleftarrows α_1+β$ モノテクトイド (偏析反応／共析反応) (Monotectoid reaction)

図 1.2　二相分離型状態図の分類

溶型，共晶系，包晶系，偏晶系状態図の組合せで構成され，図 1.1 (c)は2つの共晶系状態図の組合せとなっている。また，三元系以上の合金の平衡状態図も作成されているが，基本的には，二元系状態図の組合せにより理解することが可能である。なお，実用合金を含む各種合金の平衡状態図は，いくつかの書籍やデータ集[4)~7)]に収録されており，平衡状態図の基礎と見方に関しては，数多くの参考書を参照されたい[8)~10)]。

平衡状態図は異材溶接において，組合せられる合金のそれぞれの構成元素により，溶接金属に出現する可能性のある相の種類や生成温度域，ならびに，生成組成範囲などの基本的情報を得るため有用である。しかしながら，溶接部では，室温から材料の融点まで加熱後，室温に戻る急熱・急冷を受ける熱サイクル過程で組織変化が生じるため，溶接金属に出現する相は平衡状態図に示されるそれとは異なる場合も多い。このような，熱サイクル過程で生じる異材溶接金属の組織変化を予測するためには，異材溶接金属の組成を持つ連続冷却変態線図などを用いて評価する必要がある。これらの図で出現が予測される金属組織は上記の平衡状態図から予測されるそれとは異なる場合も多いため，溶接部の組織予測にあたっては，平衡状態図はあくまでも参考となる基本的情報を示していると考える必要がある。

(2) 状態図と溶接・接合性

前述のごとく，異なる金属材料の組合せとなる異材溶接金属の正確な組織予測をするためには，再現溶着金属連続冷却変態線図に代表される冷却速度を考慮した組織予測図を用いる必要があるが，異種材料間の溶接・接合性の観点からは平衡状態図によって概ね以下のように分類できる。すなわち，全率固溶型では，液相だけでなく，固相でも全組成域にわたって，原子が互いに混合して1つの均質な固溶体を形成するため，硬化やぜい化が少なく，全率固溶型の状態図を有する材料組合せの溶接性は良好となる。また，二相分離型では，結晶構造が異なる2種類の固相が分離し，全組成域にわたって1つの固溶体を作らないため，二相分離型の状態図を有する材料の組合せ(共晶系，包晶系，偏晶系)では，組成によっては，溶接金属が二相混合組織となりやすく，材料の組合せによっては，溶接金属の硬化やぜい化，耐食性劣化などの継手特性低下を引き起こす場合があるが，溶接性は比較的良好といえる。一方，中間相形成型では，組成によっては中間相(金属間化合物)が形成される。これら金属間化合物(IMC)は，一般的に非常に硬くてもろいため，中間相形成型の状態図を有する材料の組合せでは，溶接金属中にIMCが形成され，溶接過程やその後の供用中に割れなどが発生するため，溶融溶接の適用が困難となる。例えば，鉄鋼材料とアルミニウム合金やチタン合金の溶融溶接では，溶接金属中にFe-Al系あるいはFe-Ti系のもろいIMCが多量に生成して，継手特性が著しく劣化し，溶接継手の作製そのものが困難である。

2種類の金属の組合せによる各種二元系合金の溶接性と状態図の関係は以上のようになるが，実用合金の異材溶接では多元系合金間の反応となり，加えて，溶接は短時間の熱サイクル工程であるため，溶接部では複雑な反応や組織形成が生じる。実用合金の組合せによる異材溶接性をより正確に評価する上で，この点には十分注意する必要がある。

1.2　希釈率と局所的な希釈の不均一

1.2.1　希釈率と溶接金属組成

異材溶接・異材肉盛溶接の溶接金属は，組成の異なる母材と溶加材（本書では，被覆アーク溶接棒を含む）が溶け合って新たな組成となるため，同種材の溶接金属とは異なるミクロ組織および特性となり，様々な問題が発生する可能性がある。そのため，溶接金属の化学組成を推定することは重要である。溶接金属の化学組成は，溶加材の組成が母材と混ざり合うことによって希釈される程度（希釈率）に依存する。一方，母材の溶込みの程度，すなわち，全溶接金属に対する母材の溶融量の比率は溶込み率と呼ばれる場合があるが，物量的には，希釈率と同じである。本書の表記でも，記述内容により希釈率または溶込み率を併用しているが，両者は同義で使用している。

図1.3に各継手形状での溶接線垂直方向の断面を示す。異材溶接金属の化学組成は，突合せ継手の場合，図1.3（a）に示すように溶加材を用いるY開先などの継手と図1.3（b）のように溶加材を用いないI開先継手などでは大きく異なる[11]。また，図1.3（c）に示すような肉盛溶接においては，1層目の溶接金属の化学組成は，母材との溶融混合による溶加材成分の希釈によって変化する[11]。

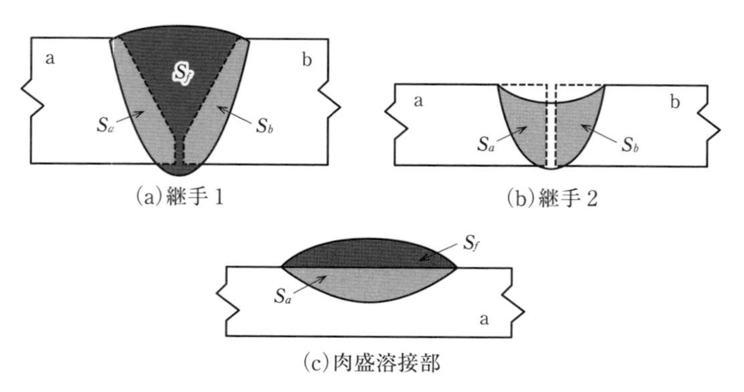

図1.3　突合せ継手形状および肉盛溶接部の例

このように，母材と溶加材が混ざり合うことによって変化する溶接金属の化学組成は，溶接金属の諸特性を左右する重要な因子となる。母材と溶加材が十分に混合された場合の希釈率 P は，各継手形状に応じて以下のように定義されている。単層突合せ溶接継手である(a)継手1および(b)継手2，ならびに，肉盛溶接である(c)肉盛溶接部での希釈率 P は，次式(1.1)で表される[11]。

$$\left.\begin{array}{ll}\text{継手1} & P=\dfrac{S_a+S_b}{S_a+S_b+S_f}\times 100(\%),\quad P_a=\dfrac{S_a}{S_a+S_b+S_f}\times 100(\%) \\ & P_b=\dfrac{S_b}{S_a+S_b+S_f}\times 100(\%) \\ \text{継手2} & P_a=\dfrac{S_a}{S_a+S_b}\times 100(\%),\quad P_b=\dfrac{S_b}{S_a+S_b}\times 100(\%) \\ \text{肉盛溶接部} & P=\dfrac{S_a}{S_a+S_f}\times 100(\%)\end{array}\right\}\quad(1.1)$$

S_a：母材aの溶込み面積，S_b：母材bの溶込み面積，S_f：溶着金属の面積，
P_a：母材aによる希釈率，P_b：母材bによる希釈率，P：希釈率

また，母材および溶着金属の比重がほぼ等しい場合は，各継手形状における溶接金属の各元素の組成 C_w は，式(1.1)の希釈率 P, P_a, P_b を用いて，次式(1.2)で求めることができる。

継手1

$$C_w=C_f+\frac{P_a}{100}\times(C_a-C_f)+\frac{P_b}{100}\times(C_b-C_f)$$
$$=C_f+\frac{P_a}{100}\times(C_a-C_b)+\frac{P}{100}\times(C_b-C_f)$$

なお，母材aの溶込み面積 S_a と母材bの溶込み面積 S_b が同じ場合は，$P_a=P_b=P/2$ となるので，溶接金属の各元素の組成 C_w は次式となる。

$$C_w=C_f+\frac{P}{100}\times\left(\frac{C_a+C_b}{2}-C_f\right)$$

継手2

$$C_w=C_b+\frac{P}{100}\times(C_a-C_b)$$

肉盛溶接部

$$C_w=C_f+\frac{P}{100}\times(C_a-C_f)\qquad(1.2)$$

C_a：母材 a の各元素の組成，C_b：母材 b の各元素の組成，
C_f：溶着金属の各元素の組成，C_w：溶接金属の各元素の組成，P：希釈率，
P_a：母材 a による希釈率，P_b：母材 b による希釈率

なお，母材および溶着金属の比重が大きく異なる場合は，例えば，図 1.3 の継手1では，次式(1.3)に示す P^*, P^*_a, P^*_b を用いて，式(1.2)の P, P_a, P_b の代わりに代入することにより，溶接金属の各元素の組成 C_w を求めることができる。

$$\left.\begin{aligned} P^* &= \frac{S_a \cdot \rho_a + S_b \cdot \rho_b}{S_a \cdot \rho_a + S_b \cdot \rho_b + S_f \cdot \rho_f} \times 100\,(\%) \\ P^*_a &= \frac{S_a \cdot \rho_a}{S_a \cdot \rho_a + S_b \cdot \rho_b + S_f \cdot \rho_f} \times 100\,(\%) \\ P^*_b &= \frac{S_b \cdot \rho_b}{S_a \cdot \rho_a + S_b \cdot \rho_b + S_f \cdot \rho_f} \times 100\,(\%) \end{aligned}\right\} \quad (1.3)$$

S_a：母材 a の溶込み面積，S_b：母材 b の溶込み面積，S_f：溶着金属の溶込み面積，
ρ_a：母材 a の比重，ρ_b：母材 b の比重，ρ_f：溶着金属の比重

このように，異材溶接金属の化学組成は，母材および溶加材とは異なる新たな組成となるため，異材溶接金属では，その組成で形成される母材とは異なる組織となる。なお，ステンレス鋼の異材溶接の場合は，3.1.1 項に後述するように，異材溶接金属の化学組成および組織は，シェフラ組織図と希釈率(溶込み率)を用いて予測することが可能である。

一方，多層盛溶接部では，全溶接パスの溶込み率(希釈率)が一定であっても，各パスの積層位置が異なるため，各パスの溶接金属の化学組成が異なる。例えば，同じ母材同士を異なる化学組成の溶加材を用いて多層盛溶接したときの，各パスの化学組成を概算できる希釈率として，「相対希釈率」が提案されている[12)]。**図 1.4** に示すように，第1パスの希釈率 A_1 は，$A_1 = S_2/S_1$ で定義される。第2パスの希釈率 A_2 は，第1パスの希釈率 A_1 を用いて，$A_2 = (S_5 + S_4 \times A_1)/S_3$ と定義される。また，第3パスの希釈率 A_3 は，第1パスの希釈率 A_1 および第2パスの希釈率 A_2 を用いて，$A_3 = (S_9 + S_8 \times A_1 + S_7 \times A_2)/S_6$ と定義される。第4パス以降も同様に前層ビードの希釈率を用いて表すことができる。このようにして求めた相対希釈率を用いることにより，多層盛溶接におけるすべての溶接パスの各元素の組成を単層溶接と同一の方法で概算できる。

また，多層盛肉盛溶接部において，各パスの希釈率 P が一定と仮定すれば，

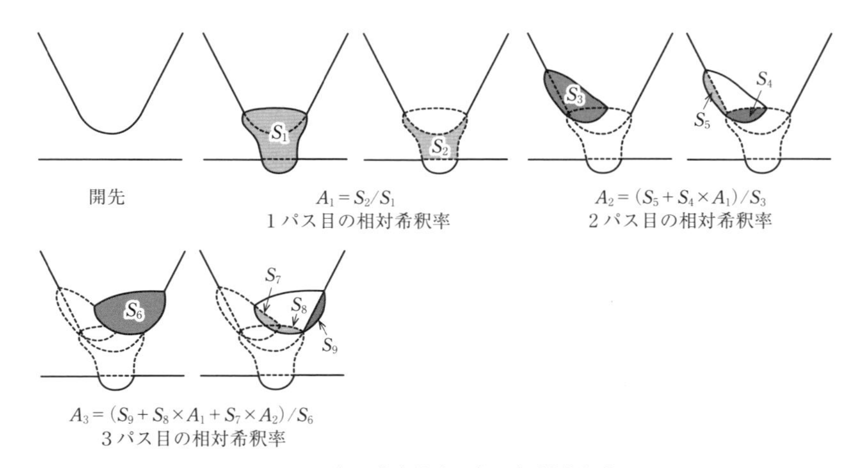

図 1.4　多層盛溶接金属部の相対希釈率

n 層目の溶接金属の各元素の組成 $C_w(n)$ は，式(1.4)のように表される。

$$C_w(n) = C_f + \left(\frac{P}{100}\right)^n (C_a - C_f) \tag{1.4}$$

P：希釈率，C_f：溶着金属の各元素の組成，
C_a：母材の各元素の組成，C_w：溶接金属の各元素の組成

1.2.2　溶融境界(ボンド)近傍の組織と組成

図 1.5[1]は，異材肉盛溶接初層部の断面模式図である。母材と化学組成が異なる溶加材を用いた場合，溶接金属の大部分は，母材と溶加材の成分が十分に攪拌混合され，式(1.2)で求められる化学組成の領域(混合領域)となる。しかし，母材と溶接金属の境界，すなわち溶融境界(本書では，ボンドと記す)から溶接熱影響部(HAZ と記す)側には，粒界などの一部が溶融する局部溶融領域と溶

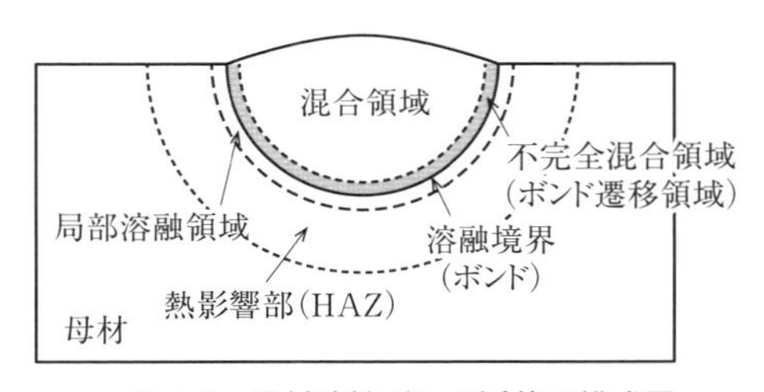

図 1.5　異材溶接ボンド近傍の模式図

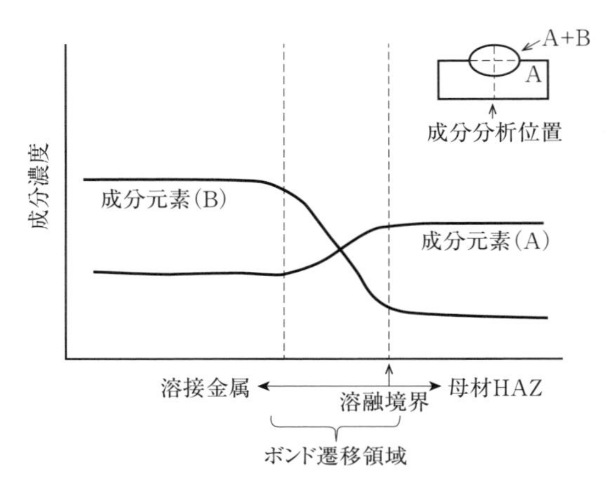

図 1.6　異材溶接部における遷移層の成分濃度分布模式図

接金属側には，母材成分と溶加材成分が十分に混合されない領域(不完全混合領域)が形成されることがある。特に，この不完全混合領域は，混合領域の化学組成とは異なり，溶質濃度が不均一な領域で，ボンド遷移領域と呼ばれ，異材溶接では注意すべき領域となる。**図 1.6**[1]に，この領域の溶質元素の濃度分布を模式的に示す。溶接金属の化学組成は，母材のそれとは異なるため，その濃度勾配に比例して各溶質元素が拡散し，溶質濃度は母材／溶接金属間で緩やかに変化する。このようにボンド遷移領域の化学組成は，溶接金属(混合領域)のそれとは異なるため，ボンド遷移領域では溶接金属(混合領域)とは異なる組織が形成され，硬化や割れ，延性やじん性の低下などが生じる場合があるため注意が必要である。また，この遷移領域の幅は，溶接方法，溶接入熱により，数十 μm ～数百 μm に変化する[1]。

1.3　異材溶接部に発生する問題

1.3.1　異材溶接部で発生する欠陥の特徴

異材溶接継手の組合せの中で溶融溶接が可能な場合，異材溶接部では以下のような問題を発生する可能性が指摘されている[1]。これらの問題点は，同種材溶接においても起こることがあるが，異材溶接では，これらの問題点がより助長される場合が多い。

①異種の母材それぞれの溶融混合に起因する溶接金属の組織・特性の変化，および，それにともなう溶接金属の硬化や割れの発生，延性・じん性・耐食性の低下

②ボンド遷移領域の組織・特性の変化，および，それにともなうボンド遷移領域の硬化や割れの発生，延性・じん性の低下

③融点の著しく異なる材料の異材溶接・肉盛溶接における，低融点溶融金属の粒界への浸入とそれにともなう延性低下や割れの発生

④異材溶接継手の溶接後熱処理(PWHT)におけるボンド近傍でのCの移行による浸炭層，脱炭層の形成，および，それにともなう硬化や割れの発生，クリープ強度の低下

⑤母材と溶接金属の熱膨張係数の違いに起因して助長されるボンド近傍での熱応力・残留引張応力の発生，および，それにともなう供用中の熱疲労や高温割れ・低温割れの発生

⑥異種金属を接触した場合に生じる電気化学反応による溶接部の腐食損傷

表1.3は，上述した異材溶接部に発生する欠陥，損傷，劣化などを継手形状，

表1.3　異材溶接部に発生する欠陥・損傷・劣化

継手	溶接部		溶接中	溶接後	PWHT	供用中
アーク溶接継手1	WM	単層	・凝固割れ, 延性低下割れ ・IMC生成	・低温割れ ・残留応力	・ボンド延性低下(ぜい化)(C拡散移行) ・元素の相互拡散 ・IMCの形成 ・SR割れ	・耐食性劣化 ・SCC ・水素によるはく離割れ ・熱疲労
		多層盛	・凝固割れ ・次層ビードによる再加熱時にともなう液化割れ, 延性低下割れ ・IMC生成			
	HAZ		・低融点金属の粒界侵入 ・液化割れ, 延性低下割れ ・アンダクラッドクラッキング	・ボンド延性低下(ぜい化) ・低温割れ ・残留応力		
EBW, LBW（溶加材なし）継手2	WM	単層	・凝固割れ, 延性低下割れ ・IMC生成	・低温割れ ・残留応力	・SR割れ ・元素の相互拡散	・耐食性劣化 ・熱疲労
		多層盛	—			
	HAZ		・低融点金属の粒界侵入 ・液化割れ, 延性低下割れ			
肉盛溶接	WM	単層	・凝固割れ, 延性低下割れ ・焼割れ ・IMC生成	・低温割れ ・残留応力	・ボンド延性低下(ぜい化)(C拡散移行) ・元素の相互拡散 ・IMCの形成	・耐食性劣化 ・耐摩耗性劣化 ・熱疲労
		多層盛	・凝固割れ, 延性低下割れ ・次層ビードによる再加熱時にともなう液化割れ, 延性低下割れ ・焼割れ ・IMC生成			
	HAZ		・低融点金属の粒界侵入 ・液化割れ, 延性低下割れ	・ボンド延性低下(ぜい化) ・低温割れ ・残留応力		

欠陥の発生場所および発生時期に分類してまとめたものである。表1.3では，1.2.1項で述べたように継手形状により溶接金属の化学組成が異なるため継手形状で分類している。さらに，溶接金属での欠陥，損傷，劣化などの発生は，単層および多層盛溶接により異なる。また，溶接部の欠陥，損傷，劣化などの発生時期は，溶接中，溶接後(直後および数日経過)，溶接後熱処理(PWHT)中および供用中に分類される。これら欠陥・損傷の中で代表的なものについては，以下に説明する。

1.3.2　溶接割れ

表1.3に示すように，異材溶接においても，溶接中の高温割れ(凝固割れ，液化割れ，延性低下割れなど)，溶接後の低温割れなどの発生が問題となる。**図1.7**は溶接熱サイクル，溶接後熱処理および供用中の割れ発生時期をまとめて模式的に示したものである。異材溶接部の各母材での割れは，それぞれの母材特有の現象として問題となるが，本書では，異材溶接部特有の割れとして，異種の母材および溶加材が混合して形成される単層および多層盛溶接金属ならびに肉盛溶接金属における割れについて，その割れ現象および割れ発生機構について述べる。

高温割れは，高温において溶接金属およびHAZに発生する割れで，その発生機構から液膜が関与する割れおよび固相での延性低下に起因した割れに大別される。**図1.8**に高温割れの発生位置および高温割れが発生する温度域と延性の関係を示す。液膜が関与する割れは，さらに，凝固割れおよび液化割れに分類される。

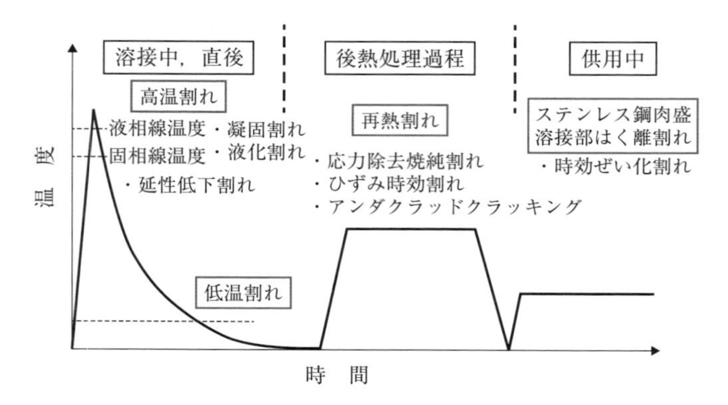

図1.7　溶接割れの発生時期と溶接および後熱処理熱サイクルとの関係

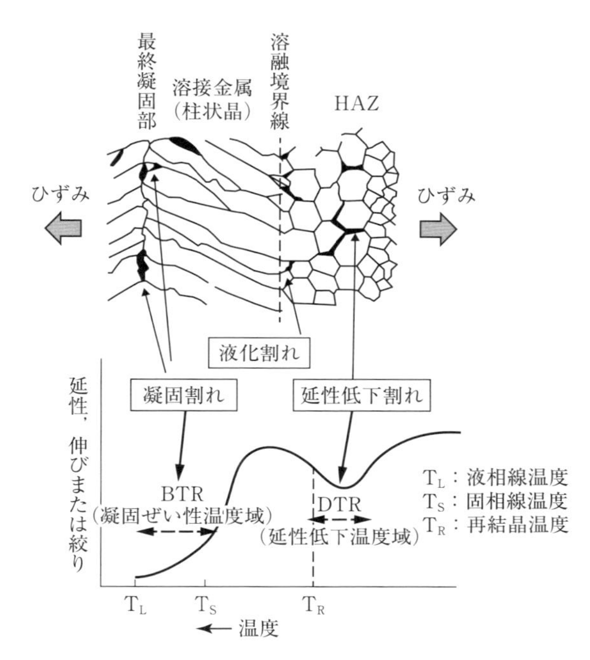

図 1.8　高温割れの発生位置および高温割れが発生する温度域と延性の関係

このうち，凝固割れは，溶接金属が凝固過程で液相と固相が共存する過程(固液の共存域)で延性が低下し，その延性より大きい凝固収縮や熱収縮によるひずみが加わり発生する割れである。割れ発生原因の１つは，凝固偏析に起因して最終的に凝固する部分の凝固温度が低下し，液相と固相が共存する温度範囲(凝固ぜい性温度域：BTR)が広がることによる。異材溶接金属の化学組成は，組成の異なる母材による希釈により，溶加材の組成から大きく変化する。これにより，凝固する相の種類や凝固形態が変化し，予期せぬ元素の凝固偏析が起こり，凝固割れが発生する場合がある。

液化割れは溶接中に，HAZ の高温部で液化した粒界で発生する割れである。延性低下割れは，中高温で固相状態において延性が低くなる温度域で熱応力の作用により結晶粒界が開口する割れであり，HAZ，多層盛溶接金属のいずれでも発生する。異材溶接では，特に多層盛溶接において，母材から溶接金属に混入した不純物元素(P および S)の粒界偏析や低融点の介在物などが粒界に生成することにより，液化割れや延性低下割れが発生する可能性がある。さらに，異材溶接では，凝固収縮や熱収縮応力に加えて，母材と溶加材の熱膨張係数の違いに起因して発生する熱応力が，これら高温割れを助長する可能性がある。

また，異材溶接部が供用中に繰り返し熱サイクルを受ける場合は，構成材料の熱膨張差に起因した応力サイクル負荷による熱疲労の発生にも注意する必要がある。

低温割れは，溶接過程で混入した水素が溶接金属もしくはHAZの硬化組織内の転位や結晶粒界に集積して組織をぜい化させ，そこに引張応力が負荷された場合に起こる割れである。割れの発生時期では，溶接の冷却過程で割れる場合と溶接後ある時間経過後に割れる場合がある。異材溶接においては，母材とは異なる組成の溶加材を使用するため，溶接金属中に低温割れが発生しやすい硬化組織を形成することがある。特に，ステンレス鋼と炭素鋼との異材溶接継手などにおいては，1.2.2項に示したボンド遷移領域では硬さの高いボンドマルテンサイトが形成され，割れ発生を助長する場合がある。さらに，異材溶接では溶接金属の熱膨張係数が母材と異なることにより，同種材溶接よりも大きな引張残留応力が発生する場合もあるため，溶接部の低温割れ感受性が高くなることにも注意する必要がある。このため，異材溶接にあたっても低温割れ防止のための予熱・後熱が必要となる場合がある。

また，溶接後熱処理(PWHT)や高温供用中において粒内硬化や粒界ぜい化が生じる場合があり，これに起因して発生する割れは，再熱割れと呼ばれる。低合金鋼やニッケル合金などでその発生が知られているが，異材溶接でも溶接金属の化学組成や不純物元素量によっては発生する場合がある。加えて，次項に示すように，異材溶接においては，PWHTによりボンド近傍で形成される浸炭層とボンド遷移領域が重畳することによる硬化や低温割れ，脱炭層形成による高温長時間でのクリープ損傷などが発生する場合もある。

その他に，異材溶接部の近傍にZn, Cu, Pbなどの低融点金属が存在する場合，液体金属ぜい化割れの発生にも注意する必要がある。例えば，亜鉛めっき鋼材との異材溶接や銅との異材溶接の場合，溶接熱によって溶融したZn，Cuなどの低融点金属がHAZの粒界に浸入し，熱応力によって割れが発生する場合がある。

また，材料の組合せや希釈率によっては，溶接熱サイクルまたはPWHTなどの熱処理により，溶接金属中に金属間化合物(IMC)が生成し，ぜい化や割れが発生する場合がある。このように，Feと反応してIMCを生成し，鋼との溶融溶接が困難なTi，Alなどの金属(合金)では，それらの金属を合せ材としたクラッド鋼をトランジションピースとして用いて異材溶接継手を作製することがある。しかし，これらクラッド鋼にPWHTなどの熱処理または大入熱溶接が施されると，鋼と合せ材の界面にIMCが生成・成長し，割れなどが発生する場合があるので注意を要する。なお，これらIMCの成長は等温保持の保持時間とIMC形成元素の拡散定数の積の平方根に比例する。このため，Al/Fe界面のIMCは低温でも大きな成長速度を有しているのに対し，Ti/Fe界面でのIMCの成長はAl/Fe界面のそれより抑えられると報告されている[13]。

1.3.3　溶接後熱処理(PWHT)とその影響

炭素鋼や低合金鋼を用いた異材溶接では，溶接部の硬化層の軟化や延性およびじん性の改善を目的として，溶接後熱処理(PWHT)が実施される場合がある。PWHTの主目的は，以下に示すような幅広い目的があり，溶接部の損傷・劣化防止の観点から，使用目的に応じて実施する。

①硬さの低減
②延性およびじん性の改善
③溶接残留応力の低減
④クリープ強度，破断伸びの改善
⑤変形防止
⑥耐低温割れ性，耐水素浸食性の改善
⑦耐鋭敏化特性の改善，炭化物の安定化

PWHTの条件(保持温度と保持時間)は，製品により適用規格で材料別に決められていることもあるが，それ以外では種々の保持温度，保持時間でPWHTを行ったときの材質や機械的特性を予測するため，次式のラーソン・ミラーパラメータ(LMP)を用いる方法がある。LMPを用いれば，PWHTの温度と時間が異なっても，LMPが同じであれば，PWHT効果は同等と見なせる事例が多く知られている。

$$\mathrm{LMP} = (T + 273)(C + \log t) \quad (1.5)$$

T：保持温度(℃)，t：保持時間(h)，C：定数

なお，LMPは鋼の焼戻しパラメータとして用いられることもあり，その場合の定数Cは20となり，次式で表される。

$$\mathrm{LMP} = (T + 273)(20 + \log t) \quad (1.6)$$

異材溶接の場合，それぞれの母材に推奨される熱処理温度などのPWHT条件は異なるため，片方の母材の推奨条件でPWHTを実施した場合，もう片方の母材やHAZで機械的特性や耐食性などが劣化する場合がある。したがって，

異材溶接では，その組合せにより，PWHT が必要となる場合とむしろ PWHT を実施しない方が良い場合があり，異材溶接部に PWHT を行う際は，異なる母材の PWHT によるそれぞれの組織変化・材質変化を十分理解して，熱処理条件を決めなければならない。各種の材料組合せの異材溶接での PWHT 施工条件や適用例については，次章以降を参考にされたい。

一方，Cr 量が異なる母材の異材溶接継手に PWHT を実施した場合，C は低クロム側から高クロム側へ拡散し，ボンドに隣接する低クロム側では脱炭層，高クロム側では浸炭層が形成される場合がある。さらに，この現象は熱処理温度が高く，保持時間が長いほど顕著になり，1.3.2 項で述べたように，脱炭層でのクリープ強度の低下や浸炭にともなう硬化などをもたらす。一般に，C 量が異なる鋼材の溶接部における C の拡散は，式(1.7)に示す Fick の第1法則に則り，拡散の流束は元素の濃度勾配に比例する。

$$J = -D \cdot \frac{\partial c}{\partial X} \tag{1.7}$$

J：C の拡散流束，D：C の拡散係数，c：C 濃度，X：位置

しかしながら，熱力学的には拡散の駆動力は，元素の濃度差ではなく，元素の化学ポテンシャル(μ)の差であって，拡散流束は化学ポテンシャルの勾配に比例する。また，化学ポテンシャルは，式(1.8)のように活量(a)で表され，上述した異材溶接部における C の拡散(移行)は，式(1.9)に示される。合金中の C の活量係数は随伴元素の影響を受けるため，合金中の他の元素の種類や添加量によっては，C の濃度勾配とは逆方向，すなわち，C 量へ低い側から高い側に C が拡散することもある(up-hill diffusion と呼ばれる)。

$$\mu_c = \mu_c{}^0 + \mathrm{RTln}(a_c) \tag{1.8}$$

$$J_c = -\frac{D_c x_c}{RT} \cdot \frac{\partial \mu_c}{\partial X} = -\frac{D_c}{\gamma_c} \cdot \frac{\partial a_c}{\partial X} \tag{1.9}$$

μ_c：C の化学ポテンシャル，$\mu_c{}^0$：C の標準化学ポテンシャル，R：気体定数，
T：温度，a_c：C の活量，J_c：C の拡散流束，D_c：C の拡散係数，
x_c：C のモル分率，γ_c：C の活量係数，X：位置，
ただし，$a_c = \gamma_c \times x_c$

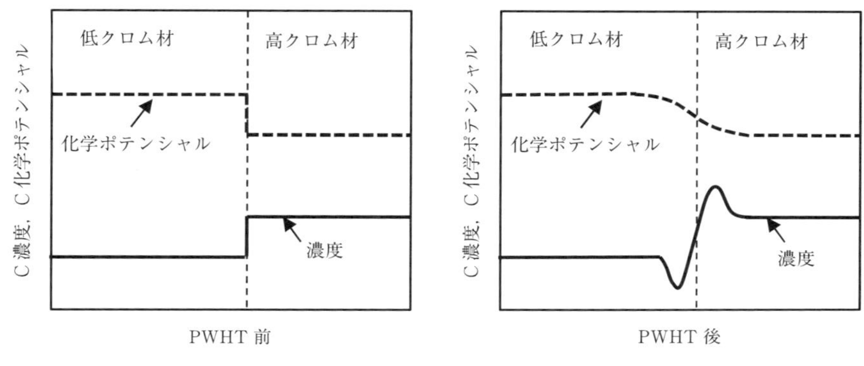

図 1.9　PWHT による異材界面近傍の C の拡散模式図

例えば，Cr 量が多いほど，C の活量係数は減少することが報告されている[14),15)]。したがって，Cr 量が異なる母材の異材溶接部においては，**図 1.9** の模式図に示すように，PWHT によって，C の化学ポテンシャルが高い低クロム材側から C の化学ポテンシャルが低い高クロム材側へ C が拡散し，ボンド近傍の低クロム材側で脱炭層，高クロム材側で浸炭層が形成する。また，炭素鋼とステンレス鋼の異材溶接部および炭素鋼とニッケル合金の異材溶接部では，ニッケル合金の C 化学ポテンシャルの方がステンレス鋼のそれより高く，炭素鋼の C 化学ポテンシャルとの差が小さくなるため，ステンレス鋼に比べて炭素鋼からニッケル合金への C の拡散は少なくなる。

1.4　異材溶接・肉盛溶接部の耐食性

異材溶接および異材肉盛溶接の溶接部では，複雑な組成分布や組織分布が形成されるために，これら溶接構造物が淡水や海水などの湿潤環境中で使用されると，腐食による材料劣化が起こる場合がある。また，異材溶接・異材肉盛溶接では異なった種類の金属が直接接触するため，異種金属接触腐食（ガルバニック腐食とも呼ばれる）が起こりやすい。

1.4.1　腐食の特徴と形態

腐食（湿食）は**図 1.10** に示すように，全面腐食，粒界腐食，孔食，すき間腐食，応力腐食割れに分類される。全面腐食は塩酸や硫酸などの酸性の強い腐食環境に接した面で，全面にわたってほぼ均一に進行する腐食である。粒界腐食は結晶粒界に沿って腐食が進行する局部腐食であり，腐食が進行すると結晶粒の脱

(a)全面腐食

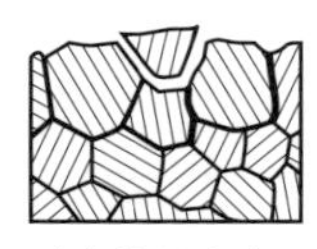
(b)粒界腐食

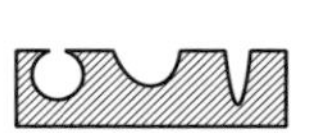
(c)孔食

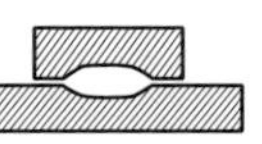
(d)すき間腐食

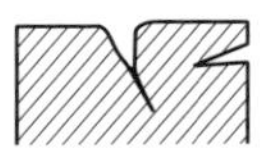
(e)応力腐食割れ

図 1.10　腐食(湿食)の種類と模式図

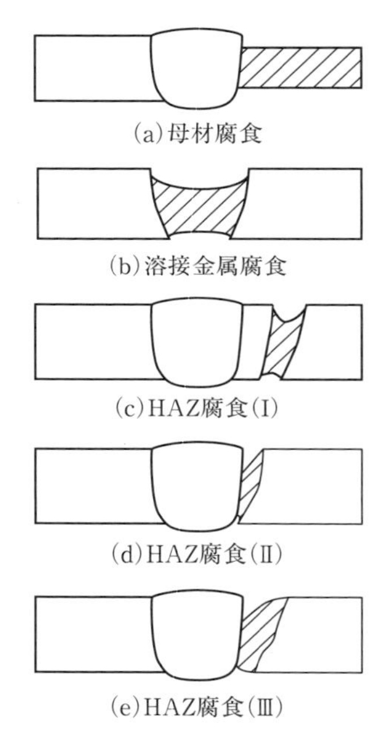
(a)母材腐食
(b)溶接金属腐食
(c)HAZ腐食(I)
(d)HAZ腐食(II)
(e)HAZ腐食(III)

図 1.11　異材溶接部の腐食形態の模式図

落が起こる。Crを含有するステンレス鋼などは中性水溶液に接触すると，その表面に不動態皮膜が形成されるために高い耐食性を示す。しかし，塩化物イオンを含む環境では，塩化物イオンにより不動態皮膜が局部的に破壊され，その部分が優先溶解することにより腐食が進行する。自由表面で点状に起こる局部腐食が孔食であり，種々のすき間部で起こる局部腐食がすき間腐食である。また，塩化物イオンなどを含む腐食環境下で引張応力が作用した状態で起こる割れが応力腐食割れである。

異材溶接部で発生する腐食は，**図 1.11**[16)]に示すように発生場所から，母材腐食，溶接金属腐食および熱影響部腐食(HAZ腐食)に分類される。使用環境における片方の母材の耐食性が溶接金属やもう片方の母材に比べて低い場合に起こる腐食が(a)母材腐食であり，逆に，溶接金属の耐食性が低い場合に起こる腐食が(b)溶接金属腐食である。一般的に溶接金属では，溶接凝固中の溶質元素の偏析や溶接冷却中に析出したCr 炭化物近傍に形成するCr欠乏層に起因して(鋭敏化)，局部的に不動態皮膜が不安定となって耐食性は低下し，孔食や粒界腐食などが発生する。特に異材溶接金属の化学組成は，母材による希釈のため変化することから，凝固相の凝固形態や凝固偏析，ミクロ組織が変化して，孔食や粒界腐食が発生する場合がある。HAZ腐食に関して，(c) HAZ腐食(I)は，Cr炭化物が析出しやすい温度域(550～850℃)に加熱された領域で生じるウェルドディケイと呼ばれる粒界腐食であり，(d) HAZ腐食(II)はボンド近傍のHAZに生じる腐食で，安定化ステンレス鋼で起こるナイフラインアタック（粒界腐食）やフェライト系ステンレス鋼で起こる粒界腐食が挙げられる。例えば，C 含有量が異なるステンレス鋼の母材を異材溶接した場合では，C 含有量の高いステンレス鋼の HAZ のみで鋭敏化が生じ，（c）HAZ 腐食（Ⅰ）に示すようなウェルドディケイが発生する可能性がある。このように異材溶接では，両母材の鋭敏化感受性の違いによって，図 1.11（c），（d）のように片側の HAZ のみで腐食が発生する場合がある。さらに，異種金属を異材溶接した場合，異種金属間の電気化学反応により，自然電位が低い（卑な）金属の溶解が加速されて，（e）HAZ 腐食（Ⅲ）のようにボンド近傍の片側の HAZ のみで腐食が生じる場合がある。このような腐食は異種金属接触腐食（ガルバニック腐食）と呼ばれており，その機構に関しては，次節で詳述する。

1.4.2　異種金属接触腐食（ガルバニック腐食）の機構と抑制方法

金属腐食の概略は，例えば，Fe を塩酸のような H^+ イオンを多く含む酸性水溶液中に浸漬することで説明できる。Fe ／水溶液界面では，Fe は Fe^{2+} イオンとして溶解し（腐食する），Fe 側に電子が生成される。この反応は酸化反応，またはアノード反応と呼ばれる。一方，その電子は別の Fe ／水溶液界面で H^+ と反応し，Fe の表面から H_2 ガスが発生する。この反応は還元反応，またはカソード反応と呼ばれる。このように，金属の腐食は電気化学的には電子の流れ（電流と電位）で説明され，自然浸漬状態では，アノード電流密度とカソード電流密度が等しくなる電位で腐食が発生する。この電位を自然電位（または，腐食電位）と呼び，一般的には自然電位が低い（卑な）方が腐食は発生しやすくなる。例えば，常温の海水中における各種金属の自然電位を**図 1.12** に示す[17]。海水中における軟鋼の自然電位は約 $-0.6V_{SCE}$，SUS304 ステンレス鋼の自然電位は約 $-0.1V_{SCE}$ であるので，軟鋼の方が SUS304 に比べて腐食が発生しやすいことになる。一方，自然電位での腐食速度は，各種金属のアノード電流密度に相当するが，同一環境中（例えば，常温の海水中）では，金属が異なっても価数が同じ場合はカソード電流密度は変わらないため，自然電位でのアノード電流密度も等しくなるので，軟鋼と SUS304 の腐食速度は等しくなる。ところが，異種金属を溶接し，異なった金属が直接接触した場合，自然電位が低い金属の方が優先的に腐食する異種金属接触腐食（ガルバニック腐食）が発生することがある。

軟鋼と SUS304 を異材溶接した場合のガルバニック腐食は，以下のように説明される。例えば，軟鋼と SUS304 を接触させて常温の海水中に浸漬した場合，接触させた両金属の自然電位は，軟鋼の自然電位である約 $-0.6V_{SCE}$ と SUS304

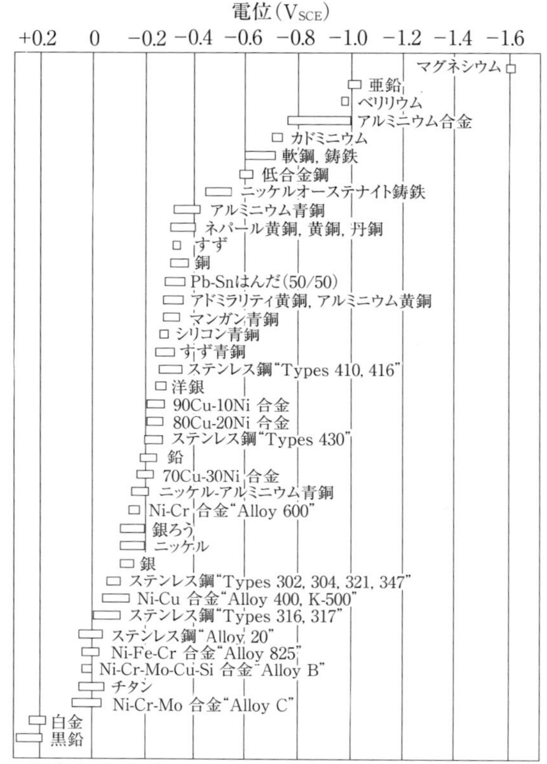

図 1.12　常温の海水中における各種金属の自然電位

の自然電位である約$-0.1V_{SCE}$の中間の値(約$-0.35V_{SCE}$)となり，両金属の腐食の発生しやすさは等しくなる。この場合，軟鋼側の自然電位は接触前のそれと比べて上昇していることになるので，軟鋼のアノード電流密度(腐食速度)は大きくなり，逆に，SUS304側の自然電位は接触前のそれと比べて低下するので，そのアノード電流密度(腐食速度)は小さくなる。すなわち，2種類の金属が接触している異材溶接部では，異種金属間の電気化学反応により，自然電位が低い(卑な)金属の溶解が加速され，優先的に腐食する。このような異種金属接触によって生じる腐食をガルバニック腐食と呼ぶ。

また，このようなガルバニック腐食は，接触する異種金属の表面積比にも大きく影響を受ける。例えば，軟鋼と軟鋼の10倍の表面積を有するSUS304が接触した場合，両金属の表面で発生するカソード電流は，カソード電流密度×軟鋼の表面積×11となり，このカソード電流の絶対値に相当するアノード電流のほとんどを軟鋼が担うことになるので，軟鋼の腐食速度は，SUS304と接触していない場合に比べて11倍となる。すなわち，腐食しやすい金属の腐食速度は，腐食しやすい金属に対する腐食しにくい金属の面積比にほぼ比例して増大する。したがって，異材溶接の場合，腐食しやすい金属の面積を腐食しにくい金属の面積に比べて小さくし過ぎないように注意する必要がある。

このように，ガルバニック腐食は，異種金属間の電気化学反応であるため，異材溶接部を腐食環境下で用いる場合は注意を要する事象である。異材溶接部でのガルバニック腐食を抑制する方法としては，以下の手法が挙げられる。

①供用環境中で自然電位が近似し，自然電位差が小さい2種類の金属材料を選定する，

②自然電位の低い金属の面積を小さくし過ぎない，

③異種金属間を絶縁する，

④異種金属接触部の付近を塗装などにより環境から遮断する。

1.5　異材溶接部の力学特性

異材溶接継手では，両母材および溶接金属が異なった化学組成を有することから，それらの物理的物性や機械的性質も異なる。特に，各材料の熱膨張係数や縦弾性係数(ヤング率)，降伏応力の差異は，熱応力の発生挙動や変形挙動に直接的に関与する重要な因子である。異材溶接部では，共材溶接部で生じる力学挙動に加え，異種材料間で生じる力学挙動が重畳することから，異材溶接部の力学的特性は複雑となり，異材溶接部に特有の力学挙動が生じる可能性がある。

以下では，異材溶接部の力学的特性として特に重要な異材溶接継手としての強度・延性(応力・ひずみ特性)および残留応力(熱応力)について概説する。

1.5.1　異材接合境界に生じる応力集中

異材が接合された継手が引張荷重を受けた場合，応力は接合境界面上では**図1.13**に示すように端部の表面に近づくにつれて，応力が高くなる。この分布は数式で表すと次式[19]となる。ここでK，pは定数である。

$$\sigma \cong (1 + K/r^{1-p})\,\sigma_m \tag{1.10}$$

ただし，σ_m：平均応力，r：端部からの距離。

この式からは接合境界の表面，すなわち$r \rightarrow 0$の位置では応力σは∞となり，

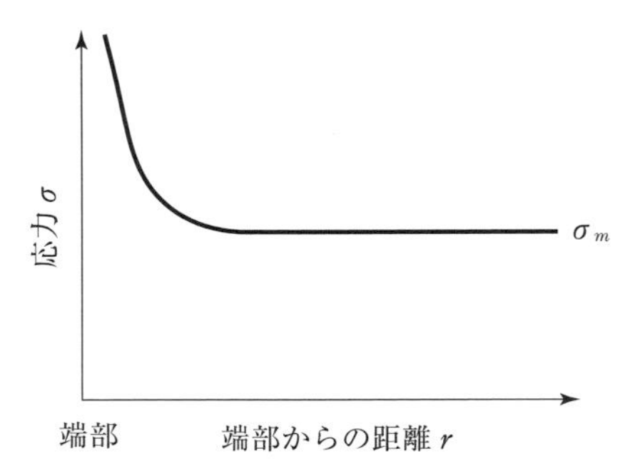

図 1.13　異材接合界面の端部における応力の分布

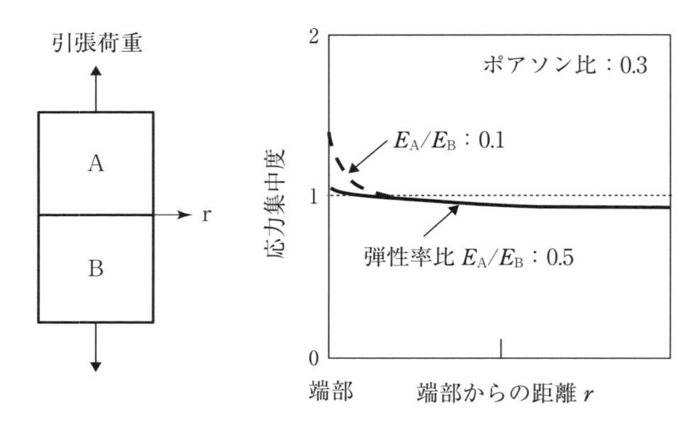

図 1.14　異材接合界面の端部での応力集中度に及ぼす異材間の弾性率の違いの影響

図 1.13 に示すように大きな応力集中が生じることになる(特異応力場)。このことは，力学的には同種材の端部に亀裂が存在している場合と同じとなる。

しかしながら，この応力集中は**図 1.14**[18)]に示すように接合された2種類の異材 A，B の材料の縦弾性係数の比 E_A/E_B が1に近い場合には K は近似的に0と考えてよく，応力集中は生じない。実用的に多く用いられる炭素鋼，低合金鋼，ステンレス鋼，ニッケル合金などの組合せではほとんどの場合 $E_A/E_B \fallingdotseq 1$ となることから異材界面の端部での応力集中はほとんど無視できる。

1.5.2　異材溶接継手における塑性拘束

降伏強さの異なる材料で構成された異材溶接継手が低強度側の材料の降伏強さを超える引張応力を受けると異材界面近傍では塑性拘束の作用により変形が抑えられる。いわゆる“軟質溶接継手”では界面から十分離れた箇所では塑性ひずみが生じるが，低強度側の材料のサイズが十分小さい場合には低強度側

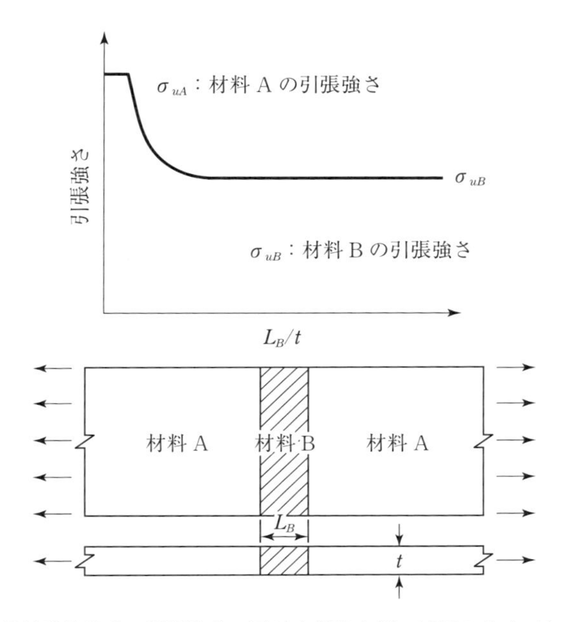

図 1.15 異材溶接継手の引張強さに及ぼす低強度側の材料のサイズ（L_B/t）の影響

の材料全体の塑性変形が抑えられる。**図 1.15**[19]に示すように低強度側の材料の長さ L_B と板厚 t との比 L_B/t が小さくなると塑性拘束の影響が大きくなり，異材溶接継手の引張強さは高い強度側の材料の引張強さ σ_{uA} に等しくなることがある[19]。結果として，異材溶接継手の引張強さが図に示すように低強度側の材料の引張強さを上回ることがある。

ただし，異材溶接継手に大きな塑性変形が加わった際には後述するように低強度材側に大きな塑性ひずみが集中し，低強度材が破壊しやすくなる場合があることに留意しておく必要がある。

1.5.3 異材溶接継手でのひずみ集中

(1)引張荷重を受ける場合

異材溶接部に引張応力が作用したときの応力，ひずみ状態は，継手強さに影響を与える要因のひとつである。**図 1.16**[20]は，鋼と銅の異材突合せ溶接継手に静的引張荷重を付与したときのひずみ状態をモアレ法により測定した結果である。図中の ε_x および ε_y はそれぞれ荷重軸方向および荷重軸に垂直方向のひずみである。板幅方向にひずみが分布しており，溶接ビード付近では板端部でひずみが高くなっていることがわかる。このようなひずみ分布（応力分布）や集中

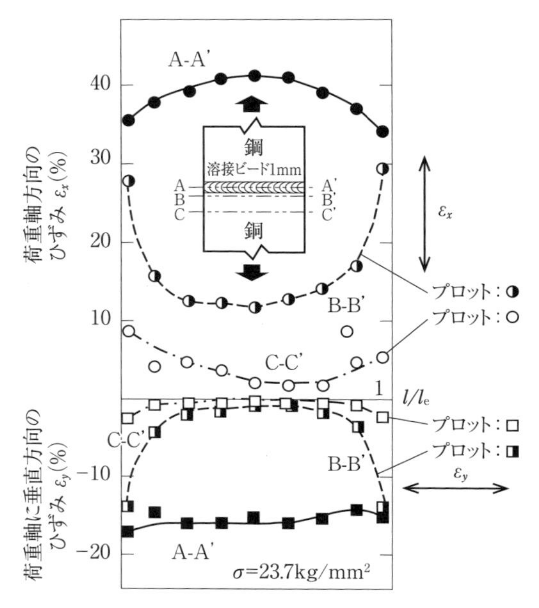

図1.16　静的引張を受ける鋼/銅異材突合せ溶接継手のひずみ状態

ひずみ(集中応力)の大きさは，両材料の縦弾性係数やポアソン比の差異に依存している。

(2)曲げ変形を受ける場合

異材溶接継手に対して大きな塑性変形が与えられる場合には，ひずみ集中に留意する必要がある。溶接施工確認試験で行われる曲げ試験はその例である。異材溶接継手の溶接施工確認試験では多くの場合，板厚の2倍の曲げ半径で溶接線に直行方向に180°曲げて欠陥発生の有無を評価する試験が行われる。降伏強さの異なる材料で構成された異材溶接継手が曲げ変形を受ける場合，均一には変形せず低強度側の材料がより多くの変形を受け持つことになる場合が多い。**図1.17**に示す応力ひずみ特性を有する異材A, Bで構成される異材継手を想定すると曲げ変形の進行とともに最初は低強度側のB材だけが塑性変形を受け持ち，曲げ応力がA材の降伏強さに達した段階でA材も塑性変形を開始する。

曲げ試験材表面でのそれぞれの材料のひずみをそれぞれ ε_a，ε_b とすると $a=b$ の場合には180°曲げ後の外表面の平均ひずみは ε_m は，

$$\varepsilon_m = (\varepsilon_a + \varepsilon_b)/2 \tag{1.11}$$

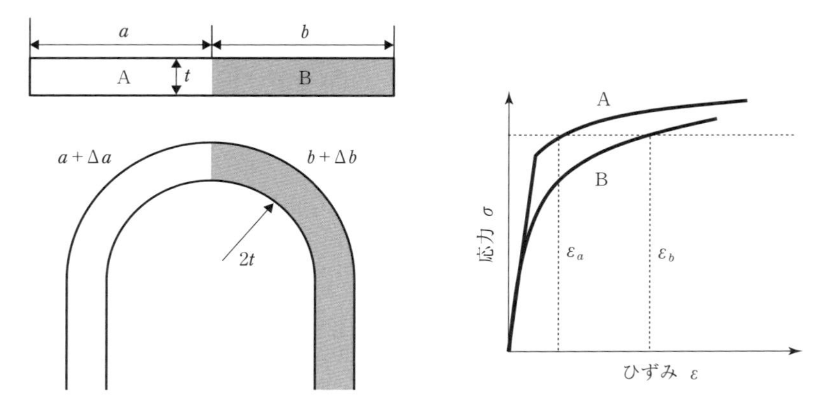

図 1.17　強度差のある異材溶接継手が曲げ変形

その場合にＢ材でのひずみは

$$\varepsilon_b = 2\,\varepsilon_m / (1 + \varepsilon_a / \varepsilon_b) \tag{1.12}$$

となる。溶接施工確認試験で行われる曲げ試験では曲げ半径は板厚の２倍と規定される場合が多い。その場合には溶接線に直角方向に 180° 曲げた場合の外表面の平均ひずみは 20% となるが，例えば，$\varepsilon_a/\varepsilon_b$ が 0.3 の場合にはＢ材の外表面のひずみ ε_b は上記の式から平均ひずみを大きく上回った値，約 30% となる。その結果，外表面のひずみがＢ材の塑性変形能（破断伸びに相当）を超えた場合にはＢ材に割れ（延性破壊）が生じることがある。

図 1.18 に示すように溶接金属の幅（$2b$）が，母材の曲げ変形が加わる部分（両

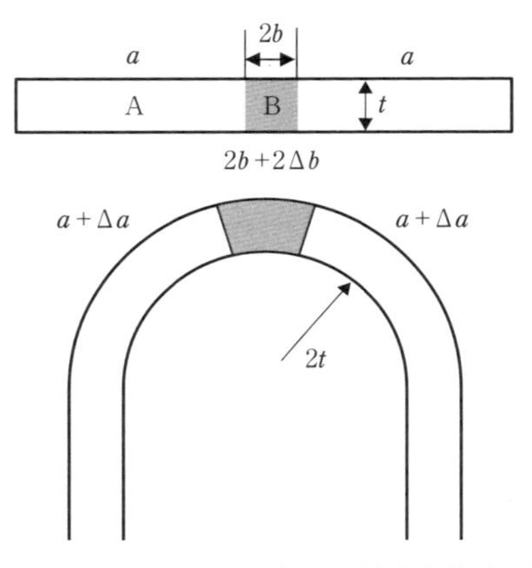

図 1.18　低強度の溶接金属を含む異材溶接継手の曲げ変形

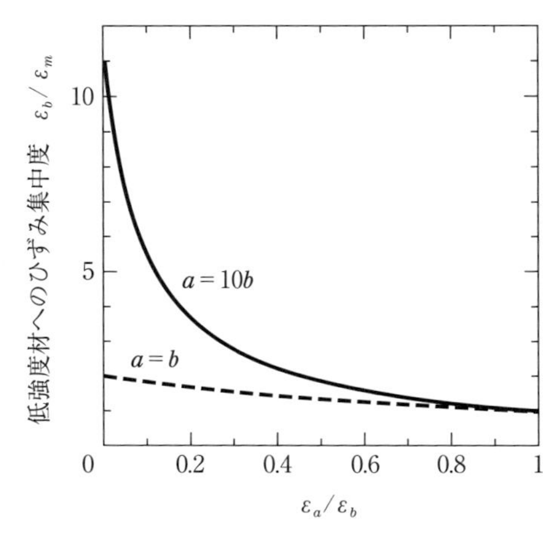

図 1.19　溶接継手が曲げ変形を受けた場合の低強度の溶接金属でのひずみ集中度

側の長さ $2a$)に比べて小さい場合では，その比を $r_w=a/b$ とすると $180°$ 曲げ後の外表面の平均ひずみ ε_m は，

$$\varepsilon_m=(\Delta a+\Delta b)/[(1+r_w)b] \tag{1.13}$$

と見積もられる。したがって，B材での外表面のひずみは

$$\varepsilon_b=(1+r_w)\varepsilon_m/(1+\varepsilon_a/\varepsilon_b\cdot r_w) \tag{1.14}$$

となる。式(1.14)から得られるひずみ集中の程度と各部材間のひずみの相対比 $\varepsilon_a/\varepsilon_b$ との関係を**図 1.19** に示す。曲げ変形が負荷される区間での各部材の長さが等しい($a=b$ すなわち $r_w=1$)の場合には，低強度側の材料へのひずみ集中は最大で2倍程度と見積もられる。これに対し，各部材間での寸法差が顕著な場合(例えば，$a=10b$ すなわち $r_w=10$ の場合)には低強度側の材料へのひずみ集中がきわめて大きくなる。強度差が大きいアンダマッチングの溶接継手の曲げ試験では局部的なひずみ集中が生じて，外表面でのひずみが低強度の溶接金属の塑性変形能(破断伸びに相当)を超えることによる割れ(延性破壊)の発生に留意する必要がある。

1.5.4　溶接残留応力ならびに溶接後熱処理の効果

板材の突合せ溶接を対象に，中性子線回折法により実測した共材溶接継手および異材溶接継手の残留応力(溶接線直角方向の応力)分布を**図 1.20**[21]に示す。低合金鋼あるいはステンレス鋼同士の溶接継手に比べ，異材溶接継手ではビー

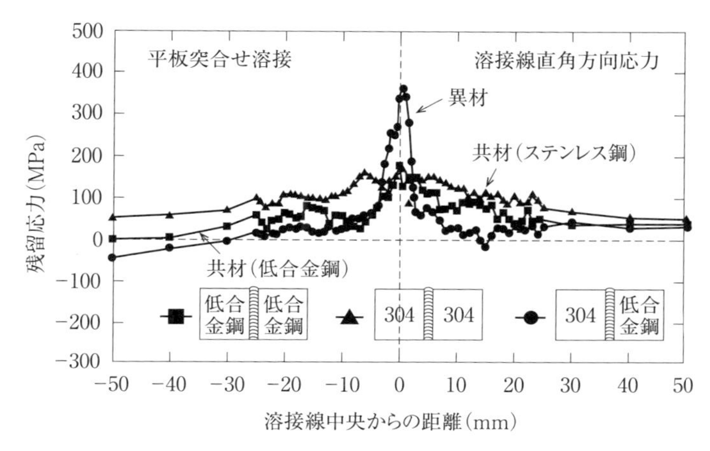

図 1.20　共材溶接部および異材溶接部の残留応力状態

ド中心付近の残留応力がかなり高くなっている。このように，異材溶接継手では，同種材よりも高い残留応力が生じる可能性がある。

溶接継手では加熱された部位は加熱されていない部位に熱膨張が拘束されて塑性変形する結果，常温に冷却された状態では，その塑性変形分が短くなる。構造物としては部材の連続性が維持されるため，この短くなった食違い分が引き延ばされた状態となっており，引張の残留応力を有することとなる。異材継手では炭素鋼とステンレス鋼の熱膨張係数比が約 1.5 倍であることから定性的には，この食違い分が同種材に比べて大きくなり，結果として引張残留応力が同種材に比べて大きくなると考えられる。このことから図 1.20 において異材溶接継手では溶接金属で引張残留応力が高くなっているものと理解される。

残留応力の緩和には，一般的に溶接後熱処理(PWHT)が行われるが，異材溶接継手の場合には両方の材料で必要な条件を満足する温度で実施する必要がある。応力除去のための PWHT 温度は一般的なフェライト系ステンレス鋼では 705 ～ 760℃，オーステナイト系ステンレス鋼では 840 ～ 880℃である。しかし，炭素鋼とフェライト系ステンレス鋼や炭素鋼とオーステナイト系ステンレス鋼の異材溶接継手では，炭素鋼の PWHT 温度範囲の上限(概ね A_3 点から 50℃低い温度)以下で行う。また，オーステナイト系ステンレス鋼とフェライト系ステンレス鋼との異材溶接継手では，フェライト系ステンレス鋼の PWHT 温度で行う。ただし，PWHT によって脱炭・浸炭や鋭敏化が発生する危険性もあるので，異材溶接継手の PWHT 処理には注意が必要である。

異材溶接継手における溶接線方向残留応力の幅方向分布に及ぼす PWHT の

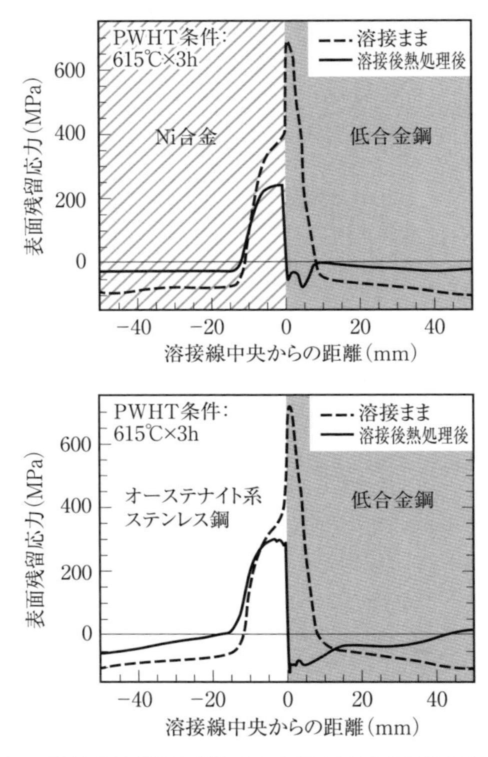

図 1.21　異材溶接継手の残留応力に及ぼす溶接後熱処理の効果

効果の例(100×100×6mm の平板の3次元モデルでの計算結果)を**図 1.21**[22),23)]に示す。615℃×3h での PWHT により残留応力は約 1/3 に低下し，低合金鋼の異材との接合境界近傍では残留応力は圧縮になっている。これは PWHT の昇温，温度保持過程によって十分に応力が低減した後に，降温過程において低合金鋼と接合している異材側の熱膨張係数が大きいため，冷却時の収縮量が大きくなることが原因で圧縮応力となっていると理解できる。そのため熱膨張係数が大きいステンレス鋼では低合金鋼側での圧縮応力はニッケル合金に比べてより大きくなっている。なお，低合金鋼側に適用される PWHT 温度を採用した場合，高温強度の低い低合金鋼側で残留応力が緩和されるが，ニッケル合金側に残留応力のピーク値が生じるように再分布し，異材溶接部の残留応力は完全には緩和されないことに注意する必要がある。

低合金鋼にステンレス鋼を肉盛溶接した部位の溶接線方向の残留応力(逐次切断法で測定)に及ぼす PWHT の影響を**図 1.22**[24)]に示す。溶接線方向残留応力

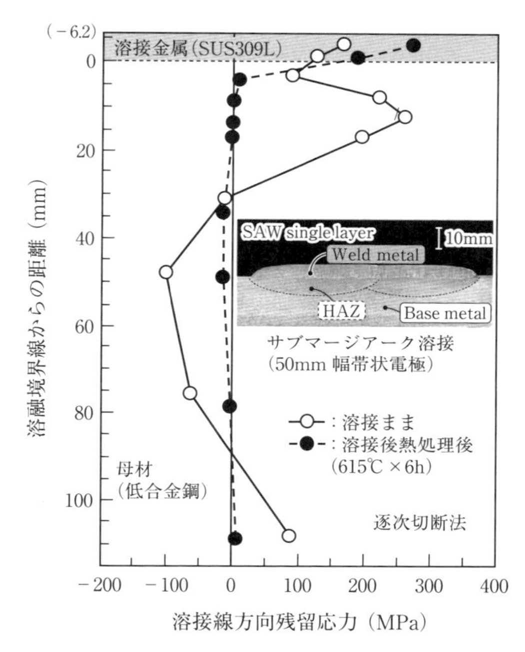

図 1.22　ステンレス鋼肉盛溶接部の溶接線方向残留応力に及ぼす PWHT の影響
(逐次切断法による)

は，PWHT により，溶接熱影響部および母材部では低減(緩和)するが，溶接金属では逆に増大する傾向がある。このような残留応力の増大は溶接金属と母材の熱膨張係数の差に起因すると理解される。このことは，PWHT を施すことが肉盛溶接金属に内在する横割れ(溶接線直角方向に生じた割れ)などが母材に進展しやすくなる要因になると考えられる。

参考文献

1) 新成夫：溶接学会誌，45-6,(1976), pp.437-448
2) 界面接合研究委員会：JWS ブリテン「最近のろう接・拡散接合技術」，溶接学会(1989)
3) 小林紘二郎，西本和俊，池内建二：材料接合工学の基礎，産報出版 (2000), p.183
4) 長崎誠三，平林眞：二元合金状態図集，アグネ技術センター (2001)
5) O.A バニフ，江南和幸，長崎誠三，西脇醇：鉄合金状態図集，アグネ技術センター (2001)
6) T.B.Massalski, et. al.：Binary Alloy Phase Diagrams, ASM International (1996)
7) P.Villars, et. al.：Handbook of Ternary Alloy Phase Diagrams, ASM International (1995)
8) 濱住松二郎：物理冶金学，内田老鶴圃 (1996)
9) 横山亨：図解合金状態図読本，オーム社 (1974)
10) 三浦憲司，福富洋志，小野寺秀博：合金状態図，オーム社 (2003)
11) AWS：Clad and Dissimilar Metals, Welding Handbook, 9th ed., Chap.6, pp.336-337

12) 岡内宏憲，才田一幸，西本和俊：溶接学会論文集 , 29-3(2011), pp.225-233
13) 日本チタン協会編：チタン溶接トラブル事例集，産報出版 (2019), p.203
14) 新井宏，竹田誠一：鉄と鋼 , 72-7 (1986), p.831
15) 盛利貞，藤村侯夫，岡島弘明，山内昭男：鉄と鋼 , 54-4(1968), p.321
16) 西本和俊，小川和博：溶接学会誌 , 68-3(1999), p.144
17) F. L. LaQue：Marine Corrosion Causes and Prevention, John Wiley and Sons(1975), p.179
18) 結城良治，許金泉：生産研究 , 42(1990), p.508
19) 佐藤邦彦，豊田政男，溶接学会誌 , 40(1971), p.885
20) 瀬尾健二，正木順一：溶接学会誌 , 49-10(1980), p.675
21) H. Eisazadeh, J.Bunn, H.E.Coules, A.Achuthan, J.Goldak and D.K.Aidun：W.J., 95-4(2016), p.111s.
22) 伊藤真介，亀山雅司，望月正人：溶接学全国大会講演概要 , 85(2009), p.74.
23) 伊藤真介，橋本匡史，望月正人，亀山雅司，千種直樹，平野：溶接学全国大会講演概要 , 86(2010), p.202.
24) 宇田川誠，勝山仁哉，西川弘之，鬼沢郁雄：溶接学会論文集 , 28-3(2010), p.261

第2章

炭素鋼・クロムモリブデン鋼の異材溶接

ここでは，炭素鋼とクロムモリブデン鋼との異材溶接，クロムモリブデン鋼異鋼種間の異材溶接を行う際の留意すべき冶金現象や溶接施工を行う上で必要となる推奨溶加材，溶接条件，熱処理条件に関する知識や適用事例，得られた継手の組織や機械的特性，トラブル事例について説明する。低合金鋼としては，低温用鋼なども挙げられるが，特に発電プラントなどに用いられ，異材溶接特有の課題が多いクロムモリブデン鋼の異材溶接を主体に述べる。

2.1 炭素鋼・クロムモリブデン鋼の異材溶接部の冶金現象

クロムモリブデン鋼の溶接では，一般に，熱影響部硬化層の軟化と溶接部の延性およびじん性の向上を目的としてPWHT(溶接後熱処理)が実施される。このため，通常，炭素鋼とクロムモリブデン鋼や合金元素量の異なる低合金鋼

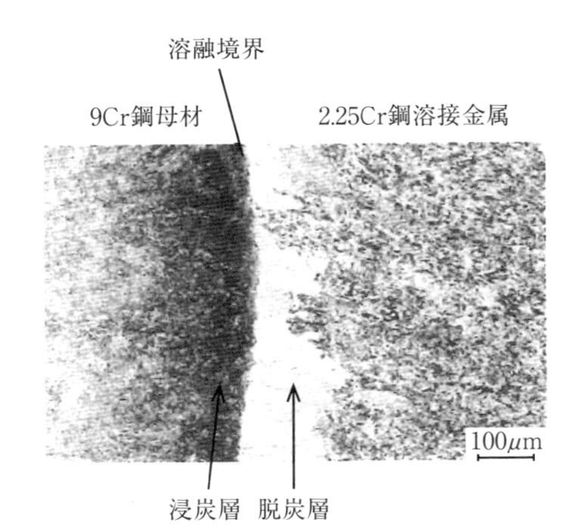

図2.1 9Cr鋼と2.25Cr鋼異材溶接部の脱炭，浸炭現象

の異材溶接においてもPWHTが行われる。この場合，Cr量の異なる異材溶接部では，PWHTを行うことにより，炭素が低クロム鋼側から高クロム鋼側へ拡散し，溶融境界の高クロム鋼側には浸炭層，低クロム鋼側には脱炭層が生成する。いずれの層もPWHTの温度が高いほど，また，保持時間が長くなるほど，その生成が顕著になる。炭素移行の詳細については，1.3.3項を参照願いたい。例えば，9Cr鋼と2.25Cr鋼の異材溶接において，**図2.1**に示すように2.25Cr鋼溶加材を適用した場合，溶接金属部の9Cr鋼母材側に浸炭層，2.25Cr鋼側に脱炭層が生成する。一方，9Cr鋼溶加材を適用した場合，9Cr鋼溶接金属部側に浸炭層が，2.25Cr鋼母材部に脱炭層が生成される。これら，生成された浸炭層は硬くてもろく，脱炭層は，柔らかく強度が低下するなどの変化を生じ，その結果溶接部の機械的特性が劣化する。

異材溶接部に生じる浸炭現象は，PWHTの温度や時間に依存する。**図2.2**[1)]は，1Cr-Mo-V鋼母材を12Cr鋼の溶加材にて溶接した継手を680℃ × 2hと730℃ × 10hの異なる条件でPWHTを行った場合の溶融境界での炭素の分布を比較した結果を示している。PWHTの温度が高いほど12Cr鋼溶接金属へ浸炭した炭素量のピークは高く，その幅も大きいことがわかる。このような溶融境界での炭素の拡散は，高温で長時間使用する際にも生じる。**図2.3**[1)]は，12Cr鋼溶加材を用いた1Cr-1Mo-0.25V鋼と12Cr-1Mo-0.25V鋼の異材溶接において，図中に示す各条件にてPWHTを行った後，550℃で保持した場合に生成した脱炭層幅の時間的変化を示したものである。PWHT条件により脱炭層の初期幅に違いがあっても，高温長時間の保持でほぼ同程度の脱炭層幅に変化すること

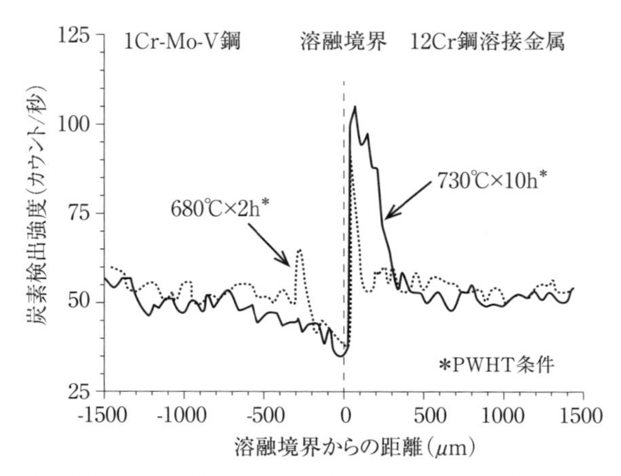

図2.2　PWHT条件の違いによる溶融境界での炭素の移行現象の比較

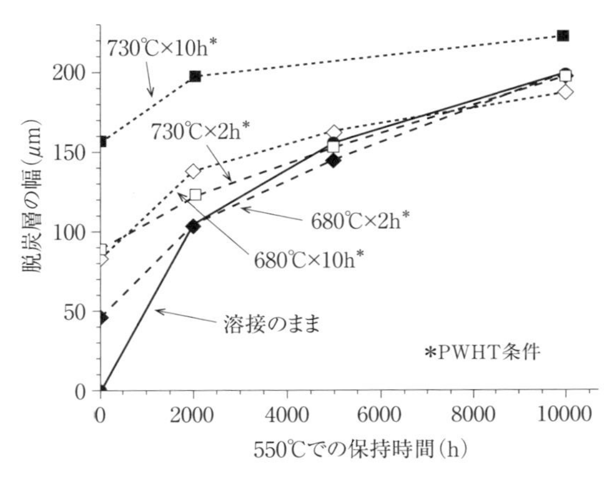

図 2.3　高温長時間保持による脱炭層幅の時間的変化

がわかる。このような脱炭層は強度が低く，高温長時間でのクリープ破断を生じる原因となる場合もある。このため，炭素鋼・クロムモリブデン鋼の異材溶接においては，異材溶接部における炭素の移行に関連した現象を十分理解して施工する必要がある。

2.2　炭素鋼・クロムモリブデン鋼の異材溶接施工

炭素鋼・クロムモリブデン鋼の異材溶接施工において，決定すべき事項としては，①溶加材　②予熱温度　③ PWHT 温度　が挙げられ，これらを異材溶接を行う鋼種のいずれの材料グレード(例えば，P-No. など)に合わせるべきかがポイントとなる。以下，主としてクロムモリブデン鋼を例に述べるが，基本的に低温用鋼などの低合金鋼の場合においても同様の考え方が適用できる。

溶加材については，溶接性や継手の強度特性，使用環境(腐食)などを考慮して決定すべきである。添加合金元素量の多い，グレードの高い鋼種(高グレード材)に合わせた溶加材を選定した場合，溶接金属部の強度は満足するものの，溶接割れや溶接欠陥発生のリスクは高くなる。一方，添加合金元素量の少ないグレードの低い鋼種(低グレード材)の溶加材を選定した場合，溶接継手の強度は低グレードを確保できる程度となるが，溶接性は良好になるといえる。このため，グレードの低い鋼種あるいは中間の鋼種の溶加材を選定するのが一般的である[2)]。しかしながら，特に腐食や耐圧部位[3)]など，客先仕様や規格などからグレードの高い側の溶加材を要求される場合があるので確認が必要である。

表 2.1 に代表的な炭素鋼・クロムモリブデン鋼の推奨予熱温度の例を示す[4)]。

炭素鋼・クロムモリブデン鋼の異材溶接施工においては，基本的に材料グレードが高くなるほど低温割れ発生リスクが高くなることから，予熱温度は材料グレードの高い側の推奨温度に合わせるのが原則である。

また，**表 2.2** は，各規格における炭素鋼・クロムモリブデン鋼の PWHT 温

表 2.1　代表的な炭素鋼・クロムモリブデン鋼の推奨予熱およびパス間温度

高張力鋼の予熱およびパス間温度

区　分	規　格	板厚(mm)	予熱およびパス間温度[1](℃)
400 N/mm^2鋼	鋼道路橋	t < 25	予熱なし[2),3)]
		25 ≦ t < 38	40～60[3)]
		38 ≦ t ≦ 50	40～60
490 N/mm^2鋼	〃	t < 25	予熱なし[2)]
		25 ≦ t < 38	40～60
		38 ≦ t ≦ 50	80～100
540, 590 N/mm^2鋼	〃	t < 25	40～60
		25 ≦ t < 38	80～100
		38 ≦ t ≦ 50	80～100
780 N/mm^2鋼	AWS AISC AASH 0	t ≦ 19	≧ 10
		19 < t ≦ 38	≧ 50
		38 < t ≦ 63.5	≧ 80
		63.5 < t	≧ 110

1)低水素系被覆アーク溶接棒を使用するものとする(ただし，3)は非低水素系被覆アーク溶接棒)。
2)気温が0℃以下の場合は，原則として溶接を行なってはならないが，－20℃以上であれば適当な予熱を行って溶接してもよい。

Ⓒ(社)日本溶接協会2004

クロムモリブデン鋼の予熱，パス間温度

鋼　種	予熱・パス間温度(℃)
1～1.25Cr-0.5Mo	150～300
2.25Cr-1Mo	200～350
3Cr-1Mo	200～350
5Cr-0.5Mo	250～350
7Cr-0.5Mo	250～350
9Cr-1Mo	250～400

Ⓒ(社)日本溶接協会2004

表 2.2　各規格における推奨 PWHT 温度

材料の区分	ASME SecⅧ(2023)	ASME B31.1(2022)	材料の区分	JIS Z 3700:2022	材料の区分	電気事業法***	例
P-1	Min.595℃	595～650℃	P-1	Min.595℃	P-1	595～700℃	炭素鋼
P-3	Min.595℃	595～650℃	P-3	Min.595℃	P-3	595～710℃	0.5Mo鋼
P-4	Min.650℃	650～705℃	P-4	Min.650℃	P-4	595～740℃	1.25Cr-0.5Mo鋼
P-5A*	Min.675℃	675～760℃	P-5	Min.675℃	P-5-1	680～760℃	2.25Cr-1Mo鋼
P-5B*	Min.675℃	675～760℃			P-5-2	680～760℃	9Cr-1Mo鋼
P-5C*	Min.675℃	－			P-5-2	680～760℃	9Cr-1Mo-0.25V鋼
P-15E	Min.705℃**	705～775℃**			P-5-2	680～760℃	9Cr-1Mo-V鋼

*衝撃要求なし，母材厚さ50mm以下，熱処理時間4時間以上とすることで，Min.650℃へ変更可能
**熱処理温度上限は，Ni+Mn含有量により異なる。母材厚さ13mm以下はMin.675℃
***発電用火力設備の技術基準の解釈(令和3年3月31日版)

度の推奨値を示したものである。規格によっては，同じ材料グレードであっても PWHT 温度の範囲が異なることに注意が必要である。一般に，炭素鋼・クロムモリブデン鋼異材溶接部の PWHT 温度としては，熱影響部硬化層の軟化と溶接部の延性およびじん性の向上の観点から，材料グレードの高い側にあわせることが原則である。ただし，材料グレードの低い母材にとっては，PWHT 温度が推奨温度より高くなる場合もあり，焼戻し温度を超えないことや PWHT による強度低下に対する対策も必要となる。このような場合には，**図 2.4** に示すようにトランジションピースとして中間グレードの材料を間に挿入する方法が適用される。はじめに高グレード材と中間グレード材を溶接し，その後，高グレード材に合わせた温度で PWHT を行う。そして，中間グレード材と低グレード材を溶接し，中間グレード材に合わせた温度で PWHT を実施する方法である。また，**図 2.5** に示すバタリングの採用も有効である。高グレード材側に，高グレードあるいは中間グレードの溶加材にてバタリングし，高グレード材側に合わせた温度で PWHT を実施する。その後，低グレード材と低グレード材あるいは中間グレード材の溶加材で溶接を行い，最終的に低グレード材に合わせた温度で PWHT を実施する方法である。これらの方法を適用することで，材料グレードの低い材料に適用される PWHT 温度をその鋼種に適応した温度に下げることができる。

このように，Cr 量の異なった材料の異材溶接では，溶加材の種類，バタリングの採用，PWHT 条件などの組合せにより多くの施工パターンが考えられる。また，先に述べたように，PWHT により高クロム鋼側に浸炭層，低クロム鋼側に脱炭層が生成するが，これらの生成位置は施工パターンによって変化する。

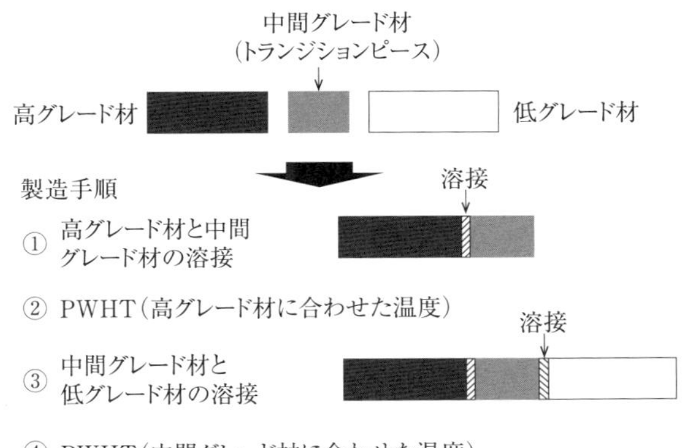

図 2.4　トランジションピースの適用例

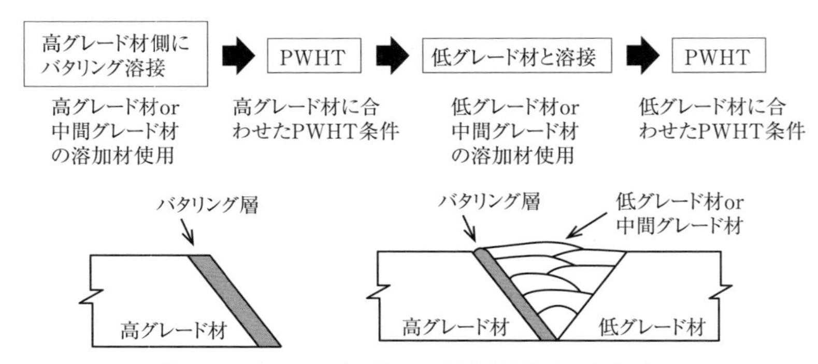

図 2.5　バタリングを用いた異材溶接継手の製造手順

表 2.3 は，9Cr-1Mo-V-Nb-N 鋼と 2.25Cr-1Mo 鋼の異材溶接において，溶加材の種類，バタリングの採用，PWHT 条件などの組合せで適用可能な施工パターンの例とそれぞれの施工パターンで生成する脱炭層，浸炭層の位置を示したものである[5)]。

2.25Cr 鋼などの低クロム鋼溶加材を適用した場合，9Cr 鋼側の溶融境界部を境として脱炭層，浸炭層が生成するのに対し，9Cr 鋼などの高クロム鋼溶加材を適用した場合は 2.25Cr 鋼側の溶融境界部を境として脱炭層，浸炭層が生成する。また，5Cr 鋼のように中間の Cr 量の溶加材を適用した場合には，9Cr 鋼側および 2.25Cr 鋼側それぞれの溶融境界部に脱炭層，浸炭層が生成するのがわかる。一方，9Cr 鋼に 9Cr 鋼溶加材にてバタリングを行い 9Cr 鋼に合わせた温度にて PWHT を実施した後，9Cr 鋼溶加材で 2.25Cr 鋼と溶接し，2.25Cr 鋼に合わせた温度で全体を PWHT した場合においては，2.25Cr 鋼側の溶融境界部に脱炭層，浸炭層が生成するが，過剰な PWHT を 2.25Cr 鋼側に付与せずに済むため，脱炭層，浸炭層の生成の程度は軽減される。このように，脱炭層，浸炭層の生成位置を理解し，溶接作業性や継手強度を考慮して，使用環境や設計仕様に合わせた施工パターンを選定することが必要である。

2.3　異材溶接継手の性質

9Cr-1Mo 鋼（A182F91）と 2.25Cr-1Mo 鋼（A387Gr22）の異材溶接継手に対する ASME 施工法試験の例を**表 2.4** に示す。溶加材や PWHT 条件は異なるが，常温での引張試験結果はすべて 2.25Cr-1Mo 鋼母材破断であり，側曲げ試験も問題なく合格している。

表 2.3　9Cr-1Mo-V-Nb-N 鋼と 2.25 Cr-1Mo 鋼異材溶接における施工パターンの例

パターン	母材組み合わせ	溶加材 (AWS, A5.5)	バタリング材	製造手順	浸炭層・脱炭層生成位置
A	2.25Cr-1Mo鋼/ 9Cr-1Mo-V-Nb-N鋼	2.25Cr-1Mo鋼 (E9018-B3)	なし	①溶接(2.25Cr-1Mo鋼溶加材) ②PWHT(9Cr-1Mo-V-Nb-N鋼に合わせた温度)	低クロム鋼 高クロム鋼　低クロム鋼
B		2.25Cr-W-V-Nb鋼 (E9015-G)	なし	①溶接(2.25Cr-W-V-Nb鋼溶加材) ②PWHT(9Cr-1Mo-V-Nb-N鋼に合わせた温度)	低クロム鋼＋V, Nb, N 高クロム鋼　低クロム鋼
C		5Cr-1Mo鋼 (E8015-B6)	なし	①溶接(5Cr-1Mo鋼溶加材) ②PWHT(9Cr-1Mo-V-Nb-N鋼に合わせた温度)	中間クロム鋼 高クロム鋼　低クロム鋼
D		2.25Cr-1Mo鋼 (E9018-B3)	5Cr-1Mo鋼 (E8015-B6)	①9Cr-1Mo-V-Nb-N鋼にバタリング ②溶接(2.25Cr-1Mo鋼溶加材) ③PWHT(9Cr-1Mo-V-Nb-N鋼に合わせた温度)	中間クロム鋼をバタリング 低クロム鋼 高クロム鋼　低クロム鋼
E		9Cr-1Mo鋼 (E9015-B8)	なし	①溶接(9Cr-1Mo鋼溶加材) ②PWHT(9Cr-1Mo-V-Nb-N鋼に合わせた温度)	高クロム鋼 高クロム鋼　低クロム鋼
F		9Cr-1Mo鋼 (E9015-B8)	9Cr-1Mo鋼 (E9015-B8)	①9Cr-1Mo-V-Nb-N鋼にバタリング ②PWHT(9Cr-1Mo-V-Nb-N鋼に合わせた温度) ③溶接(9Cr-1Mo鋼溶加材) ④PWHT(2.25Cr-1Mo鋼に合わせた温度)	高クロム鋼をバタリング 高クロム鋼 高クロム鋼　低クロム鋼
G		9Cr-1Mo-V-Nb-N鋼 (E9015-B9)	なし	①溶接(9Cr-1Mo-V-Nb-N鋼溶加材) ②PWHT(9Cr-1Mo-V-Nb-N鋼に合わせた温度)	高クロム鋼＋V, Nb, N 高クロム鋼　低クロム鋼

脱炭層　バタリング層　浸炭層

表 2.4　9Cr-1Mo 鋼(A182F91)と 2.25Cr-1Mo 鋼(A387Gr22)の異材溶接継手の施工法試験例

	施工法①	施工法②	施工法③
母材／試験板寸法	A182F91　A387G22　300L, 50t　250		
溶接法	GTAW・SMAW	GTAW・SMAW	GTAW・SMAW
溶加材 (AWS規格)	ER90S-B9(初層溶接) E9015-B9-H4	ER90S-B9(初層溶接) E9015-B9	ER90S-G(初層溶接) E9016-G
PWHT	745℃×4h	745℃×4h	710℃×12h
継手引張試験結果	593MPa, 598MPa 破断位置(Gr22母材)	593MPa, 592MPa 破断位置(Gr22母材)	608MPa, 606MPa 破断位置(Gr22母材)
曲げ試験結果 (側曲げ4本)	合格	合格	合格
断面マクロ	F91　Gr.22	F91　Gr.22	F91　Gr.22

図 2.6 は，9Cr-1Mo 鋼母材に 2.25Cr-1Mo 鋼溶加材を用いて，また，2.25Cr-1Mo 鋼母材に 9Cr-1Mo 鋼溶加材を用いてそれぞれ被覆アーク溶接にてビードオンプレート溶接した場合の PWHT 条件の違いによる溶融境界部の硬さ分布への影響を示したものである[6]。PWHT を行うことにより，溶融境界部の低クロム側には硬さの軟化領域，高クロム側には硬化領域が認められる。この程度は，PWHT の保持温度が高く，保持時間が長いほど顕著になる傾向があることがわかる。

図 2.7 は，9Cr-1Mo 鋼と 2.25Cr-1Mo 鋼異材突合せ溶接部のミクロ組織の例を示したものである[7]。溶接は，被覆アーク溶接で行われ，使用溶加材は 9Cr-1Mo 鋼(4.0mm 径)である。V 開先の突合せ溶接で，溶接条件は，予熱 220℃，電流 160〜175A，電圧 26V，溶接速度 140mm/min，ストリンガービードの 8 層溶接である。図 2.7 (a)は，溶接ままでの 2.25Cr-1Mo 鋼溶融境界部のミクロ組織を示したものである。図(b)は，溶接部を 750℃ × 15h の条件で PWHT を行った場合の同一溶融境界部のミクロ組織と硬さ分布を示したものである。9Cr-1Mo 溶接金属部側の濃く腐食された領域 A が硬化領域で浸炭層，2.25Cr-1Mo 鋼母材側の白い部分 B が軟化領域で脱炭層と確認された。また，図(c)はその硬化領域の SEM 組織で，均一な微細析出物が認められるが，これらは

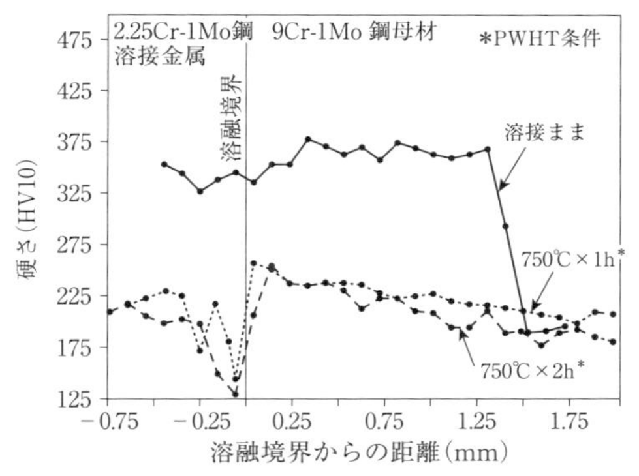

(a) 9Cr-1Mo 鋼母材と 2.25Cr-1Mo 鋼溶接金属

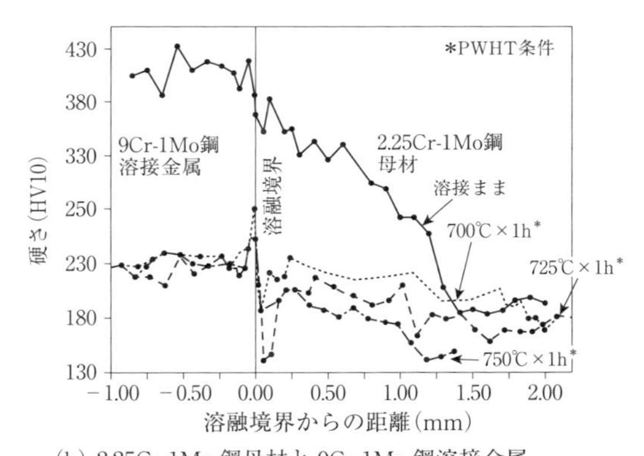

(b) 2.25Cr-1Mo 鋼母材と 9Cr-1Mo 鋼溶接金属

図 2.6 9Cr-1Mo 鋼と 2.25Cr-1Mo 鋼異材溶接部溶融境界の硬さ分布

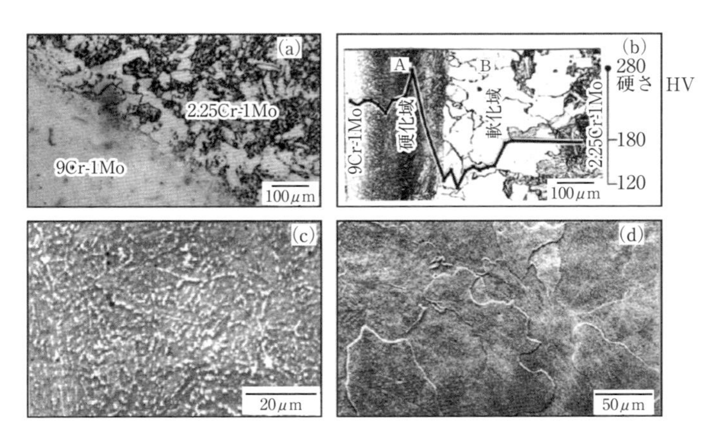

図 2.7 9Cr-1Mo 鋼と 2.25Cr-1Mo 鋼異材突合せ溶接部のミクロ組織の例
((a)図:溶接まま, (b)図:PWHT(750℃x15h)と硬さ分布, (c)図:硬化領域のSEM組織, (d)図:軟化領域のSEM組織)

炭化物と同定されている。一方，図(d)は軟化領域のSEM組織を示しており，粗大なフェライト結晶粒が生成されていることがわかる。このような異材溶接部に生成される硬化領域は，じん性を低下させ，軟化領域は，高温でのクリープ強度の低下を招くことが知られている。**図2.8**は，9Cr-1Mo鋼と2.25Cr-1Mo鋼ならびに2.25Cr-1.6W-V-Nb鋼異材溶接継手のクリープ破断強度に及ぼす溶加材の影響を示したものである[5]。この結果からは，9Cr-1Mo鋼にマッチした高強度側の溶加材を使用した場合の方がクリープ破断時間の若干の増加傾向が認められる。また，異材溶接継手のクリープ破断強度としては，ともに低強度側2.25Cr-1Mo鋼ならびに2.25Cr-1.6W-V-Nb鋼母材の平均強度を下回り，特に高温長時間側では，その平均強度の80%に低下することがわかる。

一般に溶接継手のクリープ強度は溶加材の強度よりも熱影響部の軟化領域に影響をうけることが知られており，異材溶接継手においても同様な傾向があることに留意しておく必要がある。

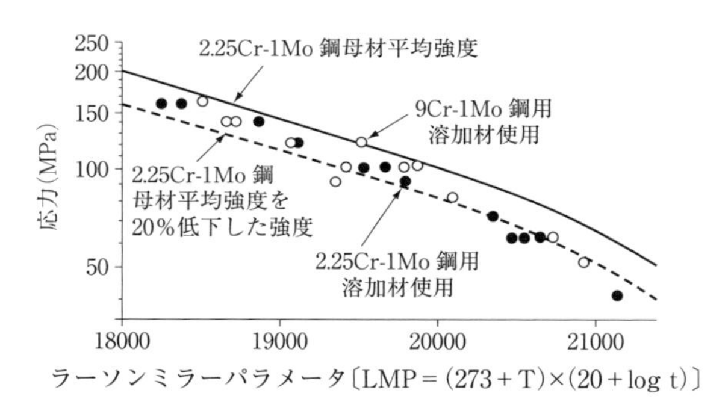

(a) 9Cr-1Mo鋼と2.25Cr-1Mo鋼異材溶接継手

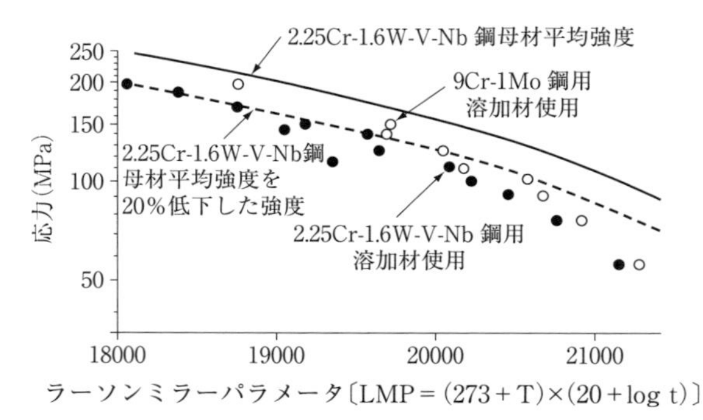

(b) 9Cr-1Mo鋼と2.25Cr-1.6W-V-Nb鋼異材溶接継手

図2.8　9Cr-1Mo鋼と2.25Cr鋼異材溶接継手のクリープ強度に及ぼす溶加材の影響

2.4　異材溶接継手の適用事例とトラブル例

クロムモリブデン鋼の異材溶接の適用事例としては，火力発電プラントが挙げられる。高圧配管，蒸気弁，高圧車室などの溶接継手や廃熱回収ボイラー(HRSG)の伝熱管などに広く採用され，9Cr 鋼から 1.25Cr 鋼にいたる鋼種の組合せの異材溶接継手が多く用いられている。

特に蒸気タービンの高温化にともない，高温強度の優れた 9Cr 鋼が適用されるようになり，異材溶接部の重要性が高まってきた。**図 2.9** は，9Cr-1Mo 鋼製主蒸気配管と 1.25Cr-1Mo-0.25V 鋼製タービン蒸気弁の異材溶接の例を示したものである[8)]。溶加材には，2.25Cr-1Mo 鋼(E9018-B3)が用いられている。この部位は，565℃，12.4MPa の環境で使用されていたが，5,000 時間内の運転時間で，異材溶接部に割れが生じたことが報告されている。**図 2.10** は，その割

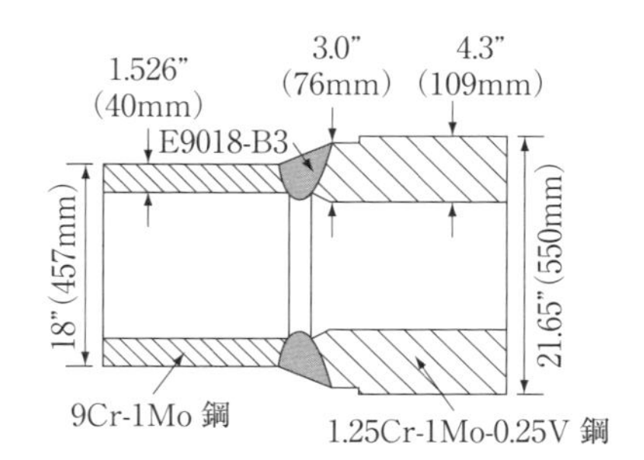

図 2.9　9Cr-1Mo 鋼製主蒸気配管と 1.25Cr-1Mo-0.25V 鋼製蒸気弁の異材溶接の例

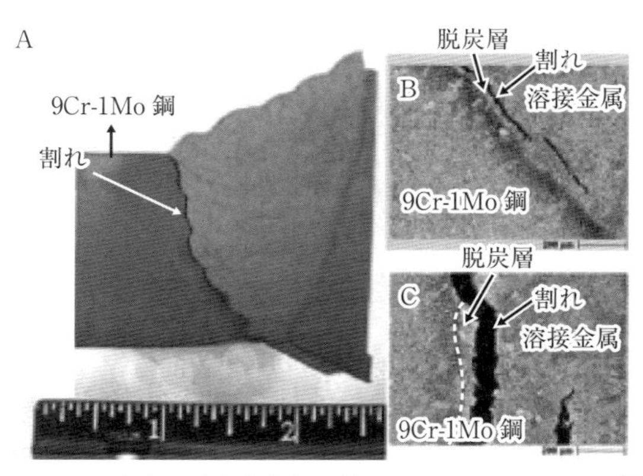

図 2.10　運転中の 9Cr-1Mo 鋼(P91)製主蒸気配管と 1.25Cr-1Mo-0.25V 鋼製蒸気弁の異材溶接部の割れ

れ部のマクロおよびミクロ組織観察結果を示したものである。9Cr-1Mo 鋼母材と 2.25Cr-1Mo 鋼溶接金属溶融境界部には，炭素の移動で 2.25Cr-1Mo 鋼溶接金属部側に脱炭層が生成しており，その部位に割れが発生していることがわかる。この割れの原因は，クリープ破壊で，設計的には，この部位の応力レベルを下げることが必要とされた。この場合，**図 2.11** のように，トランジションピースを設けて，異材溶接部の肉厚を増加することにより，脱炭層にかかる応力レベルを下げる改善策が講じられている。

図 2.12 は，HRSG 伝熱管への 9Cr 鋼（火 STBA28：火力技術基準）と 2.25Cr 鋼（SA-213T22）の異材溶接の例を示したものである[9]。この場合の溶接は，狭隘なスペースのなか全姿勢自動ティグ溶接で行われている。図 2.12 の断面マ

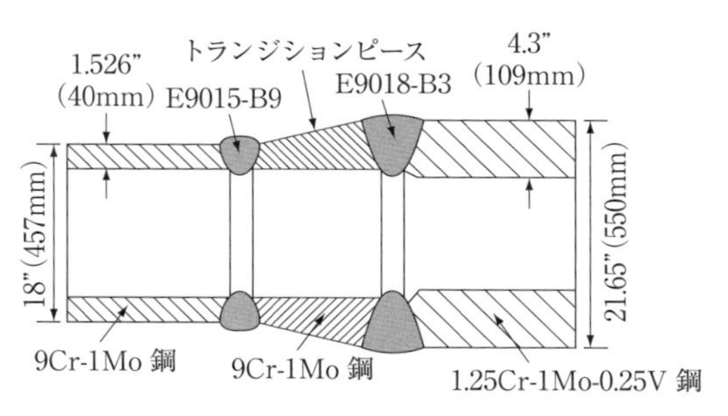

図 2.11　設計の改善例

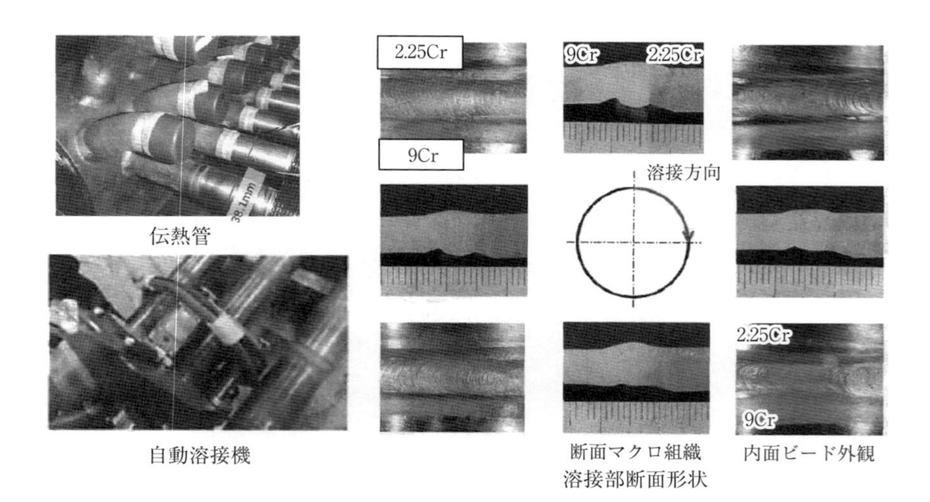

図 2.12　HRSG 伝熱管 9Cr 鋼と 2.25Cr 鋼の異材全姿勢ティグ溶接の例

クロ組織では，裏波形状が不適正な例を示している。溶加材には9Cr鋼を用いており，各々の材料の溶融特性の違いから各姿勢での裏波形状が不適正となる場合が生じる。このため，溶加材の挿入量や溶接条件の適正化により裏波形状の改善がはかられている。

また，少し特殊な異材溶接の例として，蒸気タービン溶接構造ロータが挙げられる。**図2.13**は，異材溶接を用いた溶接構造ロータの構成を示したものである[10)]。従来，通称12Cr鋼（フェライト系10～12% Cr鋼）からなる一体鍛造ロータでは，軸受ジャーナル部の焼付き防止を目的として，低合金鋼（クロムモリブデン鋼）のオーバレイ溶接が行われていた[11)]。一方で，高圧，中圧，低圧部分をそれぞれ最も適した材料を採用することで小型鍛造品を活用できる溶接構造ロータが開発され実用化されている。HIP（高中圧一体）ロータでは，1Cr-Mo-V鋼と12Cr鋼，ILP（中低圧一体）ロータでは，1Cr-Mo-V鋼と3.5Ni-Cr-Mo-V鋼の異材溶接が行われる。特徴としては，鍛造ロータ材の焼戻

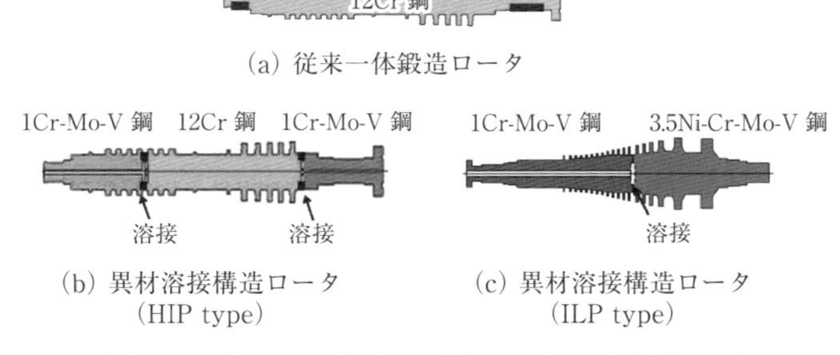

図2.13　蒸気タービン溶接構造ロータの異材溶接の例

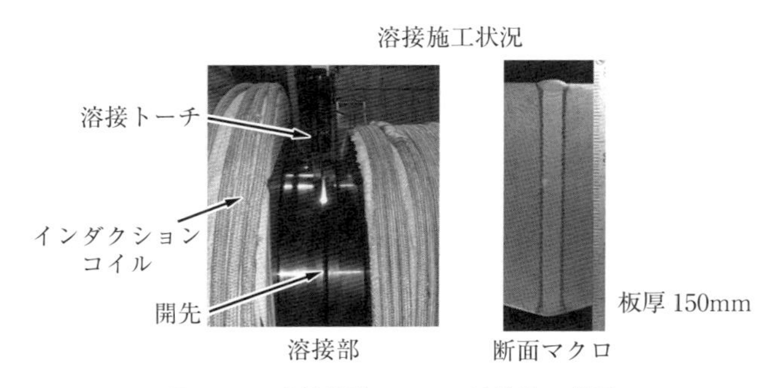

図2.14　溶接構造ロータの溶接施工状況

し温度が低いため PWHT 温度が低いことや溶接部位の使用温度が低いことから，炭素の移行の問題は生じない。**図 2.14** は，溶接施工状況を示したもので，150mm 厚さの溶接に対して，変形と異材溶接における溶加材の希釈を抑制するため，開先幅約 10mm の狭開先ホットワイヤティグ溶接が適用されている。また，低温割れの防止を目的として，インダクションコイルによる局部加熱にて 200℃の予熱が実施されている。

参考文献

1) Buchmayr, et al：ASM International 1990, pp.237-242
2) ANSI/AWS D10.8-96：Recommended Practices for Welding of Chromium-Molybdenum Steel Piping and Tubing
3) API RECOMMENDED PRACTICE 582 SECOND EDITION, DECEMBER2009：Welding Guidelines for the Chemical, Oil, and Gas Industries
4) 日本溶接協会溶接情報センター接合・溶接技術 Q&A
5) Peter Mayr, et al.：Microstructural features, mechanical properties and high temperature failures of ferritic to ferritic dissimilar welds, International Materials Reviews, 64-1(2019), pp.1-26
6) S.K.Albert, et.al：Soft Zone Formation in Dissimilar Welds between Two Cr-Mo Steels, Welding Journal, March, (1997), pp.135-s-142-s
7) C.SUDHA, et.al：Microstructure and Microchemistry of Hard Zone in Dissimilar Weldments of Cr-Mo Steels, Welding Journal, April, (2006), pp.71-s-80-s
8) Fishburn JD, et.al：EPRI welding and Repair Technology Conference, 2006
9) 仁木隆裕：コンバインドサイクル火力発電所向け配管溶接技術の開発，特材資料 SW-06-20
10) 浅井知他：大容量・高温化対応蒸気タービンの溶接ロータ，東芝レビュー，65-8(2010)，pp.12-15
11) 大地昭生他：次世代型超々臨界圧タービンシステムの実用化研究，日本機械学会論文集(B 編)，73-725(2007-1)，pp.298-305

第3章

ステンレス鋼の異材溶接・肉盛溶接

ここでは，ステンレス鋼と炭素鋼・クロムモリブデン鋼との異材溶接，ステンレス鋼異鋼種間の異材溶接および炭素鋼・クロムモリブデン鋼へのステンレス材料の肉盛溶接を行う際に実際に必要となる開先形状や推奨溶加材，溶接条件，熱処理などの溶接施工に関する知識や適用事例，得られた継手・肉盛部の組織，機械的性質，耐食性やトラブル事例を各種材料の組合せごとに説明する。

3.1　ステンレス鋼の異材溶接・肉盛溶接部の冶金現象

3.1.1　シェフラ組織図を用いた溶接金属組成・組織予測および溶接性の評価

ステンレス鋼はCrが約11mass%以上添加された鋼であり，耐食性の他に機械的性質に優れているため，各種の腐食環境など，苛酷な環境で使用される。ステンレス鋼は，各種特性に適用した多くの鋼種が開発されており，Crを主要元素としたクロム系ステンレス鋼とCrとNiを主要元素としたクロムニッケル系ステンレス鋼に大別される。金属組織の観点からは，クロム系ステンレス鋼はマルテンサイト系ステンレス鋼とフェライト系ステンレス鋼に，クロムニッケル系ステンレス鋼はオーステナイト系ステンレス鋼，二相ステンレス鋼および析出硬化型ステンレス鋼に分類される。

溶接金属の組織については，クロム系ステンレス鋼は母材とほぼ同じマルテンサイト単相もしくはフェライト単相あるいはマルテンサイトを一部含むフェライト組織であるのに対し，クロムニッケル系ステンレス鋼では，多くの場合フェライトとオーステナイトの二相組織となる。そのため，炭素鋼・クロムモリブデン鋼との異材溶接においては，溶加材は異なる両母材の希釈を受け，溶接金属の化学組成および組織が複雑に変化する。この変化を予測するものとし

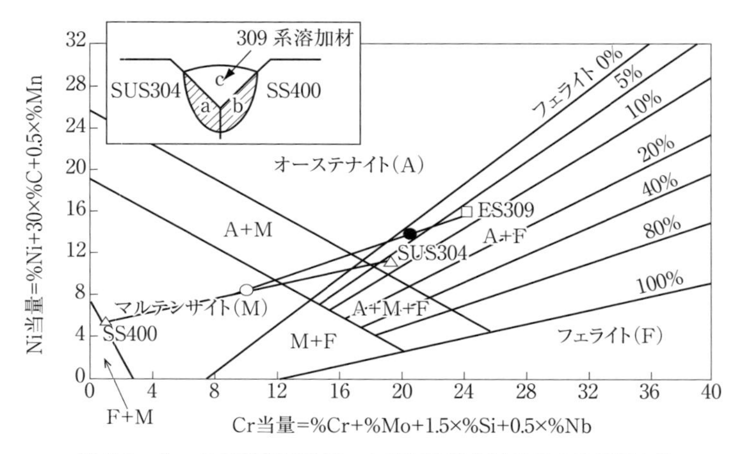

図 3.1　シェフラ組織図を用いた異材溶接金属の組成の算出方法

てシェフラ組織図[1)]およびこれにNの影響を考慮したディロング組織図[2)]などがある。**図3.1**にシェフラ組織図を示す。この組織図は，フェライト形成元素およびオーステナイト形成元素をそれぞれCr当量(＝%Cr＋%Mo＋1.5×%Si＋0.5×%Nb)およびNi当量(＝%Ni＋30×%C＋0.5×%Mn)として一次関数で表した値をそれぞれ横軸および縦軸として，ステンレス鋼の構成相であるオーステナイト(A)，フェライト(F)およびマルテンサイト(M)およびこれらの混合相が室温で観察される化学組成範囲を表している。加えて，A＋F領域におけるフェライト量の比率もわかるようになっている。この組織図を用いて異材溶接金属の化学組成および組織予測を以下の手順で行うことができる。ここではステンレス鋼SUS304と軟鋼SS400の突合せ溶接を溶加材ES309を用いて実施した例で説明する。

① SUS304とSS400の化学組成からそれぞれを組織図上にプロットする(図中の△)。

② ノンフィラー溶接でSUS304とSS400のそれぞれの溶融量の割合をa：bとなるように溶接した場合，SUS304とSS400を結んだ線分をb：aに内分した点が溶接金属の化学組成となる。例えば，溶込みの割合が等しい場合は図中の△2点を結ぶ直線上の中点(図中の○)となる。

③ その後，上記の溶接金属に溶加材ES309を用いて希釈率30%で溶接した場合ES309の化学組成と○印を結んだ直線を3：7に内分した点(図中の●)が図3.1中に示す異材溶接部の溶接金属の化学組成および組織を表す。

フェライト量の表記は体積率を示す%表示およびFN(フェライト番号)表示

があるが，世界的にはFN表記への統一化が進められている。これにともない，組織予測に用いられる組織図も，FN表示のディロング組織図が推奨されている。**図3.2**にディロング組織図を示す。FN表示では%表示と比較してフェライト量が若干高い値となるが，約10%までは両者の値の差はほとんど無視できるものである。FN表示を高フェライト領域まで精度よく表記した組織図としてはWRC（Welding Research Council）が1992年に発行した**図3.3**に示す組織図がある[3)]。

ただし，これらの組織予測は被覆アーク溶接の一般的な溶接条件（凝固速度および冷却速度）のもとでのものであり，溶接方法や溶接条件によってオース

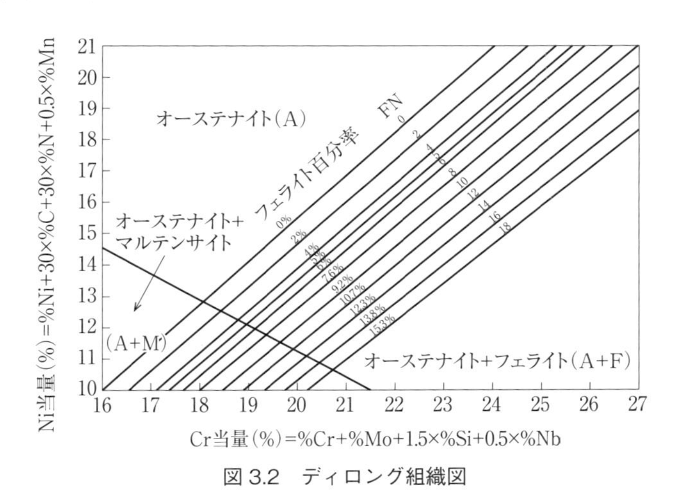

図3.2　ディロング組織図

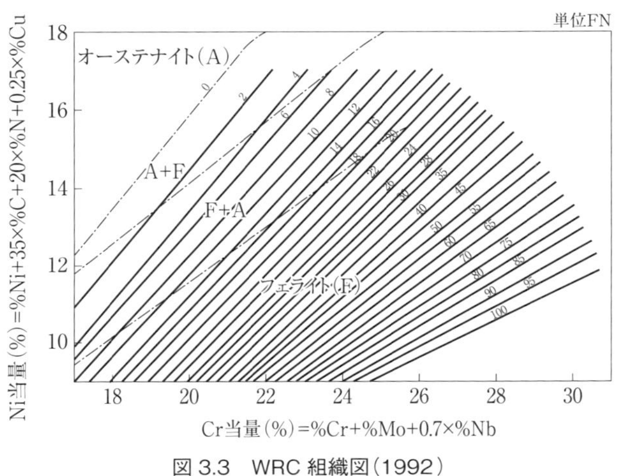

図3.3　WRC組織図（1992）

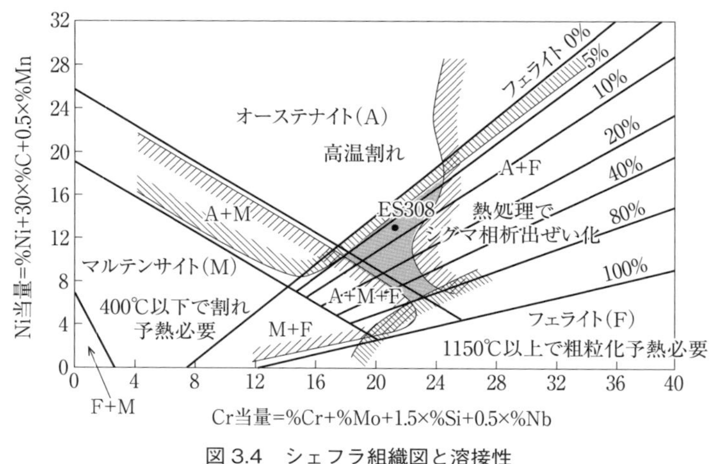

図3.4　シェフラ組織図と溶接性

テナイト領域やフェライト領域が拡大するなど，組織状態は異なってくるので注意が必要である[4)]。

ステンレス鋼の溶接金属では凝固割れなどの高温割れ，シグマ相など金属間化合物(IMC)生成によるぜい化などが発生することがあるが，これらの欠陥や劣化は溶接金属の金属組織と密接に関係していることが知られている。これら欠陥や劣化が発生しやすい組成範囲をシェフラ組織図上に示したのが**図3.4**である[5)]。高Ni当量の領域で高温割れ，低Ni当量の領域で粗粒化によるじん性低下，高Cr当量の領域でシグマ相析出によるじん性低下，低Cr当量の領域で低温割れが発生しやすくなる。そのため，ステンレス鋼の異材溶接においては，同図内で塗りつぶした領域のうち，高温割れ防止の観点からはフェライト量3～15%程度の範囲が安全域となるが，一般的には5～10%で施工されることが多い。また，PWHTが要求される肉盛においてはシグマ相ぜい化の懸念があるため，フェライト量3～8%に規制される場合が多い。

3.1.2　ステンレス鋼溶接における凝固モードと室温組織

ステンレス鋼溶接時の溶接金属における凝固現象は**図3.5**のFe-Cr-Ni合金の切断状態図に示すように，フェライトもしくはオーステナイト単相で凝固する場合と，初晶オーステナイトもしくはフェライトで凝固を開始し，その後，凝固途中からオーステナイト＋フェライトの二相凝固する場合がある。したがって，溶接金属の凝固モードは**図3.6**に模式的に示すように，以下の4つのタイプに分類される。

① Aモード：オーステナイト単相凝固

オーステナイト単相で凝固が完了し，その後変態を起こさず，ほぼ凝固組織のまま室温に至る。

② AFモード：初晶オーステナイト＋(フェライト＋オーステナイト)二相凝固

オーステナイト相が初晶で晶出するが，その後，デンドライト境界にフェライトが晶出し，室温組織はデンドライト境界に島状フェライトを含んだ二相組織を呈する。

③ FAモード：初晶フェライト＋(フェライト＋オーステナイト)二相凝固

フェライト相が初晶で晶出するが，その後，デンドライト境界にオーステナイト相が晶出し，フェライト＋オーステナイト二相で凝固を完了する。また，冷却過程で，オーステナイトがフェライト中に成長してフェライト相の体積率が減少するとともに，形態が大きく変化する。

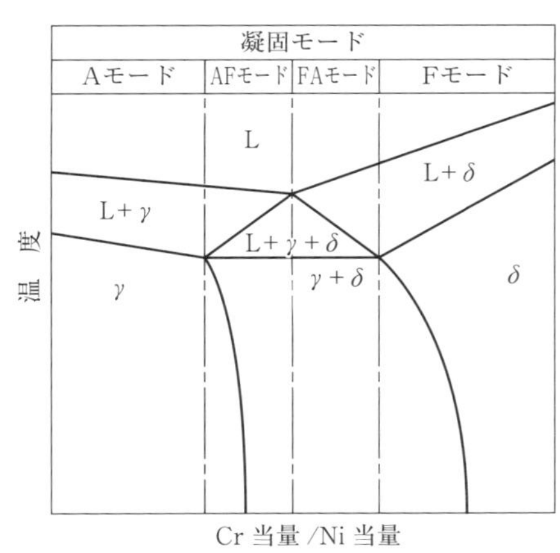

図3.5　Fe-Cr-Ni合金の切断状態図

④ Fモード：フェライト単相凝固

フェライト単相で凝固を完了する。この凝固モードには，組成により凝固後の冷却過程でオーステナイト相を析出して室温組織がフェライト＋オーステナイト二相組織となる場合と，フェライト単相となる場合がある。

従来のアーク溶接における溶接金属では，各凝固モードの出現組

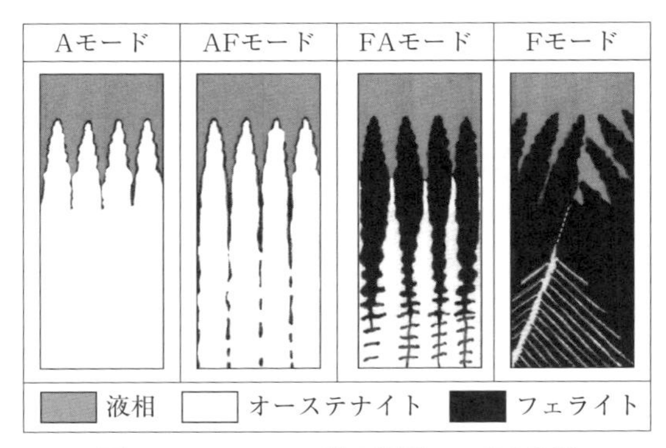

図3.6　ステンレス鋼の凝固モードの分類

成範囲はCr当量およびNi当量から予測する方法が検討されている。例えば，溶接金属の凝固モードの変化は以下の当量式を用いた場合，Cr当量／Ni当量の比では以下の様に整理できることが報告されている[6]。

A，AFモード：Cr当量／Ni当量≦1.48

FAモード　：1.48≦Cr当量／Ni当量≦1.95

Fモード　　：1.95≦Cr当量／Ni当量

ただし，上記の当量式は以下の式による。

Cr当量＝%Cr＋%Mo＋1.5×%Si＋0.5×%Nb＋2×%Ti

Ni当量＝%Ni＋30×%C＋0.5×%Mn＋30×(%N－0.06)

なお，各凝固モードにおける冷却後の室温組織を**図3.7**に示す[7]。Aモード凝固の室温組織は，(a)に示すようにオーステナイト単相組織であるのに対し，AFモード凝固の室温組織は，(b)に示すようなインタセルラーもしくはグロビュラーフェライト組織となる。FAモード凝固の室温組織は，(c)に示すバーミキュラーフェライト組織もしくは(d)に示すレイシーフェライト組織となる。Fモード凝固の室温組織は，(e)に示すアシキュラーフェライト組織もし

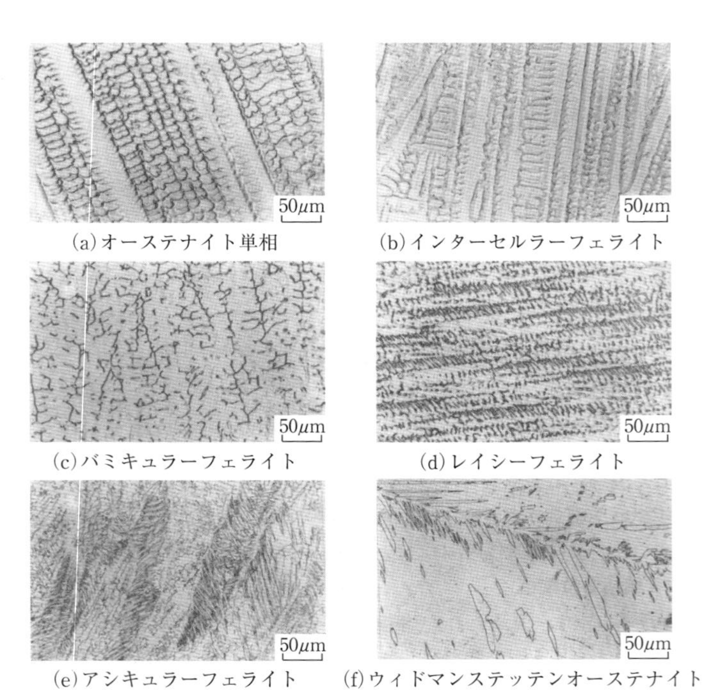

(a)オーステナイト単相　(b)インターセルラーフェライト

(c)バミキュラーフェライト　(d)レイシーフェライト

(e)アシキュラーフェライト　(f)ウィドマンステッテンオーステナイト

図3.7　ステンレス鋼肉盛溶接金属に発生した凝固割れ

くは(f)に示すウィドマンステッテンオーステナイト組織となる。詳細については他書を参考にされたい[7),8)]。

3.1.3　溶接割れ

(1)高温割れ

ステンレス鋼の異材溶接・肉盛溶接部における高温割れの例として，炭素鋼に肉盛溶接した際の肉盛溶接金属における凝固割れを示す。図3.7[7)]はステンレス鋼溶加材YS309を用いてマグ溶接(シールドガス：Ar＋2%O_2)により炭素鋼に肉盛溶接を行った際の1層目の肉盛溶接金属で発生した凝固割れである。溶接金属のフェライト量は少なく，AFモードの組織を呈している。この割れの破面様相を**図3.8**[8)]に示す。割れは，凝固粒界で発生し，割れ破面は，デンドライト組織を反映した凝固組織特有の滑らかで丸みのある起伏に富んだ形態をしている。

すでに述べたように，図3.1に示したシェフラ組織図は，構成相の予測によく利用されるが，図3.4にはシェフラ組織図上に，高温割れおよびその他の割れやぜい化現象が発生しやすいNi当量およびCr当量範囲が示されている。この図に示すように,高温割れはオーステナイト領域で発生しやすい。したがって，ステンレス鋼の異材溶接において高温割れを防止するには，同図の塗りつぶした領域の中でフェライト量を5～10%含む溶接金属組織となるよう施工することが望ましい。

一方，P，SおよびBなどの元素は微量の含有で材料の最終凝固部の凝固温度を大幅に低下させるため，BTR（凝固ぜい性温度領域)を広げることになり，凝固割れ感受性を増大させる。**図3.9**[9)]は，ステンレス鋼異材溶接における凝固割れ感受性に及ぼすP, Sの影響をフェライト番号と(P＋S)との関係で示す。これより，フェライト量が少ないほど，わずかな(P＋S)量でも割れが発生す

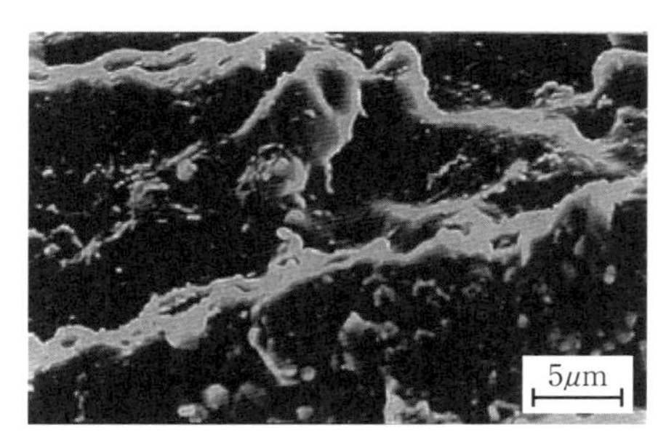

図3.8　ステンレス鋼肉盛溶接金属中の割れの破面様相

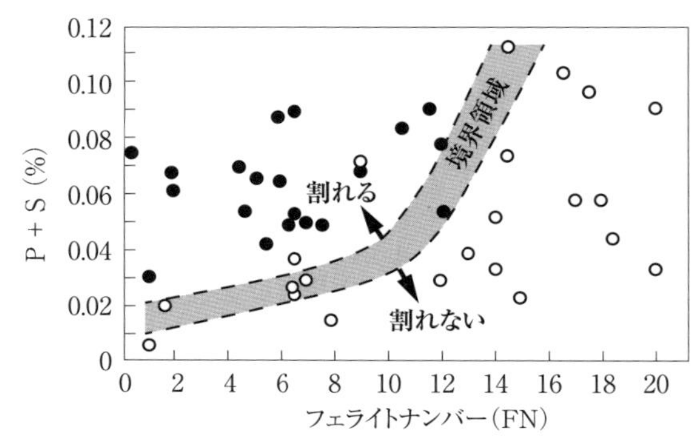

図 3.9　ステンレス鋼異材溶接における凝固割れ感受性に及ぼすP，Sの影響

るため不純物元素を低減することが重要になることがわかる。その他，Nb や Ta, Si の添加も凝固割れを助長する[10]。また，一般的に，ステンレス鋼に比べ，炭素鋼・クロムモリブデン鋼は不純物元素(P および S)含有量が多いため，異材溶接継手や肉盛溶接部における炭素鋼・クロムモリブデン鋼側の溶込み増大にともない溶接金属部への不純物元素の混入(コンタミネーション)が増加し，高温割れ発生の原因となる場合がある。

(2) 低温割れ

ステンレス鋼と炭素鋼あるいはクロムモリブデン鋼等との異材溶接部の溶融境界部にはボンドマルテンサイト組織が形成される場合があることが知られている(詳細は 3.1.4 項に記載)。溶接継手部で拘束が大きいと，溶接中または溶接後にボンドマルテンサイト部を伝播するはく離状の割れが発生することがある。**図 3.10**[11]に異材溶接継手の引張拘束割れ(TRC)試験結果の一例を示す。クロムモリブデン鋼(A387Gr11)と SUS304 を溶加材インコネル 132 あるいは ES309 で溶接した場合，いずれの溶加材でも広い応力範囲で割れが発生している。割れは，**図 3.11**[11]に示すようにクロムモリブデン鋼と溶接金属の融合部に添って伝播しており，ボンドマルテンサイトとみられる遷移領域を伝播している。この種の割れは，ボンド遷移領域の硬化が大きいほど発生しやすく，かつ割れ発生にいたるまでに潜伏期間があることから，ボンドマルテンサイトが関連した拡散性水素に起因する低温割れであるといわれている。**図 3.12**[11]に示すように，TRC 試験による割れ発生限界応力は，炭素鋼・クロムモリブデン鋼の炭素当量が高いほど低くなり，割れは発生しやすい。逆に Ni 量の多い溶加材ほど割れ発生限界応力は高くなり，割れは発生しにくくなる。よってこの種の割れの対策としては，拡散性水素低減のための予熱後熱の実施や高 Ni 溶

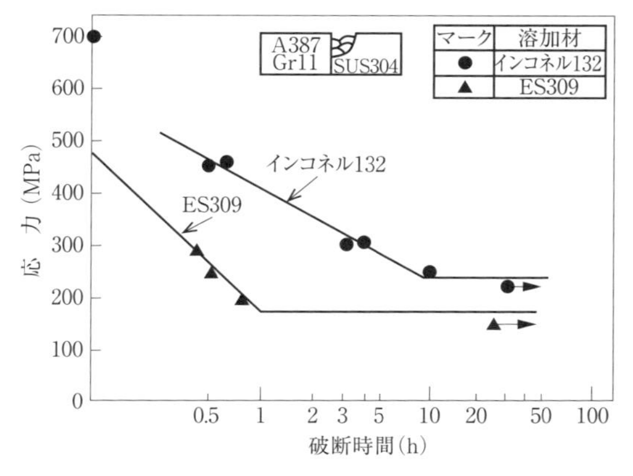

図 3.10 ボンドマルテンサイトを有する継手の TRC 試験結果

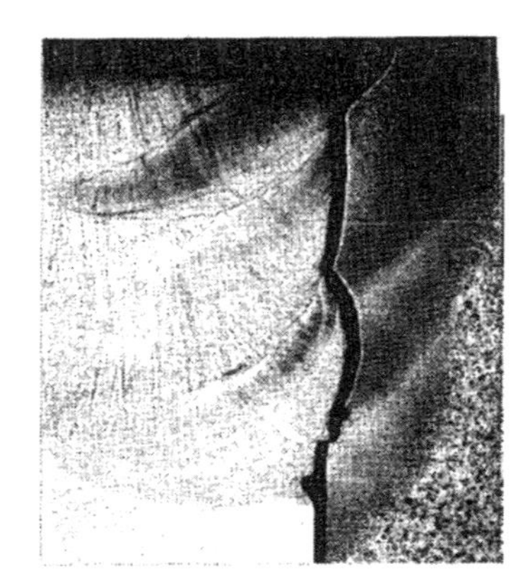

図 3.11 クロムモリブデン鋼と溶接金属の融合部に沿って伝播した割れ

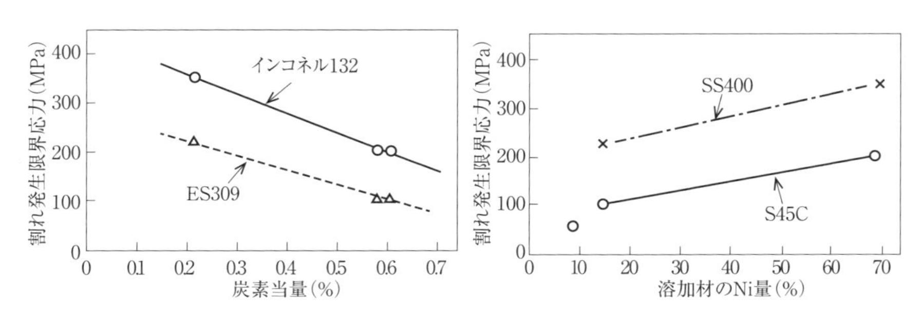

図 3.12 割れ発生限界応力に及ぼす炭素当量と溶加材中の Ni 量との関係
（炭素鋼と SUS304 異材溶接継手の TRC 試験）

接棒の使用が有効である。

(3) 液体金属ぜい化割れ

オーステナイト系ステンレス鋼や高ニッケル合金などの溶接において，熱影響部近傍に，Zn，Cu，Pbなどの低融点金属が存在する場合(めっきや塗料など)，溶接時にこれらの低融点金属が液体となって溶接熱影響部の結晶粒界に浸入し，熱応力によって割れが発生する。この現象を液体金属ぜい化割れ(Liquid metal embrittlement cracking)という。特に，Znは少量でも割れ発生を引き起こすことから，溶融亜鉛による割れ(亜鉛ぜい化割れ(Zinc embrittlement cracking))としてよく知られている。特に，オーステナイト系ステンレス鋼は亜鉛ぜい化割れ感受性が非常に高い(炭素鋼は割れ発生リスクが小さい)。**図3.13**にSUS304ステンレス鋼(亜鉛プライマー塗布鋼)溶接部に発生した亜鉛ぜい化割れの一例を示す[12]。割れは溶接熱影響部の結晶粒界に沿って発生・伝播しており，割れ発生部分において，亜鉛の粒界浸入が認められる。なお，液体金属の粒界浸入機構の詳細は諸説あり明らかにはなっていないが，粒界エネルギーが高い材料では液体金属の粒界浸入が顕著に生じることが知られている。**図3.14**に示すように，積層欠陥エネルギーが小さい成分系では粒界エネルギーが高くなり，粒界浸入が生じて亜鉛ぜい化割れが生じるという説などがある[12]。

また，液体金属ぜい化のメカニズムも必ずしも明確になっておらず，溶融金属が粒界に浸入・拡散することによって生じる表面エネルギー低下説[13]，原子間結合力低下説[14),15]や金属間化合物形成による内部応力説[16]などの諸説がある。さらに，液体金属ぜい化割れの発生が，液体金属の粒界浸入(亀裂先端部

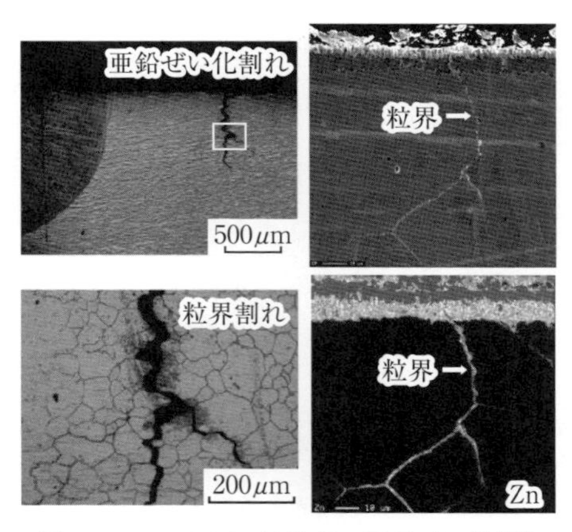

図3.13　SUS304溶接部の亜鉛ぜい化割れ

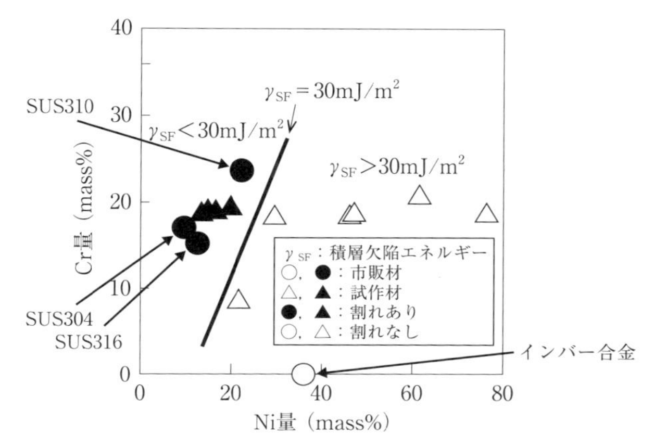

図 3.14　化学成分と亜鉛ぜい化割れおよび積層欠陥エネルギーとの関係

における液体金属原子の吸着）と粒界破壊が交互に生じる交番（同時進行）メカニズムによるとの説もある[17]。なお，液体金属ぜい化は，必ずしも溶接部に限定される現象ではなく，金属が液体金属に接触すれば，材料の組合せや応力条件により，溶接部を含まない構造部材に生じる場合もある。

3.1.4　ボンド近傍の組織と機械的性質

(1) ボンドマルテンサイト組織

図 3.15[18]は，軟鋼 SM400C にオーステナイト系ステンレス鋼被覆アーク溶接棒 ES309 で肉盛溶接を行った場合のボンド近傍の溶質元素濃度分布を示している。図よりボンド近傍の溶接金属内に，Ni，Cr，Fe，Mn の濃度遷移層が見られる。これらの濃度分布に応じた Ni 当量および Cr 当量に相当する組織を図 3.1 のシェフラ組織図から読み取れば，マルテンサイト組織が形成され

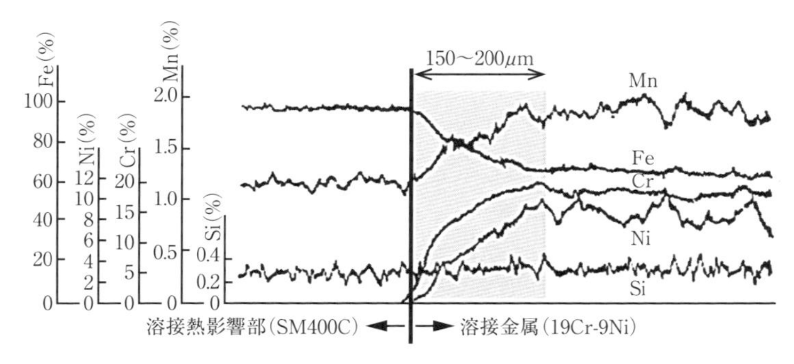

図 3.15　炭素鋼とステンレス鋼溶着金属のボンド近傍での合金元素の濃度分布状況一例

ることが予想される。一般に，このような組織をボンドマルテンサイト組織と呼んでいる。

図 3.16 は高張力鋼(WT-100N)上に25Cr-20Ni系の被覆アーク溶接棒にてビードオンプレート溶接した際の溶融境界部のミクロ組織である。溶融境界部の溶接金属側に幅約 100 μm のボンド遷移領域が観察される。**図 3.17** はボンド近傍硬さ分布を示す[19]。溶接金属部側 100 μm 程度が 500HV に近い硬さを示しており，マルテンサイトの生成が示唆されることにより，図 3.16 に示すボンド遷移領域はボンドマルテンサイト組織と考えられる。このようなボンドマルテンサイト組織が形成されると，局部的に延性が低下し，曲げ特性や疲労特性の低下を招くことがあるため注意が必要である。

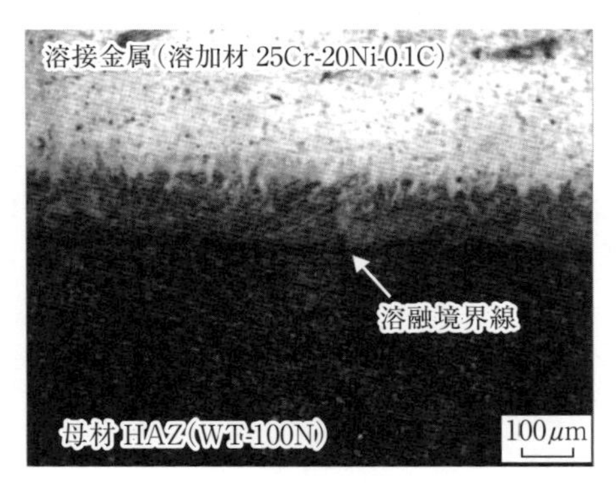

図 3.16　ボンドマルテンサイトの形態

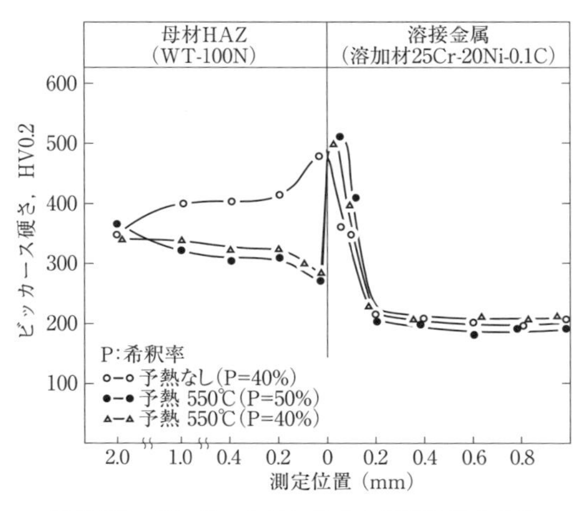

図 3.17　ボンドマルテンサイト組織の硬さ分布

図 3.18 はレ型開先の HT1000 材を種々のオーステナイト系溶加材で溶接した場合のボンド近傍の－50℃におけるシャルピー衝撃値を示す[19]。この図に示すように，溶接金属は高 Cr- 高 Ni 系のオーステナイト系でじん性が高いにもかかわらず，ボンド部ではきわめて衝撃値が低い。これは，ボンドマルテンサイト組織が生成していることによる。**図 3.19** は溶加材中の Ni 量とボンドマルテンサイト組織の最大生成幅との関係を示す。なお，図中には予熱なしおよび

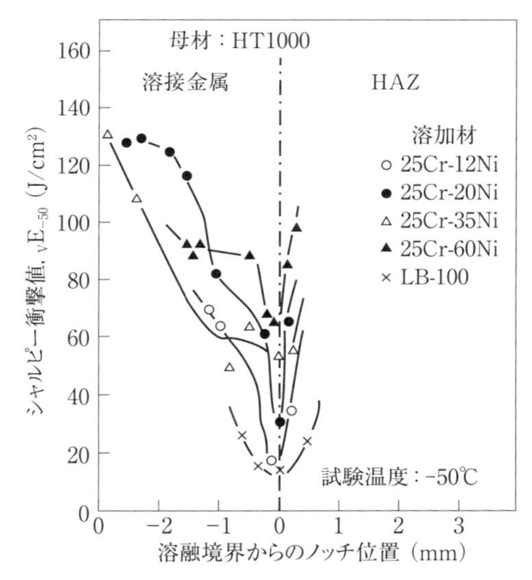

図 3.18　レ型開先 HT1000 高張力鋼突合せ継手のボンド近傍の衝撃特性

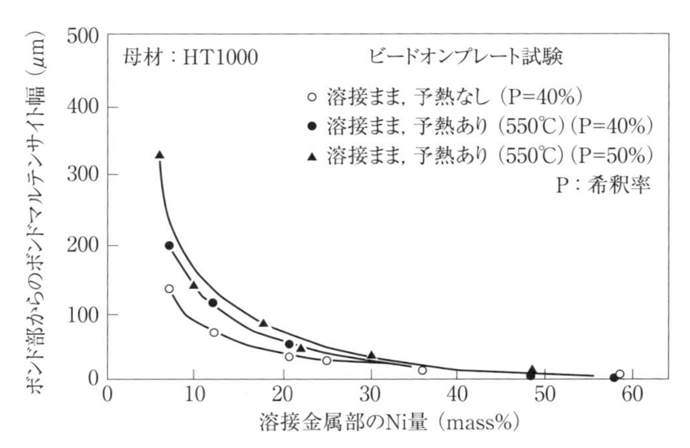

図 3.19　各種 Ni 量を有する溶加材によるビードオンプレート溶接時のボンドマルテンサイトの生成状況

予熱温度550℃の結果を示している。これより，溶接金属中のNi量が増加するとボンドマルテンサイト組織の生成が抑えられることがわかる。また，予熱するとボンド近傍の溶接金属内の元素遷移領域が拡大し，ボンドマルテンサイト組織が生成されやすくなる。これより，ボンドマルテンサイト組織の生成が懸念される場合には，予熱を避けてNi量の多いインコネル系溶加材を使用することが推奨される[19]。

(2)溶融境界に沿って伸長した結晶粒

低合金鋼(α系)母材とステンレス鋼(γ系)溶接金属の溶融境界部の組織を**図3.20**に示す[20]。ステンレス鋼溶接金属内において，溶融境界線に接して溶融境界に沿って伸長した結晶粒の形成が認められる。このような組織は共金溶接部では認められず，異材溶接部に特有な組織である。**図3.21**[21]に示すように，母材と溶接金属の結晶構造が同じ共金溶接では，柱状晶は母材からエピタキシャル成長するため，オーステナイト粒界は熱流方向に沿って溶融境界線にほぼ垂直な方向に形成されるが，両者の結晶構造が異なるα系／γ系鋼の異材溶

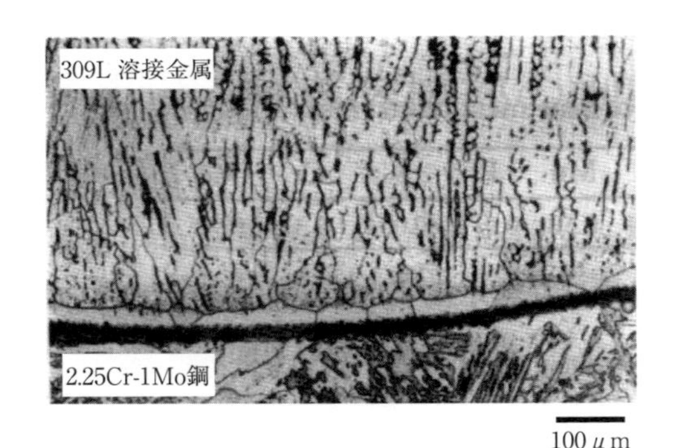

図3.20　異材溶融境界部の粗大結晶粒

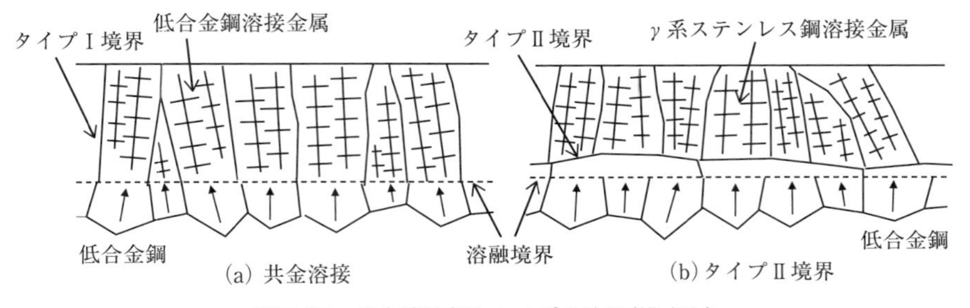

図3.21　共金溶接部とタイプⅡ境界(模式図)

接では，溶融境界線に平行方向に伸長した結晶粒が形成される場合がある。溶融境界線にほぼ垂直な粒界はタイプⅠ境界（Type I boundary）と呼ばれ，平行な粒界はタイプⅡ境界（Type II boundary）と呼ばれている。特に，タイプⅡ境界は，後述するように，ステンレス鋼肉盛溶接部のはく離割れ（ディスボンディング）発生箇所となりやすい。

3.1.5　溶接後熱処理（PWHT）中の冶金現象および供用中の劣化，損傷

(1) 浸炭・脱炭現象と機械的性質

2.1 節で記載のあった，炭素鋼とクロムモリブデン鋼の異材溶接と同様に，炭素鋼・クロムモリブデン鋼とステンレス鋼の異材溶接継手では熱処理にともない，溶融境界において炭素移行現象が生じ，結果として，炭素鋼 HAZ では脱炭領域が，ボンドからステンレス鋼溶接金属にかけては浸炭領域が形成される。これは，両材料間で Cr 量が異なることに起因するもので，1.3.3 項に示したように，Cr 量が多いほど炭素の活量係数が下がるため，炭素の化学ポテンシャル（活量）勾配に比例して，炭素は Cr 量の多いステンレス鋼側へ拡散移行する。図 3.16 に示すようなボンドマルテンサイトが生成している場合，熱処理によって炭素移行にともなう浸炭組織が重畳して形成されることになり，きわめて延性が低くなる。

図 3.22 はオーステナイト系ステンレス鋼フラックス入りワイヤ TS309L を用いた，低合金耐熱鋼 ASTM A387 Gr.22 の肉盛溶接部を 710℃ × 32h で熱処理した場合のボンド部の組織を示す[22]。溶融境界を挟んで母材から溶接金属に向かって炭素が拡散した結果，溶接金属側に浸炭層が形成され，黒い帯状に見えている。一方，母材側には脱炭にともない形成された，粗大なフェライトの

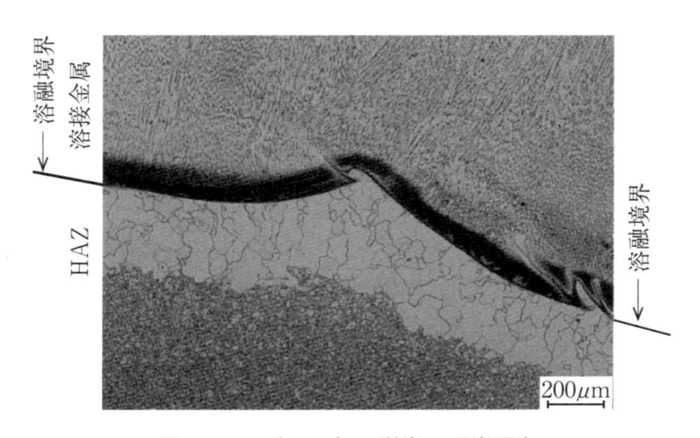

図 3.22　ボンド部の脱炭，浸炭現象

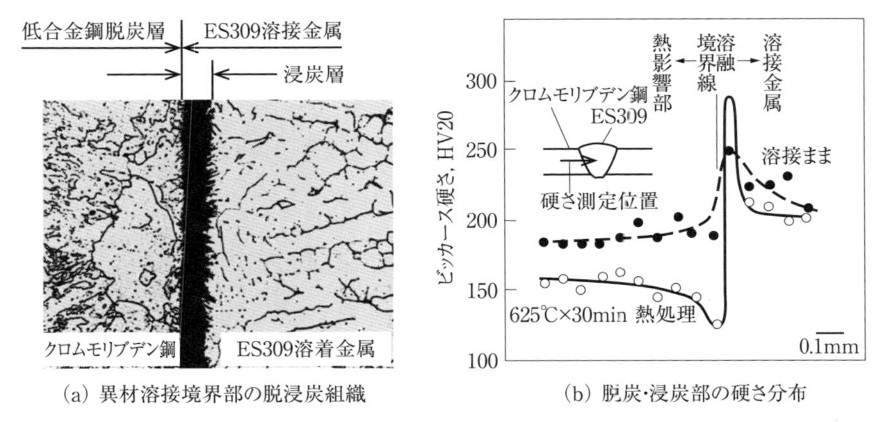

(a) 異材溶接境界部の脱浸炭組織　　(b) 脱炭·浸炭部の硬さ分布

図 3.23　異材溶接境界部の熱処理にともなう脱炭，浸炭部の硬さ分布

結晶粒が観察される。

図 3.23 (a),(b)は，オーステナイト系ステンレス鋼被覆アーク溶接棒 ES309 を用い，クロムモリブデン鋼と SUS304 を突合せ溶接した継手を 625℃ × 30min で熱処理した場合のクロムモリブデン鋼と溶接金属の溶融境界部のミクロ組織と硬さ分布である[23)]。(a)に示すように溶融境界部にはクロムモリブデン鋼側に脱炭層が，溶接金属側に浸炭層が形成されており，(b)に示すように，熱処理前(溶接まま)の硬さ分布に比べ，熱処理後の硬さは，脱炭層はより低く，浸炭層はより高くなっている。

このような脱浸炭現象は，炭素の拡散移行に起因する現象であるので，熱処理温度が高く，時間が長いほど脱炭層および浸炭層の形成が顕著となる。**図 3.24**

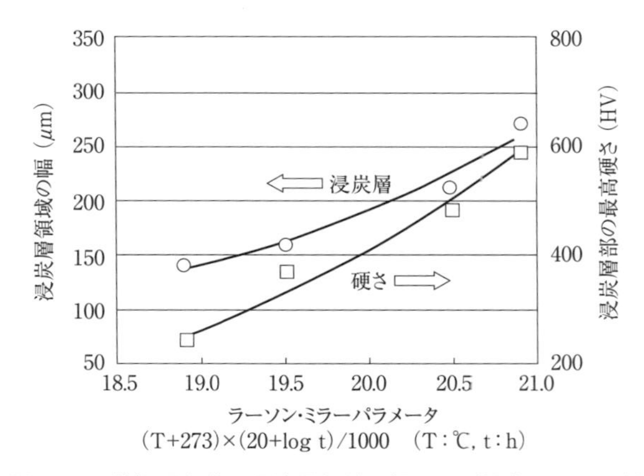

図 3.24　熱処理条件と浸炭層領域の幅および最高硬さの関係

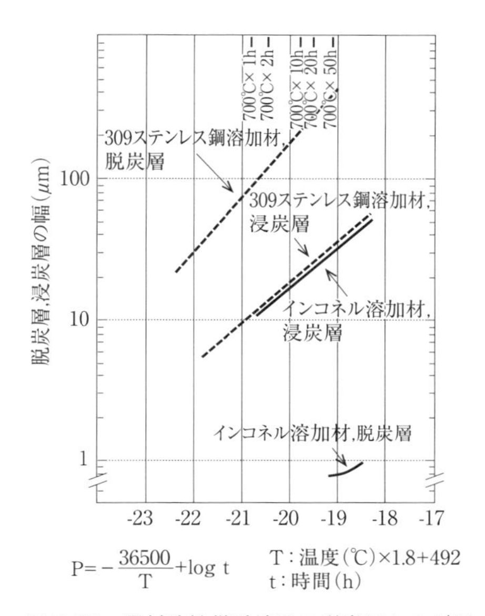

図 3.25 異材溶接継手境界の脱炭層および浸炭層生成と熱処理条件の関係

は浸炭層の幅および最高硬さと熱処理条件(温度,時間)を 1.3.3 項にて記述したラーソン・ミラーパラメータ(LMP = (T + 273) × (20 + log t),T:保持温度(℃),t:保持時間(h))で整理した結果である[23]。これより,浸炭層の幅および最高硬さは,ラーソン・ミラーパラメータにより整理でき,このパラメータの増加とともに,浸炭層の幅および最高硬さが増加することがわかる。

このような脱浸炭現象が顕著になると,溶接継手部のクリープ破断強度が低下し,継手の寿命が低下することもある。また,操業中繰り返し熱サイクルが付与されると,ステンレス鋼と炭素鋼との熱膨張係数の差から,ボンド部付近に熱応力が加わり,熱疲労破壊の危険性も高まる。**図 3.25** は脱炭層および浸炭層の生成と PWHT 条件の関係を示したものであるが[24],ステンレス鋼溶加材に比べて,インコネル溶加材を用いた方が,ボンド近傍の脱炭,浸炭層の幅が減少することがわかる。これは,ステンレス鋼と比べてインコネル溶加材中での炭素の活量が小さいことによる。そのため,熱処理の温度が高い場合,または時間が長い場合には脱炭層および浸炭層の生成傾向の小さいインコネル系などのニッケル合金の溶加材が一般的に多く使用される。

(2) シグマ相析出とぜい化

3.1.3 項(1)で述べたように,異材溶接部にオーステナイト系ステンレス鋼溶加材を使用する場合,溶接金属中の凝固割れの発生を防止するため,溶接金属には 5 ～ 10%のフェライトが含有するように,溶加材と溶接条件を選定する。しかし,溶接金属中のフェライト量が多すぎると,PWHT や高温での供用中に溶接金属がぜい化する現象が生じる。これは,高温での熱時効により溶接金属中のフェライト内にシグマ相などのぜい弱な金属間化合物が析出するためである。

図 3.26 は Fe-Cr 二元系状態図を示す。これより,Cr 量が多くなれば 600～

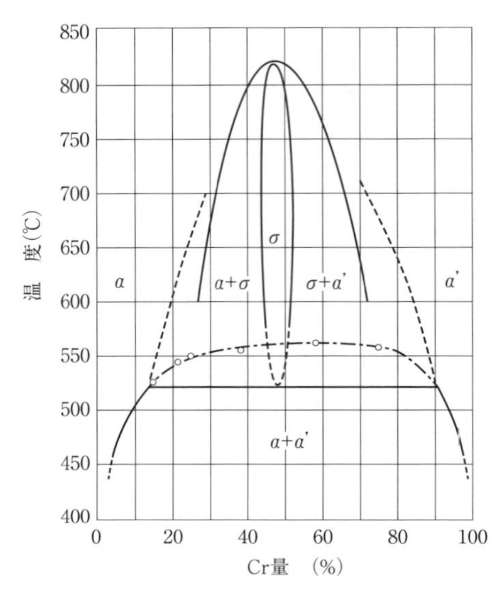

図 3.26　Fe-Cr 二元系平衡状態図(400 ～ 800℃)

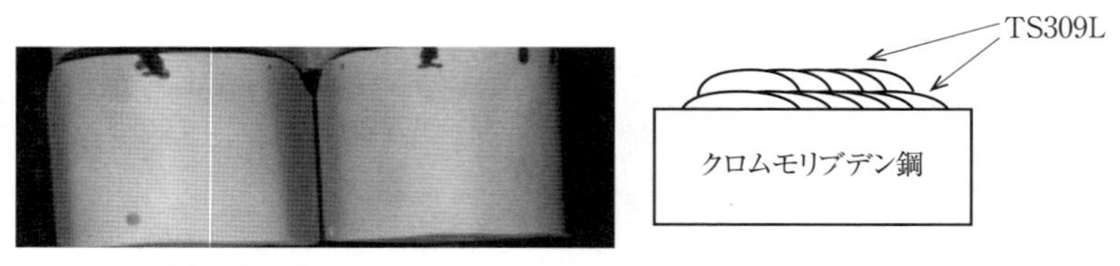

図 3.27　異材肉盛溶接材の PWHT 後の側曲げ試験結果(PWHT 条件：650℃× 10h)

800℃においてシグマ相が析出することがわかる。また，ステンレス鋼のように成分に Ni が入ると析出領域は概ね 600～1000℃程度にまで広がる。シグマ相は複雑な結晶構造をしており，非常に硬くてもろい相である。この相が析出するとじん性が低下する現象はシグマ相ぜい化と呼ばれている。シグマ相の増加にともない，じん性の低下も著しくなる。シグマ相の検出は，断面観察を村上試薬による化学腐食や KOH 水溶液を用いた電解腐食などの特殊なエッチング処理により行うことができる。

図 3.27 はクロムモリブデン鋼にフラックス入りワイヤ TS309L を用いて 2 層肉盛溶接を行った後，650℃ ×10h の PWHT を行い，側曲げ試験を行った試験片を示す[25]。肉盛部に割れが発生しているのがわかる。**図 3.28** はこのときの溶接ままおよび PWHT 後の溶接金属のミクロ組織を示す[26]。溶接ままの溶接金属では凝固割れの発生を防止するため，生成させたフェライトがネットワーク状に分布している。一方，PWHT 後の溶接金属では，このフェライトは黒く

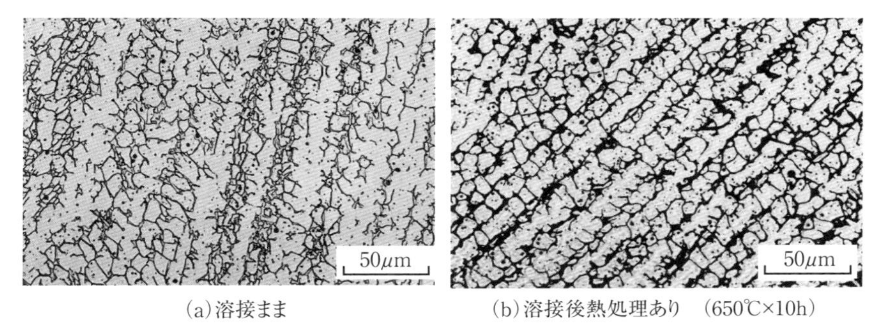

(a)溶接まま　(b)溶接後熱処理あり (650℃×10h)

図 3.28 TS309L 溶着金属の熱処理による組織変化(フェライト⇒シグマ相，炭化物析出)

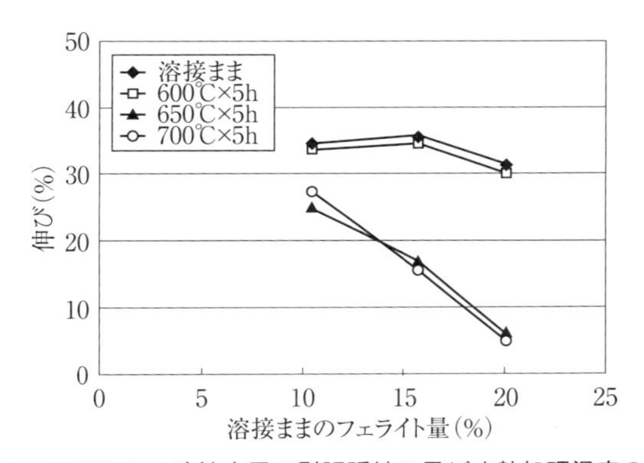

図 3.29 TS309L 溶接金属の引張延性に及ぼす熱処理温度の影響

腐食されるシグマ相に変態している。このことより，図 3.27 に示した側曲げ試験による試験片の割れの発生原因はシグマ相の析出によることがわかる。

図 3.29 はフェライト量の異なる TS309L を用いて作製した各種溶接金属の引張破断延性に及ぼす熱処理条件とフェライト量の関係を示している[25]。溶接まま，あるいは 600℃程度の PWHT では大幅な延性低下は見られないが，PWHT 温度が 650℃以上では，フェライト量の増加にともない延性低下が顕著になる。**図 3.30** はフェライト量の異なる TS309L を用いて 2 層肉盛溶接した試験板の側曲げ性能を調べた結果である[25]。フェライト量を 10％以下に管理することで，ラーソン・ミラーパラメータが 20.6 程度(700℃ ×20h)になっても十分な曲げ延性が確保できることを示している。

以上のように，ステンレス鋼の異材溶接金属中のフェライト量は，使用環境を考慮して最適なレベルになるように管理することが溶接部の健全性を確保する上で重要なポイントである。

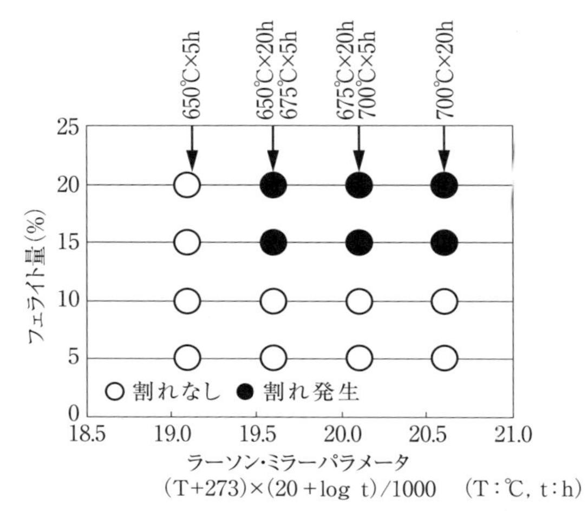

図 3.30　曲げ試験において割れの発生するフェライト量と PWHT 条件

(3) 炭化物析出と鋭敏化

ステンレス鋼は，高温での供用中または PWHT により耐食性が低下することがある。これは，高温に保持されることにより，結晶粒界に Cr 炭化物が析出し，粒界近傍に Cr 欠乏層が形成されることにより，耐粒界腐食性が低下するためである。この現象を鋭敏化と呼ぶ。**図 3.31** にステンレス鋼母材の Cr 炭化物析出に及ぼす温度と時間の関係を示す[27]。図 3.31 に示すように，550～850℃の温度範囲で保持すると Cr 炭化物が形成しやすい。また，C 量が多いほど，Cr 炭化物の析出が助長され，析出開始時間が短くなる。

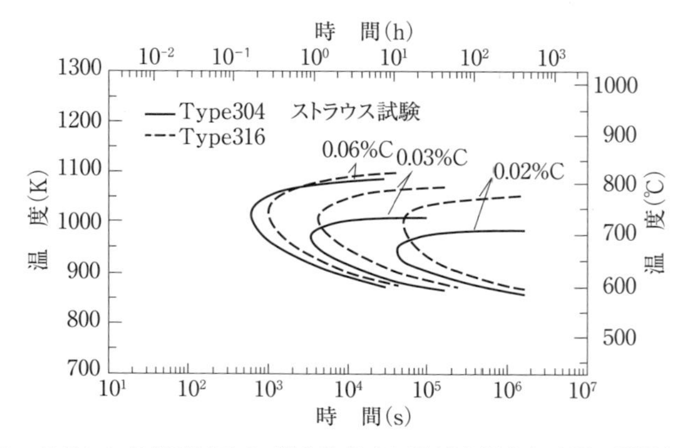

図 3.31　ステンレス鋼母材の Cr 炭化物析出に及ぼす温度と時間の関係（TTP 図）

炭素鋼·クロムモリブデン鋼とステンレス鋼との異材溶接継手では，炭素鋼·クロムモリブデン鋼側にPWHTが要求される場合に，ステンレス鋼側が鋭敏化する可能性があることに十分留意する必要がある。鋭敏化を防止するためには，図3.31に示すように炭素量が低下するに従いCr炭化物の析出が長時間側に移行することから低炭素ステンレス鋼(SUS304L，SUS316Lなど)，もしくは安定化ステンレス鋼(SUS321，SUS347など)を使用することが推奨される。また，3.2.2項(3)に後述するように，バタリングやトランジションピースを利用するなどの手段がある。

(4) アンダクラッドクラッキング現象とその割れ発生機構

原子炉用圧力容器などに使用される低合金鋼には，内面にSUS308の帯状電極を用いた異材肉盛溶接が施される。溶接入熱量は通常50mm幅の帯鋼の場合100kJ/cm前後，75mm幅の帯鋼では200kJ/cmと非常に大きくなる。

このような異材肉盛溶接部を600℃前後の温度でPWHTを施した場合，母材HAZにおいて，前パスビードHAZと次パスビードHAZが重なり合った部分，具体的には，前パスにより1,200～1,425℃に加熱され，次パスにより500～750℃に加熱された部分に，溶接方向と直角方向に，結晶粒(0.2mm大)数個分程度で，最大でも長さ数mm，深さ3mmぐらいの微小な粒界割れが発生する場合がある。この割れをアンダクラッドクラッキングと呼ぶ。**図3.32**は，割れ発生位置を模式的に示している[28)]。割れが発生した領域の組織は，ベイナイトとマルテンサイトの混合組織となっている。

この割れの発生機構は，次の様に説明されている。まず，肉盛溶接金属直

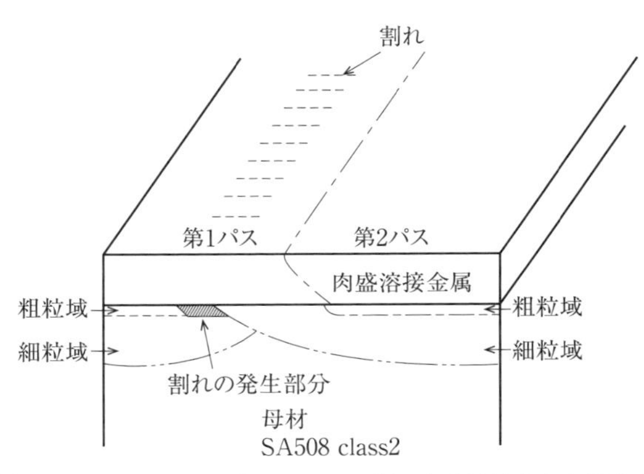

図3.32　低合金鋼にオーステナイト系ステンレス鋼の肉盛溶接をした場合のアンダクラッドクラッキング発生位置

下の1,200～1,425℃に加熱され粗粒化したHAZが次パスビードにより500～750℃に再加熱されることでP，Sなどの不純物元素が粒界に偏析し，粒界がぜい化する。溶接後，PWHTを行うことにより，粗粒化したHAZの結晶粒内に微細な炭化物が析出することで粒内強度が上がる。その結果，粒内の塑性変形能が低下し，不純物の偏析によりぜい化した粒界で粒界割れが生じやすくなるのがこの割れの材料的な発生要因となる。一方，**図3.33**はビード重畳部の残留応力を計算した結果であり，上述した位置で最も残留応力が高くなっており，この領域に対応する部位でぜい化した粒界に割れを発生させる力学的な要因となる[28)]。割れ発生の防止には，材料面からの対策として，粒界割れを助長する一因となるP, Sなどの不純物元素を低減することが望ましい。

また，力学的要因につながる粒内強度に関与する化学成分が割れ感受性に及ぼす影響が調べられており，低合金鋼においての割れ感受性パラメータとして(3.1)式が提案されている。

$$\Delta G = \%Cr + 3.3 \times \%Mo + 8.1 \times \%V - 2 \tag{3.1}$$

図3.34は，ΔGと割れとの関係を示しており，ΔGが0以下で割れが抑制されることがわかる[28)]。

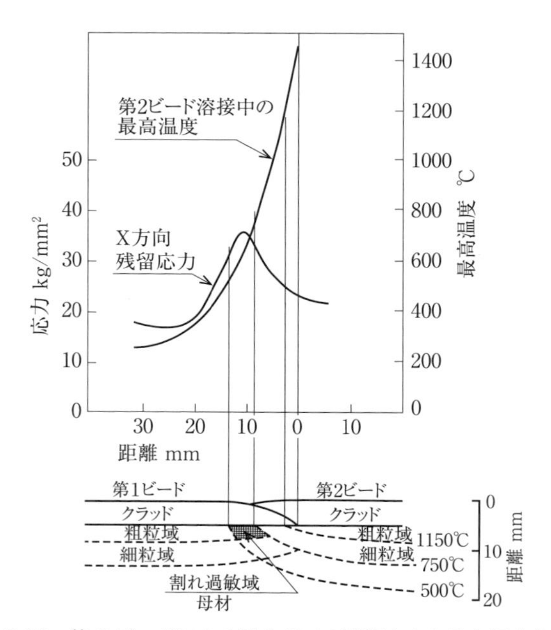

図3.33　第2ビードによる融合部での残留応力と最高温度分布

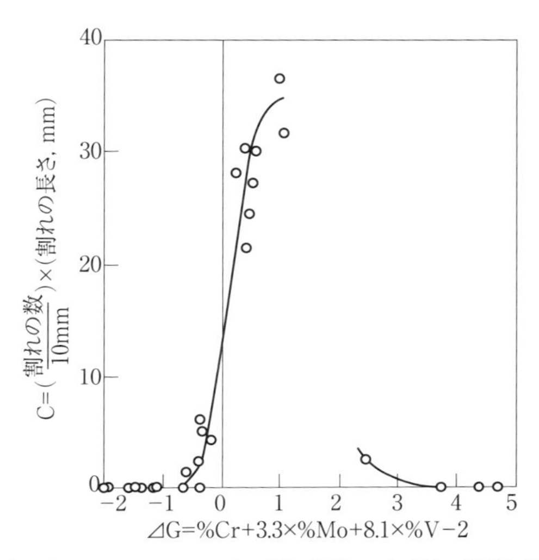

図 3.34　アンダクラッドクラッキングの割れ指数 C と割れ感受性係数 ΔG との関係
(615℃× 5h で PWHT した広範囲の低合金鋼について得られたもの)

一方，溶接施工面からの割れ防止方法としては，以下のような方法が提案されている。

① 2層溶接を行うことにより，2層目の溶接入熱で，1層目の溶接によって生じた粗粒域の焼ならしを行う。ただしこの場合，1層目のクラッドの厚みを適切に管理し，割れ感受性の高い部分を，正確に 800〜1,100℃の温度範囲に加熱しなければならない。

② 2層溶接を行う代わりに，肉盛金属側から高周波誘導加熱によって肉盛溶接部下の HAZ を 800〜1,100℃に再加熱し，結晶粒を微細化する焼ならし処理を行う。この場合温度管理は容易であり，クラッド溶接の厚みなどにより影響されることは少ない。この高周波誘導加熱はステンレス鋼の肉盛溶接ばかりでなく，焼鈍割れ防止などに用いることもできる。

③ 割れ感受性の低い材料（ΔG＜0 かつ，P, S などの不純物元素が低い）を選択する。

(5) 水素によるはく離割れ（Disbonding）

高温高圧水素環境で用いられる圧力容器では，炭素鋼・クロムモリブデン鋼の内面にオーステナイト系ステンレス鋼が肉盛溶接される。この圧力容器の運転停止に際して，温度が低下した場合に，ステンレス鋼溶接金属と炭素鋼・クロムモリブデン鋼の境界部に割れが生じる場合がある。この割れは，水素の侵入に起因した割れでボンドはく離割れ(ディスボンディング：Disbonding)と呼ばれている。この割れは**図 3.35**[29]に示すように，炭素鋼・クロムモリブデン鋼に肉盛したオーステナイト系ステンレス鋼溶接金属のボンド部(ステンレス鋼側)に発生し，境界部のステンレス鋼側に形成した炭化物層(浸炭層)やボンドマルテンサイトを伝播する場合と，3.1.4 (2)項に記載した，ステンレス鋼肉盛溶接金属の溶融境界に沿って伸長した結晶粒の肉盛溶接金属側の境界(タイプⅡ境界)を伝播する場合がある。特に，308，309や347系ステンレス鋼肉盛溶接金属では，タイプⅡ境界の平坦な粒界を伝播するはく離割れの発生頻度が高いとされている。

はく離割れは，炭素鋼・クロムモリブデン鋼とオーステナイト系ステンレス鋼の水素固溶度と水素拡散係数の違い(オーステナイト系ステンレス鋼は水素の固溶限が高く，拡散速度が小さい)により発生する。高温高圧水素環境の運転中では，水素は溶接金属および母材に吸収され，特に，オーステナイト系ステンレス鋼溶接金属内に多量に固溶するが，圧力容器が運転温度から室温付近まで降温した際に，水素は炭素鋼・クロムモリブデン鋼／肉盛溶接界面に拡散集積(**図 3.36**)する[30]。この現象は，運転温度からの温度低下により，炭素鋼・クロムモリブデン鋼に比べオーステナイト系ステンレス鋼側の水素溶解度が相対的に高くなり，さらに，オーステナイト系ステンレス鋼中の水素拡散速度が遅いために，境界部のステンレス鋼溶接金属側に水素が集積するためと理解されている。この水素集積部のぜい化領域に冷却による熱応力が作用し割れ発生に至る。はく離割れを助長する材料学的要因としては，炭素鋼・クロムモリブ

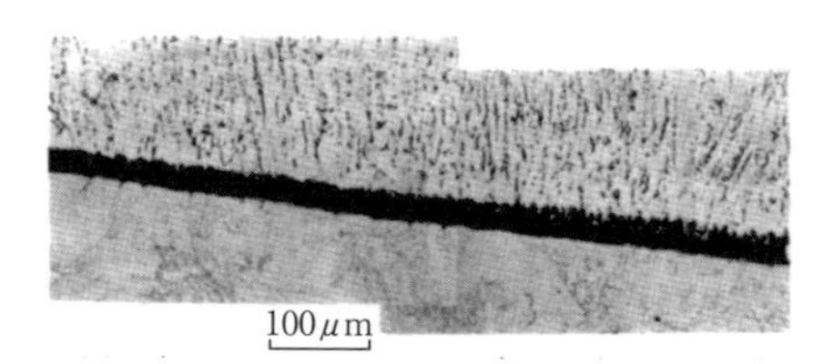

(a)炭化物層を伝播した割れ

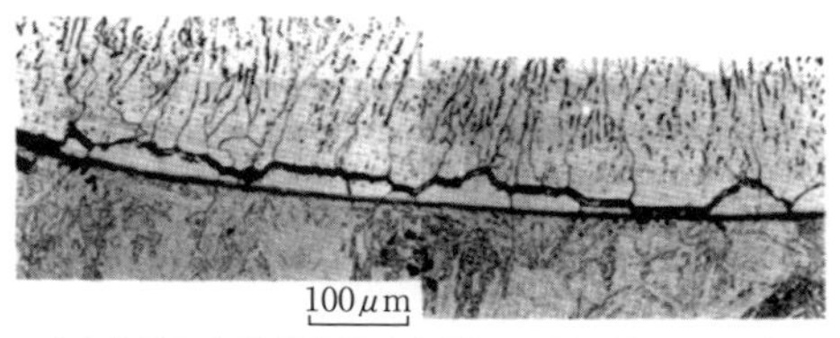

(b)伸長した結晶粒界を伝播した割れ(タイプⅡ)

図 3.35　はく離割れの様相

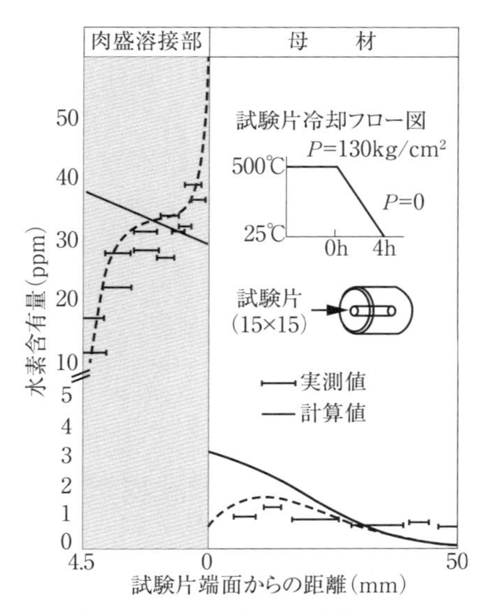

図 3.36 ステンレス鋼肉盛溶接金属近傍における水素分布

デン鋼とステンレス鋼溶接金属の界面近傍の伸長した結晶粒形成(タイプⅡ境界の形成), 炭素鋼・クロムモリブデン鋼側からの浸炭, それにともなう伸長した結晶粒界(タイプⅡ境界)での炭化物の析出, ボンドマルテンサイトの形成などが挙げられる。**図 3.37** にボンド近傍の結晶粒の粗大化とはく離割れ感受性の関係の一例を示す[30)]。このように母材結晶粒が粗大化するような大入熱溶接でははく離割れ感受性が高く, 帯状電極肉盛溶接, なかでもエレクトロスラ

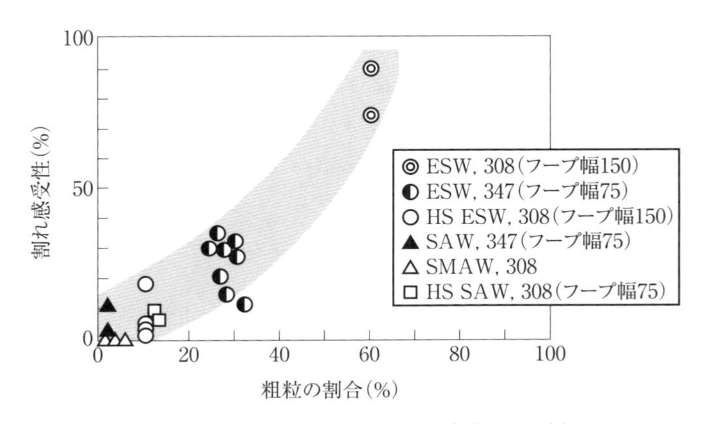

図 3.37 結晶粒径とはく離割れ感受性の関係

グ肉盛溶接では割れ感受性が増大するといわれている[30)]。

はく離割れの対策としては，①運転停止時に材料中の水素量を低減する脱水素運転の実施，②粒界ぜい化を助長するP，S，Siなどの微量・不純物元素の低減，③オーステナイトとフェライトの水素溶解度比を低下（炭素鋼・クロムモリブデン鋼／肉盛溶接界面部の水素集積を抑制）させるV添加クロムモリブデン鋼の適用，④肉盛溶接初層にNb添加により凝固組織を微細化することで割れ感受性を低下させる430Nbステンレス鋼の使用[31)]，⑤溶込み率の適正化などによる初層肉盛溶接金属のミクロ組織制御（オーステナイト＋マルテンサイトあるいはオーステナイト＋フェライト＋マルテンサイト組織），などが有効とされている。

3.2　ステンレス鋼の異材溶接施工

3.2.1　溶加材

異材溶接では冶金的，物理的性質の異なる母材同士を接合するため，溶接金属や継手の性質は母材や溶加材の組成や組織によって大きく変化する。

したがって，異材溶接の際には新しくできる溶接金属の組成や組織を推定し，母材と溶加材の組合せや溶接方法，溶接条件さらには使用環境での性質変化などを十分検討した上で溶接施工を実施しなければならない。

使用する溶加材に関しては，炭素鋼・クロムモリブデン鋼とステンレス鋼との異材溶接継手の場合は，主としてステンレス鋼側の合金組成，組織形態，強度レベルなどにより推奨溶加材が異なる。選定に当たってはシェフラ組織図（図3.1）を利用するとよい。利用に当たって異材溶接の場合に特に留意する必要がある点として，溶接方法による希釈率の違いがある。各種溶接方法において一般的に取りうる希釈率は以下のようになる。

・被覆アーク溶接（SMAW）：20～25%
・フラックス入りワイヤマグ溶接（FCAW）：20～30%
・ミグ・マグ溶接（GMAW）：20～40%
・ティグ溶接（GTAW）：10～20%
・サブマージアーク溶接（SAW）：20～50%

利用に当たっての詳細は3.1.1項に記載されているので参照されたい。

(1) 炭素鋼・クロムモリブデン鋼と各種ステンレス鋼の異材溶接

表3.1に炭素鋼・クロムモリブデン鋼と各種ステンレス鋼の組合せにおける推

表 3.1 炭素鋼・クロムモリブデン鋼と各種ステンレス鋼の異材溶接における推奨溶加材

	被覆アーク溶接棒	ティグ／ミグ溶接用ソリッドワイヤ	フラックス入りワイヤ
ステンレス鋼	JIS Z 3221 ESxxx	JIS Z 3321 YSxxx	JIS Z 3223 TSxxx
ニッケル合金	JIS Z 3224 Exxxx	JIS Z 3334 Sxxxx	JIS Z 3335 Txxxx

ステンレス鋼	炭素鋼・クロムモリブデン鋼					
	炭素鋼	C-0.5Mo鋼	1.25Cr-0.5Mo鋼	2.25Cr-1Mo鋼	5Cr-0.5Mo鋼	9Cr-1Mo鋼
オーステナイト系	309またはNi6182					
マルテンサイト系	309またはNi6182					
フェライト系(19Cr未満)	309, 430, 430NbまたはNi6182					
高純度フェライト系(19Cr以上)	309L, 309LMoまたはNi6182					
二相系	309LMo, 329J4LまたはNi6182					

以下の場合は, Ni6182を使用する。
①熱サイクルを受ける場合②PWHTが要求される場合③設計温度が315℃を超える場合

奨溶加材を示す。炭素鋼・クロムモリブデン鋼とオーステナイト系ステンレス鋼の組合せの場合は主に309系の溶加材を使用し，溶接金属部組織を5～10%のフェライトを含むフェライト＋オーステナイトの混合組織となるようにすることが推奨される。マルテンサイト系ステンレス鋼との組合せの場合も同様に溶接金属部組織をフェライト＋オーステナイトの二相組織とするように主に309系の溶加材の使用が推奨される。フェライト系ステンレス鋼との組合せの場合は，フェライト＋オーステナイトの二相組織となるよう309系の溶加材を用いる場合と，430系の溶加材を用いてフェライト組織とする場合がある。特にSUS444やSUS447などのCrを19mass%以上含有する高純度フェライト系ステンレス鋼の場合は，組み合わされる相手側鋼材からのCやNなどの元素ピックアップによる溶接金属部のぜい化が懸念されるため，フェライト系の溶加材は使用せず，オーステナイト系でしかも低C量の309L，309LMo等が推奨される。二相ステンレス鋼との組合せの場合は，溶接金属がフェライト＋オーステナイトの二相組織となりかつ低C量の309L，329J4L系の溶加材が推奨される。いずれのステンレス鋼との組合せにおいても，継手に熱サイクルやPWHTが要求される場合，あるいは使用運転温度が高温である場合は，熱膨張率差による熱応力を極力抑えるためにインコネル系の溶加材Ni6182が推奨される。

(2) ステンレス鋼異鋼種間の異材溶接

ステンレス鋼異鋼種間の溶接において溶加材を選定する場合の考え方は，高合金側の組成に近い溶加材を選ぶのが一般的であるが，溶接施工面からの留意事項としては両母材への希釈率と選択した溶加材による溶接金属組成や耐使用環境特性の両面から検討することが必要である[32]。具体的にはオーステナイト系ステンレス鋼同士の組合せのほか，オーステナイト系ステンレス鋼とフェライト系，マルテンサイト系(析出硬化系)ステンレス鋼の組合せ，スーパー二相系を含む二相ステンレス鋼との組合せに加え，近年はスーパーオーステナイト系ステンレス鋼との異材溶接が存在する。この場合，推奨される溶加材は，溶接継手の耐食性や機械的性質などの使用環境における要求項目に対応して選択する観点とともに，溶接施工における溶接割れに留意した溶加材の選択が重要である[33]。

一方，溶接施工におけるトラブルが懸念されない場合，あるいは溶接継手部に特別な要求がない場合などは比較的安価な溶加材も選択肢となる。**表3.2**～

表3.2　オーステナイト系ステンレス鋼同士の異材溶接における推奨溶加材

	被覆アーク溶接棒	ティグ／ミグ溶接用ソリッドワイヤ	フラックス入りワイヤ
ステンレス鋼	JIS Z 3221 ESxxx	JIS Z 3321 YSxxx	JIS Z 3223 TSxxx
ニッケル合金	JIS Z 3224 Exxxx	JIS Z 3334 Sxxxx	JIS Z 3335 Txxxx

	SUS310S	SUS317L	SUS309S	SUS347	SUS321	SUS316L	SUS316	SUS304L	SUS304
SUS304 (18Cr-8Ni)	309L	317L	308 309	308	308	308	308	308	308
SUS304L (18Cr-9Ni-低C)	309L	317L	309L	308L	308L	308L	308L	308L	
SUS316 (18Cr-12Ni-2.5Mo)	309LMo	309LMo	309LMo	316	316	316	316L		
SUS316L (18Cr-12Ni-2.5Mo-低C)	309LMo	309LMo	309LMo	316L	316L	316L			
SUS321 (18Cr-9Ni-Ti)	Ni6082	317L	309	347	347				
SUS347 (18Cr-9Ni-Nb)	Ni6082	317L	309	347					
SUS309S (22Cr-12Ni)	310	317L	309						
SUS317L (18Cr-12Ni-3.5Mo-低C)	309LMo	317L							
SUS310S (25Cr-20Ni)	310								

3.5に示すステンレス鋼異鋼種間の溶加材選定については，前述したとおり，製造コストなどを考慮した低グレード系の溶加材と溶接継手部の高温割れ抑制

表3.3 オーステナイト系ステンレス鋼とフェライト系，マルテンサイト系，析出硬化系ステンレス鋼との異材溶接における推奨溶加材

	被覆アーク溶接棒	ティグ／ミグ溶接用ソリッドワイヤ	フラックス入りワイヤ
ステンレス鋼	JIS Z 3221 ESxxx	JIS Z 3321 YSxxx	JIS Z 3223 TSxxx

	SUS405 (13Cr-Al)	SUS410 (13Cr)	SUS430 (18Cr)	SUS444 (19Cr-2Mo-低C)	SUS630 (17Cr-4Ni-4Cu-Nb)
SUS304	309	309	309	309	309
SUS316	309	309L	309LMo	316	309
SUS316L	309	309LMo	309LMo	309LMo	309

表3.4 オーステナイト系ステンレス鋼と二相ステンレス鋼との異材溶接における推奨溶加材

	被覆アーク溶接棒	ティグ／ミグ溶接用ソリッドワイヤ	フラックス入りワイヤ
ステンレス鋼	JIS Z 3221 ESxxx	JIS Z 3321 YSxxx	JIS Z 3223 TSxxx

	SUS323L (23Cr-4Ni-N) /SUS821L1 (21Cr-2Ni-3Mn-2Cu-N)	SUS329J3L (22Cr-5Ni-3Mo-N)	SUS329J4L (25Cr-7Ni-3Mo-N)	SUS327L1 (25Cr-7Ni-4Mo-N)
SUS304	2209	309L 309LMo 2209	309L 309LMo 329J4L	309L 309LMo 329J4L
SUS316L	2209	309L 2209	309LMo 329J4L	309LMo 329J4L

表3.5 オーステナイト系ステンレス鋼および二相ステンレス鋼とスーパーオーステナイト系ステンレス鋼との異材溶接における推奨溶加材

	被覆アーク溶接棒	ティグ／ミグ溶接用ソリッドワイヤ	フラックス入りワイヤ
ステンレス鋼	JIS Z 3221 ESxxx	JIS Z 3321 YSxxx	JIS Z 3223 TSxxx
ニッケル合金	JIS Z 3224 Exxxx	JIS Z 3334 Sxxxx	JIS Z 3335 Txxxx

	SUS312L (20Cr-18Ni-6Mo-N,Cu)	SUS836L (21Cr-25Ni-6Mo-N)
SUS304	309LMo Ni6625	309LMo Ni6625
SUS316L	Ni6625 Ni6276	Ni6625 Ni6276
SUS329J4L SUS327L1	Ni6625 Ni6276 Ni6022	Ni6625 Ni6276 Ni6022

や機械的性質などを考慮した高グレード系の溶加材を選択する場合があるため，材料の組合せによっては複数の溶加材を記した。なお，本書で推奨する溶加材以外に AWS D1.6/D1.6M“Structural Welding Code－Stainless Steel”[34)]や各溶加材メーカーのカタログ[35-37)]を参照して溶加材を選択してもよい。また，以降に記載する溶加材の選択についてはティグ溶接による異材溶加材銘柄を記載している。被覆アーク溶接やミグ・マグ溶接による溶加材およびフラックス入りワイヤ(FCAW)溶加材も原則同一系溶加材となるが，溶接条件や溶接部特性を考慮した場合，ティグ溶加材銘柄と同様の銘柄ではない場合もあるため，各溶加材メーカーのカタログなども参照して選択した方がよい。さらに，必要に応じて，事前に溶接予備試験を実施し溶接継手特性について検討することが望ましい。

①　オーステナイト系ステンレス鋼同士

オーステナイト系ステンレス鋼同士の異材溶接では，溶接金属組織が5～10％のフェライト相とオーステナイト相の混合組織となるような溶加材が推奨される。例えば，SUS304/SUS316L のステンレス鋼間の異材溶接の場合は，Ni，Cr，Mo の成分が少ない方の母材に合わせた 308 系の溶加材で施工ができる。しかし，溶接継手母材の片側が Ni 当量の高い組成である場合には，高温割れを抑制する溶接金属中のフェライト量を確保するために 309 系溶加材を使用する場合もある。なお，溶加材は JIS Z 3321「溶接用ステンレス鋼溶加棒，ソリッドワイヤ及び鋼帯」および JIS Z 3334「ニッケル及びニッケル合金溶接用の溶加棒，ソリッドワイヤ及び帯」に規定されている。表 3.2 には汎用ステンレス鋼である SUS304，SUS304L，SUS316，SUS316L，SUS321，SUS347，SUS309S，SUS317L，SUS310S の組合せにおける推奨溶加材を示す。

②　オーステナイト系ステンレス鋼とフェライト系，マルテンサイト系，析出硬化系ステンレス鋼

オーステナイト系ステンレス鋼とフェライト系，マルテンサイト系ステンレス鋼の異材溶接では，PWHT が不要の場合にはオーステナイト系の 309 系の溶加材を選定する。これにより，両母材による希釈をうけても溶接金属組織に 3 ～ 15% のフェライト相を含むことで高温割れを抑制することができる。ただし，この組合せの場合，希釈率の変化によりフェライト量が大きく変わってくるので注意が必要である。なお，溶接施工後に PWHT を行う場合には，309 系の溶加材を使用する。この組合せの異材溶接で希釈率が小さい場合の溶接金属において，熱処理による炭化物析出やシグマ相ぜい化といった問題が発生する場合がある。この対策としては初層など希釈率が大きくなる場合のみ 309 系

の溶加材を使用することでフェライト量5～10%を確保し，それ以外は308系溶加材を使用するといった使い分けが有効である。

また，熱処理を行う場合は，インコネル系溶加材を使用することも選択肢の1つである。この種の異鋼種間の異材溶接継手部位での加熱と冷却が繰り返し行われる使用環境では，熱膨張係数の差異に起因した熱疲労による疲労破壊が問題となることがある。このような場合には中間的な熱膨張係数をもつインコネル系溶加材を選択する方がよい。一方，マルテンサイト系ステンレス鋼とSUS304などのオーステナイト系ステンレス鋼の異材溶接では一般的に309系溶加材を用いる[38]。表3.3にはSUS304，SUS316，SUS316Lとフェライト系ステンレス鋼SUS409，SUS430，SUS444，マルテンサイト系(析出硬化系)ステンレス鋼SUS410，析出硬化系ステンレス鋼SUS630の異材溶接時の推奨溶加材を示す。

③　オーステナイト系ステンレス鋼と二相ステンレス鋼

二相ステンレス鋼は，フェライト相とオーステナイト相の相比が約1：1となる組織を有したステンレス鋼であり，オーステナイト系ステンレス鋼と異材溶接する場合は，共金系溶加材と，それ以外にも溶接金属の耐孔食性や強度レベルがオーステナイト系ステンレス鋼母材と同等以上の溶加材を選択してもよい。よって推奨溶加材は複数の溶加材を記した。この組合せの異材溶接施工に際しては，オーステナイト系ステンレス鋼の溶接とほぼ同様の注意を払えば問題はない。ただし，二相ステンレス鋼側には，Crリッチなα'相析出にともなう475℃ぜい化およびシグマ相析出によるぜい化の可能性があるため，溶接熱サイクル過程でこれらの析出物の析出を抑えることが必要になる。このため，パス間温度を150℃以下に管理し，析出温度域での冷却速度を大きくすることが求められる[39～41]。表3.4にはオーステナイト系ステンレス鋼SUS304，SUS316Lとリーン二相ステンレス鋼SUS323L/SUS821L1の組合せ，スタンダード二相ステンレス鋼SUS329J3LおよびSUS329J4Lの組合せ，スーパー二相ステンレス鋼SUS327L1の組合せによる異材溶接時の推奨溶加材を示す。リーン二相ステンレス鋼以外の異材溶接においては，使用環境も考慮して複数の銘柄を記載した。なお一例としてSUS329J4LとSUS316Lの異材溶接では，推奨溶加材に記載のない316L，317Lでも溶接金属部の耐割れ性，耐食性などの性能では問題ないが，曲げ試験においては溶接金属部の強度が低く変形が溶接金属に集中するため，割れが発生しやすい。このため，強度が要求される場合では329J4Lを使用するほうがよい。

④　オーステナイト系ステンレス鋼および二相ステンレス鋼とスーパーオース

テナイト系ステンレス鋼

スーパーオーステナイト系ステンレス鋼は高MoおよびN含有鋼であり，オーステナイト系ステンレス鋼のSUS316LやSUS310Sよりも耐食性に優れニッケル合金相当の耐食性を有する鋼種もある。しかしながら，高Mo含有のスーパーオーステナイト系ステンレス鋼の溶接金属はMoの凝固偏析が顕著であり，母材と同程度の組成の溶加材を用いると，デンドライト中央部(樹芯)でMoが貧化し，耐食性を低下させることとなる。一方で，デンドライト中央部(樹芯)でのMo量を母材以上にしようとMoを増やした溶加材を用いるとデンドライト境界(樹間)のMo量が高くなりすぎ，シグマ相などの生成を招き，じん性などの機械的性質が低下する。これらの対策として，Moの固液間の分配係数がより1に近くなるニッケル合金溶加材を用いることでMoの偏析が軽減でき，耐食性の確保が可能となる。この異材組合せの溶接性はオーステナイト系ステンレス鋼と同様であるが，高N添加鋼のためブローホールが発生しやすい。表3.5にはSUS304，SUS316L，SUS329J4Lとスーパーオーステナイト系ステンレス鋼のSUS312L，SUS836Lの異材溶接時の推奨溶加材を示す。二相ステンレス鋼との組合せではニッケル合金系の溶加材を使用することになるが，例えば，Ni6625を使用した場合，シグマ相の生成によりじん性劣化が生じる場合もある。一方，特殊な腐食環境下ではNi6022を選択する方が溶接部の耐食性が良い場合もあるため，事前に予備試験にて溶接条件や溶接継手特性などを検討することが望ましい。

3.2.2　溶接施工とその管理

(1) 開先形状

ステンレス鋼は炭素鋼・クロムモリブデン鋼に比べて溶けやすいが湯流れが悪いことから，一般的に開先は炭素鋼の標準値(60°)より広い開先角度(80°)である方が施工は容易である。そのため，炭素鋼・クロムモリブデン鋼とステンレス鋼との異材溶接においてもステンレス鋼側の溶接性に合わせて**図3.38**に示すような開先形状が推奨されている[42]。ただし，開先は狭いほど溶着量が少なくなるため，溶接品質が確保できれば，溶接能率の向上，溶接ひずみ量低減の観点から狭い方が利点は多い。一方で，開先が狭い場合，初層で母材を十分に溶融させるためには，より大きな入熱が必要となる。また，母材の溶融にはワイヤの供給量も関わってくるため，コスト等も考慮すると開先形状の選定にあたっては，溶接条件も含めた検討が必要であり，固定的なものではない。

また，開先加工にあたり，ステンレス鋼は酸素アセチレンガス切断法(炭素

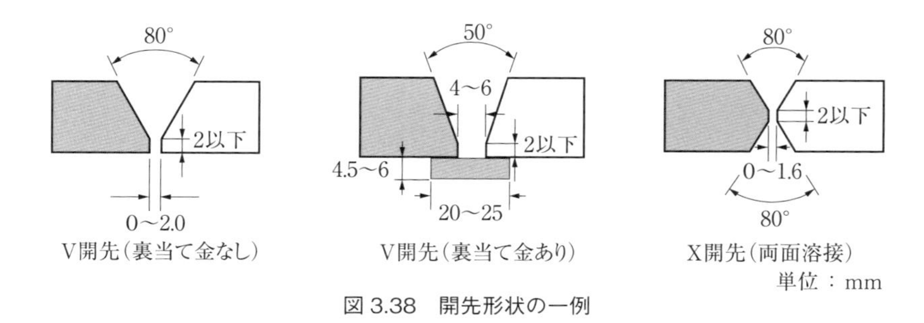

図 3.38 開先形状の一例

鋼切断の主流)では切断ができない。したがって一般的にはプラズマアーク切断法・レーザ切断法・機械加工などにより切断や開先加工がなされる。

(2) 溶融特性

炭素鋼・クロムモリブデン鋼とオーステナイト系ステンレス鋼との異材溶接の場合，直流電源を用いると磁気の影響でアークが炭素鋼側に偏る傾向(磁気吹き)があり，その結果として炭素鋼側の溶込みが大きくなったり，融合不良，スラグ巻込みなどの欠陥の原因になることがある。このような場合，ワイヤや電極のねらい位置を若干ステンレス鋼側にずらすことや，アースをステンレス鋼側に取ることなどの対策も有効である。また，交流電源の利用も有効である。

一方，各種ステンレス鋼種群の中でもMoやNb，Tiなどの添加元素の影響により溶接性は異なってくる。このため，ステンレス鋼同士の異材溶接の場合においても，片側母材のみ溶込みが大きくなったり，融合不良やブローホールなどの溶接欠陥が発生しやすくなる場合がある。このような場合には，溶接電流やアーク電圧などの適正溶接条件の検討，適正なシールドガスの選択と流量の検討，バックシールドの使用，アークの狙い位置の変更などの対策が必要である。

(3) バタリングやトランジションピースの利用

異材溶接では**図 3.39** に示すようにV開先を用いて溶接を行うと，初層と振り分け最終層とでは希釈率が異なってしまい，継手品質に影響を与える場合がある。また，現地溶接などで各種の姿勢溶接が必要となり作業性が悪い場合にも，希釈率の制御が困難な場合がある。このような際には，あらかじめ作業性の優れた環境でステンレス鋼の溶加材をバタリング施工した開先とすることにより，共材同士の溶接とすることが有効である。バタリングの代わりに**図 3.40** に示すようにトランジションピースを用いる場合もある。これらの利用は，母

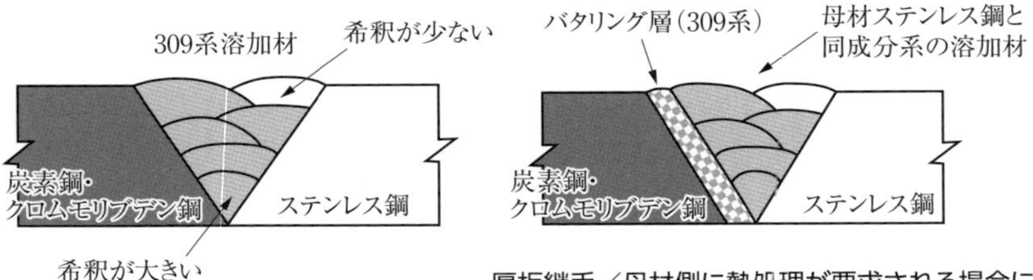

図 3.39　積層による希釈率変化とバタリングの利用

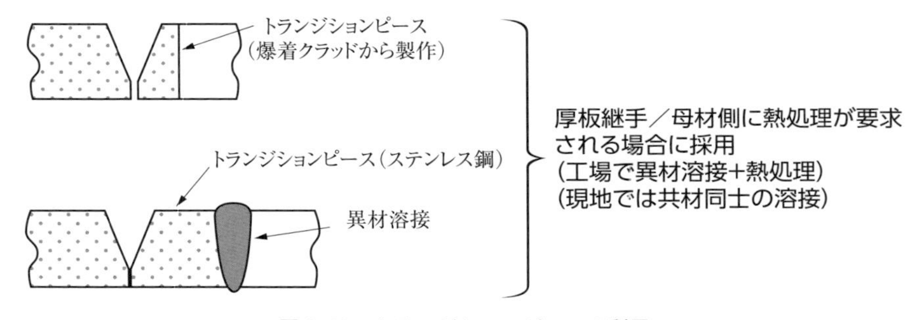

図 3.40　トランジションピースの利用

材側にPWHTが要求される場合，バタリングあるいはトランジションピースと母材の溶接部にPWHTを行い，最終溶接工程で共材溶接とすることによりPWHTの省略が可能となるなどの利点がある。

(4) 溶接準備

溶接開始前には，溶接施工時に影響を及ぼす開先面および開先近傍の水分や油，塗料などの粉じんは，エタノール，キシレン，アセトンなどの有機溶剤を使用して洗浄する。特にオーステナイト系ステンレス鋼や高ニッケル鋼を用いた異材溶接では，3.1.3 (3)項に記載の様にこれらの材料が低融点金属に対するぜい化割れ感受性を有するため，亜鉛めっきや亜鉛含有塗料，銅含有塗料などが付着している状態で溶接を行った場合，溶接熱影響部に割れが発生する危険性がある。したがって，これらの材料を用いた異材溶接においては，低融点金属や油などを含む粉じんなどが溶接部周辺に付着しないような溶接環境に留意する必要がある。

(5) バックシールド

図 3.41 に炭素鋼・クロムモリブデン鋼およびステンレス鋼の溶接における バックシールドなしでの裏波ビード外観と断面形状を示すが，Cr 量が 2.25% 以上の鋼材ではビードの裏面側にノッチ状の欠陥が発生していることが認められる[43]。この原因は，バックシールドがないことにより裏面側の溶融金属表面に Cr 酸化物などの高融点酸化物が形成され，その酸化物が溶融金属の湯流れを悪くして，凹凸の激しい不健全ビードが形成されるためと考えられる。すなわち，異材溶接においても 2.25Cr-1Mo 鋼以上のグレードの耐熱鋼同士の組合せ，あるいはフェライト系鋼材とステンレス鋼との組合せにおいては，バックシールドに留意する必要がある。バックシールド方法に関しては，継手形状に応じて適正なジグを使用するとよい[43]。

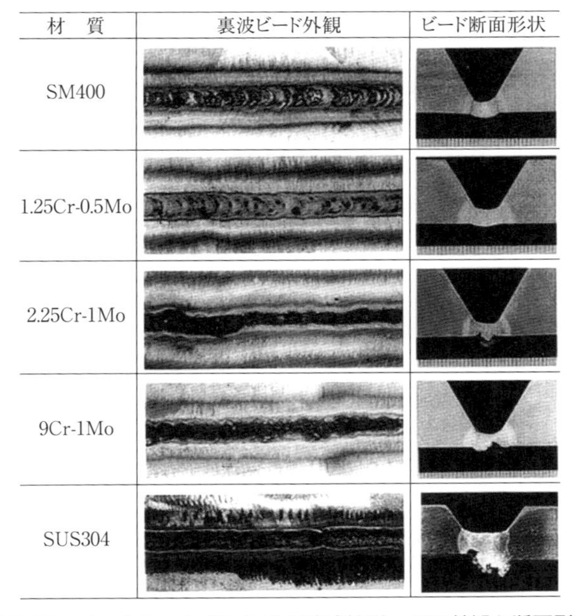

図 3.41　バックシールドなしの裏波溶接ビードの外観と断面形状

(6) 溶接変形の防止

オーステナイト系ステンレス鋼は炭素鋼と比較して熱伝導率が小さく，熱膨張係数が大きいため，溶接変形が起こりやすい。オーステナイト系ステンレス鋼との異材溶接を行う際には，この点に留意しステンレス鋼側の拘束を大きくするなどの対策が必要である。

(7) 予熱

炭素鋼・クロムモリブデン鋼と各種ステンレス鋼の異材溶接における予熱温度は，ステンレス鋼側の種類により予熱温度範囲が制限される。**表3.6** に推奨の予熱温度の一例を示す。溶加材にオーステナイト系溶加材を用いる場合は，拡散性水素の影響が軽減されるので予熱温度は低めで良いとされている。なお，予熱温度が高いと溶込みが大きくなるので注意が必要である。また，炭素鋼・クロムモリブデン鋼とフェライト系ステンレス鋼の異材溶接では，Cr 量が 19mass% 以上となる材料の場合は粗粒化によるぜい化が懸念され，リーン二相を除く二相ステンレス鋼との異材溶接の場合はシグマ相析出によるぜい化が懸念されるため，予熱は避けるべきである。

一方で，オーステナイト系ステンレス鋼同士の異材溶接においては，予熱は不要である。

表3.6　炭素鋼・クロムモリブデン鋼と各種ステンレス鋼の組合せにおける推奨予熱条件（例）

ステンレス鋼	炭素鋼・クロムモリブデン鋼					
	炭素鋼	C-0.5Mo鋼	1.25Cr-0.5Mo鋼	2.25Cr-1Mo鋼	5Cr-0.5Mo鋼	9Cr-1Mo鋼
オーステナイト系	不要	80～200℃	120～200℃	150～250℃	150～250℃	150～250℃
マルテンサイト系	200～300℃	200～300℃	200～300℃	200～300℃	200～350℃	200～350℃
フェライト系（19Cr未満）	100～200℃	100～200℃	120～200℃	200～300℃	200～300℃	200～300℃
フェライト系（19Cr以上）	粗粒化によるぜい化が懸念されるため予熱は推奨しない。					
リーン二相系	100～200℃	100～200℃	120～200℃	200～300℃	200～300℃	200～300℃
その他の二相系	シグマ相析出によるぜい化が懸念されるため予熱は推奨しない。					

3.2.3　溶接後熱処理（PWHT）

炭素鋼・クロムモリブデン鋼とオーステナイト系ステンレス鋼の異材溶接における PWHT 条件は炭素鋼・クロムモリブデン鋼側に推奨されている条件を選べばよい。ただし，PWHT 条件が高温，長時間となるほど，炭素鋼・クロムモリブデン鋼側ボンド近傍の溶接金属部における浸炭が助長されるので，可能な限り低い温度を設定する必要がある。さらに，PWHT によりステンレス鋼が鋭敏化する可能性があることに留意する必要がある。詳細は 3.1.5 (3) 項を参照のこと。また，二相ステンレス鋼との異材溶接の場合は，熱処理によってシグマ相が析出しぜい化するため，PWHT は避けるべきである。詳細は 3.1.5 (2)項を参照のこと。

3.2.4　溶接部の検査

炭素鋼・クロムモリブデン鋼との異材溶接部の検査方法としては，外観検査以外に浸透探傷試験，放射線透過試験などが用いられる。また，超音波探傷試験が実施されることもある。

浸透探傷試験に関しては，通常の溶接部に実施する方法および浸透指示模様の分類を用いればよい。放射線透過試験に関しては，炭素鋼・クロムモリブデン鋼とステンレス鋼とでは放射線の透過度が異なる場合があるため，使用する階調計や透過度計をどちらの材料に合わせるかなどの取り決めを事前にしておく必要がある。超音波探傷試験に関しては，特にオーステナイト系ステンレス鋼溶接部では柱状晶組織による超音波の減衰や散乱による SN 比の低下，音速の異方性などにより検査が困難である。さらに，炭素鋼などとの異材溶接継手となると，バタリング部の存在により界面が増え，超音波の屈折，反射，散乱などが入り混じり，現象がより複雑になる。そのような中でも，フェーズドアレイ探傷法を用いて超音波を集束させ走査方向を限定させることで探傷を可能とする手法も開発されている[44]。

3.3　各種異材溶接継手の性質

3.3.1　炭素鋼／オーステナイト系ステンレス鋼溶接継手

(1) SM490/SUS304 被覆アーク溶接継手

板厚 12mm の炭素鋼 SM490 とオーステナイト系ステンレス鋼 SUS304 の V 開先突合せ溶接を被覆アーク溶接で実施した例[42]を示す。使用溶加材は ES309 ライムチタニア系の全姿勢用で，6 層 11 パスを溶接電流 140A にて施工している。開先形状など，詳細な条件を**図 3.42** に示す。母材および溶加材の化学組

母材	開先形状	溶接法	溶加材	溶接電流	予熱パス間温度	積層数
SM490 × SUS304 (12mmt)	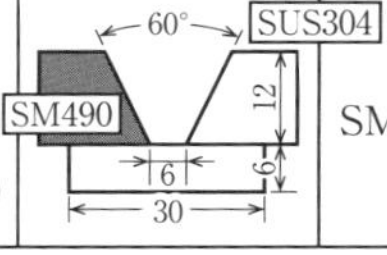 60° SUS304 SM490 12 6 6 30	SMAW	ES309-16 (4mmϕ)	140A	予熱：なし パス間温度：150℃以下	 6層11パス

図 3.42　SM490/SUS304 被覆アーク溶接継手詳細溶接条件

成をシェフラ組織図上にプロットすると**図 3.43** のようになる。被覆アーク溶接の希釈率を 3.2.1 項にあるように 20 ～ 25% と仮定すると，溶接金属部の組織は少量のフェライトを含むオーステナイト領域に入ることが予想される。**図 3.44** は溶接部外観および断面マクロ写真であり，**図 3.45** は各部位のミクロ組織であるが，シェフラ組織図にて予測した通り，溶接金属部の組織は若干のフェライトを含むフェライト＋オーステナイトの混合組織となっており，良好な組織となっている。溶接部の硬さ分布を**図 3.46** に示すが，炭素鋼側ボンド近傍の溶接金属部に若干の硬化が認められるものの，おおむね良好なものとなっている。

機械的性質に関しては，表曲げ，裏曲げ試験結果は**図 3.47** に示すようにともに無欠陥であり，継手引張試験結果も**図 3.48** に示すように母材（SM490）破断で，低強度側の規格値 490MPa を超える値となっている。

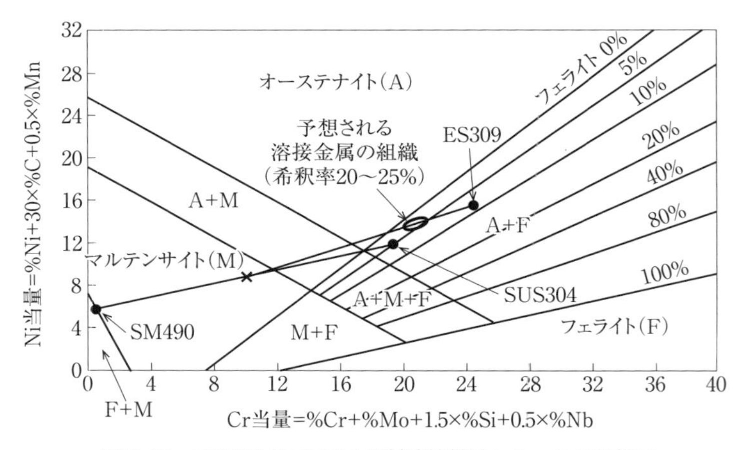

図 3.43　SM490/SUS304 異材溶接継手とシェフラ組織図

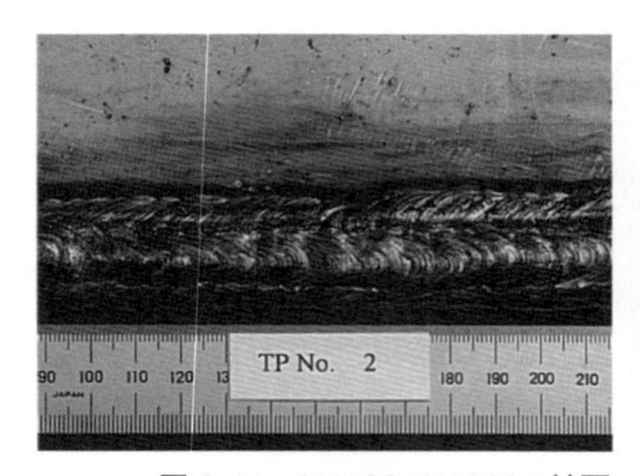

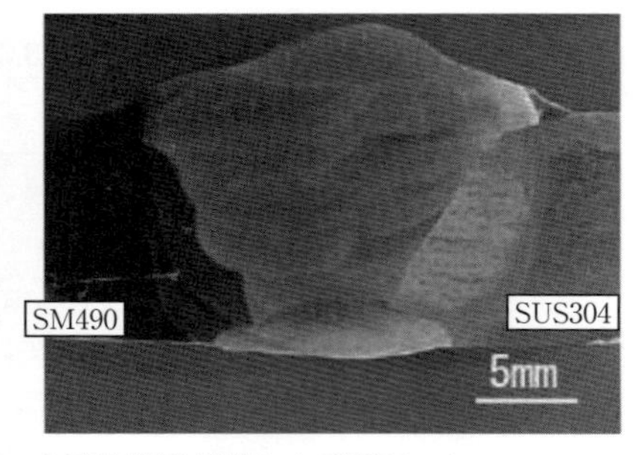

図 3.44　SM490/SUS304 被覆アーク溶接継手外観および断面マクロ

(a)SM490母材　(b)SM490側溶融境界　(c)溶接金属部

(d)SUS304側溶融境界　(e)SUS304母材

図 3.45　SM490/SUS304 被覆アーク溶接継手の断面ミクロ組織

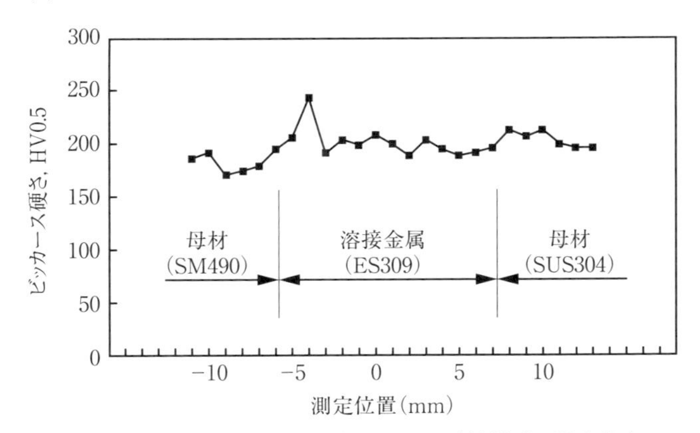

図 3.46　SM490/SUS304 被覆アーク溶接継手の硬さ分布

	表曲げ	裏曲げ
結果	無欠陥	無欠陥
曲げ試験片外観	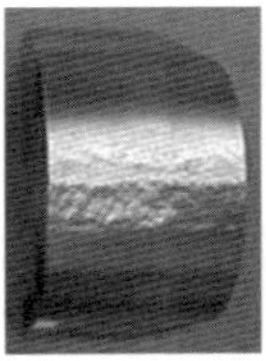 表曲げ試験片	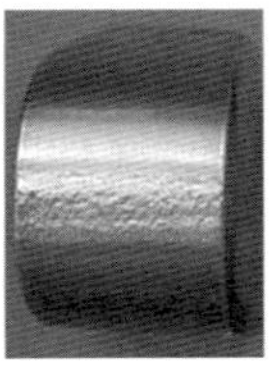 裏曲げ試験片

図 3.47　SM490/SUS304 被覆アーク溶接継手の曲げ試験結果

継手部引張試験結果(溶接まま)	
引張強さ(MPa)	破断位置
609	母材(SM490)
596	母材(SM490)

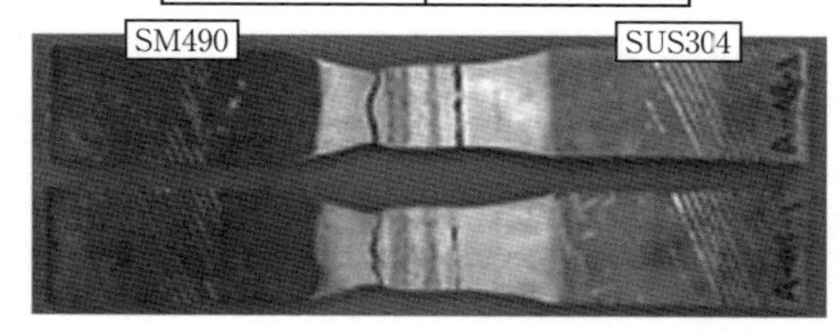

図 3.48　SM490/SUS304 被覆アーク溶接継手の引張試験結果

(2) SM490/SUS304 ティグ溶接継手

板厚 12mm の炭素鋼 SM490 とオーステナイト系ステンレス鋼 SUS304 の V 開先突合せ溶接をティグ溶接で実施した例[42]を示す。使用溶加材は YS309 で，9 層 18 パスを溶接電流 125A にて施工している。開先形状など，詳細な条件を**図 3.49** に示す。**図 3.50** は溶接部外観および断面マクロ写真であり，**図 3.51** は各部位のミクロ組織である。溶接金属部の組織は被覆アーク溶接継手と同様，

母材	開先形状	溶接法	溶加材	溶接電流	予熱パス間温度	積層数	シールドガス／流量(L/min)
SM490 × SUS304 (12mmt)	60°　SUS304　SM490　12　4　6　30	ティグ	YS309 (2.6mmφ)	125A	予熱:なし パス間温度: 150℃以下	9層18パス	Ar／15

図 3.49　SM490/SUS304 ティグ溶接継手詳細溶接条件

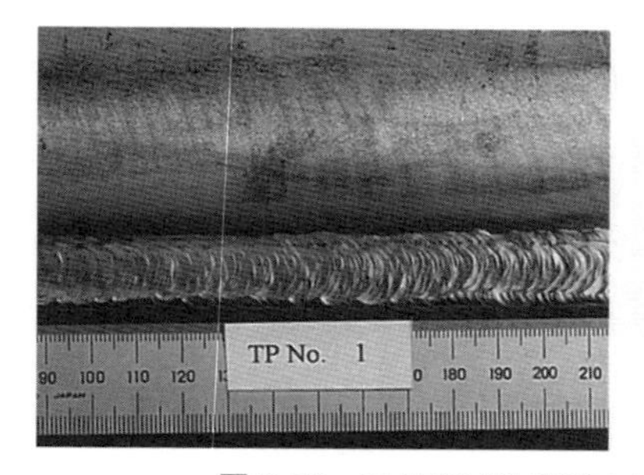

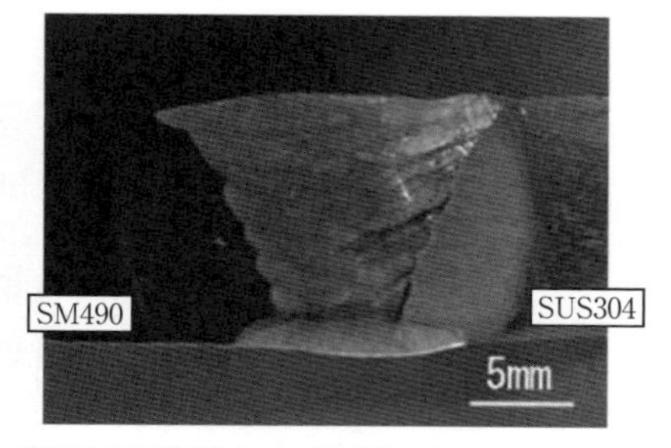

図 3.50　SM490/SUS304 ティグ溶接継手外観および断面マクロ

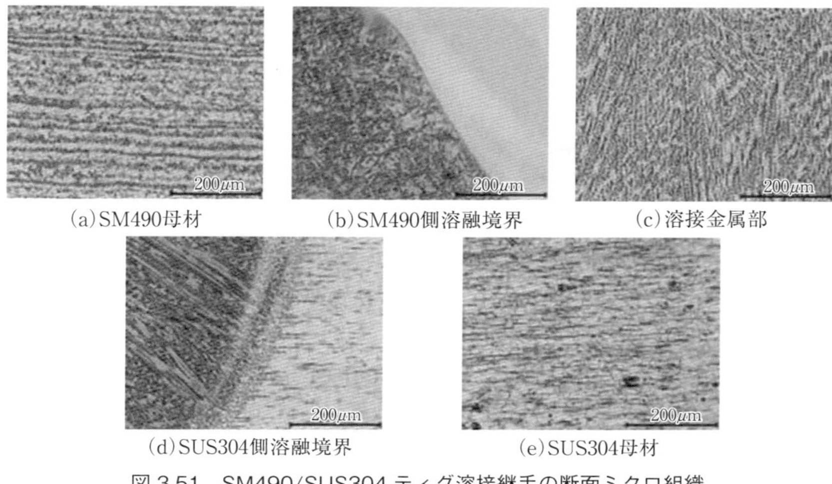

図 3.51　SM490/SUS304 ティグ溶接継手の断面ミクロ組織

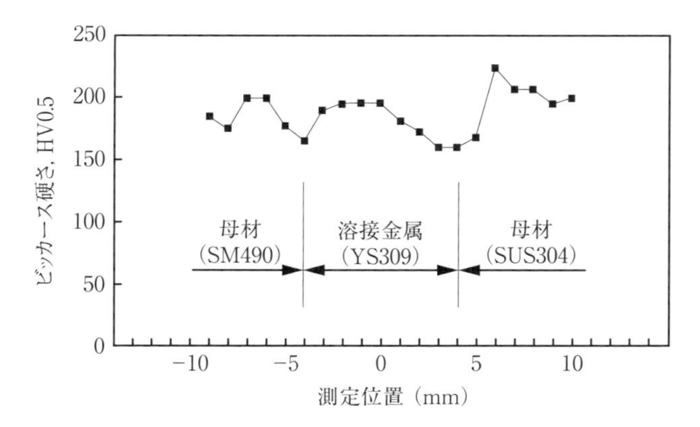

図 3.52　SM490/SUS304 ティグ溶接継手の硬さ分布

若干のフェライトを含むフェライト＋オーステナイトの混合組織となっており，良好な組織となっている。母材および溶加材の化学組成は前述のシェフラ組織図と同様であり，溶接金属部の化学組成はティグ溶接の希釈率 10 ～ 20% の範囲となるため，若干のフェライトを含むオーステナイト領域に入ることが組織図からもわかる。硬さ分布は**図 3.52** に示すように SUS304 側溶接熱影響部に若干の硬化が認められるが，おおむね良好なものとなっている。

機械的性質に関しては，表曲げ，裏曲げ試験結果は**図 3.53** に示すようにともに無欠陥であり，継手引張試験結果も**図 3.54** に示すように母材(SM490)破断で，低強度側の規格値 490MPa を超える値となっている。

	表曲げ	裏曲げ
結果	無欠陥	無欠陥
曲げ試験片外観	 表曲げ試験片	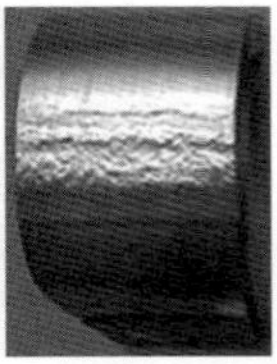 裏曲げ試験片

図 3.53　SM490/SUS304 ティグ溶接継手の曲げ試験結果

引張強さ (MPa)	破断位置
598	母材(SM490)
594	母材(SM490)

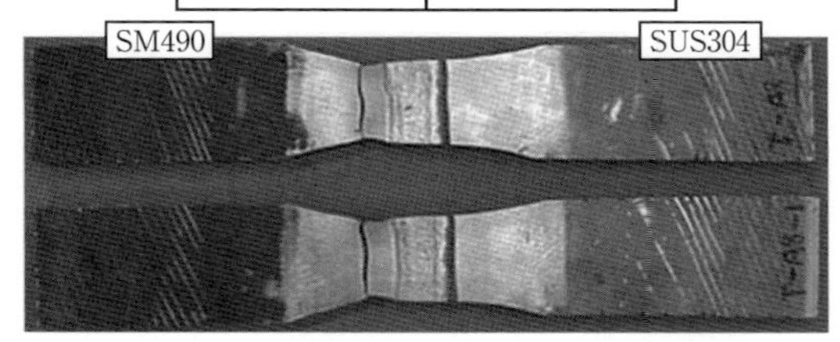

図 3.54　SM490/SUS304 ティグ溶接継手の引張試験結果

(3) SN490B/SUS304N2 フラックス入りワイヤマグ溶接継手

板厚20mmの建築構造用鋼SN490Bとオーステナイト系ステンレス鋼SUS304N2のレ型開先突合せ溶接をフラックス入りワイヤマグ溶接で実施した例[45]を示す。溶加材には母材の強度レベルが高いことからTS309LMoを用い，ルート幅7mm，SUS304裏当て金を用いて6層7パス，溶接電流170～220A，溶接速度20～35cm/minにて施工している。開先形状および詳細溶接条件などを**図 3.55** に示す。SUS304N2にはNが添加されていることから，組織予測は次の様に行う。まず，SUS304N2の組成を**図 3.56** に示すようにディロング組織図上にプロットする。その結果，予測されるフェライト量0％のライン上にあるため，改めてシェフラ組織図上の同等の位置にCr当量はそのままでプロットする。あとは通常の手法で検討することで，**図 3.57** に示すように溶

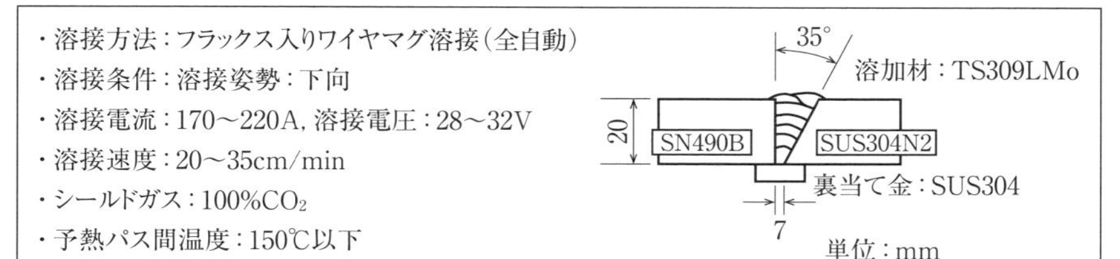

図 3.55　SN490B/SUS304N2 フラックス入りワイヤマグ溶接継手詳細溶接条件

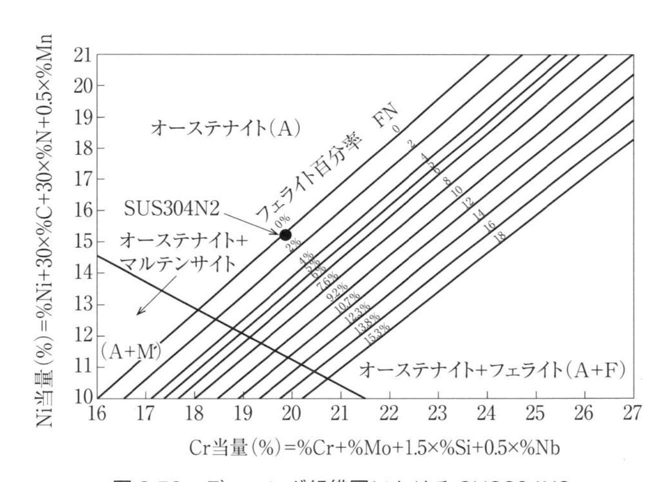

図 3.56　ディロング組織図における SUS304N2

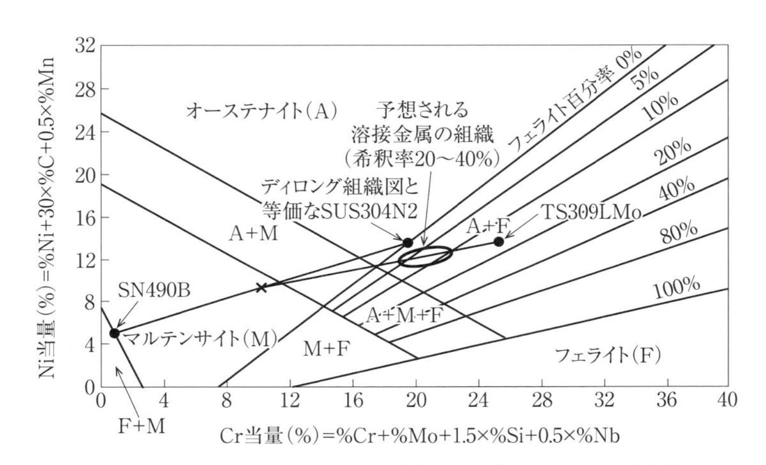

図 3.57　SN490B/SUS304N2 異材溶接継手とシェフラ組織図

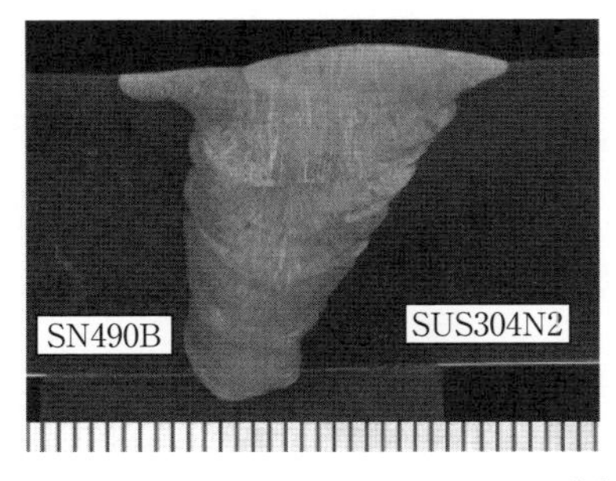

図3.58　SN490B/SUS304N2 フラックス入りワイヤマグ溶接継手の断面マクロ

タイプⅡ境界

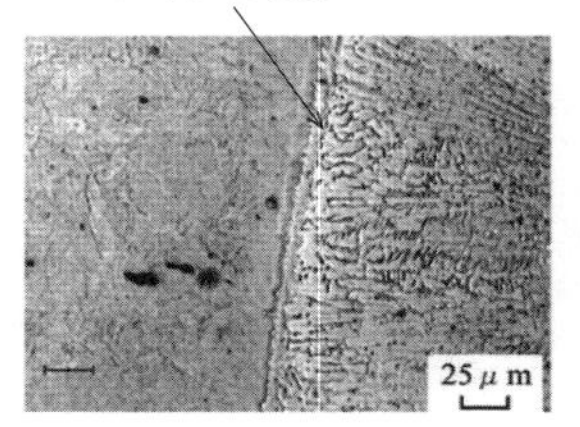

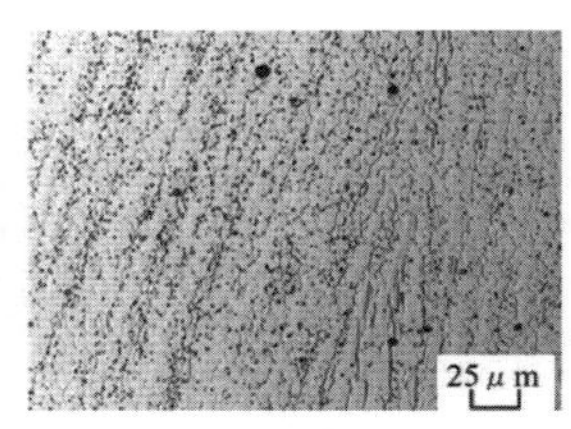

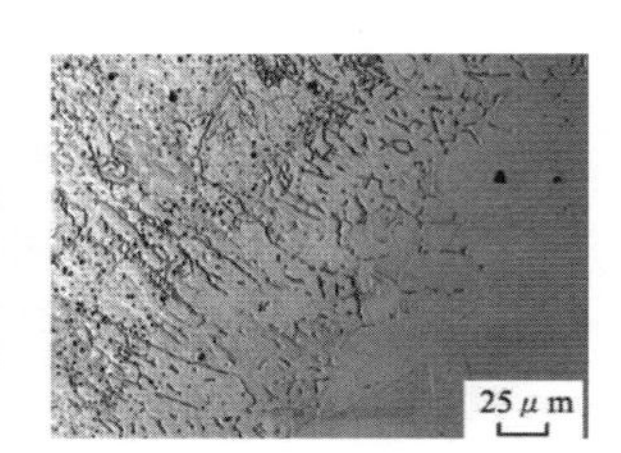

(a)SN490B側ボンド部　(b)溶接金属部　(c)SUS304N2側ボンド部

図3.59　SN490B/SUS304N2 フラックス入りワイヤマグ溶接継手の断面ミクロ組織

接金属は数%のフェライトを含むフェライト+オーステナイトの混合組織となることが予想できる。**図3.58**に溶接部の断面マクロ写真，**図3.59**に各部位の断面ミクロ組織を示す。溶接金属部の組織は，おおむねフェライト+オーステナイトの混合組織となっており，良好な組織となっている。溶接金属内に認められる黒い球状の介在物は主にSiO_2などの非金属介在物である。フラックス入りワイヤマグ溶接では溶接金属部の酸素含有量が1000ppm程度となるため，他の溶接と比較して非金属介在物が多く認められる。また，SN490Bの溶融境界部には幅数μm程度の伸長したオーステナイト結晶粒を有するタイプⅡ境界が認められる。

図3.60に曲げ試験の結果を示す[46)]が，溶加材に強度レベルの低いTS309Lを用いた場合は，シェフラ組織図上では適正なフェライトを含むフェライト+オーステナイトの混合組織を示すが，曲げ試験時の変形が溶接金属部に集中することにより割れが入るなどの曲げ不良を起こすことがある(1.5.3項参照)。対策としてはSUS304N2と同等の強度をもつ溶加材としてTS309LMoやTS309L modifyを用いるか，あるいは許容されるのであれば，曲げ半径を大き

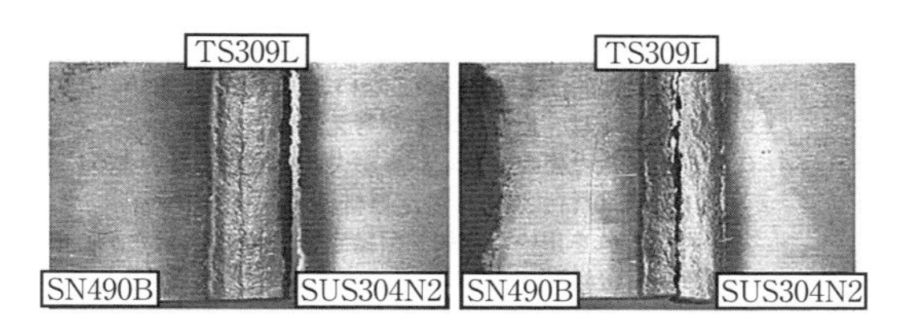

種 類	引張強さ*(MPa)	裏曲げ試験片外観(R=2t)	裏曲げ試験片外観(R=4t)
TS309L	580	TS309L	TS309L
TS309LMo	680	TS309LMo	TS309LMo
TS309L modify	630	TS309L mod SN490B SUS304N2	TS309L mod SN490B SUS304N2

*全溶着金属の引張強さ

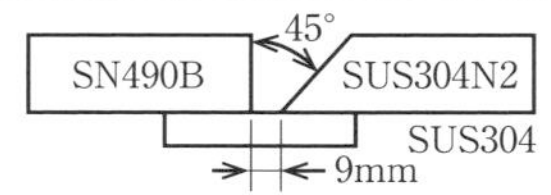

図 3.60 各種溶加材に対する SN490B/SUS304N2 フラックス入りワイヤマグ溶接継手の曲げ試験結果

くとって曲げ試験を行うなどが考えられる。

3.3.2 炭素鋼／フェライト系ステンレス鋼溶接継手

(1) SM400B/SUS405 ティグ溶接継手

板厚 9mm の炭素鋼 SM400B とフェライト系ステンレス鋼 SUS405 の両面溶接をティグ溶接にて実施した例を示す[47]。使用溶加材は YS430 で，溶接継手から JIS Z 3122 に準拠した試験片を採取して表曲げ試験を実施したところ，ビード表面に割れが発生した。シェフラ組織図から予想される溶接金属部の組織は，**図 3.61** に示すようにマルテンサイト＋フェライトの混合組織であり，実際の組織も**図 3.62** に示すようにそのようになっている。特に SM400B 側を過剰に溶融した場合，SM400B 側から炭素鋼成分が溶接金属中にピックアップされ，溶接金属中にマルテンサイト組織が生成しやすい。その結果，曲げ試験にて延性の低い SM400B 側の溶接金属で割れが発生したと考えられる。

対策としては，SM400B 側をあまり溶融させない低希釈率の溶接条件を選定するか，より安全な方法としては YS309 などのオーステナイト系の溶加材を選択することが有効である。

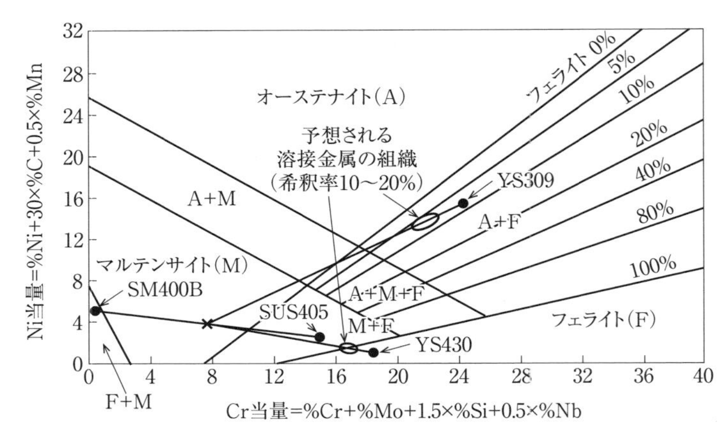

図3.61　SM400B/SUS405異材溶接継手とシェフラ組織図

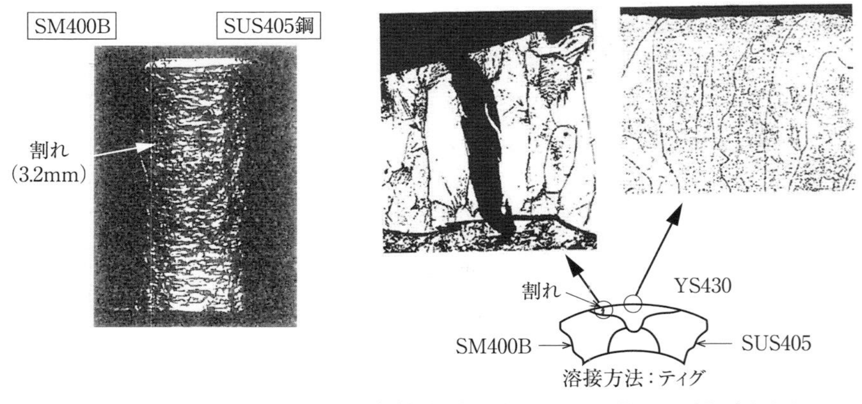

図3.62　SM400B/SUS405ティグ溶接継手の断面ミクロ組織および曲げ試験結果

(2) SM490A/SUS444フラックス入りワイヤマグ溶接継手

板厚4mmの炭素鋼SM490Aと高純度フェライト系ステンレス鋼SUS444のV開先突合せ溶接をフラックス入りワイヤマグ溶接で実施した例[48]を示す。SUS444の様にCr量が19mass%以上となる高純度フェライト系ステンレス鋼の場合は，溶接金属部のぜい化が懸念されるため，溶加材としては溶接金属部組織がフェライト＋オーステナイトの混合組織となりかつC量が低い309L系の溶加材が推奨される。この場合は母材の強度レベルが高いことからTS309LMoを用い，ルート幅2mm，片側1パス，溶接電流210～220A，溶接速度30cm/minにて施工している。開先形状および詳細溶接条件などを**図3.63**に示す。**図3.64**に示すようにシェフラ組織図から予想される溶接金属部の組

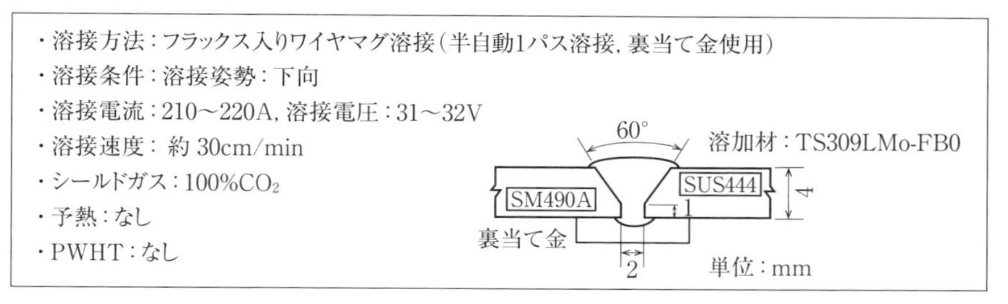

図 3.63　SM490A/SUS444 フラックス入りワイヤマグ溶接継手詳細溶接条件

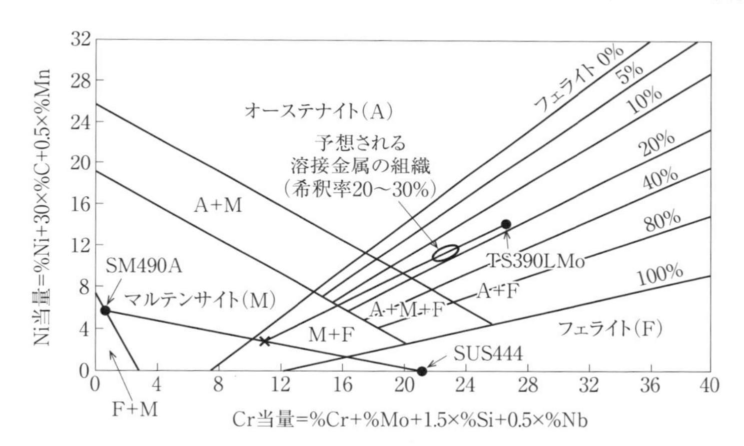

図 3.64　SM490A/SUS444 異材溶接継手とシェフラ組織図

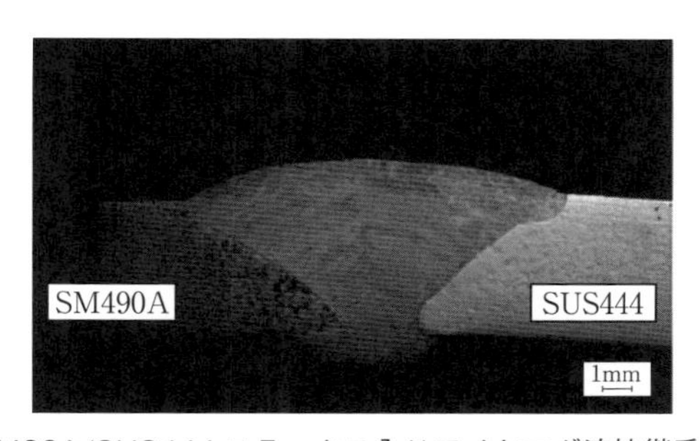

図 3.65　SM490A/SUS444 フラックス入りワイヤマグ溶接継手の断面マクロ

織はおおむねフェライト＋オーステナイトの混合組織となるが，オーステナイト系ステンレス鋼と炭素鋼の異材溶接に比べてフェライト量は20%程度と高くなる傾向にある。**図 3.65** に断面マクロ写真を，**図 3.66** に各部位におけるミクロ組織を示すが，溶接金属部の組織はフェライト＋オーステナイトの混合組織となっている。溶接方法がフラックス入りワイヤマグ溶接であることから，

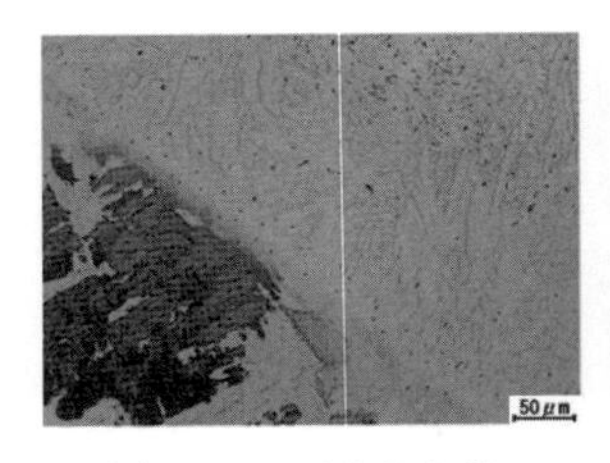

(a)SM490A側ボンド部

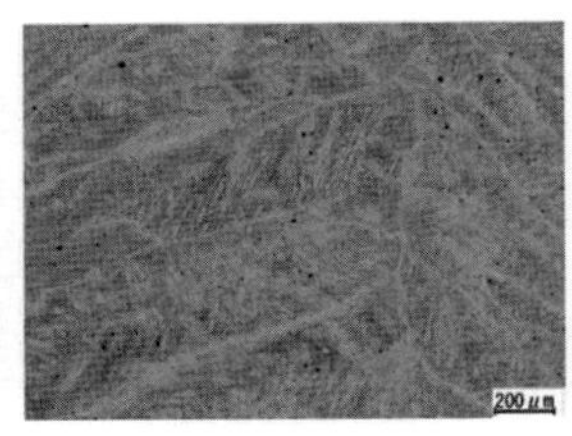

(b)溶接金属部

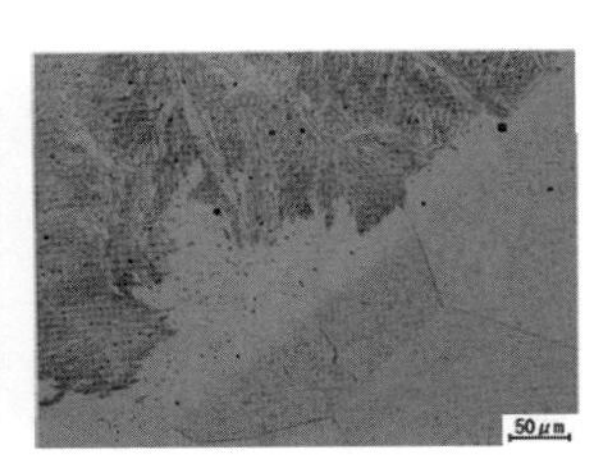

(c)SUS444側ボンド部

図 3.66　SM490A/SUS444 フラックス入りワイヤマグ溶接継手の断面ミクロ組織

溶接金属内には黒い球状の非金属介在物が認められる。**図 3.66**（a），（b)における凝固組織形態はＦモードに分類される組織となっており，特に SUS444 側の溶融境界部は 20 μm 以上のフェライト単相凝固の組織が認められる。一方，（c)においては SM490A 側の溶融境界部に幅 10 μm 程度の層状のボンドマルテンサイトが認められる。

3.3.3　炭素鋼／二相ステンレス鋼溶接継手

(1) A106-Gr.A/SUS329J4L ティグ＋被覆アーク溶接継手

外径 114.3mm，肉厚 7.1mm の炭素鋼管 ASTM/A106-Gr.A（JIS STPT370 相当）と二相ステンレス鋼管 SUS329J4L をティグ溶接および被覆アーク溶接で実施した例[49]を示す。**図 3.67** に示す開先形状の継手に対して，**図 3.68** および**表 3.7**

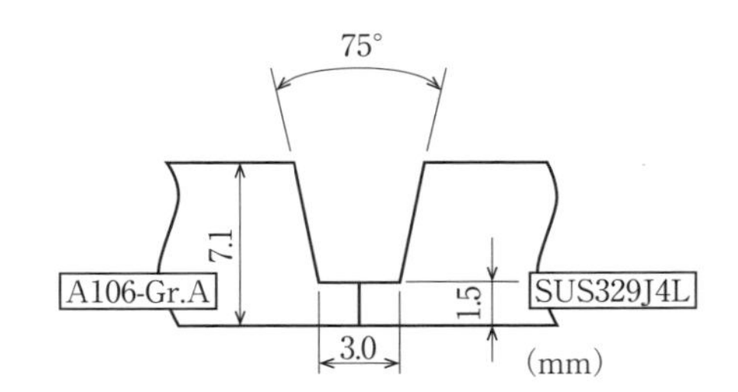

図 3.67　炭素鋼管 /SUS329J4L 継手の開先形状

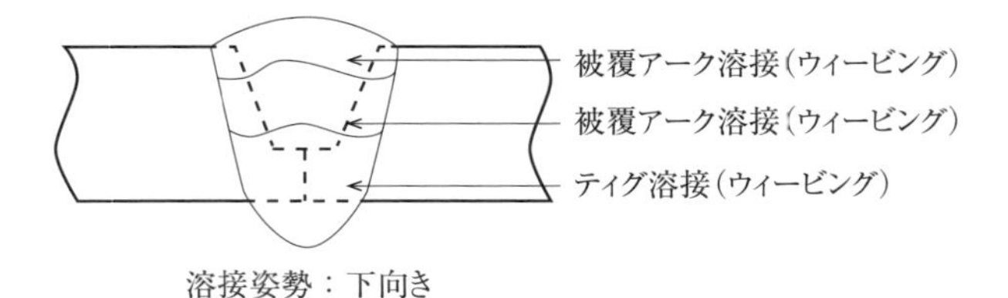

図 3.68　炭素鋼管 /SUS329J4L 継手の溶接方法組合せ

表 3.7　炭素鋼管 /SUS329J4L 継手の溶加材組合せ

No.	鋼管組合せ	溶接姿勢	溶加材	
			初層	残層
(a)	A106 Gr.A + SUS329J4L	下向き	YS329J4L	ES329J4L
(b)	A106 Gr.A + SUS329J4L	下向き	YS309L	ES309L

表 3.8　炭素鋼管 /SUS329J4L 継手詳細溶接条件

溶接方法	ティグ溶接(初層), 被覆アーク溶接(残層)			
溶接姿勢	下向き			
積層	溶接電流 (A)	溶接電圧 (V)	溶接速度 (cm/min)	入熱 (kJ/mm)
1	120	10-14	4.8	1.7
2	110	20-22	15	0.9
3	110	20-22	10	1.4
極性	DCEP			

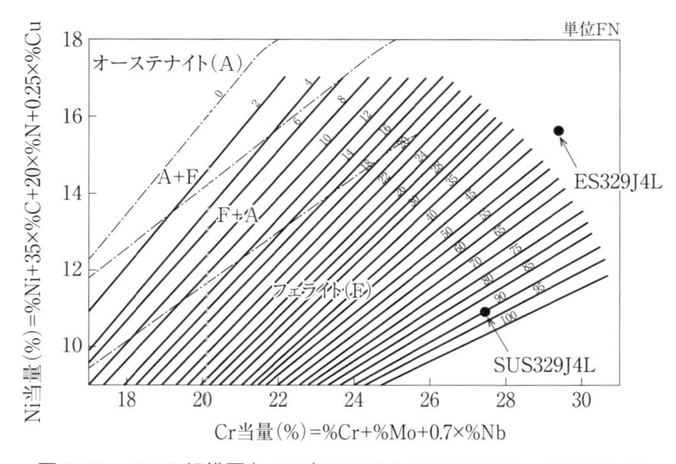

図 3.69　WRC 組織図(1992)における SUS329J4L，ES329J4L

に示すような溶接方法の組合せで溶接を実施している。溶加材には ES329J4L 系の共金溶加材あるいは ES309L 系を使用した。溶接条件の詳細を**表 3.8** に示す。

組織予測に関しては，329J4L 系材料は N を含むため，この場合は高 Cr 領域でも利用可能な WRC 組織図を利用する。WRC 組織図上で SUS329J4L および ES329J4L は**図 3.69** のようにプロットされる。

WRC 組織図のフェライト量は FN で記載されており，シェフラ組織図にそのまま投影することができないため，その場合は**図 3.70** に示すように，WRC

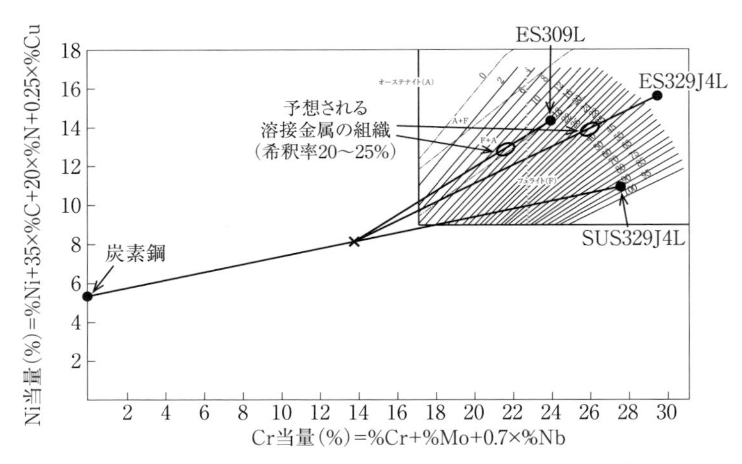

図3.70　炭素鋼管/SUS329J4L異材溶接継手とWRC組織図

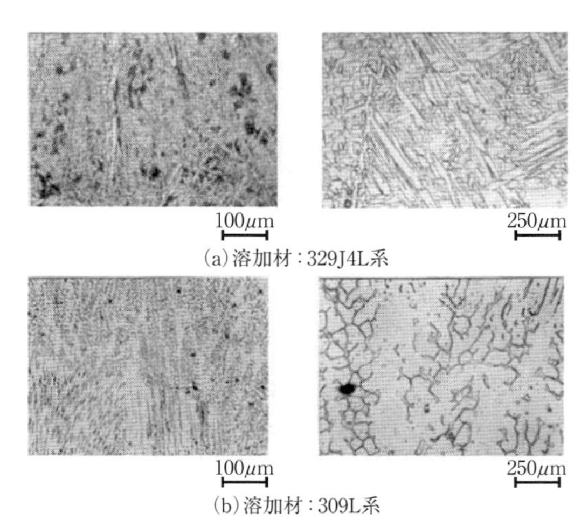

(a)溶加材：329J4L系

(b)溶加材：309L系

図3.71　炭素鋼管/SUS329J4L継手溶接金属部の断面ミクロ組織

組織図の適用範囲を拡張して予測する。そうすると，いずれの溶加材を用いてもフェライト＋オーステナイトの混合組織となるが，ES329J4Lを用いた方が高フェライト量の組織となることが予測される。**図3.71**にそれぞれの溶接金属部のミクロ組織を示すが，329J4L系の溶加材を用いた場合は，Fモードに分類されるフェライト＋ウィドマンステッテンオーステナイトの混合組織となっている。一方，309L系の溶加材を用いた場合はFAモードに分類されるフェライト＋オーステナイトの混合組織となっている。

図 3.72 に硬さ分布を示すが，母材 SUS329J4L との共金溶加材を用いた方が溶接金属部の硬さが高い傾向となっている。**図 3.73** に曲げ試験結果の外観を示す。いずれの溶加材を用いても曲げ試験結果は無欠陥で良好な延性が得られており，合格である。**表 3.9** に引張試験結果を，**図 3.74** に引張試験後の試験片

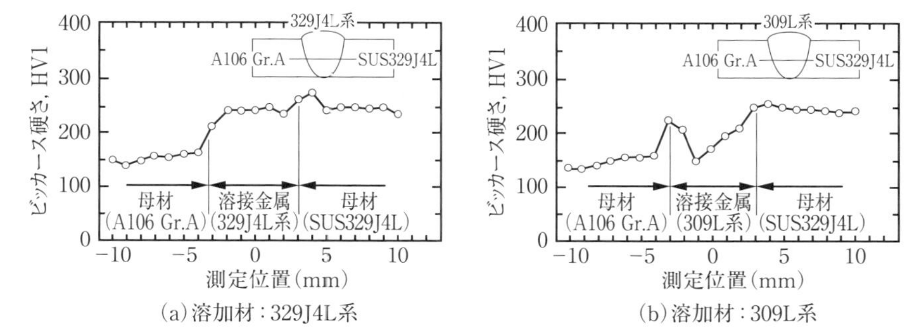

(a)溶加材：329J4L系　　(b)溶加材：309L系

図 3.72　炭素鋼管 /SUS329J4L 継手の硬さ分布

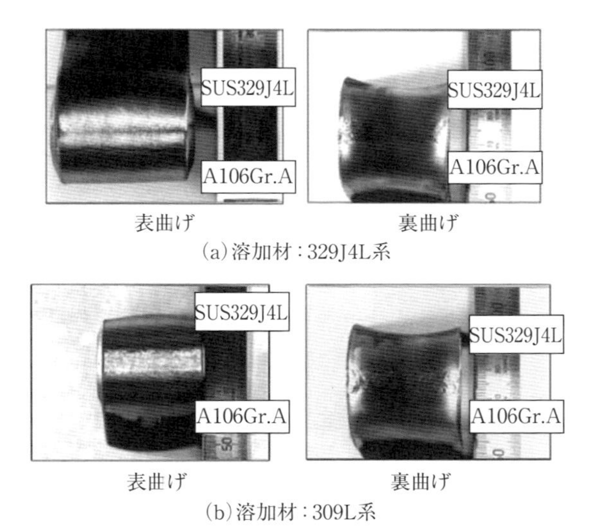

(a)溶加材：329J4L系

(b)溶加材：309L系

図 3.73　炭素鋼管 /SUS329J4L 継手の曲げ試験片外観

表 3.9　炭素鋼管 /SUS329J4L 継手の引張試験結果

(a)溶加材：329J4L 系

引張強さ(MPa)	破断位置
504	母材(A106 Gr. A)
492	母材(A106 Gr. A)

(b)溶加材：309L 系

引張強さ(MPa)	破断位置
514	母材(A106 Gr. A)
487	母材(A106 Gr. A)

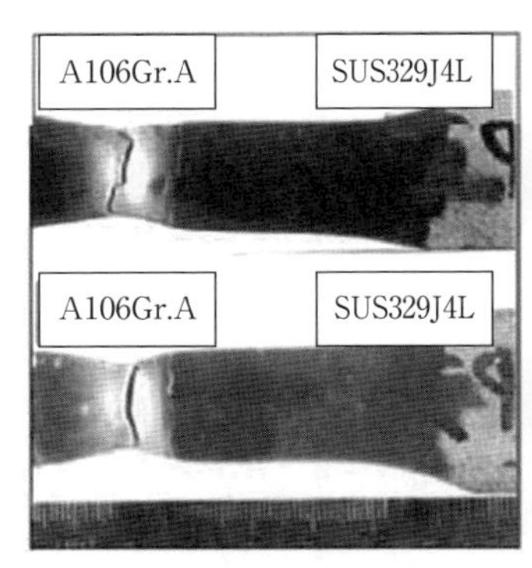

(a)溶加材：329J4L系

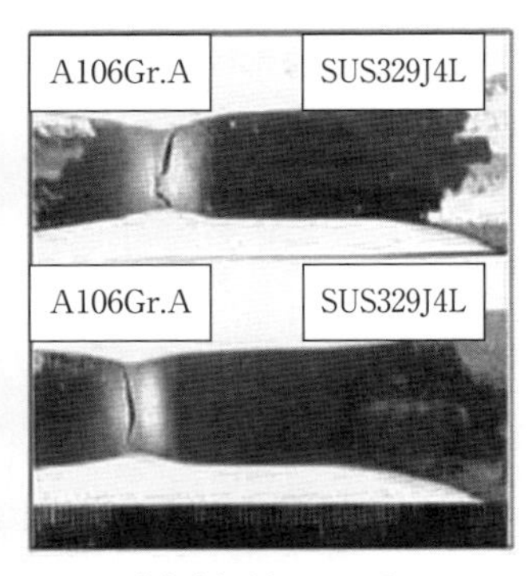

(b)溶加材：309L系

図 3.74　炭素鋼管 /SUS329J4L 継手の引張試験片外観

外観を示すが，いずれの継手も低強度側である炭素鋼母材での破断で，規格値を超える値となっている。

(2) HW685QB/SUS329J4L フラックス入りワイヤマグ溶接継手

780MPa 級高張力鋼 WES 3001 HW685QB と二相ステンレス鋼 SUS329J4L をフラックス入りワイヤマグ溶接で実施した例[50]を示す。溶加材には TS309LMo あるいは TS329J4L の2種類を用いて継手を作製した。

図 3.75 に曲げ試験結果を示すが，(a)は溶加材に TS309LMo を用いた継手であり，表，裏，側曲げいずれも溶接金属部で割れが認められる。一方，溶加材に TS329J4L を用いた場合は，(b)に示すように曲げ試験で欠陥は認められず，良好な延性を有することがわかる。**表 3.10** に引張試験結果を，**図 3.76** に引張試験後の試験片外観を示す。溶加材に TS309LMo を用いた継手は溶接金属破断，TS329J4L を用いた継手は SUS329J4L 側母材破断となり，強度レベ

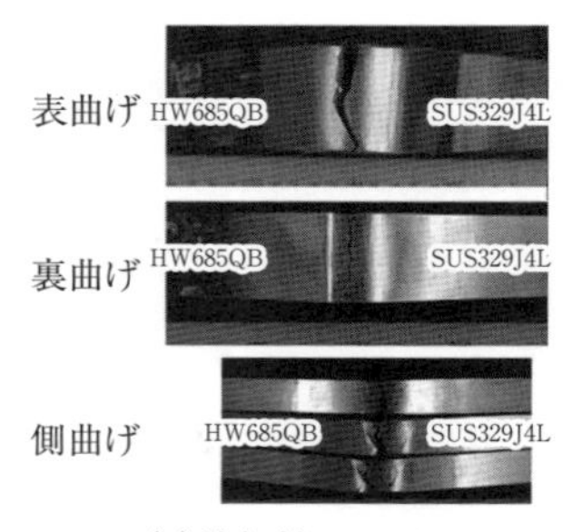

(a)溶加材：TS309LMo

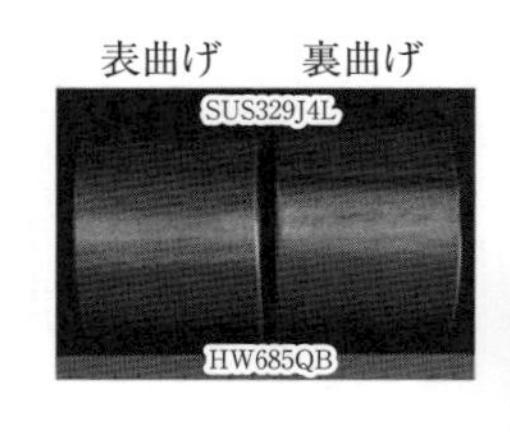

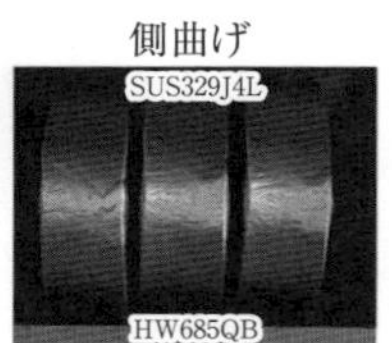

(b)溶加材：TS329J4L

図 3.75　HW685QB/SUS329J4L フラックス入りワイヤマグ溶接継手の曲げ試験片外観

表 3.10　HW685QB/SUS329J4L フラックス入りワイヤマグ溶接継手の引張試験結果

試験条件	溶加材	引張強さ(MPa)	破断位置
(a)	TS309LMo	703	溶接金属
(b)	TS329J4L	780	母材SUS329J4L

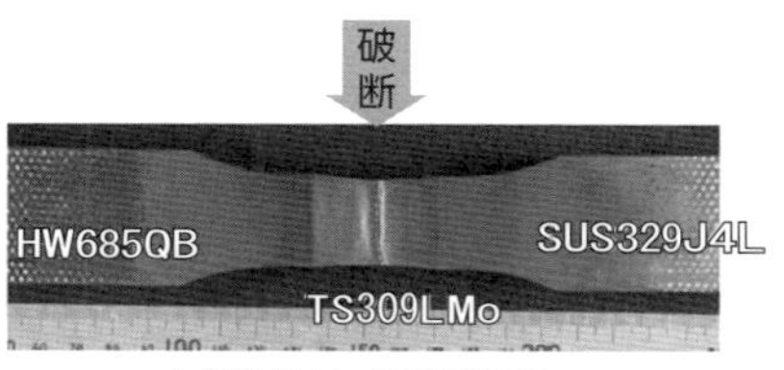

(a)溶加材：TS309LMo

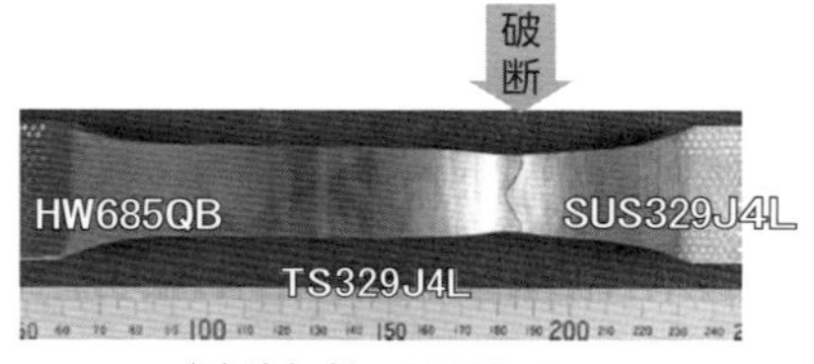

(b)溶加材：TS329J4L

図 3.76　HW685QB/SUS329J4L フラックス入りワイヤマグ溶接継手の引張試験片外観

ルも後者の方が高い値となっている。前項の炭素鋼/二相ステンレス鋼の継手が 309 系，二相系いずれの溶加材を用いても良好な継手が得られたのと比較して，高張力鋼/二相ステンレス鋼の継手の場合は，母材強度レベルが高いために，溶加材の強度レベルが低いと溶接金属部にひずみが集中してしまうため，強度レベルの高い溶加材を用いる必要があるといえる(1.5.3 項参照)。

(3)SM570Q･SM490Y/SUS821L1 フラックス入りワイヤマグ溶接継手

板厚 15mm の高張力鋼 SM570Q および SM490Y とリーン二相ステンレス鋼 SUS821L1 の 35° レ型開先突合せ溶接をフラックス入りワイヤマグ溶接で実施した例[51]を示す。溶加材には TS309Mo，TS2209，TS329J4L を使用し，それぞれ 8 パスにて**図 3.77** に示す溶接条件で施工している。**図 3.78** に適用範囲を拡張した WRC 組織図から予測される溶接金属部の組織を示すが，溶加材に TS309Mo を用いた場合は FN15 ～ 20（概ねフェライト量(%)に対応)程度のフェライト+オーステナイトの混合組織，溶加材に TS2209，TS329J4L を用

積層要領 および開先形状	パス数	溶接電流 (A)	アーク電圧 (V)	溶接速度 (cm/min)	溶接入熱 (kJ/cm)	パス間温度 (℃)	シールド ガス／ 流量 (L/min)
35° SM570Q SM490Y SUS821L1 15 7 SUS304	[illegible]～8	170 ～220	28 ～32	20 ～35	20 以下	150 以下	CO_2 ／20

図 3.77　SM570Q･SM490Y/SUS821L1 フラックス入りワイヤマグ溶接継手詳細溶接条件

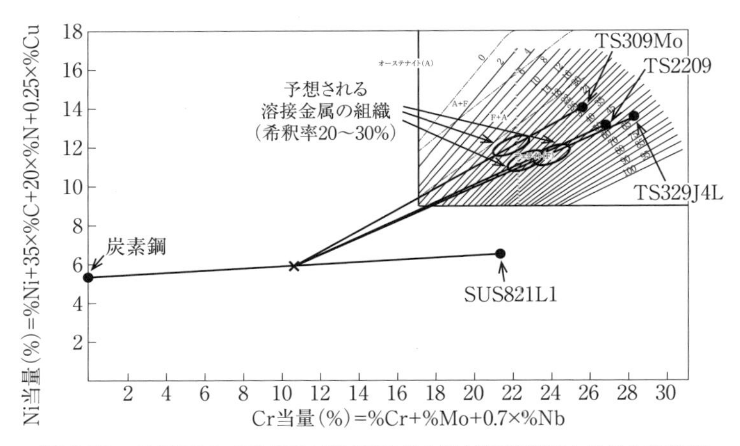

図 3.78　SM570Q·SM490Y/SUS821L1 異材溶接継手と WRC 組織図

適用母材の組合せ		適用溶加材	断面マクロ
リーン二相ステンレス鋼	高張力鋼		
SUS821L1	SM570Q	TS309Mo	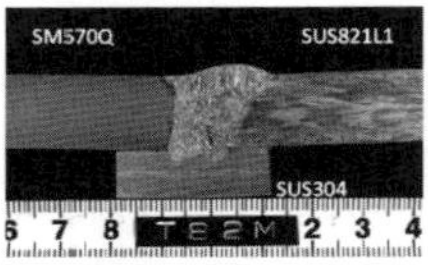
		TS2209	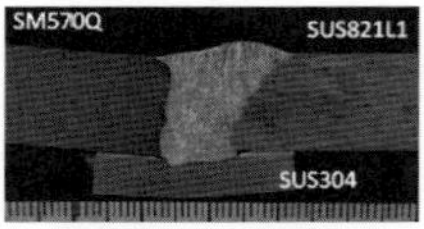
SUS821L1	SM570Q	TS329J4L	
	SM490Y	TS309Mo	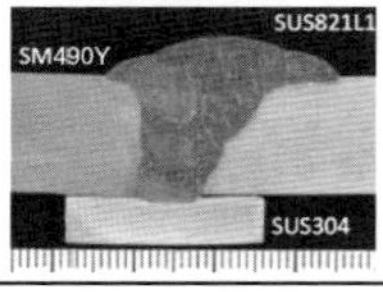

図 3.79　SM570Q·SM490Y/SUS821L1 フラックス入りワイヤマグ溶接継手の断面マクロ

いた場合は FN25 ～ 40 程度のフェライト＋オーステナイトの混合組織となることが予想される。

図3.79に各材料，各溶加材の組合せごとの断面マクロ写真を，**図3.80**（a）～（d）に各材料，各溶加材の組合せの断面ミクロ組織を観察部位ごとに示す。断面ミ

SM570Q/SUS821L1			SM490Y/SUS821L1
TS309Mo	TS2209	TS329J4L	TS309Mo
フェライト量：25% 	フェライト量：20% 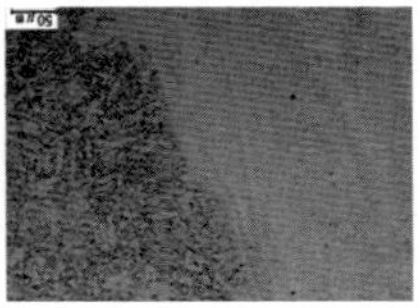	フェライト量：34% 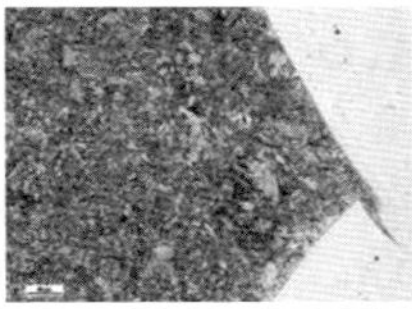	フェライト量：16% 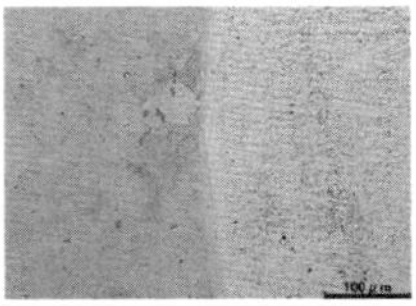

(a) SM 材側ボンド部，板厚 1/2t 付近

SM570Q/SUS821L1			SM490Y/SUS821L1
TS309Mo	TS2209	TS329J4L	TS309Mo
フェライト量：26% 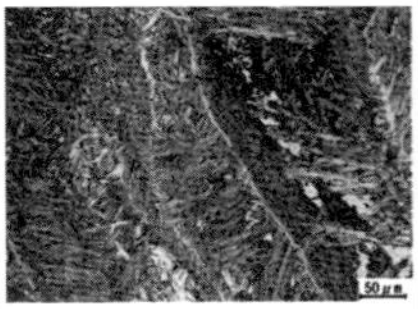	フェライト量：28% 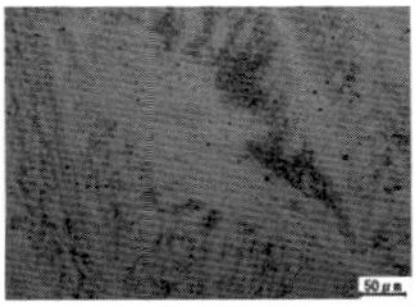	フェライト量：35% 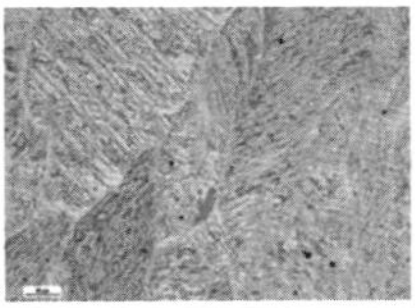	フェライト量：17% 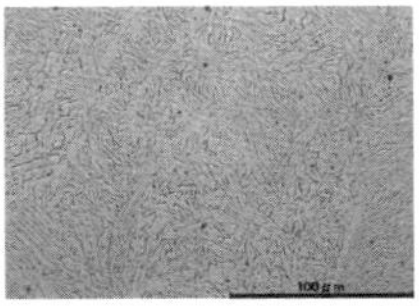

(b) 溶接金属部中央，板厚 1/2t 付近

SM570Q/SUS821L1			SM490Y/SUS821L1
TS309Mo	TS2209	TS329J4L	TS309Mo
フェライト量：17% 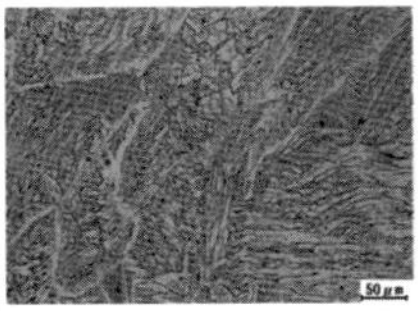	フェライト量：12%	フェライト量：25% 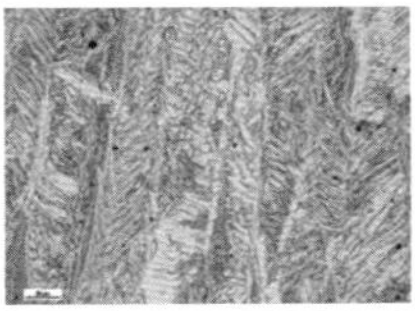	フェライト量：12% 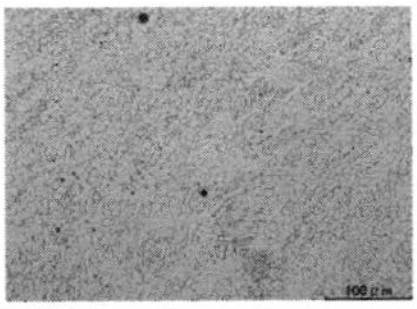

(c) 溶接金属部 1 パス目

SM570Q/SUS821L1			SM490Y/SUS821L1
TS309Mo	TS2209	TS329J4L	TS309Mo
フェライト量：25% 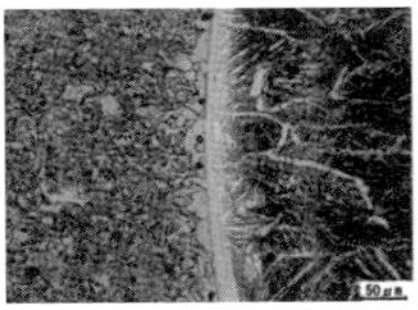	フェライト量：20% 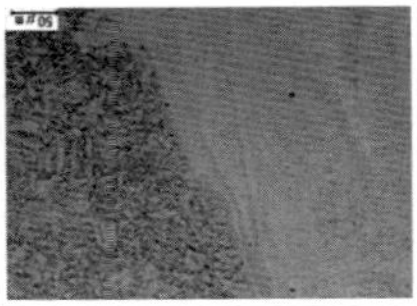	フェライト量：34% 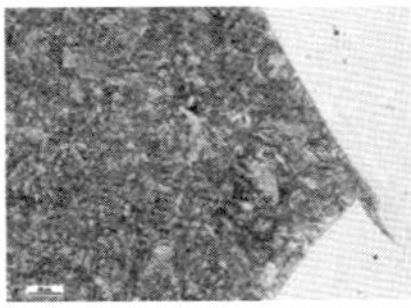	フェライト量：16% 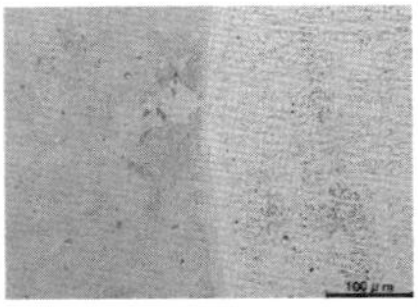

(d) SUS 側ボンド部，板厚 1/2t 付近

図 3.80　SM570Q･SM490Y/SUS821L1 フラックス入りワイヤマグ溶接継手の断面ミクロ組織（フェライト量はフェライトスコープによる測定値）

クロ組織には合わせてその部位でのフェライトスコープ®にて測定したフェライト量も記載している。いずれの組織もフェライト＋オーステナイトの混合組織であるが，フェライトスコープ®の値とWRC組織図から予測されるフェライトナンバー（FN）には若干のずれがあることが認められる。一般的に磁気的測定によるフェライト量はWRC組織図から予測されるFNの値より低めに測定されることが知られている。また，溶接金属部の測定位置によってもフェライト量に差異があるが，1パス目の溶接金属部は母材による希釈率が高く，ステンレス鋼ボンド部に近い溶接金属部は振り分け溶接によりSUS821L1母材による希釈が多くなるため，FNが低くなる。凝固モードに関しては，フェラ

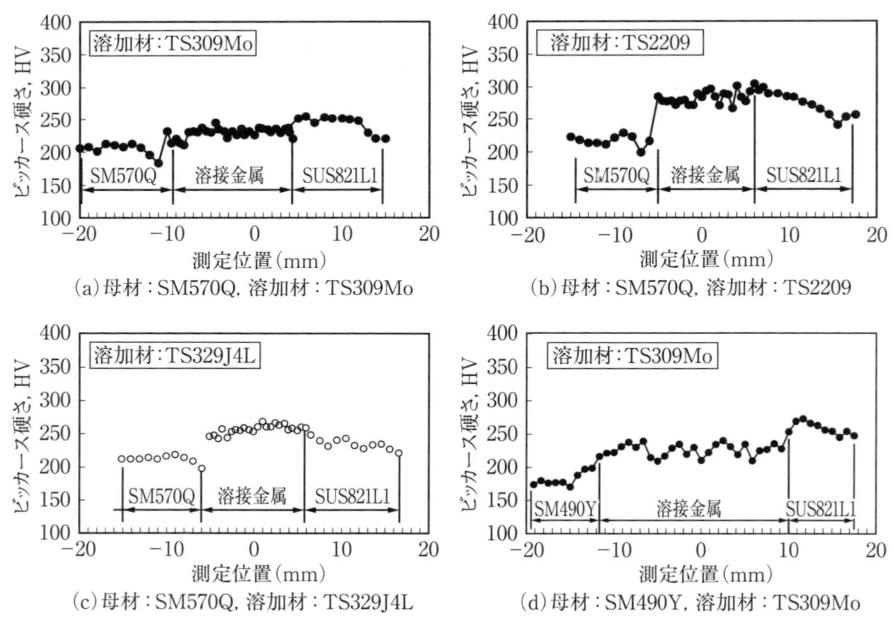

(a)母材：SM570Q, 溶加材：TS309Mo
(b)母材：SM570Q, 溶加材：TS2209
(c)母材：SM570Q, 溶加材：TS329J4L
(d)母材：SM490Y, 溶加材：TS309Mo

図3.81　SM570Q·SM490Y/SUS821L1 フラックス入りワイヤマグ溶接継手の硬さ分布

表3.11　SM570Q·SM490Y/SUS821L1 フラックス入りワイヤマグ溶接継手の曲げ試験結果

適用母材の組合せ		適用溶加材	曲げ試験結果			
リーン二相ステンレス鋼	高張力鋼		表曲げ	裏曲げ	側曲げ	
SUS821L1	SM570Q	TS309Mo	破断	良好	良好	破断
		TS2209	良好	良好	良好	良好
		TS329J4L	良好	良好	良好	良好
	SM490Y	TS309Mo	良好	良好	良好	良好

イト量が16%以下の部位ではFAモードとなっているが，その他の部位はフェライト量が高くいずれもFモードとなっている。

図3.81にSM570Q·SM490Y/SUS821L1の組合せにおける各溶加材ごとの硬さ分布を示す。また，**表3.11**に曲げ試験結果，**図3.82**に一部の曲げ試験結果外観を，**図3.83**に引張試験結果を示す。SM570QとSUS821L1の組合せにお

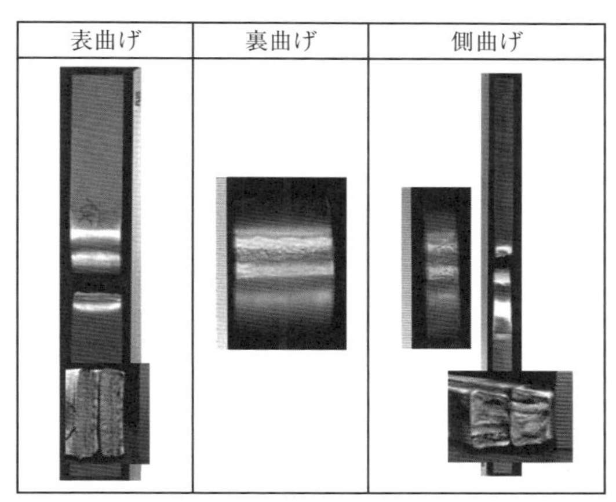

図3.82　SM570Q/SUS821L1 フラックワイヤ入りマグ溶接継手の曲げ試験結果（溶加材：TS309Mo）

適用母材の組合せ		適用溶加材	引張試験片外観（1A号継手引張）	溶接継手の引張性能	
リーン二相ステンレス鋼	高張力鋼			引張強さ（MPa）	破断位置
SUS821L1	SM570Q	TS309Mo	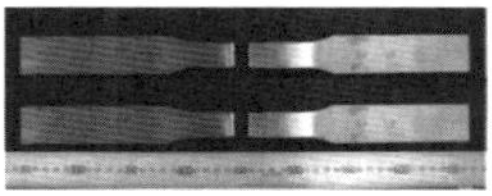	656 597	溶接金属 溶接金属
		TS2209	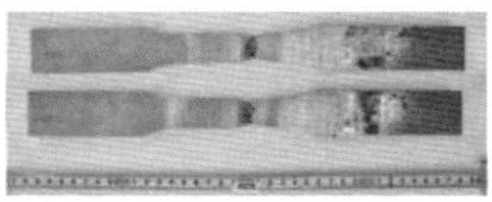	672 678	母材（SM570Q側） 母材（SM570Q側）
		TS329J4L		671 667	母材（SM570Q側） 母材（SM570Q側）
	SM490Y	TS309Mo	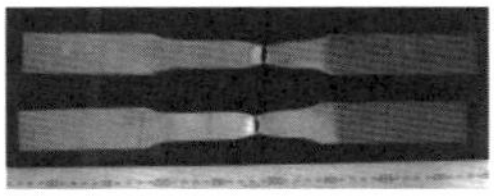	536 541	母材（SM490Y側） 母材（SM490Y側）

図3.83　SM570Q·SM490Y/SUS821L1 フラックス入りワイヤマグ溶接継手の引張試験結果

いて溶加材に TS309Mo を用いた場合に，表曲げ，側曲げ試験で溶接金属部破断，引張試験においても同じく溶接金属部での破断となっており，両母材の強度レベルが溶接金属部の強度レベルと同等もしくは高いことから溶接金属部にひずみが集中して破断に至ったと考えられる。

3.3.4　ステンレス鋼同士の異材溶接継手

(1) SUS447J1/SUS316L ティグ溶接継手

板厚 6mm のフェライト系ステンレス鋼 SUS447J1（30Cr-2Mo-Low C，N）とオーステナイト系ステンレス鋼 SUS316L の 90°V 開先突合せ溶接で実施した例[52]を示す。使用溶加材は YS316L で，3 パスにて**表 3.12** に示す溶接条件で施工している。溶接継手の組織を**図 3.84** に，硬さ分布を**図 3.85** に示す。溶接金属部はフェライト＋オーステナイトの混合組織となっており，溶接熱影響部には硬化は見られない。また，曲げ試験結果を**図 3.86** に，引張試験結果を**図 3.87** に示す。曲げ試験において表曲げ，裏曲げともに溶接継手部に割れは認められず，

表 3.12　SUS447J1/SUS316L のティグ溶接施工条件

溶接方法：ティグ　　溶接施工条件						
層数	溶加材	パス間温度（℃）	溶接電流（A）	アーク電圧（V）	溶接速度（cm/min）	シールドガス／流量（L/min）
1～3	YS316L	15～110	110～160	12～14	8～13	Ar／10～15

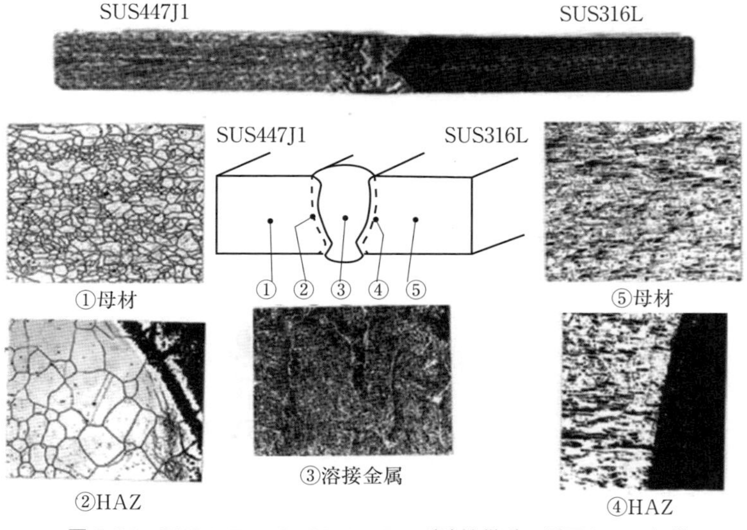

図 3.84　SUS447J1/SUS316L ティグ溶接継手の断面ミクロ組織

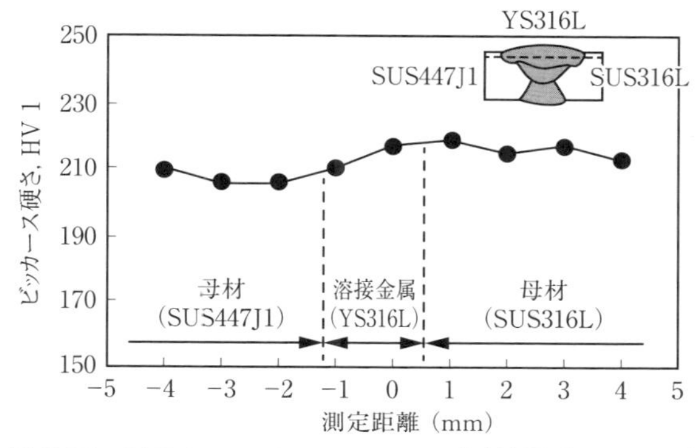

図 3.85 SUS447J1/SUS316L ティグ溶接継手の硬さ分布

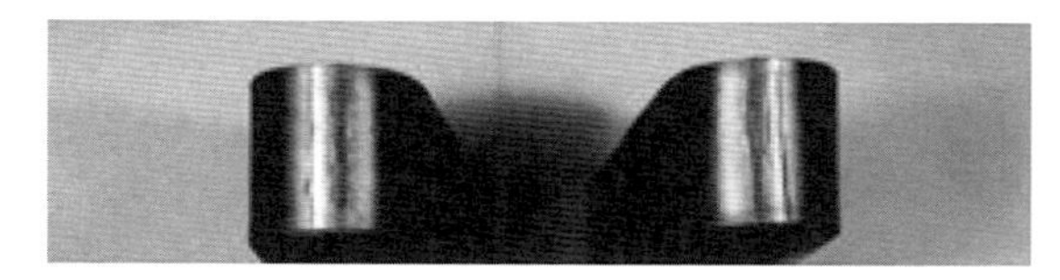

図 3.86 SUS447J1/SUS316L ティグ溶接継手の曲げ試験結果

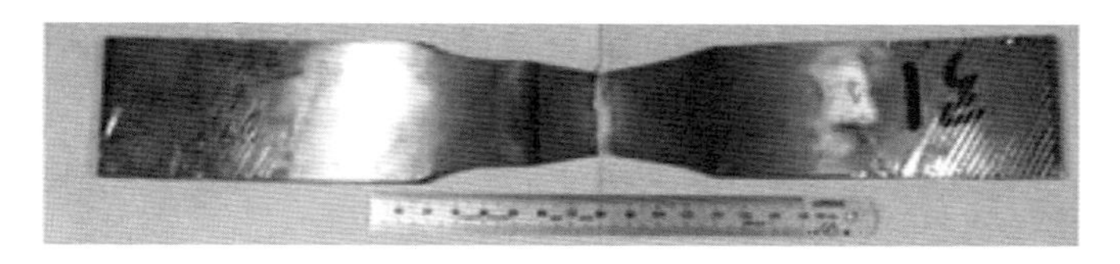

図 3.87 SUS447J1/SUS316L ティグ溶接継手の引張試験結果

引張試験においては SUS316L 側の母材破断であった。

(2) SUS304L/SUS329J4L ティグ＋被覆アーク溶接継手

板厚 7mm のオーステナイト系ステンレス鋼 SUS304L と二相ステンレス鋼 SUS329J4L の 75°V 開先突合せ溶接をティグ溶接(初層)＋被覆アーク溶接(残層)で実施した例[53]を示す。溶加材には 329J4L 系あるいは 309L 系の 2 系統を用いて**表 3.13** に示す溶接条件で施工している。溶接金属の組織を**図 3.88** に硬さ分布を**図 3.89** に示す。また, 曲げ試験結果を**図 3.90** に, 引張試験結果を**図 3.91** に示す。329J4L 系, 309L 系いずれの溶加材を用いても, 組織はフェライト＋オーステナイトの混合組織となり, 曲げ試験においては表曲げ, 裏曲げともに溶接継手部に割れは認められず, 引張試験においては SUS304L 側の母材破断であった。

表 3.13　SUS304L/SUS329J4L の溶接施工条件

溶接方法;ティグ・被覆アーク　溶接施工条件						
層数	溶加材	パス間温度(℃)	溶接電流(A)	アーク電圧(V)	溶接速度(cm/min)	シールドガス／流量(L/min)
1	YS329J4L YS309L	≦150	120	12～14	3～5	Ar／13
2～3	ES329J4L ES309L	≦150	110	20～22	50	−

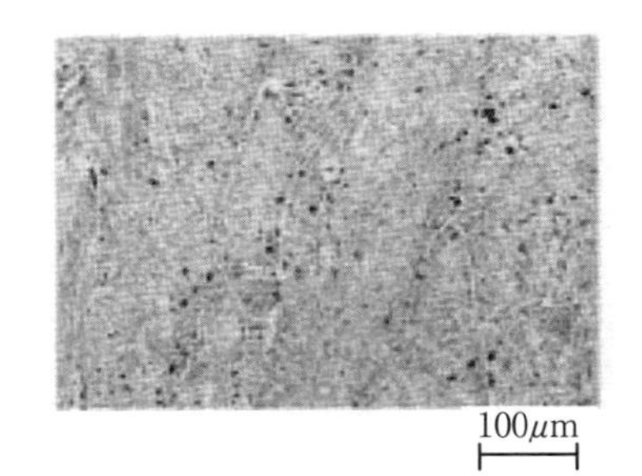

(a)溶加材：329J4L 系

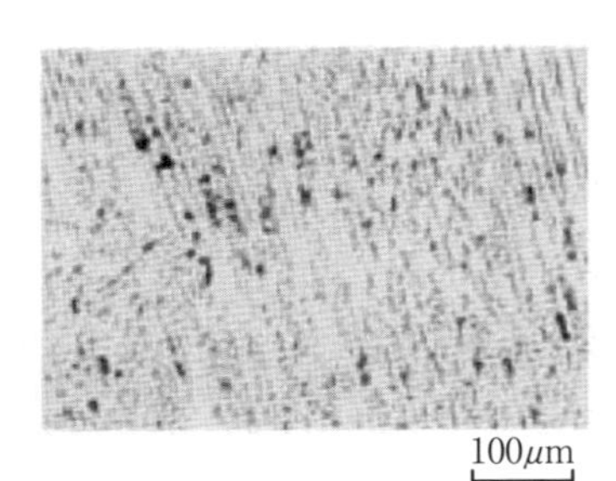

(b)溶加材：309L 系

図 3.88　SUS304L/SUS329J4L 継手溶接金属部の断面ミクロ組織

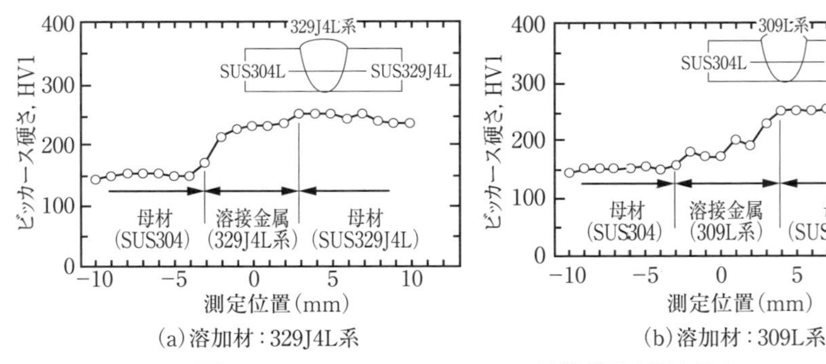

(a)溶加材：329J4L系　(b)溶加材：309L系

図 3.89　SUS304L/SUS329J4L 溶接継手の硬さ分布

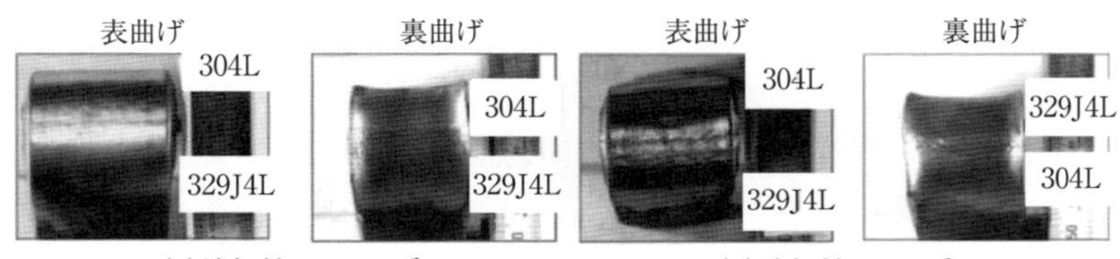

(a)溶加材：329J4L系　(b)溶加材：309L系

図 3.90　SUS304L/SUS329J4L 溶接継手の曲げ試験結果

SUS304L／SUS329J4L　引張強さ(MPa)	
329J4L系	614，609
309L系	599，604

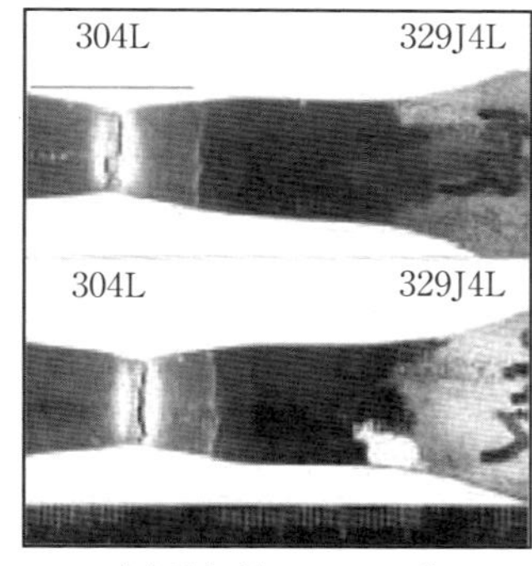

(a)溶加材：329J4L系

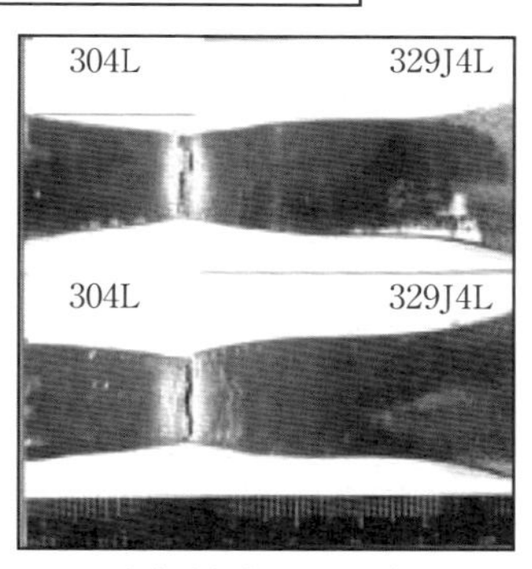

(b)溶加材：309L系

図 3.91　SUS304L/SUS329J4L 溶接継手の引張試験結果

(3) SUS316L/SUS329J4L ティグ溶接継手

板厚 6mm のオーステナイト系ステンレス鋼 SUS316L と二相ステンレス鋼 SUS329J4L の 70°V 開先突合せ溶接をティグ溶接にて実施した例[53]を示す。溶加材には YS316L を使用し，1 層 1 パスの計 3 パスにて**表 3.14** に示す溶接条件で施工している。なお，本継手特性値は表 3.4 に示す SUS316L/SUS329J4L の推奨溶加材として記載のない YS316L を使用した溶接継手試験結果である。溶接継手の組織を**図 3.92** に，硬さ分布を**図 3.93** に示す。また，曲げ試験結果を

表 3.14　SUS316L/SUS329J4L のティグ溶接施工条件

溶接方法；ティグ　　溶接施工条件						
層数	溶加材	パス間温度(℃)	溶接電流(A)	アーク電圧(V)	溶接速度(cm/min)	シールドガス／流量(L/min)
1	YS316L	≦150	110〜130	12〜14	5〜8	Ar／10

SUS316L側

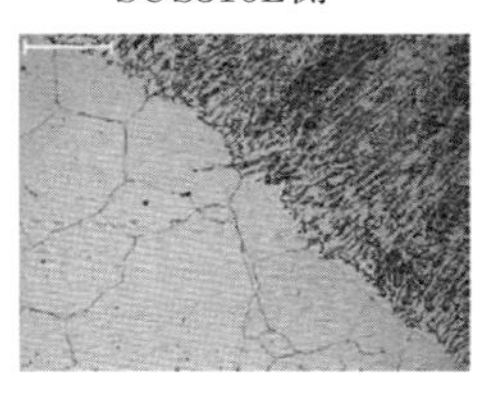

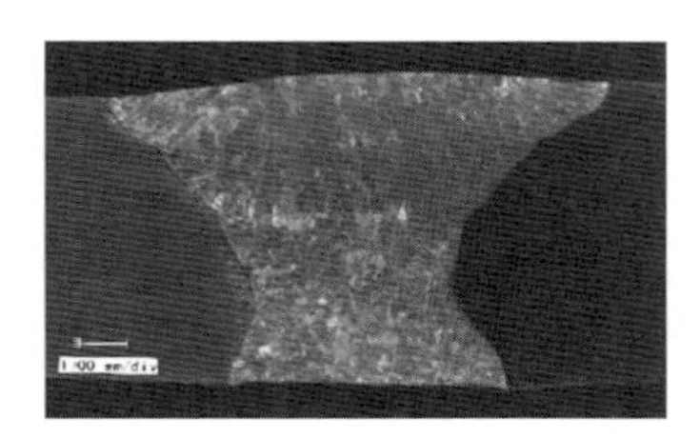

SUS329J4L側

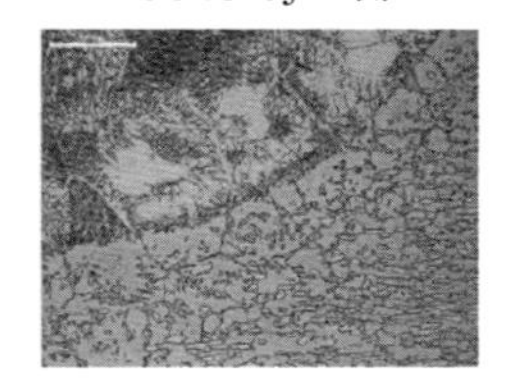

図 3.92　SUS316L/SUS329J4L の溶接継手組織

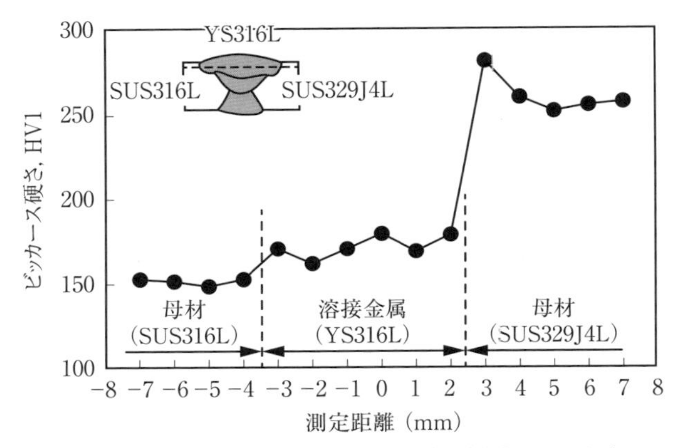

図 3.93　SUS316L/SUS329J4L 溶接継手の硬さ分布

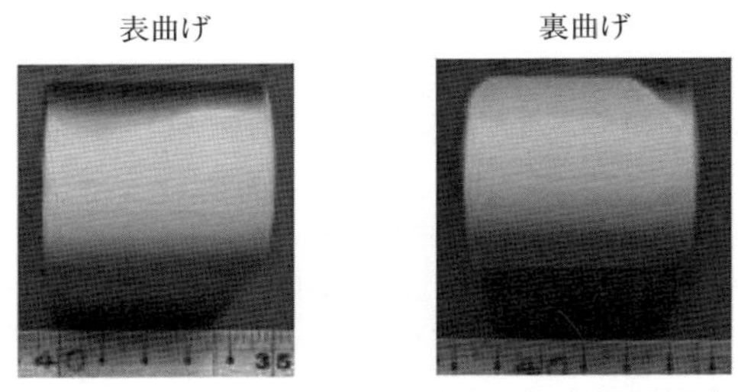

図 3.94　SUS316L/SUS329J4L 溶接継手の曲げ試験結果(PT 後外観)

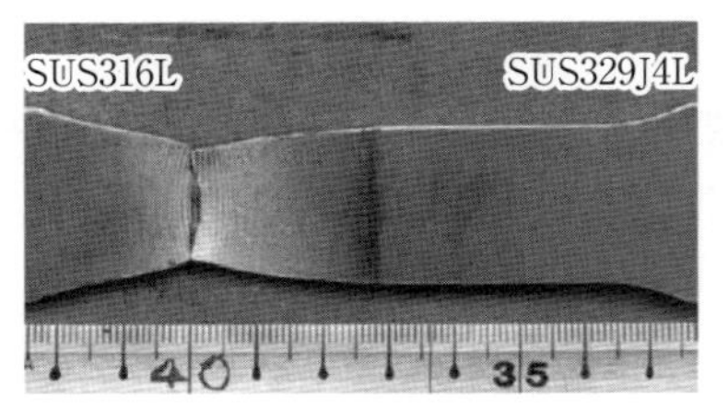

SUS316L／SUS329J4L(YS316L)		破断位置
引張強さ(MPa)	595	SUS316L

図 3.95　SUS316L/SUS329J4L 溶接継手の引張試験結果

図 3.94 に，引張試験結果を**図 3.95** に示す。曲げ試験においては表曲げ，裏曲げともに溶接継手部に割れは認められず，引張試験においては SUS316L 側の母材破断であった。

(4) SUS316L/SUS836L ティグ溶接継手

板厚 4mm のオーステナイト系ステンレス鋼 SUS316L とスーパーオーステナイト系ステンレス鋼 SUS836L の 70° V 開先突合せ溶接をティグ溶接にて実

施した例[54]を示す。溶加材にはニッケル合金溶加材であるSNi6276を使用し，1層1パスの計2パスにて**表3.15**に示す溶接条件で施工している。溶接継手の組織を**図3.96**に，硬さ分布を**図3.97**に示す。また，曲げ試験結果を**図3.98**に，

表3.15　SUS316L/SUS836Lのティグ溶接施工条件

溶接方法；ティグ　溶接施工条件						
層数	溶加材	パス間温度(℃)	溶接電流(A)	アーク電圧(V)	溶接速度(cm/min)	シールドガス／流量(L/min)
1～2	SNi6276	≦150	110～130	12～13	5～8	Ar／13

SUS316L側

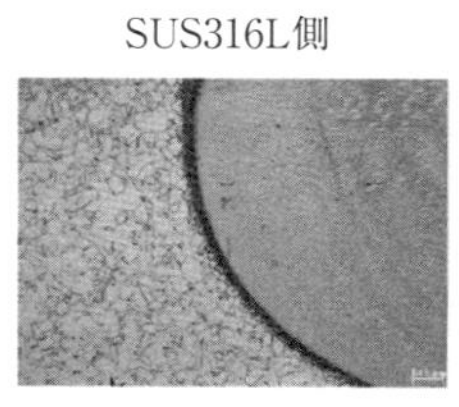

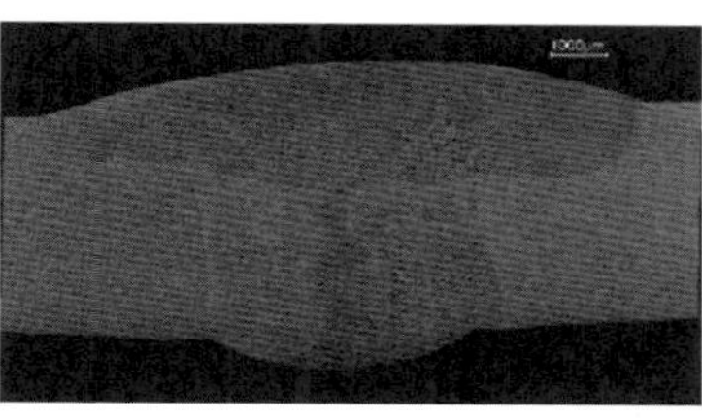

SUS836L側

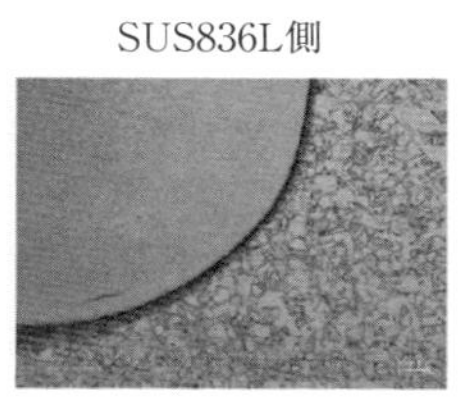

図3.96　SUS316L/SUS836Lティグ溶接継手の断面組織

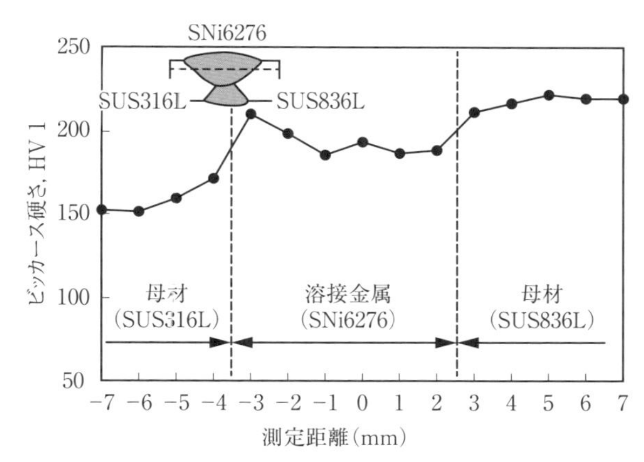

図3.97　SUS316L/SUS836Lティグ溶接継手の硬さ分布

表曲げ

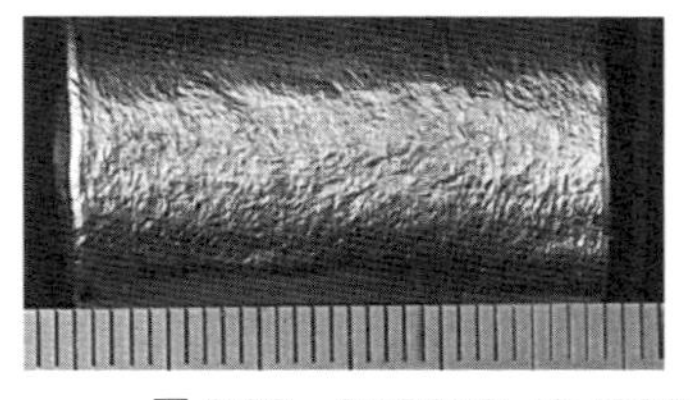

裏曲げ

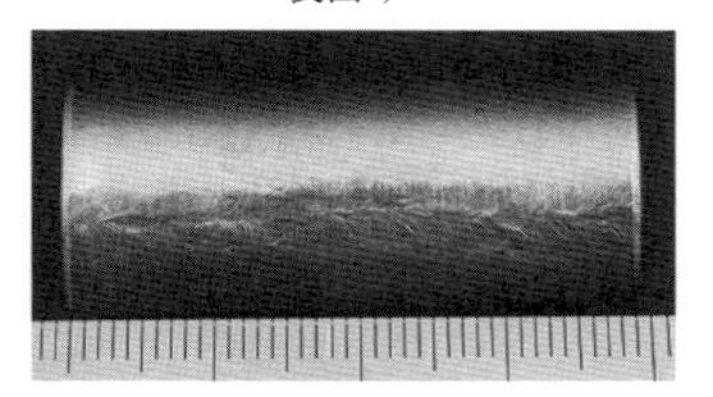

図3.98　SUS316L/SUS836Lティグ溶接継手の曲げ試験結果

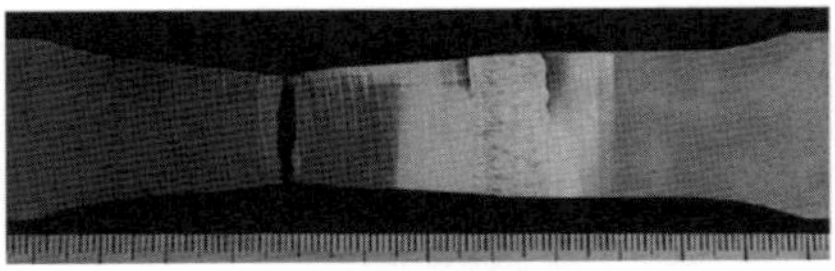

SUS316L　SUS836L

SUS316L／SUS836L（SNi6276）		破断位置
引張強さ（MPa）	540	SUS316L

図 3.99　SUS316L/SUS836L ティグ溶接継手の引張試験結果

引張試験結果を**図 3.99** に示す。組織はオーステナイト単相であるが，曲げ試験においては表曲げ，裏曲げともに割れは認められず，引張試験においては SUS316L 側母材破断であった。

3.4　異材溶接継手適用部位および実施工におけるトラブル事例

3.4.1　異材溶接継手適用部位

(1) 炭素鋼と各種ステンレス鋼の異材溶接継手

a) 軽水炉配管

図 3.100 は欧州における加圧水型原子炉（EPR：European Pressurized-water Reactor）の異材溶接継手モックアップ外観であり，圧力容器ノズル部からの配管と通常配管との取り合い部は異材溶接継手となる[55]。低合金鋼管（A533）と SUS316L 鋼管を SNi6052 系のニッケル合金溶加材で溶接しており，溶接方法は狭開先ティグ溶接となっている。

b) 化学プラント向け圧力容器

図 3.101 は化学プラント向け圧力容器であるが，ノズルが溶接されており，この部分が異材溶接継手となっている[56]。圧力容器の材質は内面に SUS304L

図 3.100　EPR 配管向け異材溶接継手モックアップ外観

図 3.101　化学プラント向け圧力容器ノズル部外観

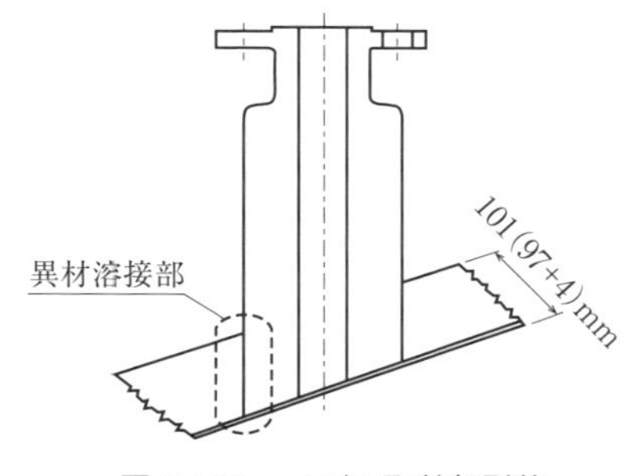

図 3.102　ノズル取付部形状

系材料を爆着クラッドした低合金鋼(SA516 Gr.70)，ノズルはオーステナイト系ステンレス鍛造材である。継手は**図 3.102** のようになっており，溶接手順としては，圧力容器側に YS309L をティグ溶接にてバタリングした後に，拡散性水素による割れのリスクを極力下げるためにバタリング部を脱水素処理し，開先加工後，YS308L にてマグ溶接している。

c)次世代ボイラ用配管

異材溶接継手が多数想定される構造物として，700℃級先進超々臨界圧発電設備である A-USC ボイラが挙げられる。**図 3.103** に国家プロジェクトにて実施された実缶試験設備の外観を示す[57]。同プラントに用いられる材料は**図 3.104** に示すように部位に応じてフェライト系鋼(9Cr 開発材：9Cr-3W-2.6Co-Nb-V-B)，オーステナイト系鋼(火 SUS310J1TB, 火 304J1HTB)，ニッケル合金(開発材：23Cr-45Ni-8W-Ti-Nb, Alloy141, Alloy263, Alloy740)等が配置されており[58]，それぞれの接続部位は異材溶接継手となる。

図 3.103　A-USC ボイラ実缶試験設備外観(㈱シグマパワー有明 三川発電所)

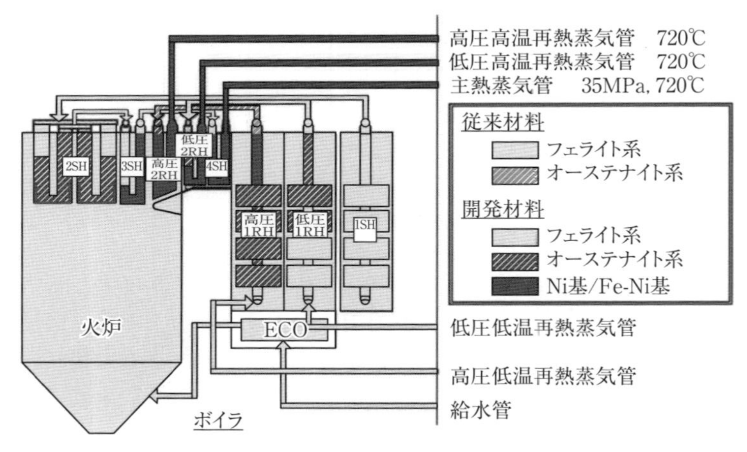

図 3.104　A-USC ボイラ機器構成材料

(2) ステンレス鋼同士の異材溶接

a) SUS316/SUS304 製防災船着場

災害時における帰宅困難者や物資の水上輸送など防災機能の向上のため整備された防災船着場は，鋼材腐食による景観悪化を防止するとともにメンテナンスフリーの観点からステンレス鋼が採用されている[59)]。**図 3.105** に示す固定桟橋形式の船着場では，柱・基礎部に SUS316，桟橋部に SUS304 を用いて製作されている。そして，SUS316/SUS304 の異材溶接部では溶加材にフラックス

図 3.105 ステンレス製防災船着場の外観

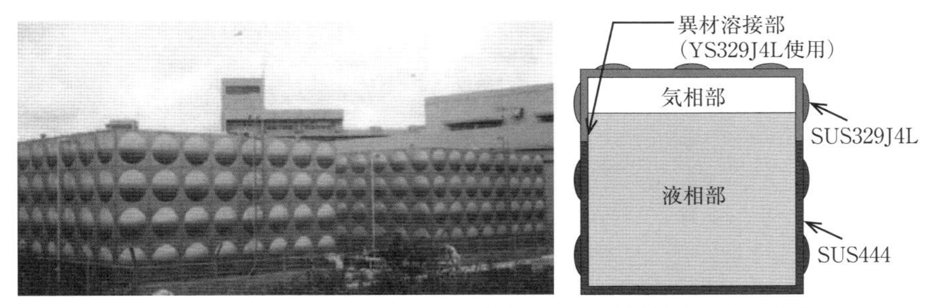

図 3.106 SUS329J4L/SUS444 製貯蔵タンクの外観とタンク模式図

入りワイヤ TS308 を使用し製作されている。

b) SUS329J4L/SUS444 製貯蔵タンク

上水道施設の特に貯水槽(**図 3.106**)では，気相部および特に喫水部で次亜塩素酸ナトリウムから微量塩素が発生し SUS304 では赤さび(孔食)が発生しやすいため，より耐食性に優れる SUS329J4L が使用されている。喫水部より下部には安価な SUS444 が使用されており，SUS329J4L/SUS444(板厚約 1mm)の異材溶接部は溶加材に耐食性を考慮し YS329J4L を使用し，ティグ溶接にて製作されている[60)]。

c) 二相ステンレス鋼 /SUS304 製溶接形鋼(H 形鋼)

主に建築構造用に使用される溶接形鋼は，SUS304 や SUS316 製が主流であるが，土木関連においては耐食性に優れる SUS323L，SUS329J3L や SUS329J4L などの二相ステンレス鋼も使用されている。そのため，耐食性と高強度が求められる部位にSUS327L1，それ以外の部位にはSUS304などと組み合わせた溶接形鋼も開発されている(**図3.107**)。溶接形鋼はミグ溶接で施工されるが溶接形鋼SUS304とSUS327L1の異材突合せ溶接部については溶加材にフラックス入りワイヤTS329J4Lを使用し製作されている[60)]。

d)SUS836L/SUS304製食品タンク

図3.108に示す17%の食塩を含有する醤油諸味タンクには，耐食性に優れるスーパーオーステナイト系ステンレス鋼SUS836Lが使用され，そのタンクの外装となる水冷設備などのジャケット部にはSUS304が使用されている[60)]。SUS836LとSUS304の異材溶接はフラックス入りワイヤマグ溶接で実施され

図3.107　異材溶接形鋼の外観

図3.108　スーパーオーステナイト系ステンレス鋼製食品タンクの外観

ており，溶加材には通常 TS309LMo を用いるところを，さらなる安全性確保のため TS317L を用いて製作されている。

3.4.2　実施工におけるトラブル事例

(1) 亜鉛めっき鋼板／ステンレス鋼溶接における溶接割れ発生事例[61)]

SUS304 製のタンク（板厚 6mm）の外面に亜鉛めっきされた炭素鋼ボルトをティグ溶接（溶加材：YS309）したところ，板厚を貫通する割れが発生した。**図 3.109** に割れ発生位置および浸透探傷試験結果，割れ部断面組織，SEM による割れ破面写真を示す。割れはいずれもステンレス鋼の結晶粒界を進展している。分析の結果，割れの生じた結晶粒界には Zn の存在が確認された。このことより本事例の割れは溶接過程でめっきされた Zn が溶融し，粒界に侵入することにより生じる亜鉛ぜい化割れと判断される。亜鉛ぜい化割れを含む液体金属ぜい化割れのメカニズムについては 3.1.3 (3) に記載した。亜鉛ぜい化感受性は**図 3.110** に示すように材料の種類によって差があり，オーステナイト系ステンレス鋼は非常に割れ感受性が高いので，十分な注意が必要である。

対策としては，溶融した Zn がステンレス鋼に接触することを避けることである。Zn の融点は 419.5℃と低いので，亜鉛めっきボルトなどを使う際は，Zn を溶接の熱サイクルにより溶かされない範囲まで除去した後，溶接施工する必要がある。また，亜鉛めっきは防食目的で施されているため，溶接後，除去した部分の防食処理も必要となる。より完全な対策は，ボルトに亜鉛めっき

(a) 染色浸透探傷検査

(Ⅰ) 表面

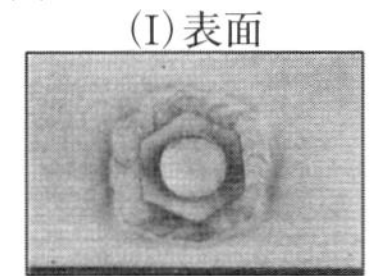

(Ⅱ) 裏面

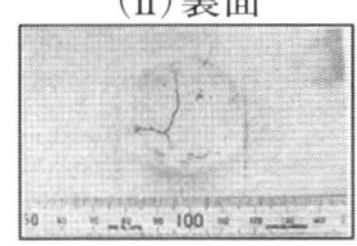

(Ⅲ) ボルト除去部

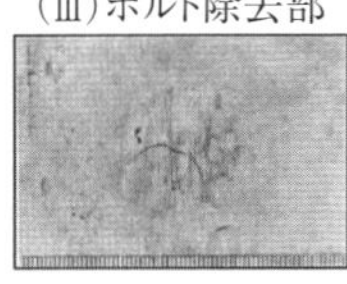

(b) ミクロ組織

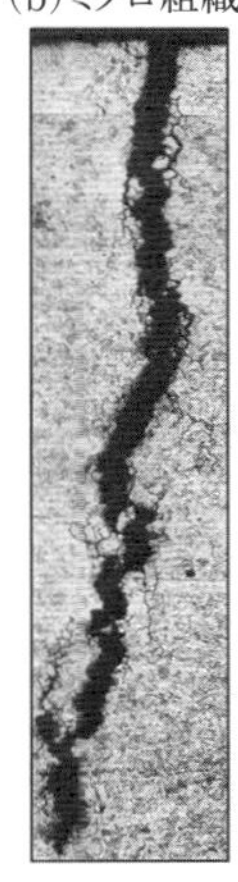

(c) 走査型電子顕微鏡による破面組織

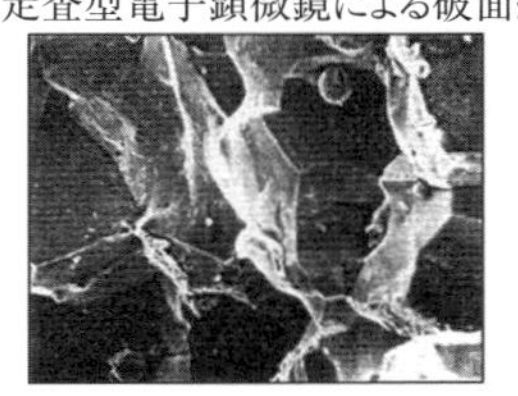

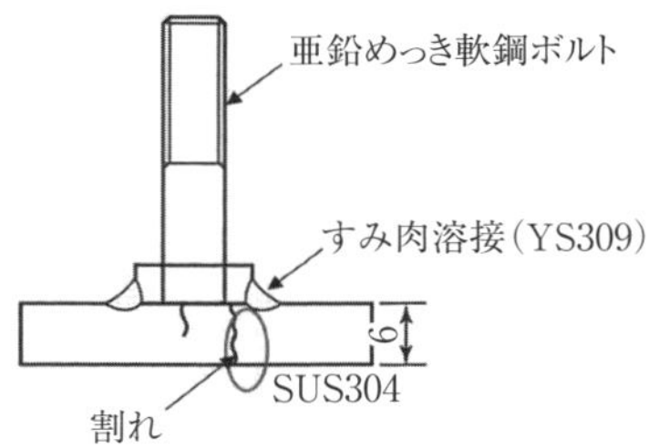

図 3.109　亜鉛めっきボルトと SUS304 を溶接した際の溶接割れ事例

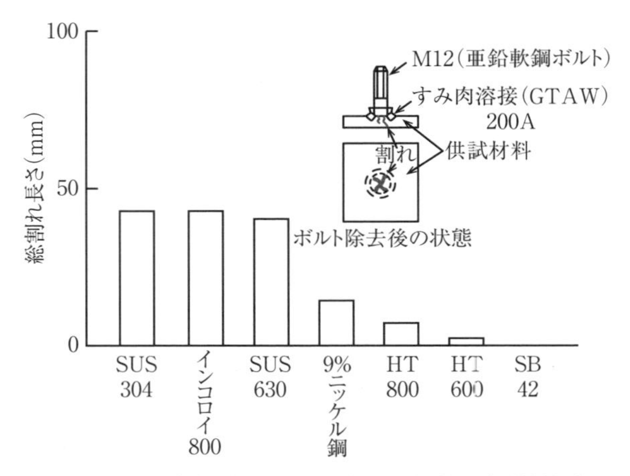

図 3.110　各材料における亜鉛ぜい化割れ感受性比較

の必要のない材料，例えば，ステンレス鋼を採用することである。

(2) 炭素鋼／ステンレス鋼ティグ異材溶接におけるフラックス入りワイヤマグ溶接バタリング開先の割れ発生事例[62)]

炭素鋼へフラックス入りワイヤマグ溶接によりステンレス鋼の肉盛溶接を行った後，その部分を開先加工して SUS304 との突合せ継手をティグ溶接したところ，**図 3.111** に示すような溶接割れが発生した。**図 3.112** に積層および溶接欠陥の発生位置を示す。溶接割れの発生位置は，図 3.111 よりわかるように

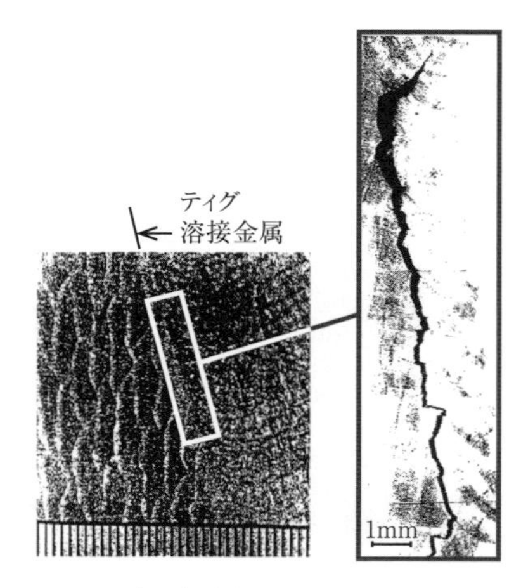

図 3.111　溶接欠陥部のマクロ組織・ミクロ組織

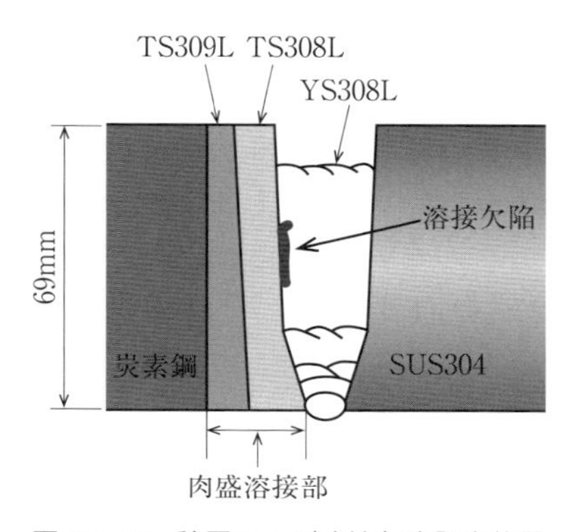

図 3.112　積層および溶接欠陥発生位置

表 3.16　溶接金属の酸素量(代表値)とぬれ角度

溶接法(基板)	酸素量(ppm)	ぬれ角度(deg.)
フラックス入りワイヤマグ溶接	1100	–
被覆アーク溶接	660	50
ティグ溶接	30	20
SUS304母材	30	20

フラックス入りワイヤマグ溶接金属とティグ溶接金属の溶融境界である。欠陥を詳細にみると，起点は割れ上部の融合不良であり，その下部は一度融合した部分が溶融境界に沿って引き裂かれた様相を呈していた。SUS304 母材側との溶融境界には割れは認められない。

原因としては，バタリング溶接金属部に含まれる酸素量が影響していると考えられる。**表 3.16** は各種溶接方法とその際に溶接金属に含まれる酸素量と溶接ビードのぬれ角度を比較したものである。フラックス入りワイヤマグ溶接による溶接金属部は含有酸素量が高く，その部分にティグ溶接を行ってもその溶接金属は，下地の肉盛溶接金属からの酸化物により特にフラックス入りワイヤマグ溶接部との融合部でなじみが悪くなり，融合不良やビード蛇行が発生しやすい。これにより融合不良が発生し，この部位で発生した割れがその後，次パス以降の溶接ひずみにより密着強度の低い溶融境界で図 3.112 に示すように進展したものと判断される。

対策としては，バタリングの溶接方法をティグ溶接やソリッド入りワイヤマグ溶接に変更することが考えられるが，開先面に接する 2～3 層のみティグ溶接あるいはマグ溶接に変更することも有効である。

(3) SUS304とSUS303の異材溶接金属部に発生した高温割れ[63)]

SUS303製のボルトの頭部をSUS304の板材上に植え付ける要領でティグ溶接によりYS308を用いてすみ肉溶接を行ったところ，**図3.113**に示すように溶接ビードのクレータ中央に凝固割れが発生した。

SUS303は切削性を高めるためにSUS304にP，Sを添加した材料であり，通常溶接には適さない。SUS303とSUS304の異材溶接継手に対し，溶加材にYS308を用いた場合の溶接金属部のフェライト量は5%程度と推定されるが，SUS303のような多量のSを含有する材料を用いる場合は5%程度のフェライト量では凝固割れ防止には不十分であったと考えられる。

割れを防止するには，施工面からは①母材による希釈を抑える，②溶接入熱を抑える，等の手段があるが，それでも防止できない場合は溶加材をフェライト量の多いYS309やYS309LMoなどに変更するか，さらにはボルト材料をSUS303から板と同じSUS304に変更する必要がある。

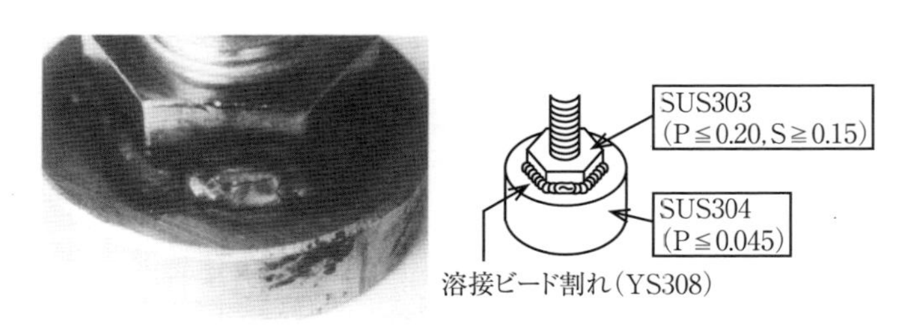

図3.113　SUS303ボルト材とSUS304板材の異材溶接部割れ外観

(4) ステンレス鋼と軟鋼の異材溶接継手のガルバニック腐食[64)]

溶接構造物の異材溶接継手の耐食性を事前評価する目的で，以下の溶接継手を作製し腐食試験を行った。**図3.114**に示すように板厚7mmの軟鋼(SM400)の開先面に309系溶加材を用いてティグ溶接にてバタリング溶接し600℃にてPWHTを行った後，機械加工により開先加工した。その後，オーステナイト系ステンレス鋼板を図に示すように突合せて，308系の溶加材を用いて被覆アーク溶接にて異材溶接継手を作製した。その後，裏ビード側にジャケットを取付け，その中に25℃の人工海水を循環させて腐食試験を実施した。試験結果は**図3.115**に示すように，腐食が309系バタリング溶接金属に隣接した軟鋼の溶接熱影響部に溝状に生じていた。なお，軟鋼の熱影響部以外の母材側やオーステナイト系ステンレス鋼には腐食は認められなかった。

腐食の原因は，異種金属接触腐食(ガルバニック腐食)と考えられる。この場

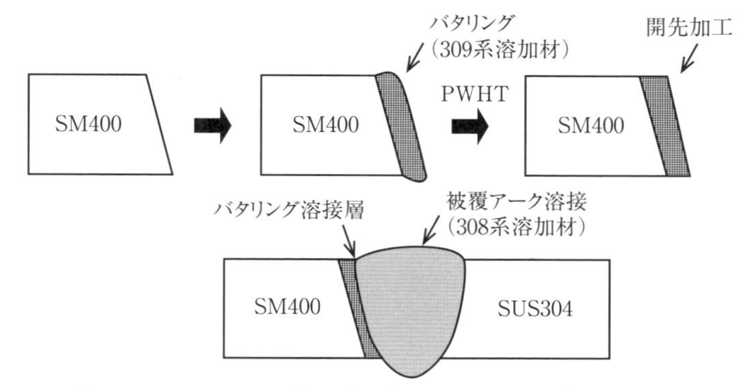

図 3.114　ステンレス鋼と炭素鋼の異材溶接継手（板厚 7mm）

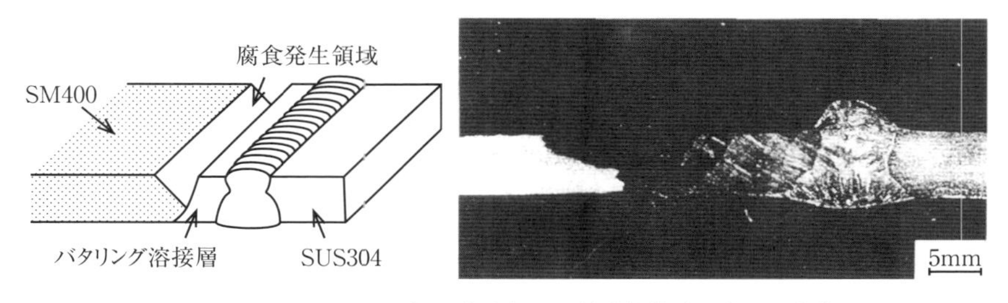

図 3.115　ステンレス鋼と炭素鋼の異材溶接継手に生じた腐食

合は**表 3.17** に示すように常温海水中での軟鋼，ステンレス鋼の腐食電位がそれぞれ−0.61，−0.08V vs SCE であり，約 0.53V の電位差があることから，このような強腐食環境下に対象部位がさらされた場合には，ステンレス鋼バタリング溶接層と軟鋼の間に局部電池が形成され，最も近い電流経路となる境界に隣接した腐食電位が卑である軟鋼側の溶接熱影響部でアノード電流密度が上昇し，選択的に腐食が進行したと考えられる。原理などの詳細は 1.4.2 項に記載されているので参照されたい。

対策としては，軟鋼が全面腐食を生じる環境でのステンレス鋼との異材溶接継手の使用は避けるべきである。ステンレス鋼と軟鋼の異材溶接継手の使用が避けられない場合には，ステンレス鋼に近い炭素鋼の部分およびステンレス鋼を塗装することで電位差のある部位の距離を大きくすることや，腐食環境側からの腐食電位制御（カソード防食）が必要となる。

表 3.17　常温海水中における 各種金属材料の腐食電位

材　料	腐食電位(定常状態)(V vs. SCE)
亜鉛	−1.03
アルミニウム3003(H)	−0.79
アルミニウム6061(T)	−0.76
鋳鉄	−0.61
炭素鋼	−0.61
Type430ステンレス鋼(活性態)	−0.57
Type304ステンレス鋼(活性態)	−0.53
Type410ステンレス鋼(活性態)	−0.52
ネーバル黄銅(圧延材)	−0.40
銅	−0.36
7-3黄銅	−0.33
青銅(G)	−0.31
アドミラリティ黄銅	−0.29
90Cu-10Ni, 0.82Fe	−0.28
70Cu-30Ni, 0.4Fe	−0.25
Type410ステンレス鋼(不働態)	−0.22
青銅(M)	−0.23
ニッケル	−0.20
Type410ステンレス鋼(不働態)	−0.15
チタン(粉末焼結)	−0.15
銀	−0.13
チタン(ヨウ素法)	−0.10
ハステロイC	−0.08
モネル400	−0.08
Type304ステンレス鋼(不働態)	−0.08
Type316ステンレス鋼(不働態)	−0.05
ジルコニウム	−0.04
白金	+0.15

3.5　ステンレス鋼の肉盛溶接

3.5.1　溶接施工

(1) 肉盛溶接に適用する溶接施工方法

肉盛溶接に適用される溶接法としては，一般にステンレス鋼の溶接に用いられる被覆アーク溶接，ティグ溶接，ミグ・マグ溶接，フラックス入りワイヤマグ溶接，サブマージアーク溶接のほかに，肉盛溶接専用の溶接方法といえる帯状電極肉盛溶接がある。この帯状電極肉盛溶接は**図 3.116** に示すように帯状電極(通常 0.4mm 厚で幅は 25～75mm)を用い，サブマージアーク溶接同様にフラックスを散布した中を肉盛溶接するもので，サブマージアーク溶接と同様に

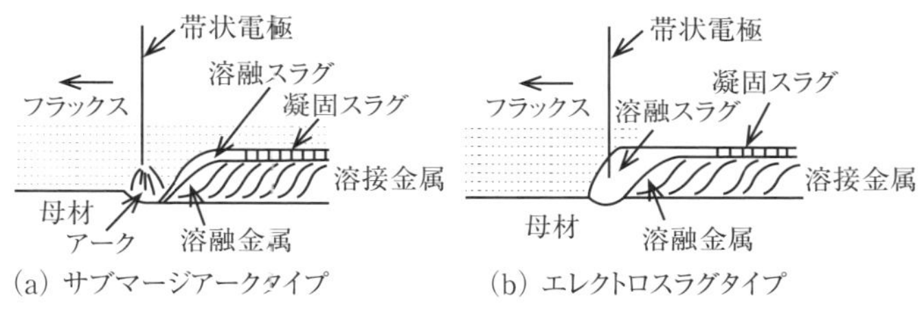

図 3.116　帯状電極肉盛溶接法

アークを発生させてこのアーク熱で帯状電極を溶かしていく帯状電極サブマージアーク溶接と溶融スラグ内を流れる電流のジュール発熱で帯状電極を溶かす帯状電極エレクトロスラグ溶接がある。この帯状電極肉盛溶接法は広幅の溶接金属が得られるため，平坦で広い面積の圧力容器胴部などの肉盛溶接には非常に高能率で適しているが，ノズル部のような形状の複雑な部分には適用できない。また，装置が大型のため主に大径の圧力容器である石油精製用や原子力用の圧力容器の内面肉盛溶接に使用される。これらの肉盛溶接方法の中で，大型の圧力容器では，胴部や鏡板では帯状電極肉盛溶接が，ノズル内面やフランジ面ではティグ溶接，被覆アーク溶接およびフラックス入りワイヤマグ溶接が用いられる。ただしフランジ面のように溶接後に機械加工を行う部分では，酸素量の高いフラックス入りワイヤマグ溶接法による溶接金属では浸透探傷試験(PT)において酸化物系介在物による微細な指示模様が現れる危険性が高く，フラックス入りワイヤによるマグ溶接法は高能率であるが他の溶接方法に比べ適用には注意を要する。

(2) ステンレス鋼の肉盛溶接の考え方と溶加材

上述したように，ステンレス鋼の肉盛溶接において重要となるのは，溶加材の化学組成である。最も単純なケースとして炭素鋼上にオーステナイト系ステンレス鋼溶加材で1パスビード・オン・プレート溶接した場合を取り上げる。この時溶接金属の化学組成は共金溶接と異なり，希釈を受けNi量やCr量が低下する。これは**図3.117**[65]に示すように，シェフラ組織図を用いて予想できる。溶接金属の組織は，溶加材の全溶着金属(希釈を受けない溶接金属)のNi当量とCr当量に相当する点(図3.117中308，316および309)と母材の化学組成より計算されるNi当量とCr当量に相当する点(図3.117中SM490B)を希釈率で内分した点の組織となる。このことから，炭素鋼上へステンレス鋼溶加材で肉盛溶接したケースでは，図3.117からわかるようにES308やES316を用いて希釈率25%で溶接した場合，溶接金属はフェライト量の極端な低下やマルテンサイト組織の形成などが起こりやすく，溶接金属は高温割れの発生や極端な延性の低下などの問題が発生し，健全な溶接金属を得ることが難しい。

一方，炭素鋼による希釈を考えてES308やES316に比べNiとCrを高め，フェライト量も10～25%で成分設計されたES309では広い希釈範囲で高温割れ，マルテンサイト組織の形成の危険性のない5%程度以上のフェライトを含むオーステナイト組織の健全な溶接金属を得ることができる。このように，ステンレス鋼の肉盛溶接においては，異材溶接と同じく炭素鋼や低合金鋼による希釈を受ける初層では，ES309系溶加材を用いて溶接し，2層目以降目標組成の溶加材で溶接することが基本となる。

表3.17に溶接金属の目標組成ごとの使用する溶加材の鋼種を示す。希釈率が小さい帯状電極肉盛溶接法におけるESW法では1層盛で目標組成が得られ

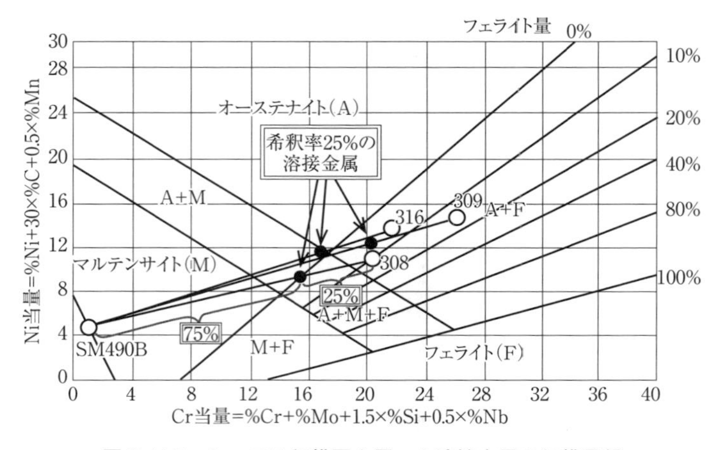

図3.117　シェフラ組織図を用いた溶接金属の組織予想

表 3.17　肉盛溶接に使用する溶加材（母材：炭素鋼もしくは低合金鋼）

溶接金属の目標組成	層	適用溶加材
308	初層	309/309L
	2 層目以降	308
308L	初層	309L
	2 層目以降	308L
316	初層	309/309Mo
	2 層目以降	316
316L	初層	309L/309LMo
	2 層目以降	316L
347	初層	309L/309LNb
	2 層目以降	347
2209	初層	309LMo
	2 層目以降	2209
329J4L	初層	309LMo/329J4L
	2 層目以降	329J4L

る，BS309LD（目標組成 308L），BS309LMo（目標組成 316L）および BS309LNb（目標組成 347）が，ステンレス帯鋼として JIS Z 3321 に規定されており，1 層盛溶接が適用できる。

溶接金属のフェライト量は，1 層目を含め上述したように 5% 以上であればよい。ただし，650℃以上の PWHT を要求される場合には，シグマ相析出による溶接金属のぜい化を抑えるために 10% 以下のフェライト量に制限することが望ましい。クロムモリブデン鋼への肉盛溶接では，約 700℃で数十時間の PWHT を要求されることがあるため，フェライト量を 3～8% に規制されるケースが多い。

2 層目以降に二相ステンレス鋼を肉盛溶接するケースで PWHT を要求される場合には，初層を 309 系で肉盛溶接後 PWHT を実施し，その後二相ステンレス鋼での肉盛溶接を施工する。

(3) 溶接施工とその管理

一般にオーステナイト系ステンレス鋼溶接部の機械的性質は炭素鋼とは異なり溶接条件の影響を受けにくいが，肉盛溶接においては希釈率が溶接条件などの施工パラメータの影響を大きく受け，これが溶接金属の性能に大きな影響を与える。このため，肉盛溶接においては施工前の試験による施工パラメータの確認と，実施工における施工パラメータの管理が，オーステナイト系ステンレス鋼の共金溶接以上に溶接金属の品質を管理する上において重要となる。

希釈率は，初層の組織のみならず，2層目以降の溶接金属の性能に大きな影響を与える。肉盛溶接においては，客先仕様や経済性の観点から肉盛高さや肉盛層数の制限が課せられることが多く，腐食環境にさらされる面の化学組成の保証には希釈率のコントロールが重要な因子となる。表3.17中，最終層でのMo量やNb量の要求から，初層の309系溶加材にMoやNb入りを使用するのは，溶接方法によっては希釈率のコントロールだけでは仕様を満足できないためである。

表3.18[65]に各溶接法の希釈率の目安を示す。この希釈率の目安にかなりの幅があるのは，希釈率が溶接施工パラメータにより影響を受けるためである。この中で帯状電極肉盛溶接は，フープサイズ，フラックスが決まれば，溶接条件(電流，電圧，速度)のみで希釈率は決まり，さらに，自動溶接であることから希釈率はきわめて安定である。これに対し，ティグ溶接，被覆アーク溶接およびフラックス入りワイヤマグ溶接に関しては希釈率に影響を与えるパラメータが多い。

フラックス入りワイヤマグ溶接における溶接条件の変動による希釈率の変化の一例を**図3.118**[65]に，ワイヤ狙い位置による希釈率の変化の一例を**図3.119**[65]に示す。図3.118において，溶接速度が大きくなるほど希釈率が高くなるのは，溶接速度が大きくなると入熱量は低下するが，アークが直接母材を溶融させる割合が高くなり，同時に溶着量は減少するためである。さらに，ティグ溶接においては，溶加材の供給量も希釈率に大きな影響を与える。このようにフラックス入りワイヤマグ溶接とティグ溶接では希釈率を決定するパラメータが多いため，一定の希釈率を得るためには自動溶接による肉盛溶接が望ましい。

また，帯状電極肉盛溶接を除き他の溶接方法では，1パス目のビードの希釈率が大きくなるため，特に希釈が大きくなるフラックス入りワイヤマグ溶接では溶接電流を低くするなどの工夫が必要である。

予熱とパス間温度については肉盛溶接の初層に関しては，ステンレス鋼と炭素鋼・クロムモリブデン鋼との異材溶接と考え方は同じであり，3.2.2項(7)を

表3.18　各種溶接方法での希釈率の目安

溶接法	希釈率
ティグ溶接	10～20%
被覆アーク溶接	20～25%
フラックス入りワイヤマグ溶接	20～30%
帯状電極肉盛溶接	10～15%(サブマージ) 5～10%(エレクトロスラグ)

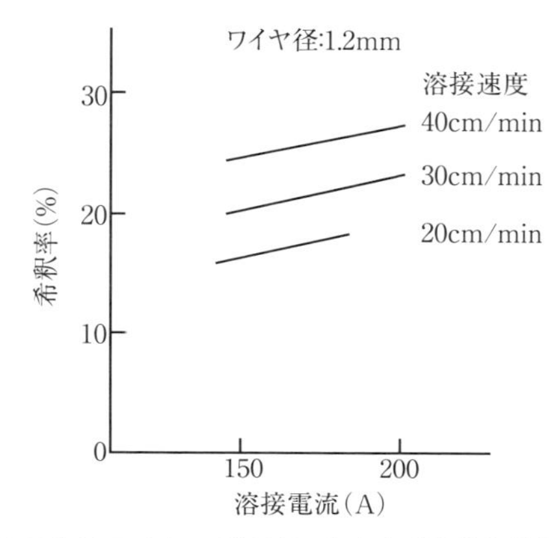

図 3.118 フラックス入りワイヤマグ溶接による肉盛溶接条件と希釈率の関係の一例

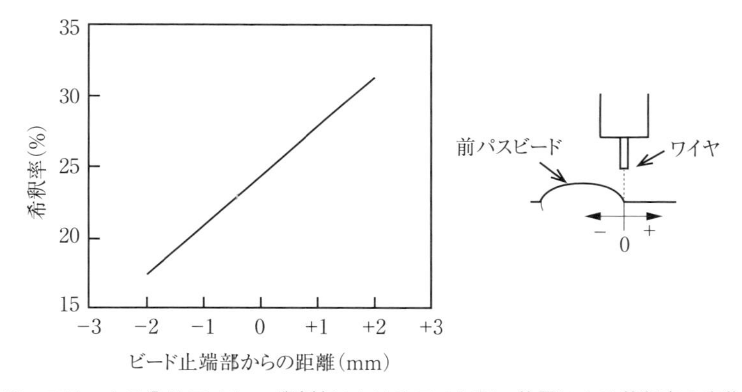

図 3.119 フラックス入りワイヤマグ溶接におけるワイヤ狙い位置による希釈率の変化の一例

参考とすればよい。

2 層目以降はオーステナイト系ステンレス鋼同士の共金溶接と考え方は同じであり，予熱は必要なくパス間温度も 150℃以下とすればよい。

(4) 溶接後熱処理（PWHT）

PWHT に関しても，ステンレス鋼と炭素鋼・クロムモリブデン鋼との異材溶接と考え方は同じであり，3.1.5 項および 3.2.3 項を参考とすればよい。ただし，肉盛溶接金属が二相ステンレス鋼系の場合は，上述したように初層は 309 系の溶接金属とし，初層を肉盛溶接後所定の PWHT を行い，この後二相ステンレス鋼の肉盛溶接を行わなければならない。これは PWHT による二相ステンレス鋼溶接金属のぜい化の危険性を避けるためである。

(5) 肉盛溶接部の非破壊試験

ステンレス鋼肉盛溶接部の非破壊検査としては，放射線透過試験(RT)，超音波探傷試験(UT)および染色浸透探傷試験(PT)が可能であるがPTが一般的である。また，機械加工した場合には機械加工面をPTする必要がある。

3.5.2　溶接金属の性質

(1) 金属組織

溶接ままの状態では，肉盛溶接金属の最終層の組織は，オーステナイト相に5〜10%のフェライト相を含む組織となるのが一般的である。

しかし，3.1.5項で述べたようにPWHTを受ければ，溶接金属の組織は変化し，その変化の程度はPWHT条件と溶接金属のC量やフェライト量に大きく影響される。

炭素鋼やクロムモリブデン鋼への肉盛溶接後のPWHTは550〜750℃で保持時間は数時間から50時間程度で行われる。このような温度域でのPWHTでは炭化物やシグマ相が析出し，機械的性質や耐食性が劣化することがあるので注意する必要がある。

表3.19　熱処理後の曲げ性能(曲げ半径:2t, 母材：クロムモリブデン鋼)

○割れなし
◑微小割れ
×破　　断

肉盛溶接金属	フェライト量(%)(シェフラ組織図)	溶接まま	600℃			700℃		
			30h	300h	3000h	30h	300h	1500h
308L	2	○	○	○	○	○	○	○
	8	○	○	○	○	○	○	○
	15	○	○	○	×	○	×	−
308	2.5	○	○	○	○	○	○	○
	8.5	○	○	○	○	○	○	○
	12.5	○	○	○	○	○	◑	−
316L	2.5	○	○	○	○	○	○	○
	5.5	○	○	○	○	×	×	−
	8.5	○	○	○	−	×	×	−
316	3	○	○	○	○	○	○	○
347系LowC	7.5	○	○	○	○	○	×	−
347	3	○	○	○	○	○	◑	×
	9.5	○	○	◑	×	×	×	−
	16	○	○	×	−	×	×	−
309系LowC	14	○	◑	×	−	×	×	−

(2) 機械的性質

耐食用途の肉盛溶接金属には，継手溶接金属のように引張強度や衝撃性能を要求されることはまれである。しかし，肉盛溶接においては施工試験で曲げ試験を要求されるケースが一般的である。上述したようにPWHTによりシグマ相が析出した場合には，溶接金属はぜい化し，曲げ延性が低下する。特にクロムモリブデン鋼の肉盛溶接では700℃で最大50時間程度のPWHTを要求されるため，PWHTによる溶接金属のシグマ相の析出は避けられない。**表3.19**に各種溶接金属のPWHT後の曲げ試験結果を示す[66]。シグマ相析出によるぜい化の影響を最小限にとどめるには，シグマ相の析出サイトとなるフェライト相の量を少なくすることが有効であり，通常650℃以上のPWHTを受ける溶接金属では溶接ままのフェライト量を約8%以下とするのが一般的である。この程度のフェライト量であれば308系の肉盛溶接部は700℃で50時間のPWHT後においても，試験片厚さの2倍の曲げ半径の曲げ試験に合格する十分な延性を確保できる。

(3) 耐食性

オーステナイト系ステンレス鋼溶接金属はPWHTを受けると，Cr炭化物の析出により粒界腐食感受性が高くなる。**図3.120**に加熱温度600～700℃で，

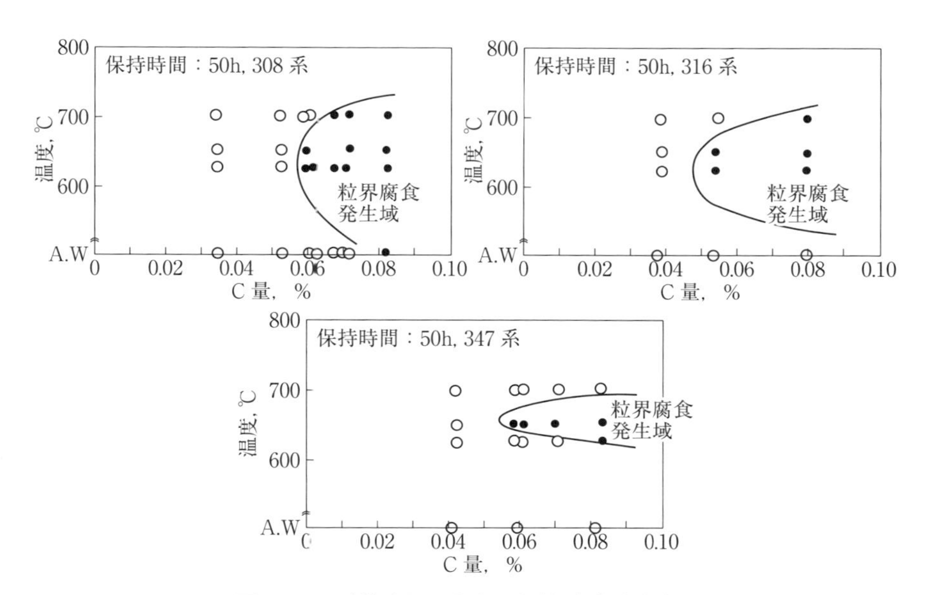

図3.120 溶接金属の硫酸・硫酸銅腐食試験結果

加熱時間を50時間とした場合のC量を変量させた各鋼種での硫酸・硫酸銅腐食試験(JIS G 0575)における粒界腐食の発生領域を示す[64]。308系や316系では溶加材をLグレード(C ≦ 0.04%)とすれば600〜700℃の温度域で50時間のPWHT後も耐粒界腐食性は良好である。

3.5.3　補修溶接

肉盛溶接部が腐食や割れなどの損傷を受けた場合，補修溶接が必要となるケースがある。**図3.121**は補修深さにより区分された補修溶接手順を示したものである。損傷部分を除去した後の肉盛溶接金属の厚さが3mm以上の場合は，補修溶接における熱影響が母材に達しないため，補修溶接後のPWHTが不要となるが，3mm未満の厚さとなれば，母材にPWHTが要求されている場合，PWHTが必要となる[67]。

テンパビード法を用いればこのPWHTを省略できるケースがある。ただし，この場合のテンパビード法の適用に際しては，種々の条件を満たす必要がある。詳細はWES7700-1の7.2 PWHT代替法や同解説の5.6.3　PWHT代替[7.2c]を参照すればよい。

また，テンパビード法は溶接残留応力軽減の効果は期待できないため，応力腐食割れが問題となるケースにはPWHT代替法として採用できないので注意が必要である。

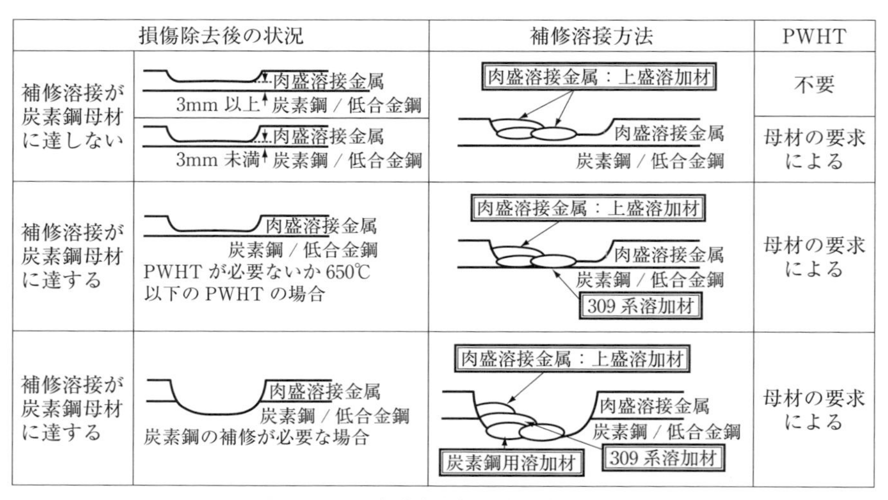

	損傷除去後の状況	補修溶接方法	PWHT
補修溶接が炭素鋼母材に達しない	肉盛溶接金属 3mm以上 炭素鋼／低合金鋼	肉盛溶接金属：上盛溶加材 肉盛溶接金属 炭素鋼／低合金鋼	不要
	肉盛溶接金属 3mm未満 炭素鋼／低合金鋼		母材の要求による
補修溶接が炭素鋼母材に達する	肉盛溶接金属 炭素鋼／低合金鋼 PWHTが必要ないか650℃以下のPWHTの場合	肉盛溶接金属：上盛溶加材 肉盛溶接金属 炭素鋼／低合金鋼 309系溶加材	母材の要求による
補修溶接が炭素鋼母材に達する	肉盛溶接金属 炭素鋼／低合金鋼 炭素鋼の補修が必要な場合	肉盛溶接金属：上盛溶加材 肉盛溶接金属 炭素鋼／低合金鋼 炭素鋼用溶加材 309系溶加材	母材の要求による

図3.121　肉盛溶接部の補修溶接方法

3.5.4　実機適用例

ステンレス鋼肉盛溶接の実機適用例として，代表的な大型圧力容器である石油精製圧力容器(**図 3.122**)[68]を取り上げる。この圧力容器は，重質油に水素を添加し，硫化水素として取出し，この重質油を分解してできるガソリンの硫黄分を低下させる装置である。装置の構造を**図 3.123**[68]に示す。本体は板厚

図 3.122　石油精製圧力容器

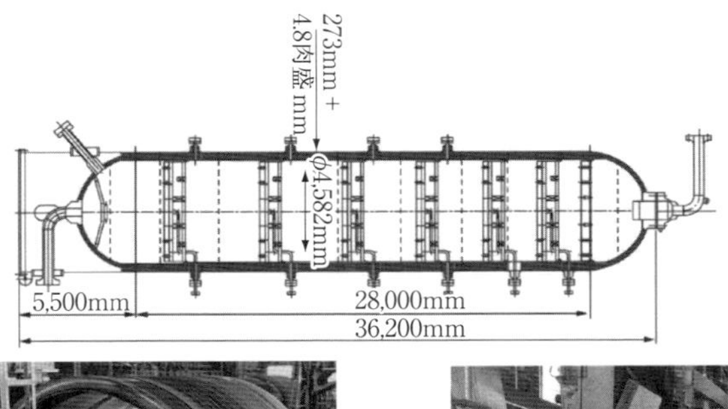

図 3.123　石油精製圧力容器の構造と内面の帯状電極肉盛溶接

250～350mm のクロムモリブデン鋼の鍛造品もしくは極厚板よりなり，内面はSUS347 ステンレス鋼により肉盛溶接される。胴部や鏡板は帯状電極肉盛溶接で，ノズル部やフランジ部は，径や形状に応じてフラックス入りワイヤマグ溶接，ティグ溶接もしくは被覆アーク溶接で肉盛溶接される。

この機器の肉盛溶接部で問題が発生するのは，次に述べる製作時のPWHTと運転環境である。この機器の運転中の内部環境は450℃で200気圧程度の水素・硫化水素環境となる。また，シャットダウン時にはポリチオン酸が発生し粒界応力腐食割れを起こす危険性がある。

(1) 溶接後熱処理（PWHT）による影響

肉盛溶接後のPWHTは約700℃で数十時間実施される。これにより溶接金属部の機械的性質や耐食性の劣化が問題となる場合がある。しかしながら，3.5.2項(2)で述べたように，溶接金属のフェライト量を8% 以下に規制しておけば，PWHT後の曲げ延性は確保できる。また，ポリチオン酸による粒界SCCに関しても，3.5.2項(3)で述べたように，溶接金属のC量を0.04% 以下に押さえておけば，発生を回避できる。

(2) 運転環境による溶接金属のぜい化

約700℃でPWHTを受けるクロムモリブデン鋼製の石油精製用圧力容器の肉盛溶接部は，上記のようにPWHTによるぜい化を受けるだけでなく，運転中は高温高圧の水素・硫化水素環境となるため水素によるぜい化を受ける。オーステナイト系ステンレス鋼肉盛溶接金属の水素ぜい化による損傷には3.1.4項に述べられているはく離割れと，水素ぜい化とシグマ相ぜい化が重畳して生じる溶接金属の応力集中部での割れがある。ここでは後者を改善した実用事例について述べる。

図3.124 に示すように水素を吸蔵した溶接金属の延性は大きく減少する[69]。しかも，PWHTによってぜい化した溶接金属では著しく延性が損なわれる。ガスケットリング溝のコーナー部では，**図3.125** に示す溶接金属に割れが発生する事例が多い。これは溶接金属がシグマ相ぜい化に加え水素ぜい化を起こしているうえにガスケットリングを押さえつけられていることにより，コーナー部に大きな応力集中が生じるためである。対策としては，溝コーナー部の曲率半径を大きくして応力集中を軽減するとともに，SUS347 ステンレス肉盛層は最終PWHT後に溶接し，溶接ままの状態で使用することでシグマ相ぜい化を防止することである[70]。

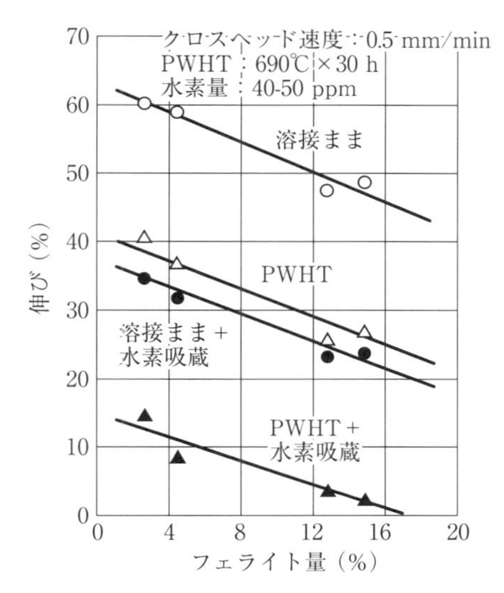

図 3.124 溶接金属の延性に及ぼすフェライト量，PWHT および水素吸蔵の影響

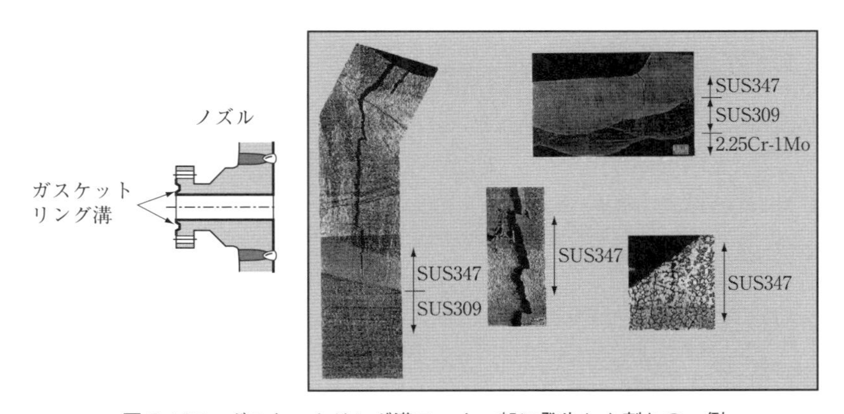

図 3.125 ガスケットリング溝コーナー部に発生した割れの一例

参考文献

1) A.L.Schaeffler：Data Sheet 680-B, Metal Progress, 56(1949), p.680
2) W.T.Delong：Ferrite in Austenit.c Stainless Steel Weld Metal, Welding Journal, 53-7(1974), p.273s
3) D.J.Kotecki, T.A.Siewert：WRC-1992 Constitution Diagram for Stainless Steel Weld Metals：A Modification of the WRC-1998 Diagram, Welding Journal, 71-5(1992), p.171s
4) J.C.Lippold：Solidification Behavior and Cracking Susceptibility of Pulsed-Laser Welds in Austenitic Stainless Steels, Welding Journal, 73-6(1994), p.129s
5) ステンレス協会編：JIS ステンレス鋼溶接　受験の手引，産報出版，p.132
6) N.Suutala, T.Taklo, T.Moisio：Ferritic-Austenitic Solidification Mode in Austenitic Stainless Steel

Welds, Metal Transaction A, 11-A（1980）, p.717
7）西本和俊：溶接金属の組織予測(2)－ステンレス鋼，溶接学会誌，60-8(1991)，pp.637-641
8）溶接学会溶接冶金研究委員会編：新版 溶接・接合部組織写真集，黒木出版(2012)，p.316
9）日本溶接協会特殊材料溶接研究委員会編：ステンレス鋼溶接トラブル事例集(2003)，産報出版，p.141
10）日本溶接協会特殊材料溶接研究委員会編：ステンレス鋼溶接トラブル事例集(2003)，産報出版，p.142
11）日本溶接協会特殊材料溶接研究委員会編：ステンレス鋼溶接トラブル事例集(2003)，産報出版，p.131
12）門井浩太，篠崎賢二：シェフラ組織図のオーステナイト単相領域における凝固割れ感受性，第224回溶接学会溶接冶金研究委員会資料，(2016)
13）大前尭，吉田康之，三浦譲，畠山久：炭素鋼とオーステナイト鋼異材継手部の溶接割れについて，溶接学会講演概要集，21巻(1977)，pp.40-41
14）森裕章，西本和俊：オーステナイト鋼溶接部における亜鉛脆化割れ感受性に及ぼすCrおよびNi含有量の影響，溶接学会論文集，30-1(2012)，pp.42-49
15）R.Eborall, P.Gregory：The Mechanism of Embrittlement by A Liquid Phase, Journal of the Institute of Metals, 84(1955), p.88
16）N.S.Stoloff, T.L.Johnston：Crack propagation in a liquid metal environment, Acta Metallurgica, 11(1963), p.251
17）A.R.C.Westwood, M.H.Kamdar：Concerning liquid metal embrittlement, particularly of zinc monocrystals by mercury, Philosophical Magazine 8(89), 1963-05, p.787
18）M.Andreani, P.Azou and O.Bastien：Fragilisation des Aciels Inoxydablis Austenitiques en Presence de Zinc, Mémoires scientifiques de la revue de métallurgie, 66(1969) p.21
19）中島守夫：熔融銅－鉛合金と接触する軟鋼の脆化，鉄と鋼，46-9(1960)，p.967
20）日本溶接協会特殊材料溶接研究委員会編：ステンレス鋼溶接トラブル事例集，産報出版，p.157
21）井川博，新成夫，乾正弘：α系，γ系異材継手の溶接ボンドに関する研究(第1報)，溶接学会誌，43-2(1974)，pp.162-173
22）安田功一，中野昭三郎，今中拓一：溶接学会講演概要集，35巻(1984)，p.130
23）J.C.Lippold, D.J.Kotecki：Welding Metallurgy and Weldability of Stainless Steels, Wiley (2005), Chapter 9
24）溶接学会溶接冶金研究委員会編：新版 溶接・接合部組織写真集，黒木出版，(2013)，p.653
25）日本溶接協会特殊材料溶接研究委員会編：ステンレス鋼溶接トラブル事例集，産報出版，pp.132-133
26）下山仁一，松本長：溶接施工　Iプラント，溶接学会誌，48-7(1979)，pp.449-458
27）日本溶接協会特殊材料溶接研究委員会編：ステンレス鋼溶接トラブル事例集，産報出版，pp.147-148
28）㈱タセト：技術資料
29）腐食防食協会 ステンレス鋼鋭敏化曲線評価分科会：防食技術，39 (1990)，p.641
30）天野牧男，岡林久喜：圧力容器製作にともなう最近の課題について，圧力技術，13-4(1975)，pp.169-176
31）西本和俊，夏目松吾，小川和博：接合選書11，ステンレス鋼の溶接，産報出版(2001)，第7章
32）日本溶接協会特殊材料溶接研究委員会編：ステンレス鋼溶接トラブル事例集，産報出版，pp.155-157
33）大西，足立，富士，千葉：剥離の発生を防止したステンレス鋼オーバーレイ溶接法，公開特許公報，昭54-71746
34）川嶋巌：ステンレス鋼溶接の勘所(2)，(独)産業技術総合研究所編
35）(社)日本溶接協会ホームページ：接合・溶接技術Q&A, Q05-02-53
36）AWS D1.6/D1.6M 2017 "Structural Welding Code-Stainless Steel", Annex D
37）㈱タセトカタログ：ステンレス鋼の溶接施工資料，pp.404-405
38）日本ウエルディング・ロッド㈱製品カタログ，2-2,2-3
39）日鐵住金溶接工業㈱製品カタログ，pp.682-688
40）(社)日本溶接協会ホームページ：接合・溶接技術Q&A, Q06-05-10
41）岡崎司：二相ステンレス鋼の溶接，WE-COMマガジン，Vol.17 (2015)
42）(社)日本溶接協会ホームページ：接合・溶接技術Q&A, Q02-03-07

43) (社)日本溶接協会ホームページ：接合・溶接技術 Q&A, Q06-05-11
44) (独)産業技術総合研究所編：加工技術データベース
45) 日本溶接協会特殊材料溶接研究委員会編：ステンレス鋼溶接トラブル事例集 (2003), p.12-14
46) 芝田三郎：フェーズドアレイ法による異材継手の欠陥検出技術, IIC REVIEW, No.38 (2007), p.7-14
47) 溶接学会溶接冶金研究委員会編：新版 溶接・接合部組織写真集 (2012), pp.641-643
48) 日本溶接協会特殊材料溶接研究委員会編：ステンレス鋼溶接トラブル事例集 (2003), pp.135-137
49) 日本溶接協会特殊材料溶接研究委員会編：ステンレス鋼溶接トラブル事例集 (2003), pp.79-81
50) 溶接学会溶接冶金研究委員会編：新版 溶接・接合部組織写真集 (2012), pp.644-646
51) 小川和博：ステンレス鋼の異材溶接特性, 特殊材料溶接研究委員会資料, SW-WG-90, DW-29 (2016)
52) 岡崎司：二相ステンレス鋼の異材溶接, 特殊材料溶接研究委員会資料, SW-WG-10, DW-04 (2014)
53) 行方飛史ら：建設構造分野におけるリーン二相ステンレス鋼の異材溶接継手性能, 特殊材料溶接研究委員会資料, SW-14-16 (2016)
54) 葛西省五：フェライト系とオーステナイト系ステンレス鋼, 特殊材料溶接研究委員会資料, SW-WG-38, DW-14 (2015)
55) 御幸正則：SUS329J4L の異材溶接 , 特殊材料溶接研究委員会資料, SW-WG-28, DW-09 (2015)
56) 王 昆：スーパーオーステナイト系ステンレス鋼における溶接部の耐食性, 特殊材料溶接研究委員会資料, SW-21-10 (2010)
57) A.Blouin, et.al.：Brittle fracture analysis of Dissimilar Metal Welds, Engineering Fracture Mechanics, Vol.131 (2014), pp.58-73
58) 前田亨：ステンレスクラッド鋼製圧力容器異材継手の品質確保, WE-COM マガジン, Vol.17 (2015)
59) 大熊喜朋ら：700℃級 A-USC ボイラ実証のための実缶試験結果, IHI 技報, 58-3 (2018), pp.38-46
60) 齋藤伸彦ら：A-USC (700℃級先進超々臨界圧発電)ボイラ向け材料開発の取り組み, 三菱重工技報, 52-4 (2015), pp.27-35
61) ㈱アロイ 技術資料
62) 日本冶金工業株式会社　提供資料
63) 日本溶接協会特殊材料溶接研究委員会編：ステンレス鋼溶接トラブル事例集 (2003), pp.15-20
64) 日本溶接協会特殊材料溶接研究委員会編：ステンレス鋼溶接トラブル事例集 (2003), pp.24-26
65) 日本溶接協会特殊材料溶接研究委員会編：ステンレス鋼溶接トラブル事例集 (2003), pp.130-131
66) 日本溶接協会特殊材料溶接研究委員会編：講習会テキスト「ステンレス鋼溶接施工におけるトラブル事例とその原因・対策」(2010)
67) 池田哲直：バンド肉盛溶接に関するデータ紹介, 特殊材料溶接研究委員会異材溶接 WG 資料, SW-WG-18(2014)
68) 岡崎司：ステンレス鋼の溶接第 3 回, 溶接技術 2008 年 11 月号
69) 五代友和ら：オーステナイト系ステンレス鋼溶接金属におけるフェライト量の影響, 特殊材料溶接研究委員会資料, SW49-26(1975), p.8
70) 化学機械溶接研究委員会圧力設備溶接補修小委員会編：プラント圧力設備溶接補修指針, CP-0902 (2009), p.253
71) T.Ishiguro：International Conference on Interaction of Steels with Hydrogen in Petroleum Industry Pressure Vessel Services, MPC, Sept. (1990)
72) 化学機械溶接研究委員会圧力設備溶接補修小委員会：保全技術者に役立つ新しい「プラント圧力設備の溶接補修指針」シンポジウム資料, CP-0901(2009), p.180

第4章

ニッケル合金の異材・肉盛溶接

ここでは，ニッケル合金と各種フェライト系鋼，ニッケル合金と各種ステンレス鋼ならびに異種のニッケル合金間での異材溶接およびその肉盛溶接における溶接部の冶金現象ならびに施工上問題となる場合が多い溶接割れについて触れるとともにそれらを防止するための施工上の留意点および溶接金属の性能，施工事例や補修方法について述べる。ニッケル合金の異材・肉盛溶接の場合，ステンレス鋼の異材溶接・肉盛溶接と施工上の留意点が類似することが多いので第3章の関連個所も適宜参照いただきたい。

4.1　ニッケル合金の異材溶接・肉盛溶接部の冶金現象

4.1.1　各種異材溶接部の冶金現象

ニッケル合金は，耐食性や耐熱性の要求される機器，例えば，化学プラントや薬品プラント，食品プラント，発電(火力，原子力)プラントやジェットエンジンなどに広く使用されている。その代表例のニッケル合金母材の化学組成を**表4.1**に示す。

これらプラントに使用される機器においては，耐食性や耐熱性の要求性能が変化する箇所の部材の組立てやそれら機器の補修時において異種のニッケル合金同士やニッケル合金と各種フェライト系鋼，ニッケル合金と各種ステンレス鋼との異材溶接施工が採用される場合が多い。

ここではニッケル合金同士，ニッケル合金と各種ステンレス鋼，ニッケル合金と炭素鋼やクロムモリブデン鋼の異材溶接について述べる。

(1) ニッケル合金同士の溶接部

ニッケル合金同士の溶接部の金属組織はfcc（面心立方)構造の単相組織となるがCrを含有する合金ではNi含有量の増加にともないマトリックス中への

表4.1 代表的なニッケル合金の化学組成

合金	JIS G 4902	規格 or 番号	化学組成(mass%)																
			C	Si	Mn	P	S	Ni	Cr	Fe	Mo	Cu	Al	Ti	W	V	Co	B	その他
インコネル 600	NCF 600	ASTM B168	0.15 以下	0.50 以下	1.00 以下	0.030 以下	0.015 以下	72.00 以上	14.00 〜 17.00	6.00 〜 10.00	—	0.50 以下	—	—	—	—	—	—	—
インコネル 625	NCF 625	ASTM B443	0.10 以下	0.50 以下	0.50 以下	0.015 以下	0.015 以下	58.00 以上	20.00 〜 23.00	5.00 以下	8.00 〜 10.00	—	0.40 以下	0.40 以下	—	—	—	—	Nb+Ta 3.15〜4.15
インコネル 690	NCF 690	ASTM B166	0.05 以下	0.50 以下	0.50 以下	0.030 以下	0.015 以下	58.00 以上	27.00 〜 31.00	7.00 〜 11.00	—	0.50 以下	—	—	—	—	—	—	—
インコネル 718	NCF 718	AMS 5596	0.08 以下	0.35 以下	0.35 以下	0.015 以下	0.015 以下	50.00 〜 55.00	17.00 〜 21.00	残部	2.80 〜 3.30	0.30 以下	0.20 〜 0.80	0.65 〜 1.15	—	—	—	—	Nb+Ta 4.75〜5.50 B≦0.006
ハステロイ B-2	NW 0665	NW 0665	0.020 以下	0.10 以下	1.00 以下	0.040 以下	0.030 以下	残部	1.00 以下	2.00 以下	26.00 〜 30.00	—	—	—	—	—	1.00 以下	—	—
ハステロイ C-276	NW 0276	NW 0276	0.010 以下	0.08 以下	1.00 以下	0.040 以下	0.030 以下	残部	14.50 〜 16.50	4.00 〜 7.00	15.00 〜 17.00	—	—	—	3.00 〜 4.50	0.35 以下	2.50 以下	—	—
ハステロイ C-22	NW 6022	NW 6022	0.015 以下	0.08 以下	0.50 以下	0.020 以下	0.020 以下	残部	20.00 〜 22.50	2.00 〜 6.00	12.50 〜 14.50	—	—	—	2.50 〜 3.50	0.35 以下	2.50 以下	—	—
ハステロイ X	NW 6002	NW 6002	0.05 〜 0.15	1.00 以下	1.00 以下	0.040 以下	0.030 以下	残部	20.50 〜 23.00	17.00 〜 20.00	8.00 〜 10.00	—	—	—	0.20 〜 1.00	—	0.50 〜 2.50	0.010 以下	—

注)AMS: 航空宇宙材料規格, NW:合金番号, ハステロイ合金はJIS H 4551

Cの固溶限が減少するため，Cr炭化物等の析出傾向が大きくなる。このため，HAZや多層盛溶接金属の再熱部においてCr炭化物が析出し，その周囲のCr欠乏層生成に起因する耐食性低下が問題となる場合がある。Cr炭化物の析出抑制にはNbやTiなどのCと親和力の大きい安定化元素を添加することが一般的であるが低C化も有効である。

また，ニッケル合金同士の溶接金属では凝固相が主としてfcc相単相となるため，凝固粒界が平坦となりやすく，加えて，凝固相の高温強度も高いため，凝固割れなどの高温割れが生じやすい。このため，ニッケル合金同士の溶接においては特に高温割れ対策が重要となる。高温割れの詳細について4.1.2（1）を参照願いたい。

(2) ニッケル合金と各種ステンレス鋼の溶接部

ニッケル合金とオーステナイト系ステンレス鋼との異材溶接では，ニッケル合金溶加材が用いられ，溶接金属の金属組織はfcc（面心立方）構造の単相組織となる。一般にオーステナイト系ステンレス鋼はニッケル合金よりもPやSの含有量が多いが，溶接金属中にフェライトを5～10%含むような溶加材を用いることが凝固割れの有効な防止策とされている。これに対して，ニッケル合金とオーステナイト系ステンレス鋼との異材溶接金属は一般にフェライトを含まないfcc構造の単相組織であり，加えて，ステンレス鋼からP, Sが混入することにより，凝固割れに対する割れ感受性が高くなる。また，ニッケル合金とステンレス鋼との異材溶接金属は高温強度が高いため，多層盛溶接金属内の次層パスによる再熱部では延性低下割れも生じやすいので注意を要する。

一方，ニッケル合金とCrやMo等の合金元素量の多いスーパーオーステナイト系ステンレス鋼との異材溶接においてもスーパーオーステナイト系ステンレス鋼の溶加材ではなく，Ni合金溶加材が用いられる。これは，以下のような理由による。

図4.1[2]は，Fe-22%Cr-x%Ni-3~12%Mo合金溶接金属における主要元素の凝固偏析比（樹間濃度／樹芯濃度）に及ぼすNi含有量の影響（元素分析結果）を示したものであるが，Ni含有量が増加すると，MoおよびCrの凝固偏析比は低減し，1.0に漸近している。すなわち，ニッケル合金ではNi含有量が少ないステンレス鋼に比べてMoおよびCrの分配係数が1に近づき，凝固偏析が抑制される傾向にあることから，ニッケル合金溶加材を用いた場合，異材溶接金属の耐孔食性の劣化の程度は，軽減される。しかしながら，Ni合金溶加材を用いた場合でも凝固偏析に起因する局所的な元素量の低下による耐食性劣化には十

分，注意する必要がある。

一方，Ni 合金溶接熱影響部の金属組織は fcc（面心立方）構造の単相組織となるが，Cr を含有する合金では Ni 含有量の増加にともないオーステナイトへの C の固溶限が減少するため，Cr 炭化物等の析出による耐粒界腐食性能の劣化傾向（鋭敏化）が大きくなる。このため，ステンレス鋼側は粒界腐食に対して問題がなくても，Cr 添加量の比較的少ないニッケル合金の場合，Ni 合金側 HAZ に Cr 炭化物析出にともなう粒界腐食が発生することがある。

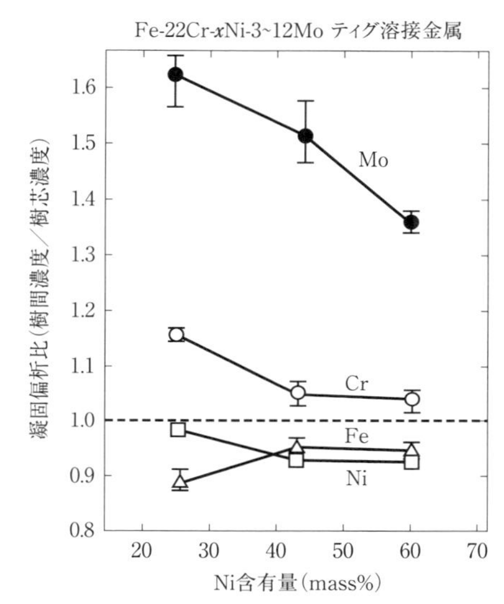

図4.1　Fe-22Cr-xNi-3~12%Mo合金溶接金属における主要元素の凝固偏析比に及ぼすNi含有量の影響

(3) ニッケル合金とクロムモリブデン鋼，炭素鋼の溶接部

ニッケル合金とクロムモリブデン鋼，炭素鋼との異材溶接金属の金属組織もフェライトを含まない fcc（面心立方）構造の単相組織となる場合が多い。したがって，これらの異材溶接金属に対してはステンレス鋼との異材溶接の場合と同様にクロムモリブデン鋼，炭素鋼からの P や S のピックアップによる溶接金属の高温割れ感受性への影響に注意が必要である。

4.1.2　溶接割れ

(1) 高温割れ

ニッケル合金の異材溶接・肉盛溶接時上の問題として，前述のように高温割れがあり，ステンレス鋼に比べてその割れ感受性が高い傾向がある。ニッケル合金の高温割れには，溶接金属に発生する凝固割れ，液化割れ，延性低下割れおよび多層盛溶接金属内に発生する再熱割れなどがある。いずれの高温割れも共通する形態的な特徴は，粒界割れである。以下にそれぞれの割れの特徴や影響因子およびその防止策について述べる。なお，これらの割れの詳細については，1.3.2 項にも書かれているので参照されたい。

(a) 凝固割れ

ニッケル合金の異材溶接・肉盛溶接金属における凝固割れ感受性には，P や

S等の不純物元素とともにAlおよびTiを含む合金では高温強度を上昇させるγ’相の析出を促進するAlおよびTiの含有量が大きく影響しており，これらの元素の増加とともに割れ感受性が高くなる。一方，異材溶接金属の化学組成は，母材成分により希釈されることにより溶加材の組成から大きく変化する。これにより，予期せぬ元素の凝固偏析が起こり，凝固割れを発生する場合がある。例えば，ステンレス鋼とニッケル合金の異材溶接において，**図4.2**[1]に示すように，SUS347ステンレス鋼に対するインコネル600の混合割合が約40vol%程度となると，凝固割れ感受性が最も高くなる。

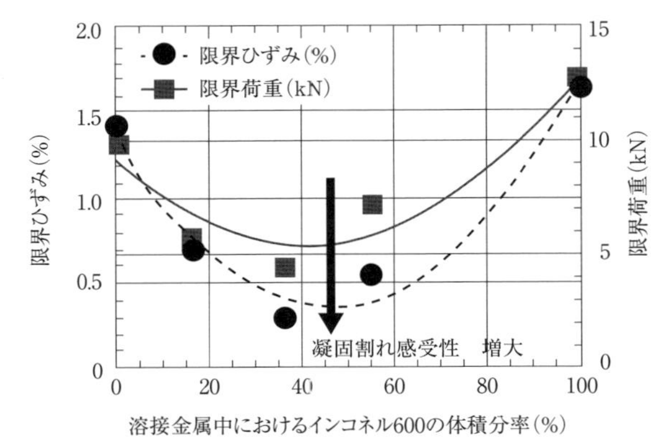

図4.2　SUS347/インコネル600異材溶接部の凝固割れ感受性に及ぼす希釈率の影響

凝固割れは，凝固の最終段階で結晶粒界にS, P, Pb, Sn, Znなどの不純物元素が偏析し，もしくは溶質元素が濃化し，溶接金属の凝固完了直前に結晶粒界を覆う低融点の液膜量が増加するときに生じやすい。オーステナイト系ステンレス鋼に比べてニッケル合金の方が凝固割れ感受性が高い。ニッケル合金溶接金属はフェライトを含まないfcc構造の単相組織であり，加えてオーステナイト系ステンレス鋼より結晶粒内の高温強度が高く，熱ひずみの緩和量が低下することにより最終凝固部にかかるひずみ量が大きくなることによるものと推察される。

(b)液化割れ

液化割れは溶接熱影響部(HAZ)のボンド部に接する箇所もしくはその近傍で発生する。一般に結晶粒界には不純物元素であるP, S, Siなどが偏析しやすく，これに起因して結晶粒界の融点は粒内より低下する。

ニッケル合金の液化割れの原因となる粒界液化には前述の不純物元素の粒界偏析や結晶粒界において金属間化合物や炭化物などの生成相が関与するといわれている。結晶粒界における生成相が存在する場合，溶接過程で生成相から拡散流出した元素の影響で粒界近傍の融点が低下し，この領域が液化する“組成的液化”が液化割れの原因となることが知られている。例えば，インコネル

718などの熱影響部では粒界に生成したNbC，TiCやFe_2Nb等とマトリックスの反応により粒界が溶融する組成的液化が生じ，これが液化割れの原因となることが報告されている。このほか，粒界へのP，SおよびB等の偏析も粒界の融点を低下させ，粒界液化割れの原因となる。

(c) 延性低下割れ

延性低下割れは溶接熱サイクル過程のある温度域で応力の作用により固相状態で結晶粒界が開口するものである。延性低下割れはHAZだけではなく，多層盛溶接金属内で次層の溶接熱サイクルにより再加熱された溶接金属内でも発生する。また，多層盛溶接金属内で，次層の熱影響を受けた前層の溶接金属内で発生する場合もある。ニッケル合金とステンレス鋼や低合金鋼との異材溶接部では，ステンレス鋼や低合金鋼からの不純物元素の溶接金属への混入が延性低下割れの原因となる場合がある。例えば，アロイ690溶加材を用いたアロイ690/SUS316Lの異材多層盛溶接金属において，ステンレス鋼に接した溶接パスにおいて，延性低下割れの発生が認められた(**図4.3**[3])。一般に，ニッケル合金に比べ，ステンレス鋼や低合金鋼の不純物元素(PおよびS)含有量は多い。一方，アロイ690の延性低下割れ感受性に及ぼすPおよびS等の許容限はステンレス鋼に比べてはるかに低いことからステンレス鋼に接した溶接金属中に溶融混入したPおよびSが粒界に偏析し，粒界強度を低下させることがステンレス鋼に接した溶接パスにおける延性低下割れの割れ発生の原因と考えられ

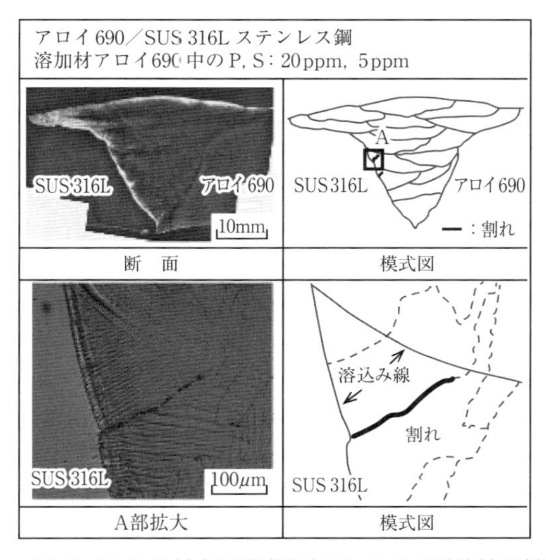

図4.3　アロイ690/316L異材多層盛溶接金属における延性低下割れ発生挙動

ている。

Fe-Ni 合金であるインバー合金も多層盛溶接金属の再熱部で割れが生じやすいことが知られている。[4]この合金の場合の多層溶接金属では次層パスの熱影響により生じたSの粒界偏析が再熱割れの原因となる。したがって，この割れの防止にはインバー合金へS等の不純物元素の混入をできるだけ抑えることが肝要であるが，ステンレス鋼との異材溶接において，S等の不純物元素の混入を抑えることが難しい場合が多い。インバー合金の多層盛溶接金属での延性低下割れ防止策として，NbとCの複合添加により最終凝固部となる結晶粒界にNbCを晶出させ，凝固組織を複雑化させることによって，Sの粒界偏析と粒界すべりを軽減し，割れ発生を防止できることが報告されている[4]。この対策は，ステンレス鋼との異材溶接に対しても有効な改善策と考えられる(4.5項参照)。

(2) 再熱割れ

再熱割れは，再加熱されたときに発生する割れで具体的には溶接後熱処理(PWHT)や機器の使用中に熱影響部粗粒域の結晶粒界に発生する。再熱割れは結晶粒界の強度が粒内のそれに対して相対的に低下する場合に生じるとされている。したがって，ニッケル合金の再熱割れ感受性は，粒内強度を上昇させるAl，TiおよびNbの含有量や粒界をぜい化させる不純物元素に大きく影響される。**図4.4**はニッケル合金中のAl, Ti量と再熱割れ感受性の関係を示したものである。この図に示すようにAl＋1/2Ti量が約3％を超えると再熱割れ

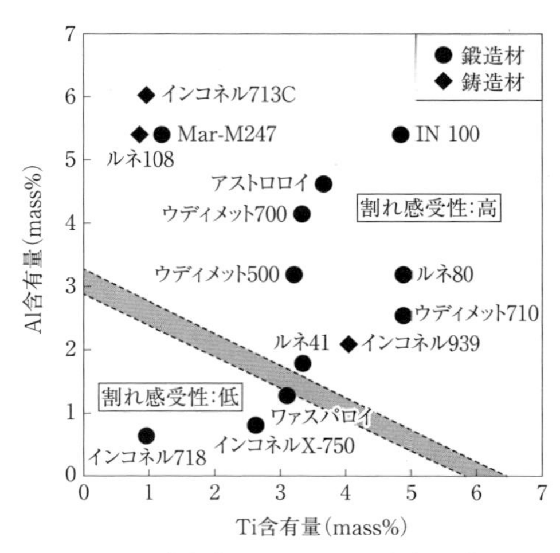

図4.4　ニッケル合金中のTi, Al量と再熱割れ感受性の関係

が発生しやすくなることがわかる。

4.2　ニッケル合金の異材溶接施工

4.2.1　溶加材

(1) ニッケル合金同士の異材溶接

ニッケル合金同士の異材溶接における溶加材選択の基本的な考え方は，Ni, Cr，Mo などの合金元素の少ない方の母材に合わせた溶加材の選択と合金元素の多い方の母材に合わせた溶加材を選択する２つの場合がある。

後者は，以下を根拠としている。高合金側を選択しておけば，溶接金属中に凝固偏析があっても，問題を発生しにくいことが考えられるが，コストの面では不利である。一方，コストの面から考えれば合金元素の少ない側に合わせる方が，有利であるが溶接金属の特性が合金元素の少ない方に近くなり，凝固偏析や割れ感受性が高くなる可能性がある。このため，ニッケル合金同士の異材溶接においては，高合金側を選択される方が多い。

ニッケル合金同士および以下に述べる種々の異材溶接に使用される溶加材の例を**表 4.2** に示す。また，ニッケル合金の異材溶接を施工する場合の溶加材規格は**表 4.3**[1)] に示す。

表4.2　ニッケル合金および鉄基合金と各種鉄鋼材料の組合せと使用溶加材の例

<table>
<tr><th></th><th>インコネル600</th><th>インコネル625</th><th>インコロイ800, 800H</th><th>インコロイ825</th><th>ハステロイC276, C-22</th><th>ハステロイB, B-2</th><th>モネル</th><th>純ニッケル</th></tr>
<tr><td>炭素鋼</td><td colspan="4" rowspan="9">インコネル82
インコネル625
ハステロイC系</td><td colspan="2" rowspan="9">ハステロイC-22</td><td rowspan="9">モネル
ハステロイC系
純ニッケル</td><td rowspan="9">純ニッケル</td></tr>
<tr><td>クロムモリブデン鋼</td></tr>
<tr><td>マルテンサイト系ステンレス鋼</td></tr>
<tr><td>フェライト系ステンレス鋼</td></tr>
<tr><td>オーステナイト系ステンレス鋼</td></tr>
<tr><td>スーパーオーステナイト系ステンレス鋼</td></tr>
<tr><td>二相ステンレス鋼</td></tr>
<tr><td>スーパー二相ステンレス鋼</td></tr>
</table>

表4.3　ニッケル合金の異材溶接時の溶加材の例

母材	推奨溶加材(被覆アーク棒)		推奨溶加材(ソリッド)		化学組成
	JIS Z 3224	AWS 5.11	JIS Z 3334	AWS 5.14	
インコネル600	E Ni 6182 –	ENiCrFe-3 –	– SNi6082	– ERNiCr-3	Ni-7Mn-7Fe-15Cr-1.8Nb Ni-20Cr-2.5Nb
インコネル625	E Ni 6625	ENiCrMo-3	SNi6625	ERNiCrMo-3	Ni-22Cr-9Mo-3Fe-3.7Nb
インコネル690	E Ni 6152 – –	ENiCrFe-7 – –	– SNi6052 SNi6054	– ERNiCrFe-7 ERNiCrFe-7A	Ni-30Cr-9Fe-1.2Nb Ni-30Cr-9Fe Ni-30Cr-9Fe-0.8Nb
ハステロイB-2	E Ni 1066	ENiMo-7	SNi1066	ERNiMo-7	Ni-28Mo
ハステロイC-276	E Ni 6276	ENiCrMo-4	SNi6276	ERNiCrMo-4	Ni-15.5Cr-16Mo-5.5Fe-3.8W
ハステロイC-22	E Ni 6022	ENiCrMo-10	SNi6022	ERNiCrMo-10	Ni-21.3Cr-13.5Mo-4Fe-3W
ハステロイX	E Ni 6002	ENiCrMo-2	SNi6002	ERNiCrMo-2	Ni-22Cr-9Mo-18.5Fe-1.5Co-0.6W

(2) ニッケル合金とオーステナイト系，スーパーオーステナイト系ステンレス鋼の異材溶接

ニッケル合金とオーステナイト系，スーパーオーステナイト系ステンレス鋼の異材溶接では，スーパーオーステナイト系ステンレス鋼がニッケル合金と同じく fcc（面心立方）構造の単相組織を有することから，ニッケル合金同士の異材溶接の考え方に準じて，一般的には，ニッケル合金の溶加材を用いて溶接が行われる。

(3) ニッケル合金とマルテンサイト系，フェライト系，二相ステンレス鋼の異材溶接

これらのステンレス鋼は，水素割れ感受性のあるマルテンサイトやフェライトを含むため，溶接時に水素に起因した低温割れが発生する場合があることに注意すべきである。低温割れを防止するためには，外気温が低い場合や厚板溶接等で急冷される場合に若干の予熱を行う必要がある。ただし，ニッケル合金との異材溶接を行う場合には，ニッケル合金の溶加材を使用することによって，溶接金属の組織を fcc（面心立方）構造の単相組織とすることで溶接金属の低温割れの問題は回避できる。

(4) ニッケル合金とクロムモリブデン鋼，炭素鋼の異材溶接

ニッケル合金とクロムモリブデン鋼，炭素鋼との異材溶接においては，クロムモリブデン鋼，炭素鋼の低温割れ感受性が高いため，溶接熱影響部での低温割れを防止するためにクロムモリブデン鋼，炭素鋼の予熱が必要な場合がある。

4.2.2 溶接性

(1) ポロシティ

ニッケル合金では，ステンレス鋼などに比べて溶接過程でポロシティが発生しやすい。ポロシティの発生は溶接過程で溶接金属に吸収されたガス(酸素，水素，窒素など)が溶接金属の冷却並びに凝固により溶解度が急激に低下することにともない，放出されることによる。一般にニッケル合金では低入熱で溶接されることから凝固速度がステンレス鋼より速いため溶接金属中に残存されやすいこと，加えて溶融池の粘性が高いことによりガスが排出されにくいため，ポロシティの発生が多くなる。E Ni6162 被覆アーク溶接棒を用いたときのポロシティの発生と溶接金属中のガス量の関係を示したものが**図4.5**である。この図から溶接金属中のNやOがある一定の量を越えるとポロシティの量が急激に増加することがわかる。[5)]ポロシティの発生を防止するためにはTiやAlなどの脱ガス成分を添加することが有効となる。溶加材への水分の付着もポロシティ発生原因となるため，吸湿防止対策にも十分な配慮が必要である。以上の様なポロシティの発生に対する対策はニッケル合金の異材溶接においても有効である。純Niの溶接ではポロシティが発生しやすいが，ニッケル合金と炭素鋼，ニッケル合金と各種ステンレス鋼の異材溶接ではポロシティの発生状況は異なるので注意を要する。

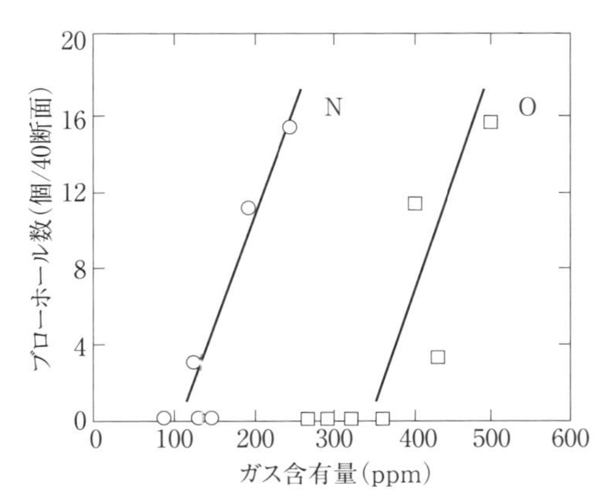

図4.5 溶着金属のブローホール発生数とガス量の関係

(2) 融合不良，スラグ巻込み

ニッケル合金は，Ni含有量が多くかつSが少ないため，溶融状態での粘性が高く湯流れが悪くなり，溶融金属と固相部分のぬれ性も悪い。このため炭素

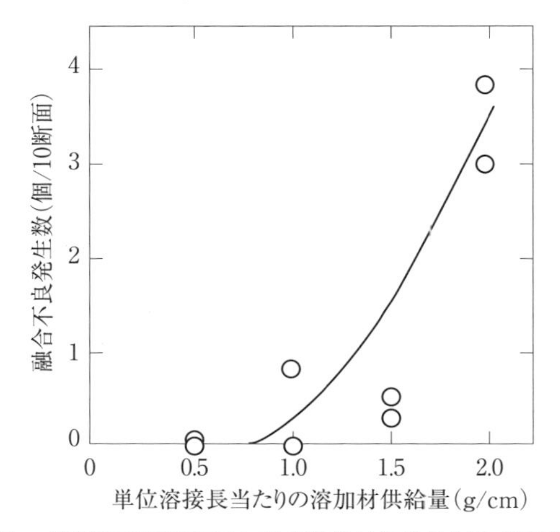

図4.6　ティグ溶接SNi6082における溶加材供給量と融合不良数の関係

図4.7　酸化スケール巻込み

鋼と比べて融合不良，スラグおよび酸化スケールの巻込みが発生しやすい。**図4.6**[5]はアロイ600をSNi6082を用いて，ティグ溶接における溶加材供給量と融合不良の発生数の関係の例を示す。溶加材の供給量が限界値を超えると急激に融合不良の発生数が増加する。**図4.7**[6]に酸化スケール巻込みの例を示す。酸化スケールの巻込みは，母材や溶加材の溶接前処理（汚れやスケールの除去）が不十分であった場合や溶加材を溶接中に酸化させた場合などに発生する。

4.2.3　溶接施工とその管理

(1) 開先形状

ニッケル合金の溶接時の開先形状はほとんどの場合，ステンレス鋼とほぼ同じでよい。しかし，溶融金属の湯流れが悪く，また，スラグはく離が悪いので，融合不良や溶込不良を防止するために開先形状を適切に選択し，開先角度をやや広くすることが推奨される。

(2) バタリングやトランジションピースの利用

ステンレス鋼の 3.2.2 (3)項を参照。

(3) 溶接準備

ステンレス鋼の 3.2.2 (4)項を参照。

(4) バックシールド

ステンレス鋼の 3.2.2 (5)項を参照。

(5) 溶接変形の防止

ニッケル合金の熱膨張係数はオーステナイト系ステンレス鋼より小さいものの炭素鋼に比べて大きいため，溶接変形が起こりやすい。ニッケル合金との異材溶接を行う際には，この点に留意し，ニッケル合金側の拘束を強くしたり，タック溶接を増やすなどの対策が必要である。

(6) 運棒方法

ニッケル合金との異材溶接を行う場合，基本的に使用溶加材は Cr などの酸化しやすい元素を含むインコネル系やハステロイ系となるため，溶接中の溶加材の酸化には十分留意する必要がある。そのため，運棒はストリンガービードが望ましいが，ウィービングを行う場合，ウィービング幅は溶加材径の 2.5 倍

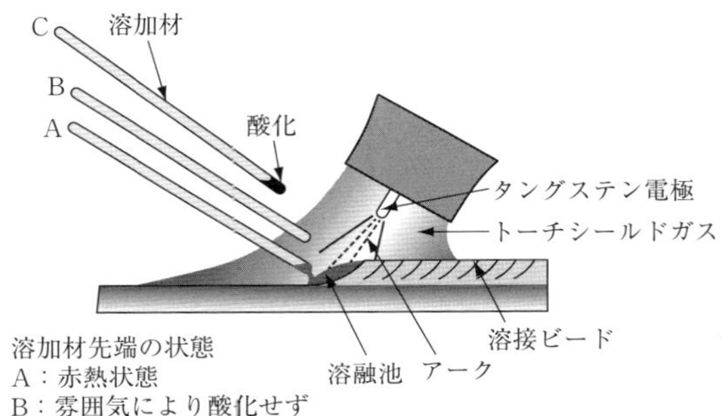

図4.8　溶接棒先端位置

以下とするのが一般的である。また，ティグ溶接の場合は，ポロシティや溶接金属の酸化防止の観点から，ウィービングも極力抑えるべきであるが，もし行う場合にはその幅はシールドガスノズルの径以内にすることが望ましい。溶接中に加熱された溶加材先端が大気に触れると酸化してしまうため，そのまま溶融プールへ供給すると酸化物が溶接金属内に巻き込まれ，溶接欠陥発生の原因となる。そのため，溶加材先端は，**図4.8**[7]に示すようにシールドガス中に留めておくことが必要となる。

(7) 予熱

炭素鋼，各種クロムモリブデン鋼とニッケル合金の異材溶接において溶加材にニッケル合金を使用する場合には，一般的に予熱は必要がない。しかしながら，低温割れの観点から，母材温度が低い場合には，表面の水分除去のために室温程度の予熱を行う。ただし，過度の予熱はニッケル合金側で高温割れ発生を招くことが懸念されるため注意する必要がある。

4.2.4　溶接後熱処理(PWHT)

炭素鋼，各種クロムモリブデン鋼とニッケル合金の異材溶接におけるPWHT条件は炭素鋼，各種クロムモリブデン鋼側に推奨されている条件を選べばよい。ニッケル合金側はPWHT中にHAZ粗粒域の結晶粒界で再熱割れが発生する場合があるので注意を要する。ニッケル合金の再熱割れを避けるためには，板厚，余盛止端部の応力集中やPWHT過程で粒界ぜい化や粒内硬化を起こす元素の有無など，再熱割れ感受性を挙げる因子を検討し，安全なPWHT条件を選定する必要がある。(再熱割れと呼ばれる現象については1.3.2項を参照)

4.2.5　溶接部の検査

炭素鋼，クロムモリブデン鋼や各種ステンレス鋼や各種ニッケル合金のニッケル合金溶加材を用いた溶接部に対する非破壊検査法は，外観検査以外に浸透探傷試験や放射線透過試験などが行われる。また，超音波探傷試験が実施されることもある。

浸透探傷試験に関しては，通常の溶接部に実施する方法および浸透指示模様の分類を用いればよい。放射線透過試験に関しては，炭素鋼・低合金鋼，各種耐熱鋼とニッケル合金とでは放射線の透過度が異なる場合があるため，使用する階調計や透過度計をどちらの材料に合わせるかなどの取り決めを事前にしておく必要がある。超音波探傷試験に関しては，3.2.4項を参照。

4.3 各種異材溶接継手の性質

4.3.1 オーステナイト系ステンレス鋼／ニッケル合金継手

オーステナイト系ステンレス鋼とニッケル合金の異材溶接の例として，溶加材 SNi6276 を用いた SUS316L とアロイ C-276 とのティグ溶接による異材溶接部のミクロ・マクロ組織を図 4.9[8] に示す。また，図 4.10[8] に溶接部の硬さを示す。溶接金属は，母材による成分希釈があっても fcc 構造を持つ単相組織を示して

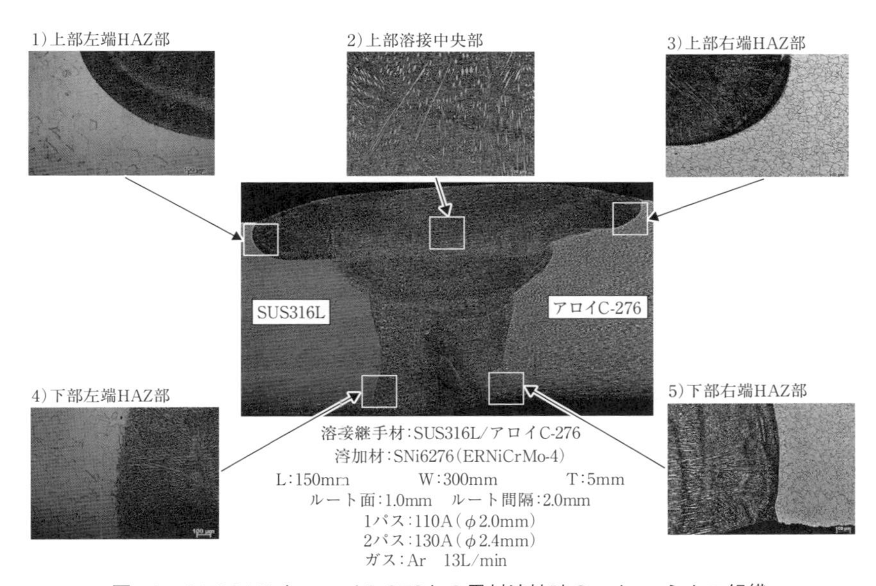

図4.9 SUS316Lとアロイ C-276との異材溶接時のマクロ・ミクロ組織

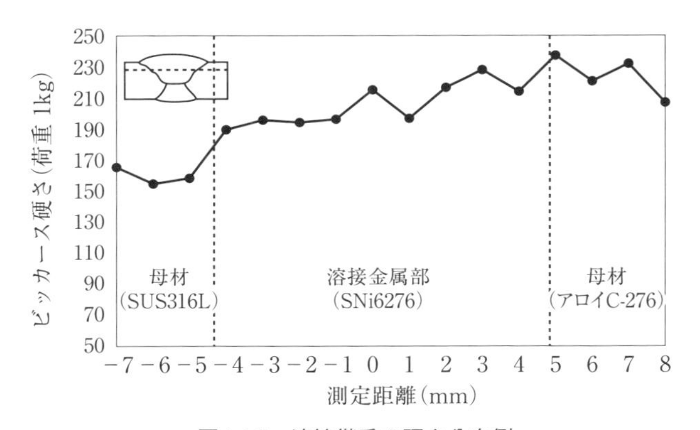

図4.10 溶接継手の硬さ分布例

いる。また，HAZの組織は粗大化した多角形状の結晶で，それぞれの材料のHAZと同様な組織である。

4.3.2　炭素鋼・低合金鋼／ニッケル合金継手

炭素鋼とニッケル合金の異材溶接の例として，**図4.11**[8]に溶加材SNi6022を用いたニッケル合金(アロイC-276)と炭素鋼とのティグ溶接継手の断面マクロ組織およびミクロ組織を示す。ミクロ組織はニッケル合金側母材，HAZ，溶接金属とも fcc 構造を持つ組織を示している。溶接継手の硬さ分布例を**図4.12**[8]に示す。

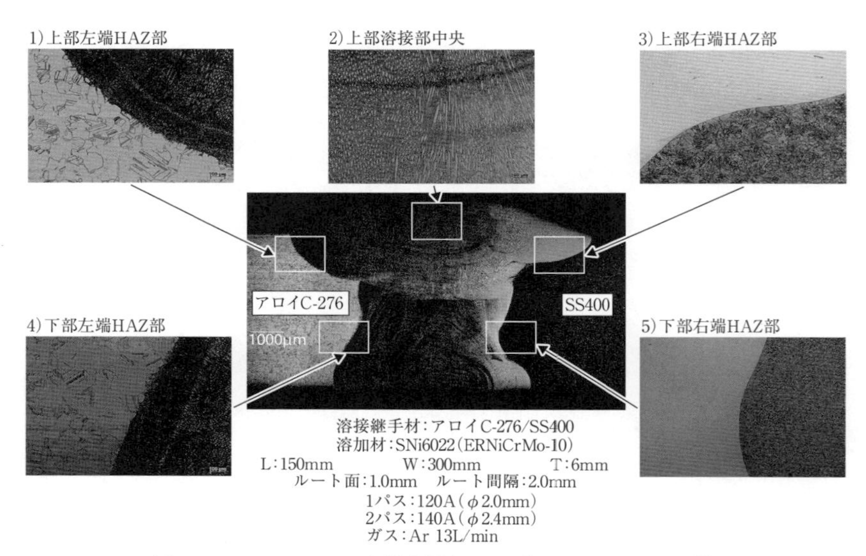

図4.11　アロイC-276と炭素鋼(SS400)マクロ・ミクロ組織

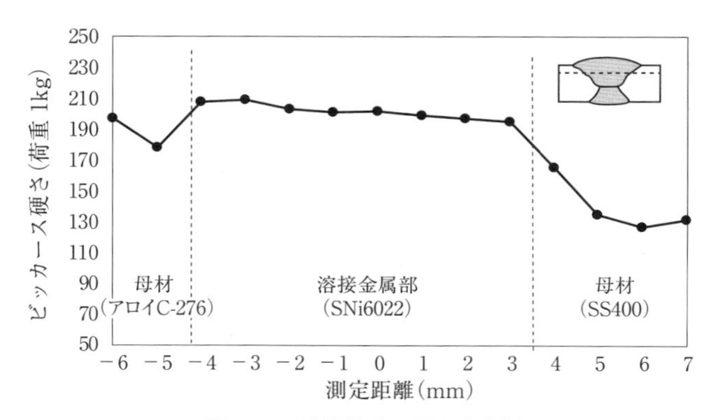

図4.12　溶接継手の硬さ分布例

4.4 実機適用例

ニッケル合金は，ステンレス鋼などと比べ，耐熱性や耐食性に優れているため**図 4.13**[9]に示すようなジェットエンジンタービンブレード（例えば，アロイ718）や，**図 4.14**[11]に示すジェットエンジンのケーシングなどに使用されている。

図 4.15[10]に示す加圧水型原子炉では原子炉容器上蓋と管台取付部，沸騰水

図4.13 種々のニッケル合金が使用されたジェットエンジンとタービン

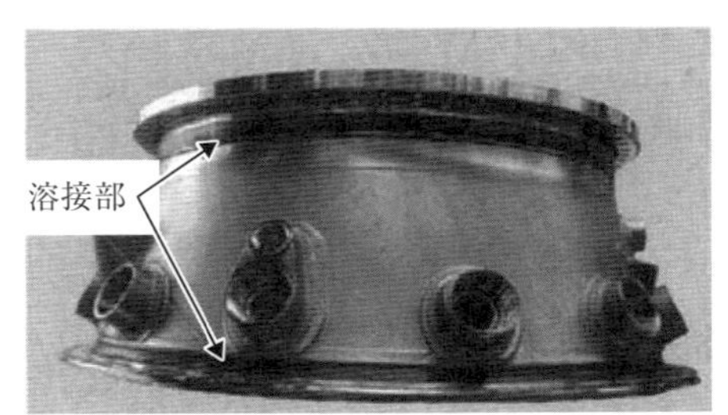

図4.14 ジェットエンジンのケーシング

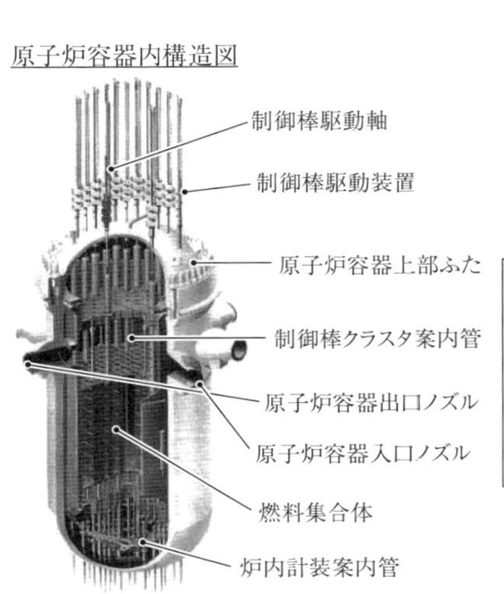

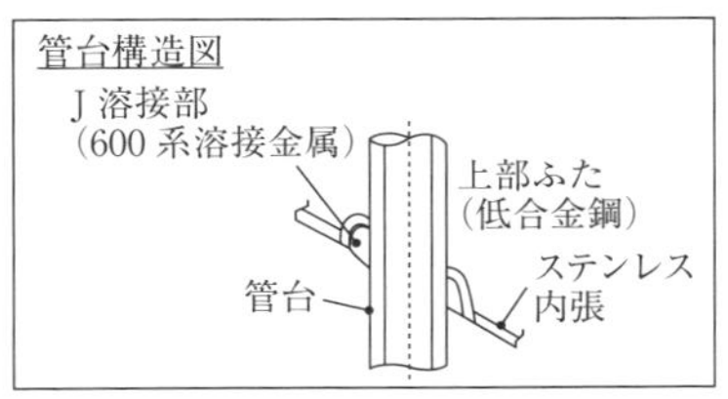

図4.15 加圧水型軽水炉

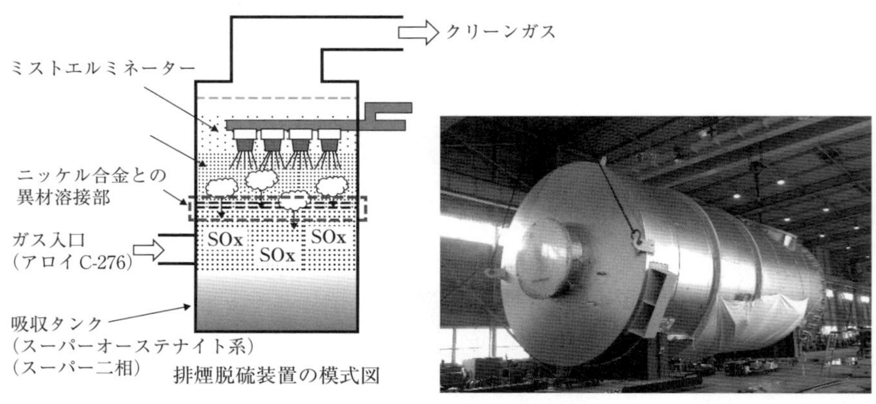

図4.16　火力発電用排煙脱硫装置の模式図

図4.17　SOxスクラバータワー

図4.18　管板付き大型多管式リアクター

図4.19　管と管板の溶接テストピース

型原子炉では炉内構造部品などや火力発電所等に取り付けられる排煙脱硫装置(**図 4.16**[12])や SOx 排煙脱硫スクラバータワー(**図 4.17**[12])などの腐食環境が過酷な部分には耐応力腐食割れ対策や耐食性，耐熱性向上などのためにニッケル合金が用いられる場合がある。

図 4.18[13]は多管式の大型反応器の管側にニッケル合金が，胴側には異材が使用された例であり，**図 4.19**[14]には管(アロイ 600 系)と管板(アロイ C-276)の異材溶接を模したテストピースの例を示す。

4.5　トラブル事例[13]

Fe-36% Ni 合金であるインバー合金と SUS304 との異材溶接に発生したトラブル事例を紹介する。インバー合金は熱膨張係数がきわめて低いことから温度変化にともなう緩衝構造が省略できるメリットがあり，LNG 配管や LNG 輸送船に多くの使用実績がある。インバー合金は，高温割れ感受性が高いことからインバー合金と SUS304 との異材溶接に際しても高温割れ(延性低下割れ)の防止が重要となる。特に，多層盛溶接の溶接金属再熱部において，割れが顕著に発生しやすい。

表 4.4 に示す Fe-36%Ni インバー合金と SUS304 を対象に**図 4.20** に示す開先と積層方法を用い全層をティグ溶接し，その後，**図 4.21** に示す側曲げ試験を行った。

表4.4 材料と溶加材の化学成分(mass%)

材質		C	Si	Mn	P	S	Ni	Cr	Nb
母材 9.5mmt	インバー	0.003	0.03	0.19	0.005	0.001	36.0	−	−
	SUS304	0.05	0.54	1.32	0.032	0.002	8.4	18.3	−
溶加材 1.2mm ϕ	H1	0.23	0.03	0.20	0.001	＜0.001	36.4	−	0.80
	H2	0.22	＜0.01	0.12	0.001	＜0.001	36.0	−	1.61

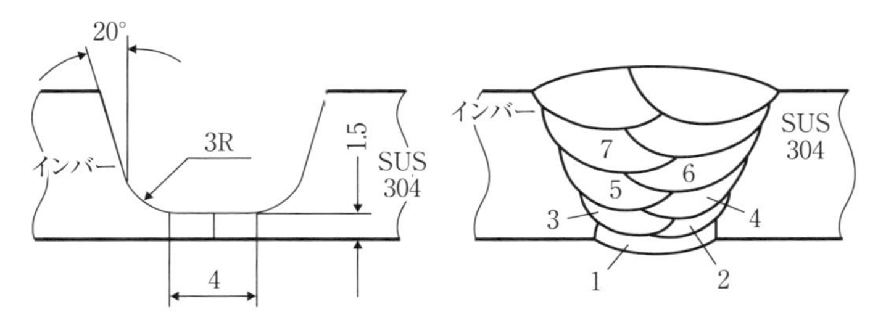

図4.20 開先形状と積層方法

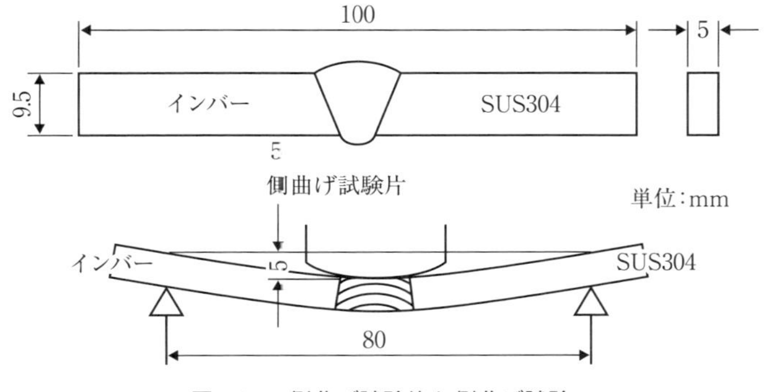

図4.21 側曲げ試験片と側曲げ試験

表4.4に示すH1の溶加材0.8%Nbを用いた異材溶接継手のマクロ組織およびミクロ組織を**図4.22**に示す。**図4.23**に示すように，ワイヤ送給量が少なく入熱が大きい条件範囲では**図4.24**に示す割れが生じた。この割れは，4.1.2項で述べたように，多層盛溶接金属内で結晶粒界に主にS等の不純物元素が偏析することで粒界の固着力が低下し，溶接熱応力によって開口するものと考えられている。詳しい内容は文献[15]を参照してほしい。

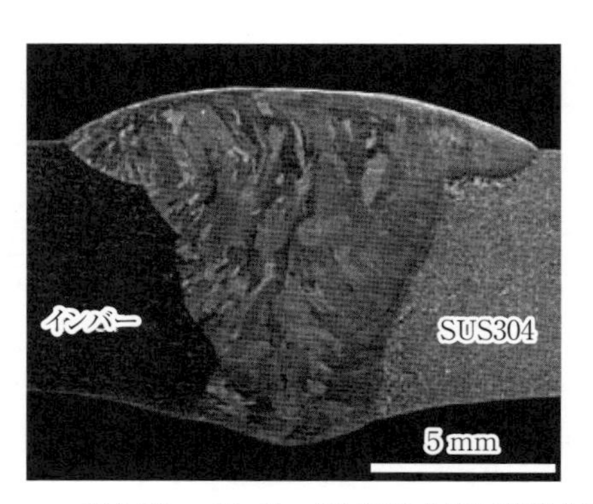

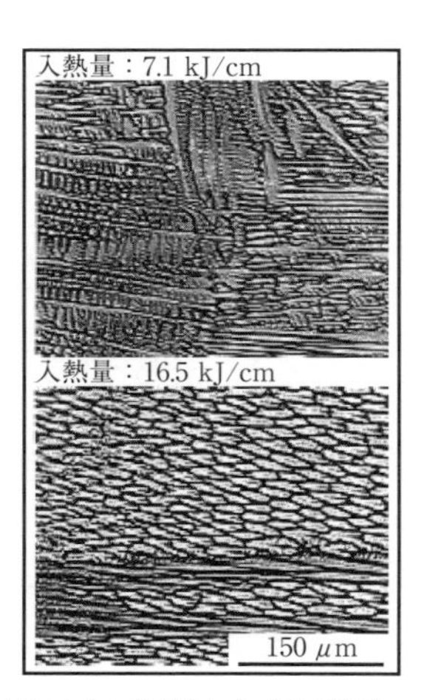

図4.22　インバー/SUS304 異材溶接金属におけるマクロ組織とミクロ組織

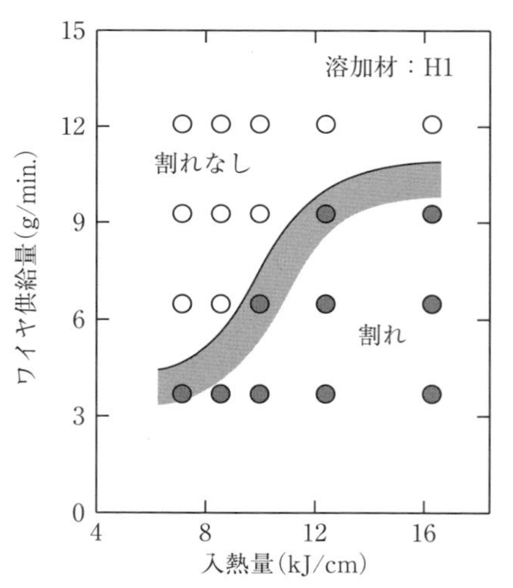

図4.23　溶加材H1（0.8Nb）を用いたときに割れが生じた溶加材供給量および溶接入熱範囲

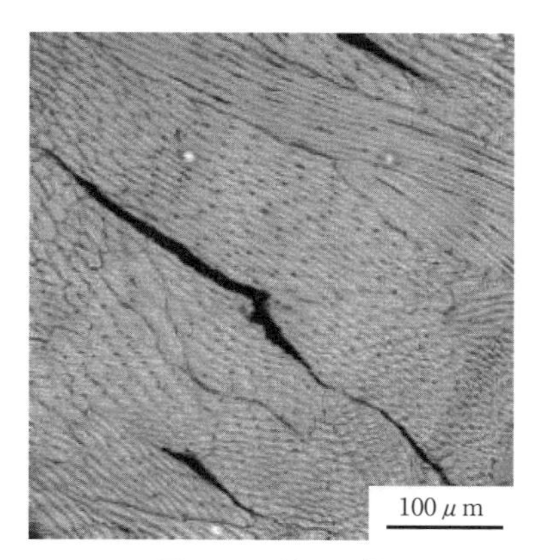

図4.24　割れ組織

対策としては，溶加材にNbを添加することが割れ防止には有効であることが報告されている。一方，Nbの希釈を考慮した高Nbの溶加材を用いることは割れ防止には有効であるが，LNG用途では極低温で使用されることからオーステナイト組織ながら高Nbの溶接金属では十分なじん性が得られない。じん性の確保と割れ防止の両立の観点から，**図4.25**に示すように初層近傍の希釈が大きい1～3パスには表4.4に示すH2（1.6Nb-36Ni系）の溶加材，4パス目以降H1（0.8Nb-36Ni系）の溶加材を用いることが有効である。この場合には**図**

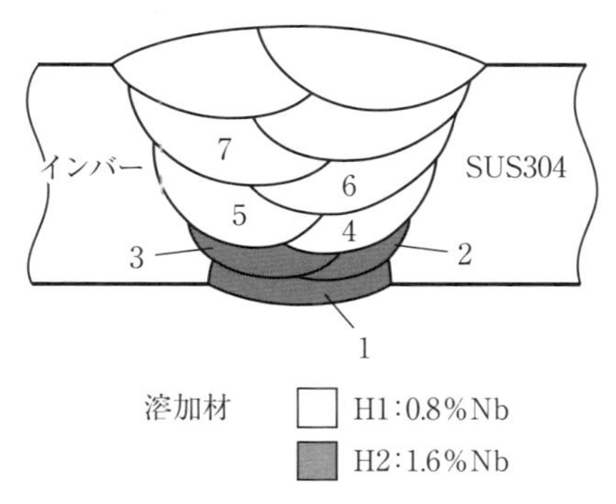

図4.25　2層目（H2）までと3層目（H1）以降の溶加材

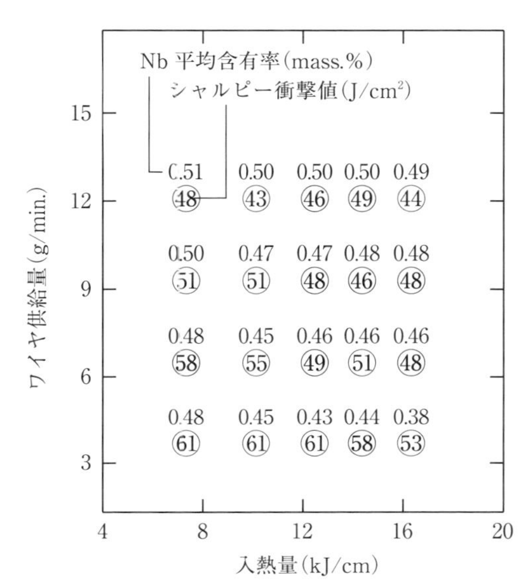

図4.26　2層目（H2）までと3層目（H1）以降で2種類の溶加材を用いた溶接継手のワイヤ送給量と入熱およびシャルピー吸収エネルギー

4.26 に示すように広いワイヤ送給量および入熱範囲内で高じん性かつ割れのない溶接継手が得られる。

このように，溶接金属の割れを防止し，低熱膨張特性を維持したい場合には，Fe-0.2C-36Ni-1.6Nb 溶加材の使用が有効であるが，溶接金属のじん性を維持するには，低 Nb 溶加材(0.8Nb-36Ni 系)との組合せが必要である。この他にもインバー合金の溶接には用途により，以下の溶加材が使用される。すなわち，単に割れ感受性のみを低減する場合には，YS308L を用いることができる。また，熱膨張差を考慮する場合はインバー合金と SUS304 の中間的な熱膨張係数を有し，強度，耐割れ性に優れた ERNiCr-3 (SNi6082, インコネル系)が使用できる。

4.6　ニッケル合金の肉盛溶接

ニッケル合金の肉盛溶接もステンレス鋼の肉盛溶接と同様に耐食性を持たせる用途で用いられるが，ステンレス鋼より腐食環境がより厳しい場合に用いられるのが一般的である。各種ニッケル合金は，鉄鋼材料の表面に直接肉盛溶接が可能である。これらの肉盛溶接に対して要求される性能は，耐食性の保証であり，最も重要となるのは溶加材の化学組成と希釈率であることはステンレス鋼の肉盛溶接と同様である。すなわち，肉盛溶接金属部では母材による希釈の影響を考慮し，肉盛溶接金属表層部で要求される耐食性を担保できる施工を行うことが望まれる。

また，ニッケル合金の肉盛溶接部においては，ステンレス鋼などと同様 Cr 炭化物析出に起因した鋭敏化による耐食性劣化が生じる場合があることにも注意を要する[16)]。

4.6.1　溶接施工

(1) 肉盛溶接に適用する溶接施工

ステンレス鋼の肉盛溶接と同様の溶接方法が適用できる。一般にニッケル合金の肉盛溶接には被覆アーク溶接，ティグ溶接，ミグ溶接・フラックス入りワイヤマグ溶接の他に帯状肉盛溶接(バンド溶接)などがある。バンド溶接については 3.5.1 項の図 3.116 を参照してもらいたい。3.5.1 (1)項にも記述されているがフランジ面のように溶接後に機械加工を行う部分では，酸素量の高いフラックス入りワイヤマグ溶接法による溶接金属では浸透探傷試験(PT)において酸化物系介在物による微細な指示模様が現れる危険性が高い。したがって，他の溶接方法に比べフラックス入りワイヤマグ溶接は高能率ではあるが他の溶接方法に比べ適用には注意を要する。

(2) ニッケル合金肉盛溶接の溶加材

一般的に肉盛溶接において問題となるのは，肉盛溶接金属の化学組成であることはステンレス鋼の肉盛溶接と同様である。ニッケル合金溶加材を用いた肉盛溶接においても炭素鋼の上に肉盛溶接する場合が基本となる。溶接金属の化学組成は母材の希釈によりニッケル量やクロム量が低下することはステンレス鋼と同じであるが，ニッケル合金の場合はこれらの合金成分が多いため，ステンレス鋼とは異なり，これらの合金元素の低下する程度が少ない。**図 4.27** には炭素鋼にインコネル 625 とハステロイ C-276 を肉盛した場合の初層の化学組成を高 Ni 当量側まで拡張したシェフラ組織図上に示した[17)]。この図中に 2 層目以降の肉盛溶接部は破線上の斜線域で示されているが，2 層目以降においてもオーステナイト単相となる必要なニッケル合金の組成が得られることがわかる。しかしながら，肉盛溶接における希釈率は溶接方法や溶接条件で変化するので，施工法試験を行って，肉盛溶接表面からどの程度の深さまでが要求仕様を満足できるニッケル合金の組成であるのか確認しておかなくてはならない。この検査方法として，表面から階段状に切削していき，要求される成分を満足する肉盛層深さを測定しておく等の方法がある。

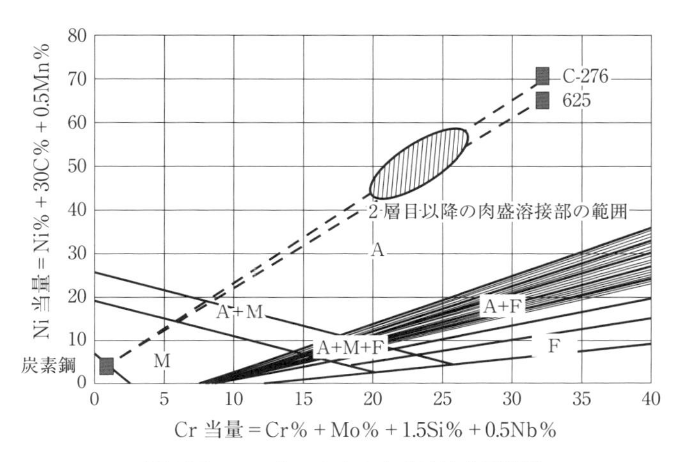

図4.27　ニッケル合金の肉盛溶接金属組織

(3) 溶接施工とその管理

前述したがニッケル合金の肉盛溶接においては希釈率が溶接条件などのパラメータの影響を大きく受け，これが溶接金属の性能に重大な影響をあたえることはオーステナイト系ステンレス鋼と同様である。このため，肉盛溶接の品質を管理する上では，肉盛溶接においては施工前の施工法試験の実施による施工パラメータの確認と，実施工における施工パラメータの管理が重要となる。

特に，肉盛溶接における希釈率は，初層の組織安定性だけではなく，2層目以降の溶接金属の性能にも大きな影響を及ぼすため希釈率を極力抑える溶接方法や溶接条件を選択することが重要である。

肉盛溶接の初層の予熱とパス間温度については，炭素鋼やクロムモリブデン鋼／ステンレス鋼の異材溶接と考え方は同じであり，2.2節の表2.1などを参考にしてほしい。また，2層目以降はニッケル合金同士の溶接と考え方は同じであり，予熱は必要なくパス間温度もオーステナイト系ステンレス鋼同様150℃以下とすればよい。

(4) 溶接後熱処理（PWHT）

PWHTをニッケル合金の肉盛溶接部に適用した場合には，ステンレス鋼などの肉盛溶接などに比べて，溶融境界での母材側から肉盛溶接金属側への炭素の移動が少ないという特徴がある。ニッケル合金の肉盛溶接部に対するPWHT条件や手法に関しては，ステンレス鋼の異材肉盛溶接部とほぼ同じであるため，3.5.1（4）項を参照願いたい。

(5) 肉盛溶接部の非破壊試験

ニッケル合金肉盛溶接部の非破壊検査試験としては，オーステナイト系ステンレス鋼肉盛溶接部と同様な非破壊検査方法が適用可能である。非破壊検査方法は，一般的には浸透探傷試験(PT)が用いられ．場合に応じて超音波探傷試験(UT)の垂直探傷が用いられることがある。試験は，ステンレス鋼の肉盛溶接と同様，ビード表面もしくは機械加工面に対して実施するのが一般的である。

4.6.2　肉盛溶接金属の性質

ニッケル合金肉盛溶接金属の最終層の性能は適切な施工が行われた場合，全溶着金属の性能と同等であることは，オーステナイト系ステンレス鋼と同様である。しかしながら，PWHTを行った場合，ステンレス鋼を肉盛溶接した場合に比べてその程度は少ないが，母材から肉盛溶接金属側への炭素の移行現象

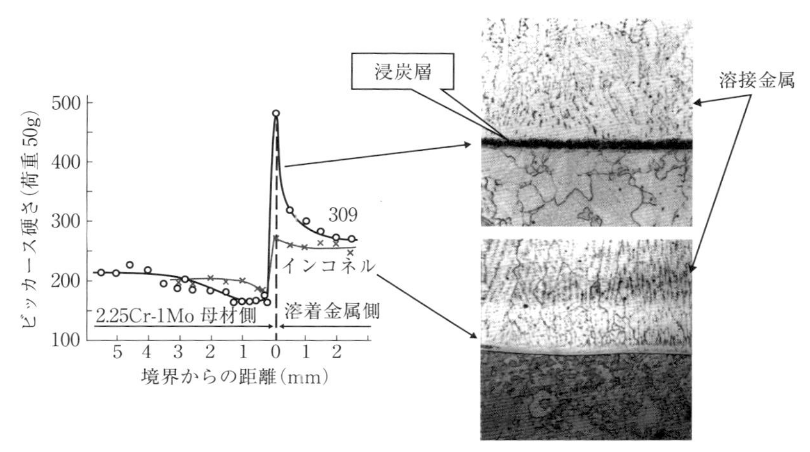

図4.28 使用溶加材の違いによる硬度変化と組織

が生じる。

炭素鋼やクロムモリブデン鋼への肉盛溶接後のPWHT条件の例は，第2章2.2節を参照されたい。母材熱影響部の改質を目的とする場合は，初層溶接後にPWHTを実施し，その後2層目以降の肉盛溶接を行い溶接のままで使用する方法もある。しかし，この施工もPWHT温度は法規や規格等で決められている場合があるのでそれに従う必要がある。

また，**図4.28**は，2.25Cr-1Mo鋼の母材へ309系とインコネル系の溶加材を使用して，肉盛溶接を施工した後，PWHTを625℃で約1時間施工した場合の母材および肉盛溶接金属の硬さ分布である。双方を比べるとインコネル系の溶加材を使用した方が，浸炭層が極端に少なく，硬さ上昇もほとんどないことがわかる[18)]。

(1) 金属組織

図4.29にハステロイC-276とインコネル625を用いて炭素鋼母材にエレクトロスラグ溶接で肉盛溶接を施工した場合の事例を示す。いずれのニッケル合金においても高希釈になった場合でも肉盛溶接金属は，安定したfcc構造の単相組織となる。[19)]これは各種のステンレス鋼等にニッケル合金を肉盛溶接した場合においても同様である。ステンレス鋼に肉盛溶接する場合には高温割れの発生原因となるP+Sの量には十分に注意する必要がある。P+S量が高温割れ発生に及ぼす影響については，第1章や第3章を参照されたい。

EQNiCrMo-4(C276)による肉盛溶接(ESW)

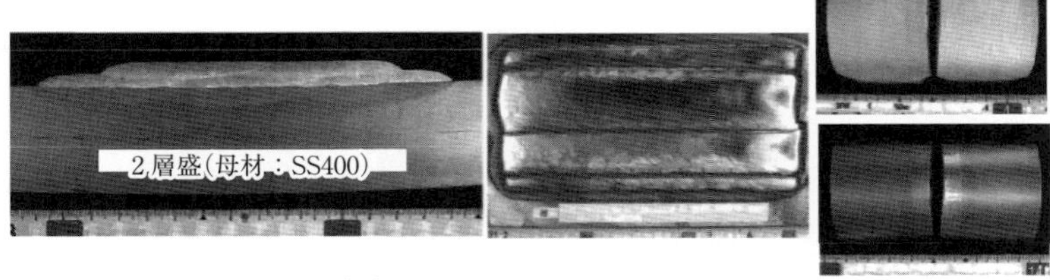

肉盛溶接金属の化学組成（%）

		C	Ni	Cr	Mo	Fe	W
2層盛	肉盛2層目	0.008	57.1	14.99	16.00	11.2	3.32
	肉盛1層目	0.014	54.5	14.48	15.72	6.32	3.54
AWS A5.11 ENiCrMo-4		≦0.02	Rem	14.5～16.5	15.0～17.0	4.0～7.0	3.0～4.5

EQNiCrMo-3(625)による
肉盛溶接(ESW)

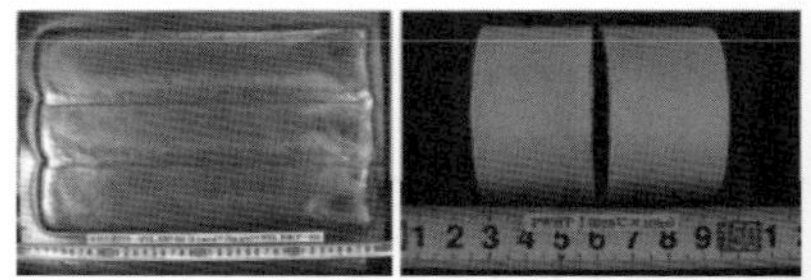

PWHT：625℃×10h(単層盛)

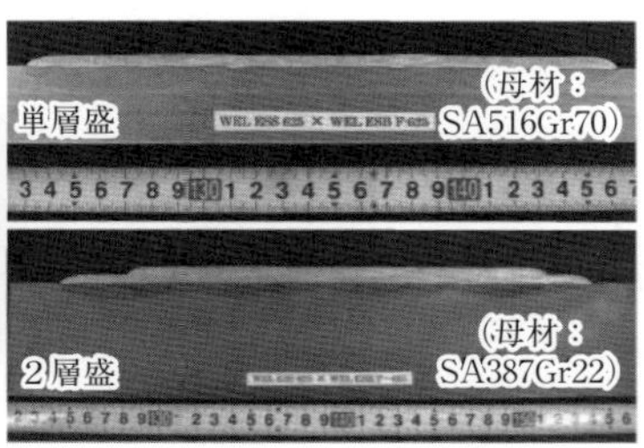

肉盛溶接金属の化学組成（%）

		C	Ni	Cr	Mo	Fe	Nb
単層盛	肉盛1層目	0.030	60.3	20.88	8.39	6.14	3.27
2層盛	肉盛2層目	0.022	63.59	21.40	8.60	2.06	3.32
	肉盛1層目	0.026	61.28	20.63	8.35	5.51	3.27
AWS A5.11 ENiCrMo-3		≦0.10	≧55.0	20.0～23.0	8.0～10.0	≦7.0	3.15～4.15

図4.29　エレクトロスラグ溶接によるハステロイC-276とインコネル625の肉盛溶接

(2) 機械的性質

第3章にも記されているが，耐食用途の肉盛溶接金属には，継手溶接金属のように，引張強度や衝撃性能を要求されることはあまりない。しかし，ほとんどの場合，曲げ試験が要求されることから，肉盛溶接金属と母材の境界の十分な延性が確保できなければならない。曲げ試験を実施したときの一例を図4.29中に示す[8)]。図4.29の例では，曲げ試験において割れなどの有害な欠陥は見られない。

(3) 耐食性

ニッケル合金の肉盛溶接部の耐食性に関しては，多くの場合，耐食性が保証される肉厚の溶接金属厚さを確保できるように施工しなければならない。その際，コストや時間，収縮などとの関係で極力肉盛厚さを少なくしたい場合には階段状に肉盛溶接を行って，要求される耐食性能を満足させる肉盛層数の決定，実際には肉盛厚さを決定する必要がある。

4.6.3　補修溶接

肉盛溶接の補修については，補修対象に用いられたものと同じ溶加材を用いて施工する。施工方法に関しては，3.5.3 項のステンレス鋼の肉盛溶接とほぼ同様であるので参照願いたい。

4.6.4　実機適用例

図 4.30 にはパルスマグ溶接によるボイラ水冷壁におけるニッケル合金を用いたパネル耐食・耐摩耗肉盛溶接の実機適用例を示す[19]。

また，**図 4.31**[20] には圧力容器マンホール内面へティグ溶接により耐食性を向上させるために純 Ni を肉盛溶接した実機適用例を示す。

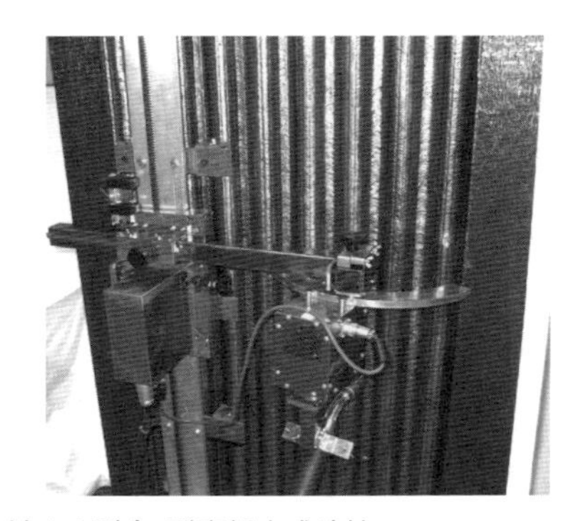

図4.30　ボイラ水冷壁パネルに対する耐食・耐摩耗肉盛溶接

図4.31　圧力容器マンホール内面への純Niの肉盛溶接例

4.7　ニッケル合金溶加材を用いた低温用鋼の溶接

低温用に使用される材料には，1.5 ～ 3.5% Ni 鋼，7% Ni 鋼や 9% Ni 鋼などがある。ここでは 7% Ni 鋼および 9% Ni 鋼の溶接に用いられるニッケル合金溶加材について述べる。7% Ni 鋼や 9% Ni 鋼の溶加材に必要な性能で，とくに重要なものは，強度とじん性のバランスおよび耐高温割れ性であることから，これらの特性に及ぼす合金元素の影響について述べる。

4.7.1　強度とじん性

9% Ni 鋼および 7% Ni 鋼の溶接に用いられるニッケル合金溶加材には様々な種類があるが，基本的には Ni に Cr，Mo あるいは Nb を添加することにより強度とじん性を高めている。（**表 4.5** 参照）

図 4.32 に，被覆アーク溶接による溶接金属の強度と −196℃におけるシャルピー吸収エネルギーの関係を示す[21]。合金によって強度は異なるが，強度の増加とともにじん性は低下する傾向にある。NiMo-8 は強度とじん性のバランスが他の合金よりも高いレベルにあることがわかる。なお，強度は合金成分の微

表4.5 9%Ni鋼用溶加材の使用例

国内／海外	溶接方法	規格／種類	溶着金属の化学組成（mass%）												溶着金属の機械的性質			
			C	Si	Mn	P	S	Cu	Ni	Cr	Mo	Nb	Fe	W	引張強さ（MPa）	0.2%耐力（MPa）	伸び（%）	$vE_{-196℃}$（J）
国内	被覆アーク溶接	JIS Z 3225 D9Ni-1	0.08	0.26	2.4	0.004	0.002	0.02	66.6	13.9	3.9	1.5	10.4	－	690	437	43	66
国内	被覆アーク溶接	JIS Z 3225 D9Ni-2	0.02	0.47	0.3	0.002	0.002	0.01	69.0	1.9	18.6	－	6.6	2.9	725	438	48	76
国内	ティグ溶接	JIS Z 3332 YGT9Ni-2	0.02	0.07	0.1	0.001	0.001	0.01	69.8	2.0	19.0	－	5.6	3.0	723	450	52	152
国内	サブマージアーク溶接	JIS Z 3333 YS9Ni	0.03	0.9	0.4	0.002	0.001	－	66.5	2.2	18.6	－	8.2	3.0	682	406	48	91
国内	フラックス入りワイヤマグ溶接	JIS Z 3335 T Ni 6456-BM0	0.04	0.2	5.79	0.002	0.003	－	62.5	17.0	10.7	1.9	1.6	－	721	442	48	89
海外	被覆アーク溶接	AWS A5.11 ENiCrMo-6	0.06	0.4	2.8	0.01	0.01	0.10	69.0	12.7	5.9	1.5	6.0	1.5	743	466	40	80
海外	サブマージアーク溶接	AWS A5.14 ERNiCrMo-4	0.052	0.22	0.5	0.01	<0.01	0.01	58.6	14.7	15.8	－	5.6	4.1	720	450	45	74
海外	フラックス入りワイヤマグ溶接	AWS A5.34 ENiCrMo3T1-4	0.03	0.30	0.32	<0.01	0.003	0.01	64.4	21.7	8.3	3.48	1.7	－	745	479	49	63
海外	フラックス入りワイヤマグ溶接	AWS A5.34 ENiMo3T1-4	0.02	0.18	2.3	0.010	0.003	<0.1	62.5	6.6	17.9	－	7.9	2.6	708	446	47	75

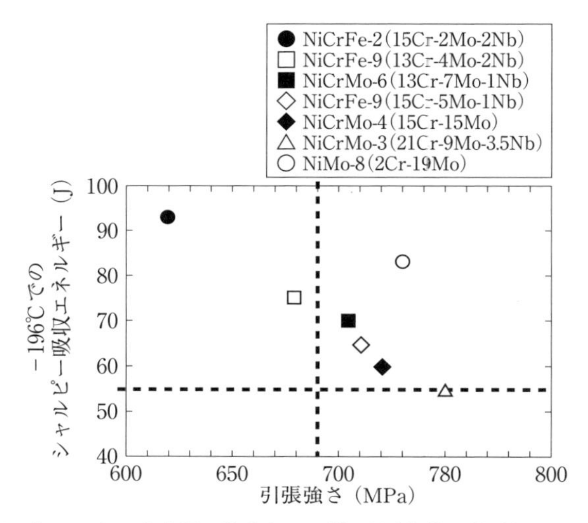

図4.32　各ニッケル合金鋼の強度とじん性の関係(施工法;被覆アーク溶接)

調整やスラグ成分によっても変動することがある。

国内のLNGタンクの溶接部には，660MPa以上の強度が法規上求められる。一方，海外では母材と同じ690MPa以上が必要とされるため，7% Ni鋼および9% Ni鋼用の溶加材としては690MPa以上の引張強さが必須性能となっている。被覆アーク溶接棒は，NiCrFe-2からNiCrMo-6，NiCrFe-9へと変遷しており，−196℃のシャルピー吸収エネルギーは国内で34J以上，海外で45～55J以上を求められることが一般的である。

4.7.2　耐高温割れ性

ニッケル合金溶接金属は，溶接時に高温割れ，特に凝固割れが発生する場合があることは前述した。ニッケル合金溶接金属の凝固割れは，溶接金属の化学組成と密接な関係があり，これまでにもフィスコ割れ試験やT形溶接割れ試験など種々の試験・評価が行われてきた。

溶接金属の合金元素から凝固ぜい性温度領域(Brittle Temperature Range, 以下BTRという)を予測して耐凝固割れ性を評価する方法が示されている。この指数が高いほど溶接時に凝固割れしやすいことが知られている[22]。

式(4.1)のBTR予測式[21]に示すように，C，P，Sが他の成分に比べ凝固割れ感受性に対して，大きな影響をもつ。溶加材のうちサブマージアーク溶接と自動ティグ溶接用の溶加材において，Cは0.03 (mass%)以下と必要最小量に抑制し，P，Sは極力低減している。

$$\mathrm{BTR}(℃) = 38.7 + 358.7\mathrm{C} + 29.3\mathrm{Si} - 0.3\mathrm{Mn} + 212.7\mathrm{P} + 330.8\mathrm{S} + 2.6\mathrm{Cr} + 1.0\mathrm{Mo} + 14.5\mathrm{Nb} + 2.9\mathrm{Fe} \quad (4.1)$$

したがって，十分な耐凝固割れ性を確保しつつ，強度・じん性とのバランスを考慮して合金成分設計する必要がある。以下に使用される溶接方法とその溶加材の一例を表 4.5 に示した[23)]。

4.8　ニッケル合金溶加材を用いた二相ステンレス鋼の溶接

4.8.1　肉盛溶接施工

図 4.33 に示すのは，高耐食スーパー二相ステンレス鋼と呼ばれる 25Cr-7Ni-3Mo-2W-0.3N（DP-3W）にオーバーマッチングのニッケル合金の溶加材，ハステロイ C-22（HC-22）の溶加材で肉盛溶接を行ったときの曲げ試験結果である[24)]。溶接後に表曲げ試験を実施すると全線に渡って割れが発生し，ほぼ破断した。**図 4.34** には化学組成の分析位置を示しており，スーパー二相ステンレス鋼母材と HC-22 肉盛溶接金属の中間である図中の部位 2 の化学組成分析結果を**表 4.6** に示す[23)]。この結果から肉盛溶接金属はハステロイ C-22 より Ni 量の低下が著しいことがわかる。このことからオーステナイトの安定性が低下することにより肉盛溶接金属中でシグマ相が析出し，曲げ延性が低下したため，曲げ試験で割れに至ったと考えられる。

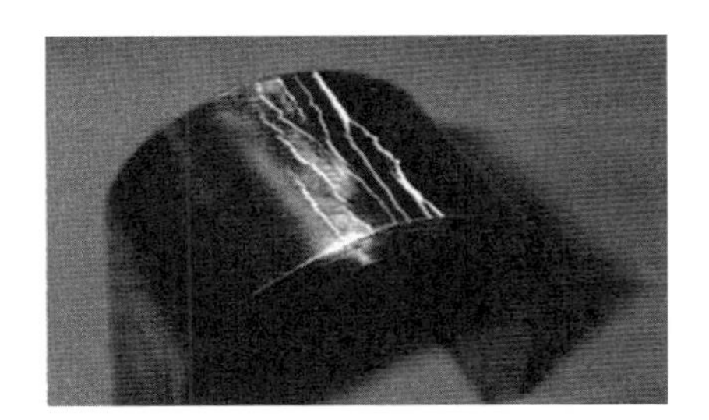

図4.33　表曲げ試験結果

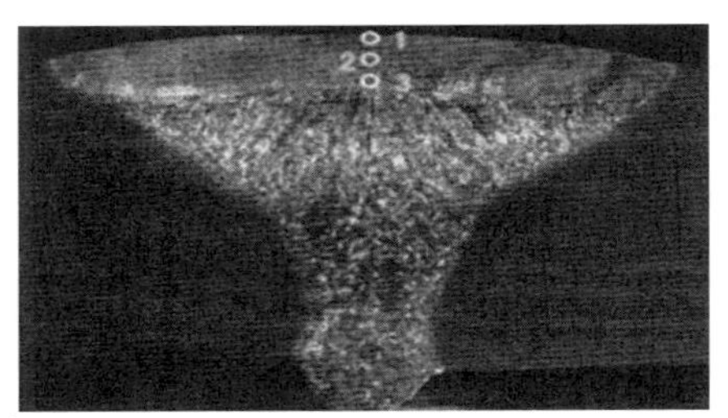

図4.34　化学組成分析位置

表4.6　スーパー二相ステンレス鋼とHC-22境界部の化学組成

（mass%）

部位	Al	Si	Cr	Mn	Fe	Ni	Mo	W
2	0.14	0.18	24.31	0.18	39.56	26.05	7.07	2.50

二相ステンレス鋼にニッケル合金の溶加材を用いて，肉盛溶接を施工する場合の注意点は，以下のとおりである。

① 高Crの二相ステンレス鋼にニッケル合金系の溶加材で肉盛溶接を行うと溶接金属はシグマ相が発生しやすい高Cr，高Mo，低Ni（ニッケル合金側から見ると）組成となりやすく，ぜい化を引き起こす場合がある。この場合，ぜい化のリスク低減には溶加材のニッケル合金中のCr，Moを少なくすることが有効である。

② 高Mo添加の溶加材で肉盛溶接を施工する場合には，希釈率が50％以下となるように溶接条件を管理する必要がある[24)]。

参考文献

1) スーパーアロイの溶接　産報出版
2) 小関，小川：溶接学会論文集，9-1(1991)，p.143
3) 篠崎，山本，河崎，田村，根本：溶接学会全国大会講演概要，79(2006)，p.276
4) 平田：Fe-36%Niインバー合金多層溶接金属の高温割れに関する研究，大阪大学学位請求論文(2002)
5) (社)日本溶接協会特殊材料溶接研究委員会耐熱材料接合技術小委員会編：耐熱材料の溶接ガイドブック(インコネル600，625，718，ハステロイC-276，X，XR)
6) K.Saida，A.Taniguchi，H.Okauchi，H.Ogiwara and K.Nishimoto：Science and Technology of Welding and Joining，16-6(2011)，p.553
7) (独)産業技術総合研究所：加工技術データベース
8) 日本冶金工業株式会社　提供資料
9) プラット＆ホイットニー社ホームページ
10) 関西電力株式会社　公表資料
11) 株式会社IHI　提供資料
12) 三菱化工機株式会社　提供資料
13) 三井造船株式会社(現三井E&S造船株式会社)提供資料
14) 株式会社クロセ　提供資料
15) 平田，小川，本郷，久保，山川，古賀，西本：インバー合金の溶接金属割れ発生機構に関する検討，溶接学会論文集，19-14(2001)
16) 青木，服部，安齋，住本，保全学Vol.4，No.1(2005)，pp.34-41
17) 池田：バンド肉盛溶接に関するデータ紹介，特殊材料溶接研究委員会異材溶接WG資料，SW-WG-18(2014)
18) 伊藤：スーパーアロイ用溶接材料の現状，特殊材料溶接研究委員会異材溶接WG資料，SW-WG-50(2015)
19) 青田：ボイラ水冷壁パネルの耐摩耗・耐食肉盛溶接，特殊材料溶接研究委員会異材溶接WG資料，SW-WG-12(2012)
20) 藤田：純ニッケル溶接の適用事例と問題点，特殊材料溶接研究委員会異材溶接WG資料，SW-WG-51(2015)
21) 鈴木正道ほか：R&D神戸製鋼技報，Vol.54，No.2(2004)，pp.43-46
22) 新見健一郎：溶接技術，8月号(2019)，pp.84-87
23) 岡崎司：DP3W鋼ハステロイ肉盛溶接の割れ，株式会社タセト提供資料
24) 新谷大介：二相ステンレス鋼への高ニッケル耐食合金の肉盛溶接，化学機械溶接研究委員会・特殊材料溶接研究委員会資料，(2016)

第5章

銅および銅合金の異材溶接・肉盛溶接

ここでは，銅および銅合金と炭素鋼やステンレス鋼などの鉄鋼材料との異材溶接および銅および銅合金の炭素鋼やステンレス鋼などへの肉盛溶接を行う際の留意すべき冶金現象や溶接施工を行う上で必要となる推奨溶加材，溶接条件などの知識や得られた継手・肉盛溶接部の組織や機械的特性，適用事例について説明する。

5.1　銅および銅合金の異材溶接・肉盛溶接部の冶金現象

銅は，電気伝導度や熱伝導度が高く，また，海水や多くの化学(薬品)溶液に対する耐食性が良好であることから，この特性を活かして，電気あるいは耐食材料として広く使用されている。さらに，強度や耐食性，耐熱性，耐摩耗性などの特性を向上させるために，合金元素を添加した各種銅合金が開発され，種々の用途に適用されている。代表的な銅合金としては，銅と亜鉛の合金である黄銅，銅と錫の合金である青銅，銅とニッケルの合金である白銅(キュプロニッケル)が挙げられる。**表5.1**[1)]に銅合金の物理的性質と化学組成を炭素鋼とステンレス鋼のそれらと比較して示す。一般に，銅や銅合金は，鋼に比べ低強度であることから，構造強度を確保するために，鋼などと異材溶接された構造を用いることが多い。一方，銅および銅合金は，耐食性や耐摩耗性が優れていることから海水淡水化装置，熱交換器などへの耐食肉盛溶接，油圧ラム，軸受けなどのしゅう動部への耐摩耗肉盛溶接に適用されている。

しかしながら，銅および銅合金は，炭素鋼やステンレス鋼などの鉄鋼材料とは，その物性値が大きく異なることや，異材溶接金属内では溶融混合により遊離鉄や金属間化合物などが生成するため，異材溶接や肉盛溶接する上での課題も多い。

銅および銅合金の異材溶接・肉盛溶接においては，**図5.1**にCu-Fe, Ni-Fe,

Ni-Cu, Ni-Al の二元系平衡状態図[2]を示すように，基本的に，Cu は Fe と相互にほとんど固溶せず，Ni は，Cu と Fe に固溶し，Al とは低融点の金属間化合物を生成する。これらの金属組織的な事象を考慮し，溶加材の選定や溶接施工を行う必要がある。

図 5.1 に示すように，Cu と Fe はほとんど固溶しないことから，鋼との異材溶接では，溶接金属への Fe の混入や鋼側熱影響部の結晶粒界への Cu の侵入（侵銅現象）が生じ，割れや機械的性質の劣化を招く。侵銅現象は特にオーステナイト系ステンレス鋼で顕著である。**図 5.2**[3]は，この侵銅現象を示したものである。この侵銅現象は，第 3 章に述べた液体金属ぜい化の要因となり，液体金属が固体金属に接した場合，固体金属の結晶粒界に液体金属が侵入することによって結晶粒界のぜい化を引き起こす。侵銅した状態では，欠陥ではないが応力がかかると侵銅部分に割れを生じることがある[4]。同様に，鉄鋼材料へ銅合金を肉盛溶接する場合にも鋼母材の粒界に Cu が侵入する侵銅現象が生じる。

表 5.1　銅合金の物理的性質と化学組成

名称	溶融温度（℃）		比重	熱膨張係数 [1/℃×10⁻⁶] 250－300℃	電気伝導度 [%IACS] 20℃	熱伝導度 [W/m·K] 20℃	化学組成（mass%）					
	液相線温度	固相線温度					Cu	Zn	Sn	Al	Ni	その他
純銅	1083	－	8.85	16.5	102	393	99.94	－	－	－	－	－
電気銅	1083	1065	8.89	17.7	101	391	99.92	－	－	－	－	－
けい素青銅	1060	1030	8.75	17.9	11	54	96.0	－	－	－	－	Si＝1.3
5%アルミニウム青銅	1072	1062	8.17	17.9	17	79	95.0	－	－	5.0	－	－
8%アルミニウム青銅	1045	1037	7.78	17.9	14.8	71	92.0	－	－	8.0	－	－
5%りん青銅	1050	950	8.86	17.8	18	79	95.0	－	5.0	－	－	P＝0.2
8%りん青銅	1020	880	8.80	18.2	13	62	92.0	－	8.0	－	－	P＝0.2
9/1キュプロニッケル	1145	1105	8.94	16.7	9.2	41	90.0	－	－	－	10.0	－
7/1キュプロニッケル	1240	1170	8.94	16.2	4.6	29	70.0	－	－	－	30.0	－
9/1黄銅	1045	1020	8.80	18.2	44	188	90.0	10.0	－	－	－	－
7/3黄銅	955	915	8.53	19.9	23	121	70.0	30.0	－	－	－	－
6/4黄銅	905	900	8.39	20.8	28	117	60.0	40.0	－	－	－	－
ネーバル黄銅	900	885	8.40	21.2	26	117	60.0	39.25	0.75	－	－	－
アルミニウム黄銅	970	935	8.33	18.5	23	100	60.0	38.0	－	1.0	－	－
炭素鋼	1539	－	7.87	13.0		59	C＝0.06	Si＝0.01	Mn＝0.38	－	－	－
ステンレス鋼: SUS304	1400	－	7.93	17.8		20	Cr＝18				8	－

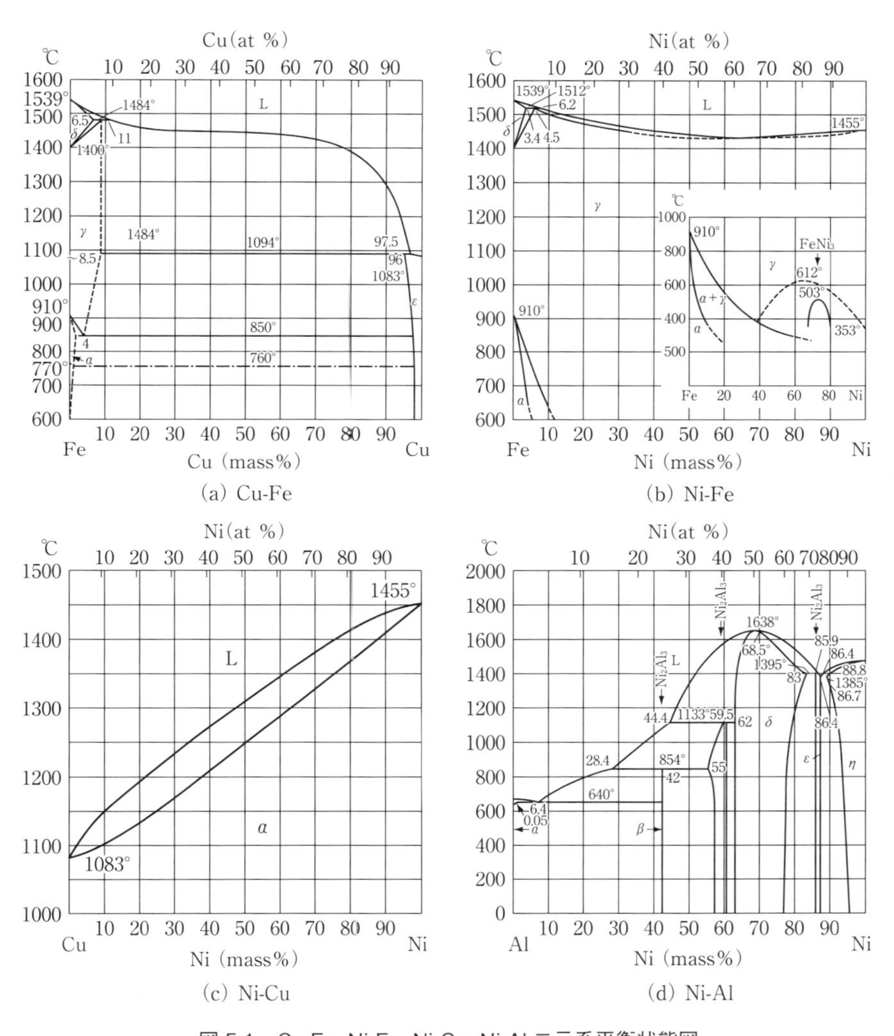

図 5.1　Cu-Fe, Ni-Fe, Ni-Cu, Ni-Al 二元系平衡状態図

図 5.3 に 9/1 キュプロニッケル肉盛溶接部に生じた母材軟鋼への Cu の粒界侵入の例を示す[5)]。この粒界侵入の程度は，材料の種類や溶接条件によって異なる。パス間温度や入熱が高いほど，拘束応力が大きいほど，粒界侵入が促進され，侵入深さが深くなる。また，溶加材では，アルミニウム青銅では比較的粒界侵入の程度が少なく，キュプロニッケル，りん青銅，純銅の順に侵入の程度が大きくなることが知られている。このような，粒界侵入を防止するために，ニッ

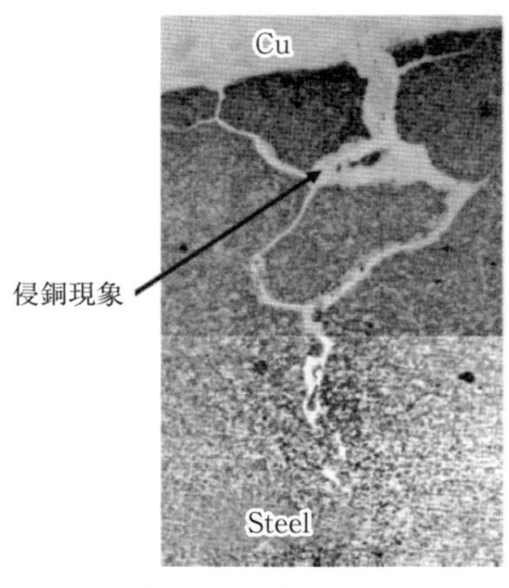

図 5.2　侵銅現象

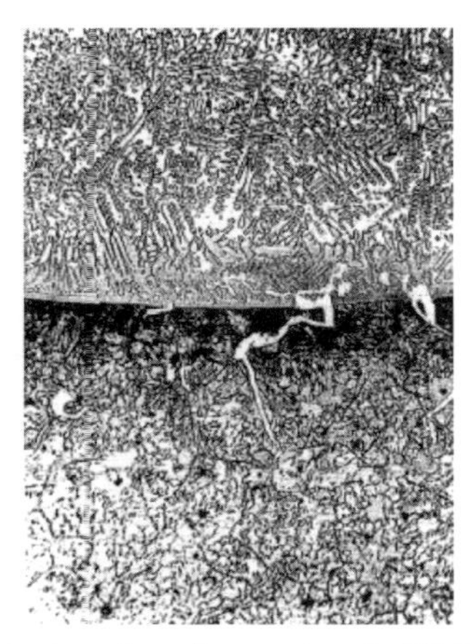

図 5.3　9/1 キュプロニッケル肉盛溶接に生じた溶接金属の粒界侵入，母材：軟鋼

ケルやモネルを溶加材として下盛溶接(バタリング)を行うことが有効である。

図 5.4[4)]は，7/1 キュプロニッケル溶加材を用いて，ミグ溶接にて各種合金板上にビードオンプレート溶接を行うと同時にバレストレイン試験法により 4% のひずみを与えた後，顕微鏡にて各種母材への Cu の侵入深さを測定したものである[6)]。この結果では，FCC 構造を有する合金では，Fe 含有量の減少ならびに Ni 含有量の増加とともに，Cu の侵入深さが減少しており，Ni ではほとんど侵入がみられていない。この理由としては，Cu と Ni は全率にわたり固溶するためと説明されている。このような溶融金属の母材金属への粒界侵入は，母材の粒界エネルギーが大きいほど顕著となるといわれている。

また，銅合金肉盛溶接金属部においては鉄鋼母材希釈により Fe 含有量が増

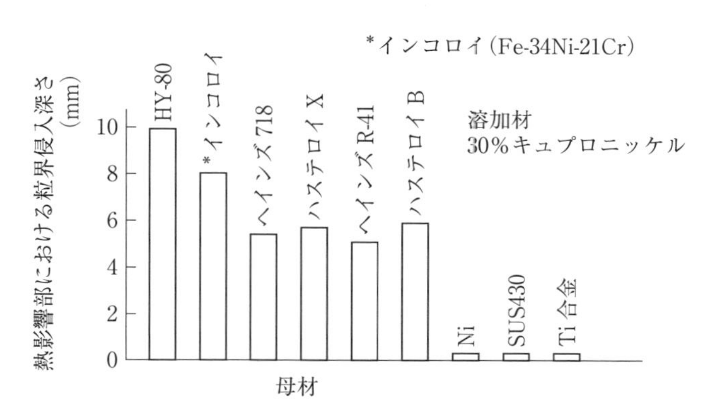

図 5.4　バレストレイン試験による各合金への粒界侵入深さ

加し，肉盛溶接金属の特性が影響を受ける。アルミニウム青銅では，Feの増加は，硬さを増加させ，機械的性質や耐食性を劣化させる。**図5.5**[5]に示すように，過剰のFeは，遊離鉄となって溶接金属中に晶出し，溶接金属を硬化させ，溶接割れを発生させる危険がある。さらに，キュプロニッケルの肉盛溶接では，Fe含有量は，耐食性の劣化と高温ぜい性に影響を与える。例えば，YCuNi-1のFe含有量は0.5～1.5%と規定されており，適正なFe含有量の範囲では良好な耐食性を示す。また，過度の溶込みによるFeの大幅な増加により，高温でのぜい化をまねき，溶接時の高温割れ発生の危険性が高くなる。

このような過剰のFeの混入による遊離鉄の存在は，フリーアイアン試験[7]により確認できる。**図5.6**は，炭素鋼にアルミニウム青銅を溶接した試験片で，遊離鉄が存在すれば，その部分が青色に変化するもので，矢印の部分は遊離鉄が存在する部分を示している[8]。

図5.5　アルミニウム青銅中の遊離鉄の一例

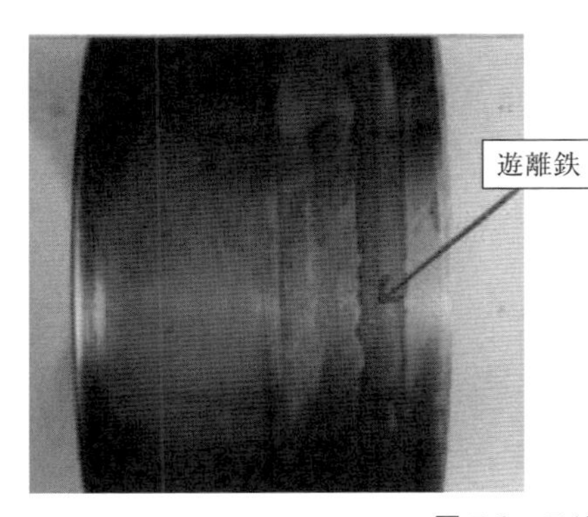

試験液

フェリシアン化カリウム（赤血塩）	10g
濃硝酸	30ml
水	1000ml

母材S45C，肉盛材アルミブロンズ，ミグ溶接

図5.6　フリーアイアン試験

5.2　銅および銅合金の異材溶接

5.2.1　溶接施工

(1)溶加材

表5.2は，前述の冶金現象をふまえ，銅および銅合金の異材溶接における溶加材の選定例を示したものである。基本的に，銅および銅合金同士の異材溶接では，銅合金の溶加材が選定される。また，炭素鋼およびオーステナイト系ステンレス鋼との異材溶接では，それに加えて純ニッケルの溶加材も適用される。これらの銅および銅合金溶加材は，**表5.3**に示すようにJIS Z 3341「銅及び銅合金イナートガスアーク溶加棒及びソリッドワイヤ」に規定されている。

(2)溶接性

銅の熱伝導度は，軟鋼に比べ約8倍，オーステナイト系ステンレス鋼の約20倍と高いために，加えられた溶接熱が急速に拡散する。このため，溶接金属のぬれが悪く，融合不良やスラグ巻込みなどの欠陥が生じやすくなる。このため，十分な溶込みを得るには予熱が必要となる。また，熱膨張係数が，鋼の1.4～1.8倍と大きいため，溶接時の変形が大きくなると同時に，収縮時のひずみで溶接部に割れが生じる場合がある。また，銅合金では，固相線温度と液相線温度間の温度差が大きいものもあり，このような合金では凝固温度範囲が広くなり，凝固割れが生じやすい。また，固相変態しないので，熱影響部や再加熱を受けた部分では，結晶粒が粗大化しやすく，機械的性質が劣化しやすい特徴

表5.2　異材溶接における溶加材の選定例

	炭素鋼	ステンレス鋼	白銅	アルミニウム青銅	りん青銅	黄銅	純銅
純銅	YCu, YCuAl YCuSi	SNi2061 SNi4060 YCuNi-1 YCuAl	YCuNi-1,3 YCuSn	YCuAl YCuSi	YCuSn YCuSi	YCuSn YCuSi	YCu YCuSn YCuSi
黄銅	YCuAl YCuSi	YCuAl	YCuNi-1,3	YCuAl YCuSn	YCuSn YCuSi	YCuAl YCuSn YCuSi	
アルミニウム青銅	YCuAl YCuNi-1	YCuAl	YCuNi-1,3 YCuAl	YCuAl			
白銅	YCuNi-1,3 SNi2061 SNi4060	SNi2061	YCuNi-1,3				

表 5.3　棒およびワイヤの化学組成（JIS Z 3341）

棒およびワイヤの種類	化学組成（mass%）												
	Cu（含Ag）	Sn	Si	Mn	P	Pb	Al	Fe	Ni	Zn	Ti	S	*の成分の合計
YCu	98.0以上	1.0以下	0.5以下	0.5以下	0.15以下	*0.02以下	*0.01以下	*	*	*	–	–	0.50以下
YCuSi A	94.0以上	1.5以下	2.0～2.8	1.5以下	*	*0.02以下	*0.01以下	0.5以下	*	1.5以下	–	–	0.50以下
YCuSi B	93.0以上	1.5以下	2.8～4.0	1.5以下	*	*0.02以下	*0.01以下	0.5以下	*	1.5以下	–	–	0.50以下
YCuSn A	残部	4.0～6.0	*	*	0.10～0.35	*0.02以下	*0.01以下	*	*	*	–	–	0.50以下
YCuSn B	残部	6.0～9.0	*	*	0.10～0.35	*0.02以下	*0.01以下	*	*	*	–	–	0.50以下
YCuAl	残部	–	0.10以下	–	–	*0.02以下	9.0～11.0	1.5以下	*	*0.02以下	–	–	0.50以下
YCuAlNi A	残部	–	0.10以下	0.5～3.0	*	*0.02以下	7.0～11.0	2.0以下	0.5～3.0	*0.10以下	–	–	0.50以下
YCuAlNi B	残部	–	0.10以下	0.5～3.0	*	*0.02以下	7.0～9.0	2.0～5.0	0.5～3.0	*0.10以下	–	–	0.50以下
YCuAlNi C	残部	–	0.10以下	0.6～3.5	*	*0.02以下	8.5～9.5	3.0～5.0	4.0～5.5	*0.10以下	–	–	0.50以下
YCuNi-1	残部	*	0.20以下	0.5～1.5	0.02以下	*0.02以下	–	0.5～1.5	9.0～11.0	*	0.1～0.5	0.01以下	0.50以下
YCuNi-3	残部	*	0.15以下	1.0以下	0.02以下	*0.02以下	–	0.40～0.75	29.0～32.0	*	0.2～0.5	0.01以下	0.50以下

がある。さらに，**図 5.7**[9]に示すように，銅中への水素の溶解度には，凝固温度において固相，液相間で大きな差があるため，溶接中に溶解した水素が凝固過程で水素ガスとして，または，酸素を多く含有するタフピッチ銅などでは水蒸気として発生し，ブローホールや粒界割れの原因となる。

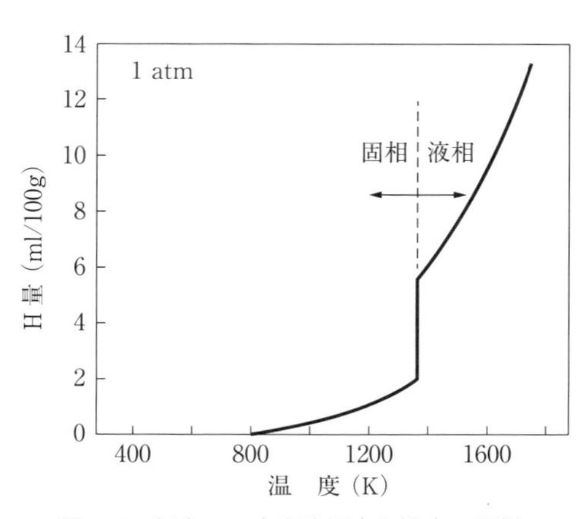

図 5.7　銅中への水素溶解度と温度の関係

(3) 溶接施工とその管理

一般的に，銅および銅合金の施工のポイントは，下記の通りである。

① ぬれが悪く，融合不良を防止するために開先角度を大きくとる。

② 熱膨張係数が高いことから，変形が大きくなるため仮付け箇所を比較的多くする必要がある。

③ 熱伝導度が大きいことから，予熱・パス間温度を高くする必要がある。**表 5.4**[8)]に，銅と銅合金同士のティグ，ミグ溶接における予熱・パス間温度の一例を示す。異材溶接時には，銅材料側に合わせた予熱条件が推奨される。

④ 溶接時の割れを防止するために，熱ひずみの緩和を目的として各パス毎にピーニングを行うことが有効である。

⑤ バタリングの適用

特に，炭素鋼やステンレス鋼との異材溶接では，侵銅現象や融合不良を抑制するために，バタリングの適用が有効である。**図 5.8** に，炭素鋼との異材溶接におけるバタリング溶加材の例を示す[3)]。純銅と炭素鋼の溶接では，炭素鋼側に純銅（YCu）溶加材にてバタリングし，純銅同士の溶接とすることで融合不良の防止がはかられている。また，銅の侵入が顕著となる白銅と炭素鋼の溶接では，炭素鋼側に純ニッケル（SNi2061）溶加材でバタリングを行った後，ニッケル溶加材（SNi2061, SNi4060）あるいは銅合金溶加材（YCuNi-1, 3）で溶接される。また，**図 5.9** にオーステナイト系ステンレス鋼との異材溶接におけるバタリング溶加材の例を示す[3)]。オーステナイト系ステンレス鋼との異材溶接では，ステ

表 5.4　ティグ・ミグ溶接における予熱温度の一例

	低炭素鋼，0.5％Mo鋼	ニッケル青銅	アルミニウム青銅	りん青銅	けい素青銅	青銅	黄銅	銅
銅	200～400℃	200～400℃	200～400℃	200～400℃	200～400℃	200～400℃	200～400℃	200～400℃
黄銅	100～200℃	100～200℃	100～200℃	100～200℃	100～200℃	100～200℃	100～200℃	
青銅	≧50℃	50～150℃	50～150℃	50～150℃	50～150℃	50～150℃		
けい素青銅	≧50℃	50～150℃	50～150℃	50～150℃	50～150℃			
りん青銅	≧50℃	≧200℃	50～150℃	50～150℃				
アルミニウム青銅	≧150℃	≧150℃	50～150℃					
ニッケル青銅	50～150℃	≧150℃						

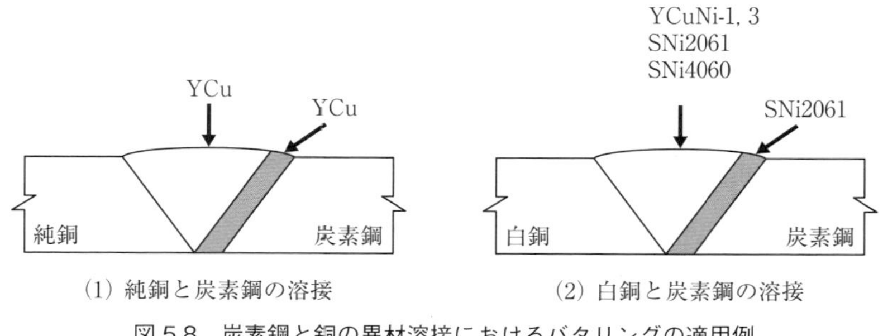

(1) 純銅と炭素鋼の溶接　(2) 白銅と炭素鋼の溶接

図 5.8 炭素鋼と銅の異材溶接におけるバタリングの適用例

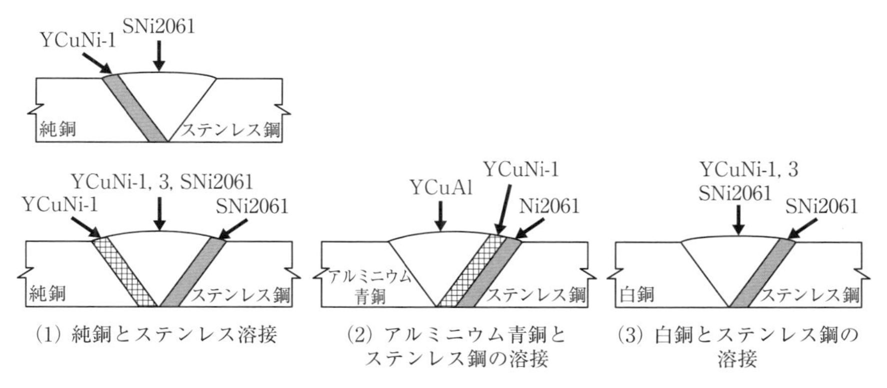

(1) 純銅とステンレス溶接　(2) アルミニウム青銅とステンレス鋼の溶接　(3) 白銅とステンレス鋼の溶接

図 5.9 オーステナイト系ステンレス鋼と銅の異材溶接におけるバタリングの適用例

ンレス鋼側に銅の侵入防止のために純ニッケル(SNi2061)溶加材にてバタリングが行われている。アルミニウム青銅では，Ni と Al の低融点の金属間化合物の生成を抑制する観点から溶加材の異なる 2 層のバタリングが推奨されている。

5.2.2 溶接継手の性質

図 5.10 に純銅と炭素鋼のティグ溶接部のミクロ組織を示す。溶接電流は 250 ～ 350A，溶接速度は 5 ～ 7cm/min で行われ，溶加材は，YCuSi A が用いられている[10)]。

また，**図 5.11** は，炭素鋼と純銅のすみ肉溶接をプラズマミグ溶接にて行った場合の断面マクロ組織とミクロ組織を示したものである[11)]。溶加材は YCu を用いている。炭素鋼側への溶込みが少なく，侵銅現象も認められていない。

図 5.12 は，純銅とオーステナイト系ステンレス鋼(SUS316L)の異材溶接に対し電子ビーム溶接を適用した場合の断面マクロ組織と硬さ分布を示したものである。この場合，ビーム照射位置を銅側にオフセットすることで，銅の溶融

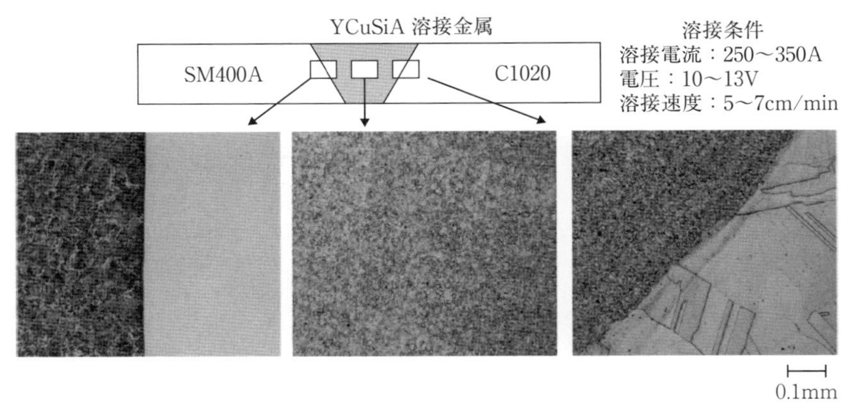

図 5.10　炭素鋼と純銅溶接部のミクロ組織

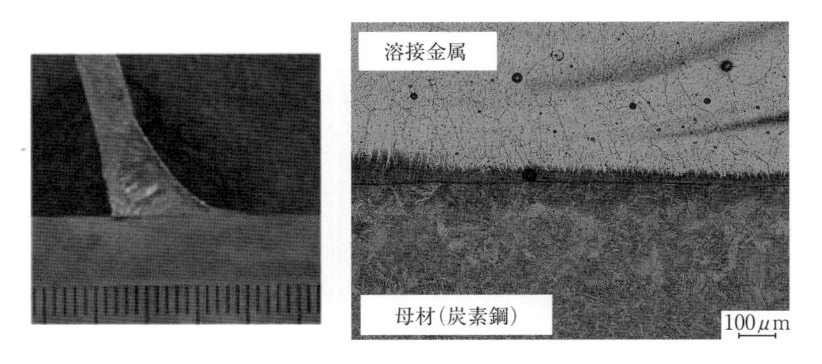

図 5.11　純銅と炭素鋼のプラズマミグ溶接部の断面マクロ組織およびミクロ組織

比率を適正化している。溶接金属部の硬さは，両母材が溶融混合されることにより銅とオーステナイト系ステンレス鋼母材のほぼ中間の値を示していることがわかる[12)]。

溶接継手の機械的性質の一例として，炭素鋼（SS400）とネーバル黄銅（C4621）のミグ溶接について説明する[8)]。この場合，注意すべきことは，過度の溶接入熱により，ネーバル黄銅に含まれている亜鉛の蒸発・酸化が激しく起こり，亜鉛が消耗することである。発生した亜鉛の蒸気は，アークの安定性を著しく阻害する。上記現象のため，溶接に際して入熱は可能な限り低くする。溶加材は共金ではネーバル黄銅母材と同等の性能が得られないので，90%Cu-9%Al が用いられている。溶接継手の曲げ試験と引張試験の結果を**図 5.13** に示す。曲げ試験では割れの発生は認められず，引張試験はネーバル黄銅母材で破断しており，良好な継手性能が得られている。

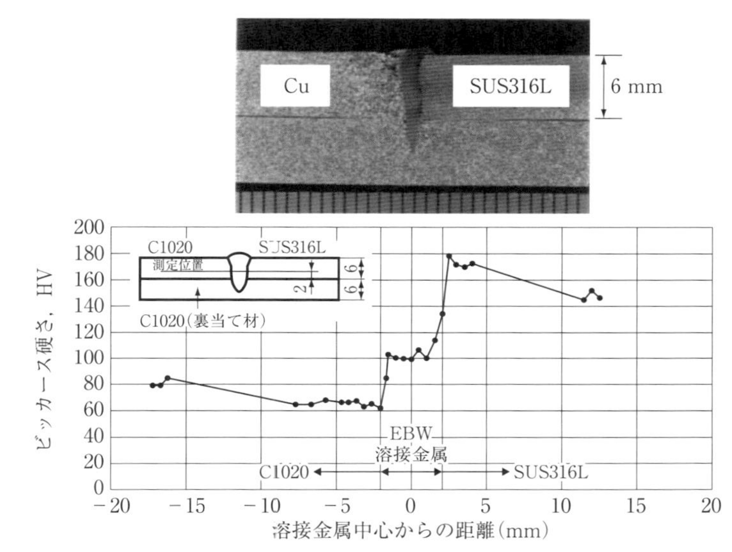

図 5.12　SUS316L と銅の電子ビーム溶接部の硬さ分布

開先形状と積層法

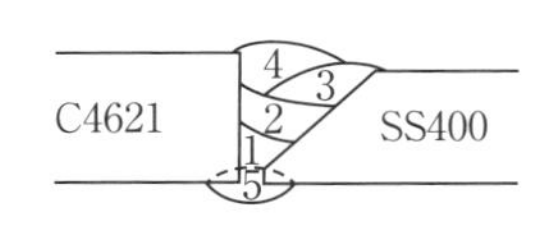

溶接条件

パス	パス間温度 (℃)	溶接電流 (A)	溶接電圧 (V)	溶接速度 (cm/min)	シールドガス
1	150	300	28		
2	170	290	27		
3	80	290	27	36	Ar (流量:20 L/min)
4	215	290	27		
5	225	300	28		

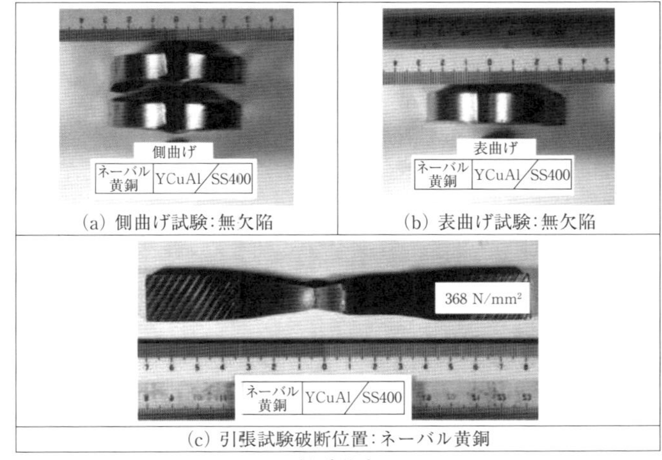

(a) 側曲げ試験:無欠陥

(b) 表曲げ試験:無欠陥

(c) 引張試験破断位置:ネーバル黄銅

継手強度

図 5.13　炭素鋼(SS400)とネーバル黄銅(C4621)のミグ溶接継手の強度試験結果

5.3　銅および銅合金の肉盛溶接

5.3.1　溶接施工

(1)溶加材

銅および銅合金の肉盛溶接に用いられる代表的な溶加材としては,純銅,キュプロニッケル，アルミニウム青銅およびりん青銅が挙げられる。また，下盛(バタリング)用の材料としては，通常はニッケルあるいはモネルなどのニッケル合金が用いられる。これらの溶加材は，表5.3に示したように，キュプロニッケルは，Ni含有量に応じてYCuNi-1，YCuNi-3，アルミニウム青銅は，YCuAl，特殊アルミニウム青銅(アームス青銅)は，AlとNi含有量に応じて，YCuAlNi A，YCuAlNi B，YCuAlNi Cの3種類，りん青銅は，Sn含有量に応じて，2種類のYCuSn A,YCuSn Bが規定されており，それぞれの特性に応じて選択する必要がある。

また，銅合金，ニッケル，ニッケル合金などは，溶接時の高温割れ，ブローホールなどの溶接欠陥が生じやすい材料である。高温割れ防止の観点からはPb，Bi，P，Sなどの不純物元素の含有量を低減するとともに，ブローホール防止の観点からは酸素や窒素との親和性が高いAl, Tiの添加が有効であるが,過剰の添加により，割れなどを引き起こすことから，適正添加量に制御する必要がある。

(2)溶接施工とその管理

銅および銅合金を炭素鋼やステンレス鋼などの鉄鋼材料に肉盛溶接する場合，主として下記を留意する必要がある。

① 鋼母材への溶込みが大きいことによる銅合金肉盛溶接金属のFe含有量の増加による特性の劣化

② 鋼母材粒界への銅合金肉盛溶接金属からの銅の侵入

一般に，鋼に肉盛溶接した銅合金の溶接金属は，母材への溶込みにより，Feの含有量が増加する。このFeの増加は，銅合金の耐食性，耐摩耗性などの特性を劣化させる。このため，溶込みの少ない(希釈率の低い)溶接方法を採用する必要がある。溶接法としては，一般にティグ溶接とミグ溶接が用いられている。

自動ティグ溶接においては，溶接電流が高い場合やアーク直下に母材が露出するような速い溶接速度の場合に溶込みは大きくなり，ワイヤ送給速度を大きくし溶融池が先行するようになると溶込みは小さくなる[13]。一方，ミグ溶接では，溶接速度は速いが，溶込みが深いため，溶接条件の設定には注意が必要である。電流が高いと溶込みは大きくなるため，電圧を多少高くし，アークが溶融池の上に発生するような溶融池先行の溶接を行うことで溶込みを少なくすることができる。

図 5.14 は，アルミニウム青銅肉盛溶接部のミクロ組織を示したものである。母材炭素鋼への溶込みの大きい溶接金属には球状の遊離鉄が認められており，溶込みの大小によりミクロ組織が大きく異なることがわかる[8]。

また，**図 5.15** は，特殊アルミニウム青銅溶接金属の Fe 含有量と硬さの関係の例を示したものである[13]。過剰の Fe は遊離鉄となり溶接金属中に晶出し，溶接金属を硬化させる。Fe の含有量が増えるとともに硬さも増加しており，溶接金属中への Fe の混入量を抑えるために，溶込みの小さい溶接施工が必要

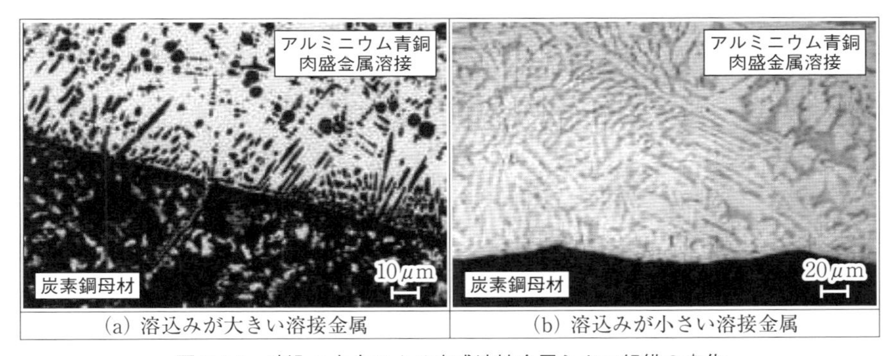

図 5.14 溶込み大小による肉盛溶接金属ミクロ組織の変化

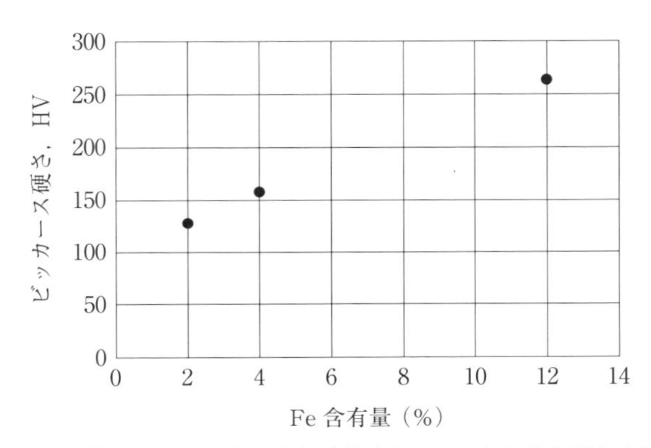

図 5.15 特殊アルミニウム青銅溶接金属の Fe 含有量と硬さの関係

となる。

5.3.2　肉盛溶接金属の性質

アルミニウム青銅肉盛溶接のマクロ組織とミクロ組織の一例を**図 5.16** に示す。アルミニウム青銅中の Fe は，硬さを増加させる傾向があるが，溶込みを抑え，遊離鉄が少ないミクロ組織となっている。アルミニウム青銅を炭素鋼にミグ溶接にて肉盛溶接した場合の，PWHT（540℃ ×6hr，650℃ ×2hr）後の側曲げ試験結果を溶接条件と積層方法とともに**図 5.17** に示す[8]。曲げ試験では無欠陥の良好な結果が得られている。

図 5.18 は，13Cr 鋼(SUS410)にアルミニウム青銅を肉盛溶接した場合のミ

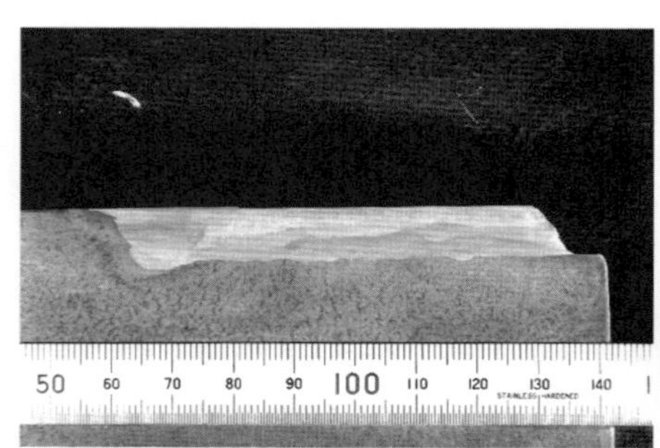

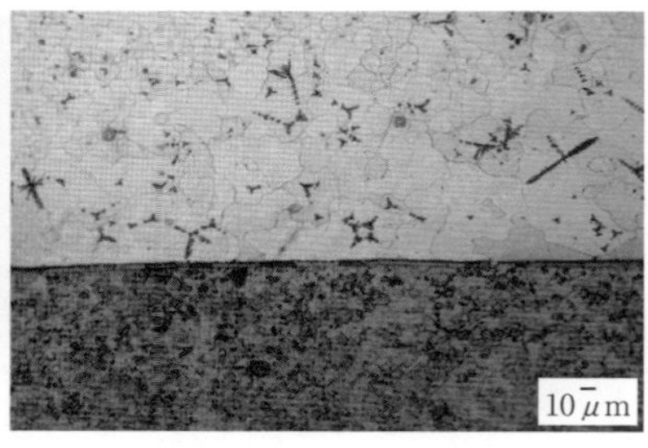

図 5.16　アルミニウム青銅肉盛溶接部のマクロおよびミクロ組織の例

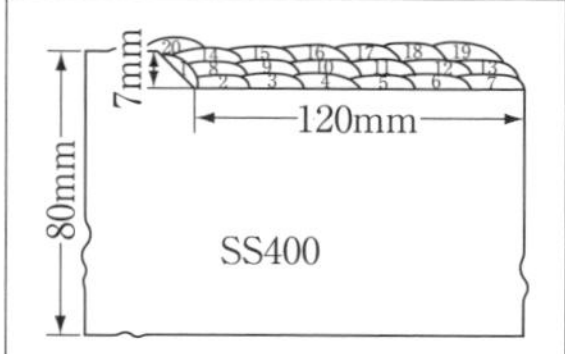

溶接電流　320-330A
溶接電圧　32-34V
母材－チップ間距離　15mm
シールドガス　Ar 20 L/min
1, 13, 20パス……ストリンガービード
その他……ウィービング
パス1はトーチを45°傾けて母材に垂直となるようにした。

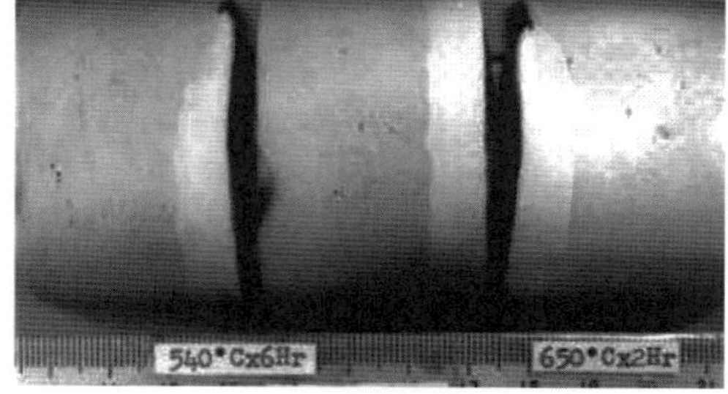

図 5.17　アルミニウム青銅肉盛溶接部の側曲げ試験結果

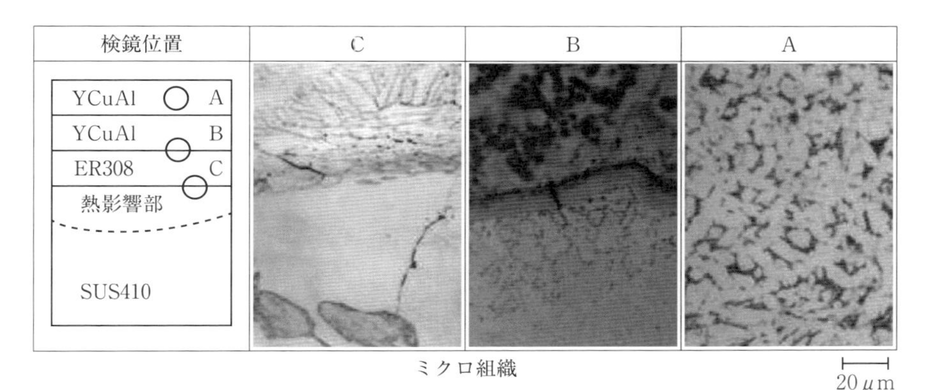

図 5.18 13Cr 鋼へのアルミニウム青銅の肉盛溶接部のミクロ組織

クロ組織を示したものである。下盛材として何種類かの溶接ワイヤの組合せが考えられるが，ここでは ER308 のオーステナイト系ステンレス鋼が用いられており，溶接後の外観検査も健全であった[7]。

5.4 実機適用事例

銅および銅合金と炭素鋼，ステンレス鋼との異材溶接の実用例としては，原子力関連機器，淡水化装置や熱交換器などに広く用いられている。**図 5.19** は，

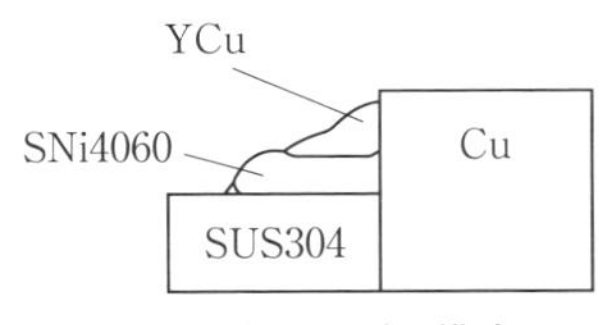

ティグ溶接部の断面模式図

溶加材
▶初層：SNi4060
（モネル）
▶2 層目：純銅

図 5.19 核融合機器フランジ

核融合機器に用いられる異材フランジを示したもので，内側は電気伝導性が優れた純銅，外側が強度部材であるSUS304で，純銅とSUS304の異材溶接構造である[12]。SUS304側には，モネル系のSNi4060でバタリングし，その後，純銅のYCuでティグ溶接されている。

また，**図5.20**は，放熱用の純銅製フィンプレートを炭素鋼本体にすみ肉溶接した構造[14]を示したものである。このような，純銅製フィンプレートを炭素鋼本体にすみ肉溶接した構造は水力機器や放射性廃棄物用キャスクなどに適用されている。本事例では，溶加材としてYCuSi A，シールドガスを75%He＋25%Arとしたミグ溶接で行われている。

特殊な事例として，**図5.21**に示すクロム銅とA286（鉄合金）の異材溶接がある[12]。これは，超電導応用機器の3層常温ダンパに適用されたもので，電気伝導度の高いクロム銅を高強度非磁性材のA286により内外径から一体化した3層円筒構造で，大きさは内径約500mm, 外径約625mm, 長さ500mmである。

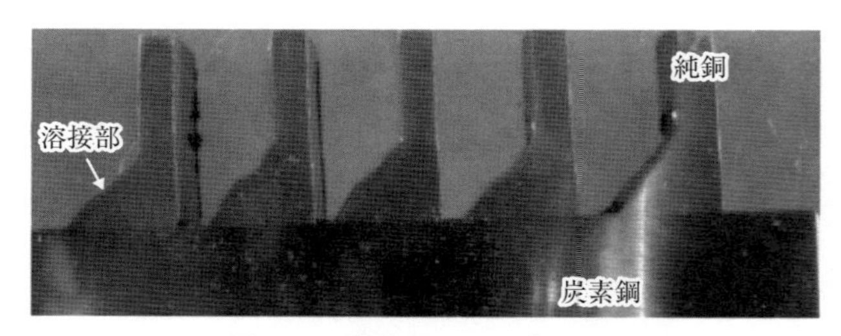

図5.20　放熱用フィンプレート

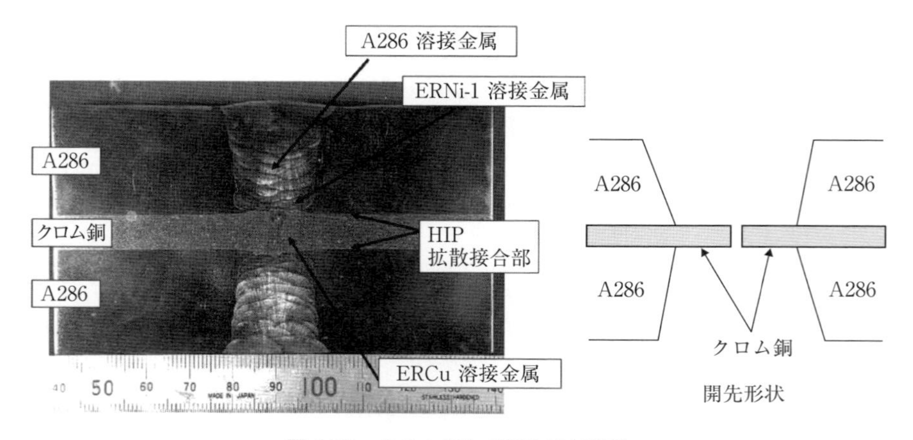

図5.21　クロム銅とA286異材溶接

クロム銅とA286の層間接合にはHIP(熱間等方圧加圧)を用いた拡散接合が適用されている。HIPによる接合は装置上の制約から製造寸法に制限を受けることになるため，HIP接合された3層円筒リングを軸方向にアーク溶接することで長尺化を実現したものである。クロム銅部を突き出した開先形状を用い，まず，クロム銅同士をティグ溶接にて溶接後，内外からクロム銅とA286異材溶接部位を純Ni(ERNi-1)溶加材を用いてティグ溶接を行った。その後，A286同士の溶接部位を共金溶加材を用いて溶接を行うことで3層構造体として一体化している。

鋼板を銅合金の溶加材を用いて接合した例として，**図5.22**に示すように，Cu-3%SiなどのCu系ワイヤを用いて亜鉛めっき鋼板のレーザブレイジングの施工事例を示す。この異材ブレイジングは自動車車体の一部に実用化されている。この事例では亜鉛めっき鋼板をあまり溶融させないように接合し，きれいな表面を得る必要があり，ブレイジング厚さが鋼板の板厚以上あれば，接合面では，金属間化合物を生成せず，高強度な接合継手が得られることが報告されている[15)]。

また,核融合機器構造物において,ステンレス鋼製構造物に冷却用としてオーステナイト系ステンレス鋼管をミグブレイジングにて取り付けることが検討された。構造物内部への熱影響を抑制するためブレイジング材料として銅合金が検討された。その試験結果を**図5.23**に示す。ブレイジング材料がERCuSi-Aの場合，侵銅現象によりステンレス鋼母材粒界に銅の侵入が確認されるが，Ni含有量の多いERNiCu-7を用いると銅の侵入が抑えられることがわかる。さらに，ブレイジングの溶加材としてERCuSi-Aを用いてレーザブレイジングを行った結果を示したものである。レーザブレイジングを用いることによりブレイジング速度を高速にし，低入熱化を図ることで母材のステンレス鋼管への侵

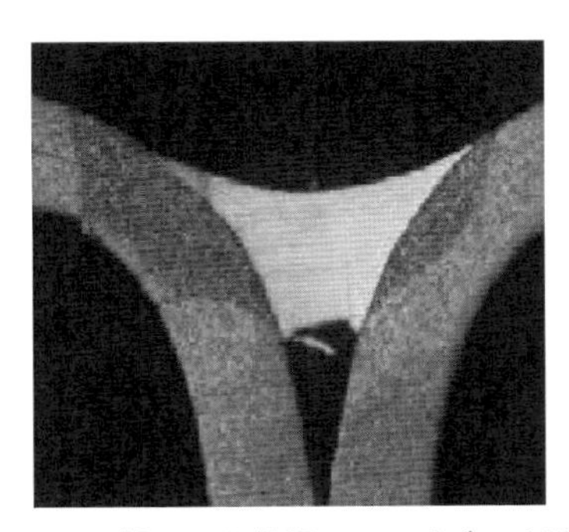

図5.22 亜鉛めっき鋼板のレーザブレイジング

溶接法	ミグブレイジング		レーザブレイジング
溶加材 （AWS規格）	ERCuSi-A	ERNiCu-7	ERCuSi-A
断面マクロ	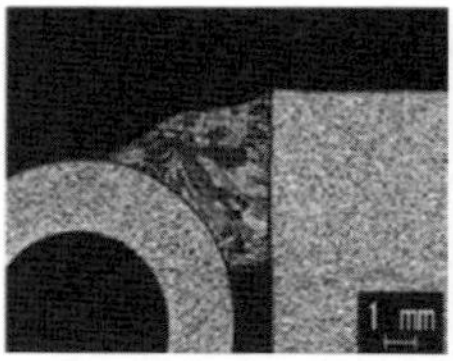 1 mm	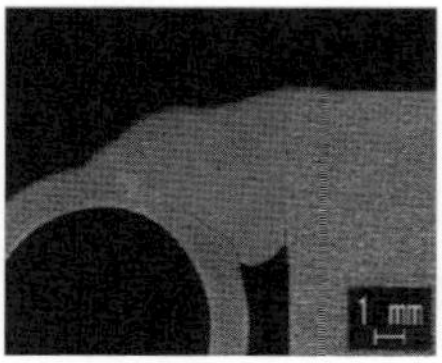 1 mm	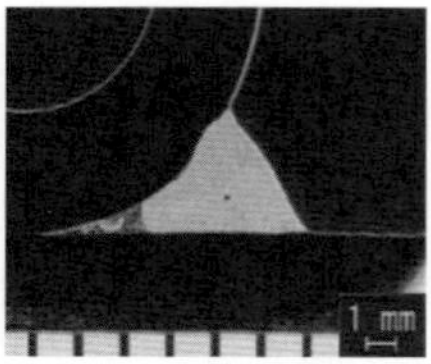 1 mm
ミクロ組織	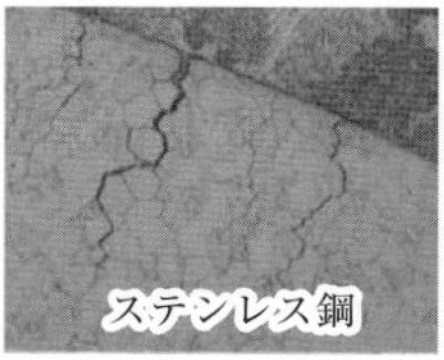 ステンレス鋼 100μm	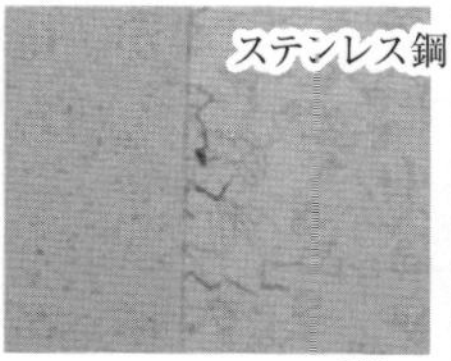 ステンレス鋼 100μm	 ステンレス鋼 200μm

図 5.23　ステンレス鋼冷却鋼管のブレイジング

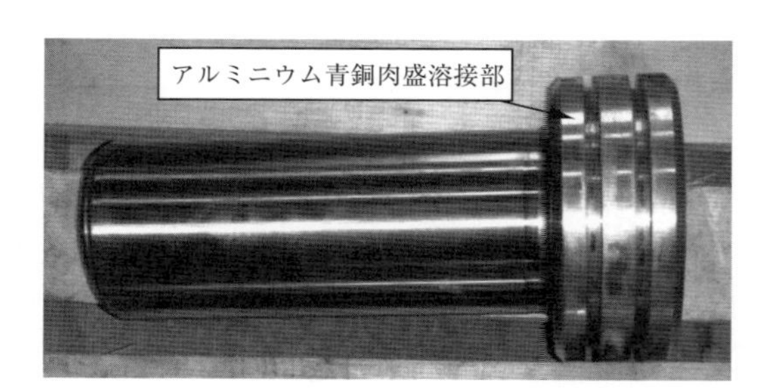

図 5.24　製鉄機械プランジャーのアルミニウム青銅の肉盛溶接

銅現象は認められないことがわかる。

銅および銅合金の肉盛溶接は，製鉄機械などの産業用機械，海水淡水化装置，水力プラント機器や熱交換器などに適用されている。**図 5.24** に，摺動性，耐焼付き性を目的としてミグ溶接を用いて炭素鋼の上にアルミニウム青銅の肉盛溶接を行った製鉄機械のプランジャーの事例を示す。

参考文献

1) ㈱タセト技術資料 CU544："銅及び銅合金の溶接"
2) 金属学会編：金属便覧(2000)
3) 岡崎司："銅と銅合金の異材溶接"，特殊材料溶接研究委員会資料 SW-WG-09
4) 稲垣博巳，石崎敬三："はんだ脆性について"，溶接学会誌，42-12(1973)，pp.86-98
5) JWES 接合・溶接技術 Q&A1000，日本溶接協会，溶接情報センター
6) S.J.Matthews,W.F.Savage："Heat-Affected Zone Infiltration by Dissimilar Liquid Weld Metal"，Weding J,50(1971)4,Reseach Suppl.174S-182S
7) ASTM A380/380M
8) ㈱タセト技術資料 CU542："銅合金と異種金属の溶接"
9) 溶接学会編：溶接・接合便覧(1990)
10) 浅井知："銅の異材溶接適用事例"，特殊材料溶接研究委員会資料 SW-WG-11
11) S. Asai, T. Ogawa, Y. Ishizaki, T. Minemura, H. Minami and S.Miyazaki；"Application of Plasma-MIG Hybrid Welding to Dissimilar Joint between Copper and Steel, Welding in the World, Vol.56, No.1-2(2012), pp.37-42
12) 浅井 知，坪井竜介："異材溶接の組み合わせと施工技術"，溶接技術，51-2,(2003)，pp.76-82
13) 宮崎誠三："銅合金の肉盛溶接について"，溶接技術，1982 年，8 月号
14) 加藤剛ほか，溶接学会全国大会講演概要，第 97 集，2015-9，pp.432-433
15) 片山聖二："異種材料のレーザー接合技術"，レーザ研究，38-8,(2010) pp.594-602

第6章

硬化肉盛溶接

肉盛溶接は，金属製品や金属材料の表面に新たな金属材料を溶接する技術であり，主に摩耗や腐食による母材の減肉防止や減肉箇所の補修を目的として用いられている。その中でも硬化肉盛溶接は，母材に同等以上の耐摩耗性を付与するために，母材表面に特殊な耐摩耗性を有した肉盛溶接金属を形成することで,対象機器の延命を図ることを目的としている。母材は主に構造部材であり，硬化肉盛溶接に使用される溶加材は使用条件と要求される寿命を考慮して選択される。本章では，各種摩耗現象，肉盛溶接が適用される母材および溶加材，各種溶加材の溶接時における留意事項や耐摩耗性,適用事例について説明する。

6.1 摩耗現象

一般的に，摩耗とは他の部材あるいは他の物質と接触した状態において，部材表面からその一部が離脱する現象である[1]と定義されているが，摩耗には様々な形態が存在する。摩耗現象の主な形態を挙げると以下の通りである。

① すりへり摩耗(Abrasive wear，負荷が軽度の場合と重度の場合あり)

摩耗性物質が押付けられて金属の表面を滑ることによる摩耗あるいは相互に押付けあっている2つの部材の間に摩耗性物質が混じりこんで生じる金属表面の摩耗。

(例：粉砕機のローラとテーブルライナの摩耗，ローラプレスの摩耗)

② 侵食摩耗(Erosive wear)

高速の摩耗性物質による摩耗。

(例：高速輸送される粉体による圧送配管内面の摩耗)

③ 凝着摩耗(Adhesive wear)

凹凸表面を有する金属同士が触れ合うすべり面において，金属表面の微小突起部が接触し金属的に結合する凝着現象により，軟らかい方の金属がむしり取られ硬い方の金属に付着する摩耗。

(例：連続鋳造用ロールの摩耗)

④ 衝撃摩耗(Impact wear)

衝撃による微小亀裂の発生と小破片の離脱によって生じる摩耗。

(例：岩石の破砕に使用される旋回式クラッシャの破砕室を構成するマントルやコーンケーブリングの摩耗)

⑤ キャビテーション摩耗(Cavitation wear)

高速流体・ガスの圧力差により気泡が生じ，気泡の消滅時に発生する衝撃圧が繰り返し作用することで生じる摩耗。

(例：プロペラやタービンブレードなどの表面に見られるキャビテーション)

⑥ 転がり摩耗(Rolling wear)

表面近傍に生ずるせん断応力の繰返しに起因して疲労破壊が発生し，結果的に表面の一部に孔や鱗状の欠損を生じる摩耗。(Pitting)

(例：車輪とレールの接触状態から起こる摩耗)

⑦ 腐食摩耗(Corrosive wear)

金属に付着した水分や腐食性ガスなどとの化学反応によって生成した化合物(酸化物など)が摩擦や振動などで脱落して生じる摩耗。

このような各種摩耗のメカニズムの詳細は他書に譲る。構造部材の表面においてこれらの摩耗がそれぞれの稼働状況下で発生し，その寿命にいたる場合には，使用中の構造部材を新規部材に取替えるあるいは補修が必要となる。

硬化肉盛溶接は母材に耐摩耗性を付与するために行われるものであり，耐摩耗性が要求される部材の製作のみならず，摩耗損傷部材の補修にも適用されている。

6.2 硬化肉盛溶接が適用される母材

硬化肉盛溶接を効果的に行うためには，使用される環境および母材の性質を事前に調査し，目的に合った溶加材を選択することが重要である。ここでは硬化肉盛溶接が適用される主な母材について述べる。

使用される母材は鉄鋼材料が大部分であり，これらの母材は鋳造・鍛造・圧延により作られている。耐摩耗性に欠けるが，その上に硬化肉盛溶接を行うことを前提に使用されている SC 材(JIS G 5101)，SCW 材(JIS G 5102)などの母材も多い。**表 6.1** に主な肉盛対象母材を，代表的機械部品例とともに示す。硬化肉盛溶接対象の母材としては，炭素鋼，低合金鋼，高クロム鋳鉄(ASTM

表 6.1　肉盛対象母材の一例

機械部品名	代表鋼種	該当鋼材 JIS記号例	該当 JIS規格	炭素当量(%) ※1	溶接のしやすさ※2
トラックローラ	中炭素鋼	S50C	G4051	0.65～0.70	△
トラックリンク	中炭素鋼	S45C	G4051	0.50～0.70	○
	中炭素低合金鋼	SCM435	G4053	0.70～0.80	△
ショベル ディッパーティース	高マンガン鋼	SCMnH2	G5131	－	△
	中炭素低合金鋼	SCr440	G4053	0.65～0.75	△
浚渫船 カッターナイフ	普通鋳鋼	SC480	G5101	0.35～0.40	◎
	低マンガン鋳鋼	SCMn2	G5111	0.50～0.55	○
	中炭素低合金鋼	SNCM447	G4053	0.80～0.90	△
浚渫船 ポンプケーシング インペラ	普通鋳鋼	SC450	G5101	0.85～0.40	◎
	低合金鋳鋼	SCPH21	G5151	0.65～0.75	○
	高クロム鋳鉄	－	－	－	×
クラッシャージョー	高マンガン鋼	SCMnH2	G5131	－	△
歯車	中炭素鋼	S40C	G4051	0.40～0.65	○
	中炭素低合金鋼	SNCM431	G4053	0.70～0.80	△
	〃	SCM440	G4053	0.75～0.85	△
製鉄機械 ロール ローラ類	中炭素鋼	－	－	0.50～0.80	△
	高炭素鋼	－	－	0.80～1.50	△
	高炭素低合金鋼	－	－	1.40～2.50	△
鍛造用パンチ	炭素工具鋼	SK105	G4401	1.0～1.2	×
	ダイス鋼	SKD6	G4404	－	△
	高速度鋼	SKH3	G4403	－	×
パルプ	普通鋳鋼	SC450	G5101	0.35～0.40	◎
	低合金鋳鋼	SCPH61	G5151	0.65～0.75	△
	ステンレス鋳鋼	SCS14	G5121	－	◎
原子力圧力容器	低合金鋼	SQV2A	G3120	0.55～0.65	△
	〃	SFVV2		0.50～0.60	△
重油脱硫装置	低合金鋼	SCMV4	G4109	0.90～1.00	△
	〃	SCMV5	G4109	0.95～1.05	△

(注)※1　炭素当量(Ceq)は次式によって算出　Ceq(%)＝C＋1/24Si＋1/6Mn＋1/5Cr＋1/4Mo＋1/40Ni
※2　溶接のしやすさ　◎:容易　○:普通　△:要注意　×:困難

A532/532M)，高マンガンオーステナイト鋼(JIS G 5131 に規定されている SCMnH)などがある。炭素当量が 0.6～0.7% 以上の中～高炭素鋼・中炭素低合金鋼や高クロム鋳鉄は溶接性が悪く，特に高クロム鋳鉄は割れのない健全な溶接が困難であるとされている。

表 6.2[1]は炭素鋼鋳鋼(JIS G 5101 に規定されている SC 材)，および溶接構造用鋳鋼(JIS G 5102 に規定されている SCW 材)およびクラッシャなどに使用される耐衝撃摩耗用の高マンガン鋼鋳鋼(JIS G 5131 に規定されている SCMnH 材)の化学組成と機械的性質を示している。高マンガン鋼は Mn を 11～14% 含

表 6.2　JIS G 5101/5102/5131 に規定された鋳鋼の化学組成と機械的性質

分類	化学組成(mass%)					炭素当量(%)	機械的性質				
	C	Si	Mn	P	S		YS	TS	EL	RA	水じん処理
SC410	≦0.30	−	−	≦0.040		−	≧205	≧410	≧21	≧35	−
SC450	≦0.35	−	−	≦0.040		−	≧225	≧450	≧19	≧30	−
SCW410	≦0.22	≦0.80	≦1.50	≦0.040		≦0.40	≧235	≧410	≧21	−	−
SCW450	≦0.22	≦0.80	≦1.50	≦0.040		≦0.43	≧255	≧450	≧20	−	−
SCMnH1	0.90〜1.30	−	11.00〜14.00	≦0.100	≦0.050	−	−	−	−	−	約1000℃，水冷
SCMnH2	0.90〜1.20	≦0.80	11.00〜14.00	≦0.070	≦0.040	−	−	≧740	≧35	−	約1000℃，水冷
SCMnH3	0.90〜1.20	0.30〜0.80	11.00〜14.00	≦0.050	≦0.035	−	−	≧740	≧35	−	約1050℃，水冷

付記：1.　機械的性質のYS(降伏点)，TS(引張強さ)の単位は(MPa)，EL(伸び)，RA(絞り)の単位は(%)である。
2.　水じん処理は高マンガン鋼のじん性確保のために実施する熱処理である。

表 6.3　ASTM A532/A532M に規定された耐摩耗鋳鉄の化学組成と機械的性質

クラス	タイプ	分類	化学組成(mass%)								最小硬さ(HB)		
			C	Si	Mn	Ni	Cr	Mo	P	S	"鋳造のまま"または"鋳造＋SR"	硬化処理または硬化処理＋SR	
												レベル1	レベル2
Ⅰ	A	Ni-Cr-Hc	2.8〜3.6	≦0.80	≦2.0	3.3〜5.0	1.4〜4.0	≦1.0	≦0.30	≦0.15	550	600	650
Ⅰ	B	Ni-Cr-Lc	2.4〜3.0	≦0.80	≦2.0	3.3〜5.0	1.4〜4.0	≦1.0	≦0.30	≦0.15	550	600	650
Ⅰ	C	Ni-Cr-GB	2.5〜3.7	≦0.80	≦2.0	≦4.0	1.0〜2.5	≦1.0	≦0.30	≦0.15	550	600	650
Ⅰ	D	Ni-HiCr	2.5〜3.6	≦2.0	≦2.0	4.5〜7.0	7.0〜11.0	≦1.5	≦0.10	≦0.15	500	600	650
Ⅱ	A	12%Cr	2.0〜3.3	≦1.5	≦2.0	≦2.5	11.0〜14.0	≦3.0	≦0.10	≦0.06	550	600	650
Ⅱ	B	15%Cr-Mo	2.0〜3.3	≦1.5	≦2.0	≦2.5	14.0〜18.0	≦3.0	≦0.10	≦0.06	450	600	650
Ⅱ	D	20%Cr-Mo	2.0〜3.3	1.0〜2.2	≦2.0	≦2.5	18.0〜23.0	≦3.0	≦0.10	≦0.06	450	600	650
Ⅲ	A	25%Cr	2.0〜3.3	≦1.5	≦2.0	≦2.5	23.0〜30.0	≦3.0	≦0.10	≦0.06	450	600	650

付記：1.　I-D は通常 Ni-Hard Ⅳ(ニーハード フォーと読む)と呼ばれている。
2.　高クロム鋳鉄は I-D 以下に示したものである。
3.　"鋳造のまま" は "As-cast"，"鋳造＋SR" は "As-cast and stress relieved" を指す。"硬化処理は Hardened"，"硬化処理＋SR" は "Hardened and stress relieved" を指す。

み，加工硬化性を有する材料で，稼働時の衝撃負荷により表面層の硬さは高くなり，それ自身で耐摩耗性を発揮する。一般的にクラッシャーなどに用いられる部材は肉厚が大きく，結晶粒が粗大であるため，溶接割れに注意する必要がある。**表 6.3** は ASTM A532/A532M に規定されている耐摩耗鋳鉄の化学組成と機械的性質を示す。表中のクラスⅠはニッケルクロム白鋳鉄，クラスⅡはクロムモリブデン鋳鉄，クラスⅢは高クロム鋳鉄と呼ばれている。クラスⅠタイプD（Ni-HiCr）は通常Ni-Hard Ⅳ（ニーハードフォー）と呼ばれ，耐摩耗用鋳鉄として長い使用実績がある。耐摩耗鋳鉄は，Niを数％含み，じん性を持たせていることが特徴である。クラスⅡは12%以上のCrを含むもので12%Cr鋳鉄，15%Cr鋳鉄，20%Cr鋳鉄と一般的に呼ばれている。クラスⅢは25%Cr鋳鉄である。一般的に高クロム鋳鉄とは7%以上のCrを含有する耐摩耗鋳鉄を指す。

6.3　溶接方法および溶加材

6.3.1　溶接方法の選定

硬化肉盛溶接においてはガス溶接，被覆アーク溶接，ティグ溶接，ミグ・マグ溶接，サブマージアーク溶接，粉体プラズマ溶接などの溶接法が最も幅広く使用されている。また，レーザ溶接などの高エネルギー密度溶接も精密溶接法として一部採用されている。一般的に，硬化肉盛溶接を行う際には，以下のような事項を考慮して，最適な溶接方法を選定する。

①　選択する溶加材がすでに実用化されていること

②　施工環境に適していること

6.3.2　溶加材

構造部材の表面に，母材より高い耐摩耗性を付与する目的で使用される溶加材は母材，要求性能および採用する溶接方法に応じて多種存在する。**表6.4**に主要な溶加材の適用事例を示し，**表6.5**[1)]および**表6.6**に市販されている被覆アーク溶接棒，**表6.7**[1)]にサブマージアーク溶接ワイヤ，**表6.8**にフラックス入りワイヤの一例を示す。溶加材の選定においては以下のような事項を考慮する。

①　機器の使用条件と肉盛溶接金属に求められる特性

②　母材との適合性（物理的性質および冶金的性質）

③　経年使用材に施工する場合の施工環境と補修の目的（応急処置か恒久処置か）

④　硬化肉盛溶接に関する費用対効果

表 6.4　主要な耐摩耗溶加材の適用事例

溶加材の分類 大分類	溶加材の分類 小分類	溶接金属の硬さ範囲の一例(HV)	主な適用事例	施工上の注意	備考
炭素鋼	低炭素鋼(0.2%C以下)	350程度以下	シャフト，ギヤー，カップリングなどの軽度の摩耗部材	−	耐摩耗性は低い。
炭素鋼	中高炭素鋼(0.6〜0.7%C以上)	350程度以上	①トラック・ブルドーザなどの部材(ローラ，スプロケット，リンクなど) ②建設機械のすりへり摩耗部材(バッケットやケース) ③浚渫機械のすりへり摩耗部材	予熱，パス間・層間温度を適切に管理する。	応急処置として使用される場合が多い。一般的には後熱処理は実施しない。
低合金鋼(炭素当量:0.6〜0.7%以上)		400程度以下	①建設機械のすりへり部材 ②浚渫機械のすりへり摩耗部材 ③製鉄機械のロール類(除圧延ロール)	予熱，パス間・層間温度を適切に管理する。	軽度のすりへり摩耗をともなう建設機械・浚渫機械などに使用し，一般的には後熱処理は実施しない。ロールには後熱処理を実施する。
マルテンサイト系ステンレス鋼		400〜500程度	①連鋳ロール ②製鉄機械のロール	①予熱，パス間・層間温度を適切に管理する。 ②通常後熱処理に配慮する。	
高マンガン鋼		250程度加工により400〜500程度まで硬化	①衝撃負荷のかかる機器全般(耐衝撃摩耗性に優れる) ②衝撃負荷のかかる各種破砕機械 ③通過トン数の多いレールなど	①小入熱での施工で，急冷する。 ②大型部材には水じん処理は実施しない。	補修回数に限度あり。
高クロム鋳鉄		700〜850程度	①各種粉砕機械(耐すりへり摩耗) ②衝撃負荷の小さい重度の摩耗機器	①パス間・層間温度を適切に管理し，健全な亀甲状割れ(インチあたり2〜3個)を発生させる。 ②強制冷却が必要な場合あり。	補修により再生が容易であり，補修回数もそれほど限定されない。
タングステン炭化物系合金		700〜1000程度	①各種粉砕機器(耐すりへり摩耗) ②衝撃負荷の小さい重度の摩耗部材 ③メンテナンスフリーで長期運転が必要な摩耗機械	①タングステン炭化物の割合により亀甲状割れをともなう。 ②タングステン炭化物を均一に分散させることが重要である。	炭化物の割合に硬さは大きく依存する。耐はく離性に劣る。補修に難あり。
コバルトクロム合金(ステライト系合金)		400〜600程度	①とくに高温で耐摩耗性の要求される機器・部材 ②耐侵食摩耗性・耐凝着摩耗性が求められる機器・部材	溶接入熱管理に注意する。	室温から高温まで硬さの低下が少なく，広範囲な温度域において耐食性・耐摩耗性を発現する。
ニッケルクロム合金(コルモノイ系合金)		400〜600程度(B含有量により異なる)	①Bを3%程度含み，硬さの高いものはバルブ，ポンプ部品などの機器表面に使用(耐久性) ②2〜3%のBを含む中程度の硬さのものは高温の押出し機などに使用(耐すりへり摩耗性)	①溶接入熱管理に注意する。 ②主にガス溶接およびティグ溶接による皮膜を形成し，その後に再溶融処理(フュージング)を施工する方法もある。	耐食性に優れたNi-Cr合金にBやSiを加え，ホウ化物や炭化物の分散により耐摩耗および耐久性を発現する。

表6.5　硬化肉盛用被覆アーク溶接棒の分類，化学組成と特性の一例

(a) 溶着金属の化学組成(JIS Z 3251)

溶接棒の種類	化学組成(mass%)												硬さの区分※
	C	Si	Mn	P	S	Ni	Cr	Mo	W	Fe	Co	その他の元素の合計	
DF2A	0.30以下	1.5以下	3.0以下	0.03以下	0.03以下	−	3.0以下	1.5以下	−	残部	−	1.0以下	2〜6
DF2B	0.03〜1.00	1.5以下	3.0以下	0.03以下	0.03以下	−	5.0以下	1.5以下	−	残部	−	1.0以下	4〜8
DF3B	0.20〜0.50	3.0以下	3.0以下	0.03以下	0.03以下	−	3.0〜9.0	2.5以下	2.0以下	残部	−	1.0以下	7または8
DF3C	0.50〜1.50	3.0以下	3.0以下	0.03以下	0.03以下	−	3.0〜9.0	2.5以下	4.0以下	残部	−	2.5以下	8または9
DF4A	0.30以下	3.0以下	4.0以下	0.03以下	0.03以下	6.0以下	9.0〜14.0	2.0以下	2.0以下	残部	−	2.5以下	5〜7
DF4B	0.30〜1.50	3.0以下	4.0以下	0.03以下	0.03以下	3.0以下	9.0〜14.0	2.0以下	2.0以下	残部	−	2.5以下	5〜7
DF5A	0.50〜1.00	1.0以下	1.0以下	0.03以下	0.03以下	−	3.0〜5.0	4.0〜9.5	1.0〜7.0	残部	−	4.0以下	8または9
DF5B	0.50〜1.00	1.0以下	1.0以下	0.03以下	0.03以下	−	3.0〜5.0	−	16.0〜19.0	残部	4.0〜11.0	4.0以下	8または9
DFMA	1.10以下	0.8以下	11.0〜18.0	0.03以下	0.03以下	3.0以下	4.0以下	2.5以下	−	残部	−	1.0以下	1または2
DFMB	1.10以下	0.8以下	11.0〜18.0	0.03以下	0.03以下	3.0〜6.0	0.5以下	−	−	残部	−	1.0以下	1または2
DFME	1.10以下	0.8以下	12.0〜18.0	0.03以下	0.02以下	6.0以下	14.0〜18.0	4.0以下	−	残部	−	4.0以下	1または2
DFCrA	2.5〜6.0	3.5以下	7.5以下	0.03以下	0.03以下	3.0以下	22.0〜35.0	6.0以下	6.5以下	残部	5.0以下	9.0以下	8または9
DFWA	2.0〜4.0	2.5以下	3.0以下	0.03以下	0.03以下	3.0以下	3.0以下	7.0以下	40.0〜70.0	残部	3.0以下	2.0以下	8または9
DCoCrA	0.70〜1.40	2.0以下	2.0以下	0.03以下	0.03以下	3.0以下	25.0〜32.0	1.0以下	3.0〜6.0	5.0以下	残部	0.5以下	5
DCoCrB	1.00〜1.70	2.0以下	2.0以下	0.03以下	0.03以下	3.0以下	25.0〜32.0	1.0以下	7.0〜9.5	5.0以下	残部	0.5以下	6または7
DCoCrC	1.75〜3.00	2.0以下	2.0以下	0.03以下	0.03以下	3.0以下	25.0〜33.0	1.0以下	11.0〜14.0	5.0以下	残部	0.5以下	7または8
DCoCrD	0.35以下	1.0以下	1.0以下	0.03以下	0.03以下	3.5以下	23.0〜30.0	3.0〜7.0	1.0以下	5.0以下	残部	0.5以下	4

※表6.5(c)参照

(b) 被覆アーク溶接棒の種類

溶接棒の種類	被覆材の系統	溶接姿勢	溶接棒の種類	被覆材の系統	溶接姿勢
DF2A	B,R,BR	F,V,H	DFME	B	F
DF2B	B,R,BR	F	DFCrA	B,R,BR	F
DF3B	B	F,V,H	DFWA	S	F
DF3C	B	F	DCoCrA	BR	F
DF4A	B	F	DCoCrB	BR	F
DF4B	B	F	DCoCrC	BR	F
DF5A	B,R	F	DCoCrD	BR	F
DF5B	B,R	F			
DFMA	B	F			
DFMB	B	F			

(注) 1) 被覆材の系統に用いた記号
B：塩基性　BR：ライムチタニヤ
R：高酸化チタン　S：特殊
2) 溶接姿勢に用いた記号
F：下向，V：立向，H：横向

(c) 硬さの区分

記号	呼び硬さ	溶着金属の硬さ			
		ビッカース	ロックウェル		ブリネル
		HV	HRB	HRC	HB
1	200	250以下	100以下	22以下	238以下
2	250	200〜300	92〜106	11〜30	190〜284
3	300	250〜350	100〜109	22〜36	238〜331
4	350	300〜400	−	30〜41	284〜379
5	400	350〜450	−	36〜45	331〜425
6	450	400〜500	−	41〜49	379〜465
7	500	450〜600	−	45〜55	−
8	600	550〜700	−	52〜60	−
9	700	650以上	−	58以上	−

(注) 1) 溶着金属の硬さは，測定値の平均値をいう
2) 溶接棒は，その溶着金属の硬さがいくつかの呼び硬さにまたがる場合には，いずれか1つの呼び硬さによる
3) 各測定位置のばらつきの範囲は，平均値の±15%とする。ただし，DF2A, DF2B, DF3B および DF3C の場合は +15%，−20% とする。

表 6.5（続き）

(d) 硬化肉盛溶接用被覆アーク溶接棒の性能比較例

種類	一般特性
DF2A	パーライト系またはソルバイト系 低炭素，低合金組成になるに従い初析フェライトを増し軟鋼に近くなる
DF2B	低炭素，低合金組成のものはパーライト系，高炭素，高合金組成のものは，マルテンサイト系
DF2C	規格成分内下限組成に近いものはマルテンサイト組織 上限組成に近づくほど残留オーステナイトを多量に含む組織となる
DF3A	低炭素組成のものはパーライトとマルテンサイトの混合組織 一般にはマルテンサイトとパーライトの混合組織またはマルテンサイト組織
DF3B, DF3C	硬さの高いマルテンサイト系 比較的低炭素，低合金組成のものはマルテンサイト組織になるが，高炭素，高合金組成のものは多量のオーステナイトを残留したマルテンサイト組織となる 規格成分内で特に炭素が高く，炭化物形成元素を多量に含むものは複炭化物を組織内に保有する
DF4A, DF4B, DF4C	通称，9% クロム鋼および 13% クロム鋼系 極く低炭素組成のものはフェライトを含んだ組織，高炭素組成のものはレデブライト状の組織を含む
DFMA	マンガン・オーステナイト系
DFMB	マンガン・オーステナイト系 ただし，Ni，Mo，Cr を少量づつ含有するため，特性は少しづつ異なる
DFME	16% マンガン－16% クロム・オーステナイト系 低炭素組成のものは特殊ステンレス棒として別途用途に使用される。高炭素組成のものは耐摩耗用
高クロム 鋳鉄系	代表的組成は 4%C−25%Cr この組織は安定なオーステナイト地の中に多量のクロム炭化物を分散析出したもの
タングステン 炭化物系合金	Fe-W の炭化物，またはオーステナイト，マルテンサイトなどの混合した組織中に未溶解タングステン炭化物が混在する
ステライト系 合金	Co-Cr-W 合金が有名 W，Cr を含むコバルト固溶体と同固溶体とクロム，タングステン複炭化物の共晶からなる組織を呈する 組織は化学組成，溶接方法により変わり，特に樹枝状晶の形状の変化が大きい
コルモノイ系 合金	概略組成は Ni：65〜85%，Cr：8〜20%，B：2〜45% で，Ni-Cr の固溶体の地の中に，非常に硬いクロムほう化物を分散させたものである

表 6.6　硬化肉盛溶接用被覆アーク溶接棒の性能比較例

棒種＼性能項目	耐研摩耗性	耐エロージョン性	耐衝撃摩耗性	耐熱性	耐食性	耐割れ性	切削性	作業性	硬さ（HV）	備　考
DF2A-R	△	△	△	×	×	○	◎	◎	200〜550	耐割れ性および切削性は硬さが高い場合は悪くなる。
-BR	△	△	△	×	×	●	◎	●	〃	〃
-B	△	△	△	×	×	◎	◎	○	〃	〃
DF2B-R	○	○	○	×	△	○	○	◎	350〜700	〃
-BR	○	○	○	×	△	○	○	●	〃	〃
-B	○	○	○	×	△	●	○	○	〃	〃
DF2C-B	●	○	△	●	△	△	×	○	≧550	
DF3A-B	●	●	●	●	●	○	△	○	350〜700	
DF3B-B	●	●	○	●	●	△	×	○	≧550	
DF3C-B	●	●	△	●	●	×	×	○	〃	
DF4A-B	●	●	●	●	◎	○	△	○	350〜700	
DF4B-B	●	●	○	◎	◎	△	×	○	〃	
DF4C-B	◎	◎	○	◎	◎	×	×	○	〃	
DFMA-B	×	○	◎	×	△	△	△	○	150〜350	
DFMB-B	×	○	◎	○	△	○	△	○	〃	
DFME-B	△	○	◎	●	●	●	△	○	〃	低炭素のものは耐割れ性に優れ，高炭素のものは耐熱，耐食性に優れる。
ステライト系	◎	◎	△	◎	◎	×	×	○	350〜700	
高速度鋼系	◎	◎	△	◎	△	○	×	○		
高クロム鋳鉄系	◎	◎	×	◎	●	△	×	○	600〜800	
タングステン炭化物系	◎	◎	×		●	×	×	○	≧750	

◎きわめて良好，●良好，○普通，△やや劣る，×劣る

（注）　研摩耗：2つの面が摩擦する場合，その面の間にその材料より硬い粒の切削または溝付けによって摩耗が進行する。

表6.7　硬化肉盛溶接用の市販サブマージアーク溶接ワイヤ

材料の組合せ		溶着金属の化学組成(mass%)								硬さ(HV)
フラックス	ワイヤ	C	Mn	Si	Cr	Mo	V	W	Ni	
溶融フラックス	フラックス入りワイヤ	0.10	2.10	0.44	−	0.62	−	−	−	254
		0.12	2.50	0.80	2.20	0.65	0.21	−	−	375
		0.10	1.70	0.75	2.50	0.29	0.40	−	−	410
		0.19	2.22	0.72	2.69	0.60	0.31	−	−	453
		0.25	2.40	0.59	5.10	1.69	0.29	1.20	−	495
		0.15	2.15	0.76	−	5.19	−	−	4.99	451
		0.38	1.91	0.62	7.02	4.23	−	−	−	596
		4.27	5.23	1.10	16.51	−	−	−	−	714
		2.28	0.61	0.56	−	−	−	43.61	−	970
溶融フラックス	ソリッドワイヤ	0.21	1.75	0.60	−	−	−	−	−	280
		0.19	1.35	0.66	0.62	0.19	−	−	−	306
		0.41	1.16	0.77	0.71	−	−	−	−	408
		0.17	1.50	0.55	3.77	0.55	−	−	2.85	420
ボンドフラックス	ソリッドワイヤ	0.11	0.78	0.26	1.14	−	−	−	−	270
		0.20	1.57	0.35	1.29	−	−	−	−	370
		0.31	1.40	0.68	5.80	0.95	−	−	−	500
		0.55	2.11	1.52	3.92	0.86	−	−	−	699
		3.72	0.93	0.62	28.4	1.43	−	−	−	720
ボンドフラックス	帯状電極(軟鋼)	0.10	1.14	0.37	−	−	−	−	−	159
		0.11	1.80	0.42	0.95	0.35	−	−	−	250
		0.14	0.65	1.35	2.55	1.20	0.12	−	−	350
		0.14	0.44	0.43	4.20	1.08	0.14	−	−	400
		0.15	3.51	0.36	4.46	1.18	−	−	−	435
		0.31	1.86	0.65	6.51	1.50	−	2.00	−	550

表6.8　硬化肉盛溶接用の市販フラックス入りワイヤの溶着金属の化学組成の一例

溶着金属の種類	硬さ(HV)	溶着金属の化学組成(mass%)								
		C	Mn	Si	Cr	Mo	Ni	W	V	B
パーライト系	250〜300	0.15〜0.20	1.0〜1.5	0.15〜0.50	0.5〜1.5	<0.5	−	−	−	−
ソルバイト系	300〜400	0.15〜0.25	1.0〜1.5	0.15〜0.50	0.5〜2.0	<1.0	−	−	−	−
硬さの低いマルテンサイト系	450〜500	0.20〜0.40	1.5〜2.5	0.15〜0.70	0.8〜3.5	<1.0	−	−	<0.5	−
マルテンサイト系	600〜700	0.40〜0.70	0.8〜3.0	0.30〜0.80	2.5〜5.0	<1.0	−	−	−	−
Bを含むマルテンサイト系	700〜800	0.60〜1.00	0.8〜2.0	0.40〜16.0	3.0〜10.0	<2.0	−	<2.5	−	0.3〜0.8
タングステン炭化物系	900〜1300	2.5	0.5〜1.7	0.5	−	−	−	4.5〜5.0	−	−
高クロム鋳鉄系	600〜700	3.5〜4.0	0.5〜1.5	0.5〜3.0	2.5〜3.0	−	−	−	−	−
13%マンガンオーステナイト系	A.W250* W.H450	0.5	13.0〜14.0	0.3	−	−	4.0	−	−	−

(注) * A.W：溶接まま，W.H：加工硬化後

6.4　硬化肉盛溶接における溶接割れ

6.4.1　溶接割れとその防止

硬化肉盛溶接が適用される製品には，タービン，ノズル，バルブ，金型など，高い施工健全性と破壊信頼性を必要とするものがある。溶接施工過程で発生する溶接欠陥，特に，肉盛溶接金属に生じた溶接割れは，硬化肉盛溶接部の性能・信頼性にきわめて大きな影響を及ぼす。硬化肉盛溶接金属に生じる溶接割れには，高温割れ，低温割れおよび再熱割れがあるが，このうち，特に留意すべき割れは，高温割れと低温割れである。硬化肉盛に用いられる溶加材の組成には，融点降下元素や硬化促進元素，炭化物を多量に含有するものが多く，通常の溶接に用いられる組成系とは大きく異なることから，凝固温度範囲が広く，高温延性も十分ではない場合が多い。このため，肉盛溶接金属中に高温割れ，特に，凝固割れや延性低下割れの発生が懸念される。例えば，**図 6.1** は粉体プラズマ溶接によるステライト合金肉盛溶接部に発生した凝固割れの例を示したものである[2]。肉盛溶接金属中に顕著な凝固割れが確認できる。類似な高温割れは，他の硬化肉盛溶接金属でも発生することが知られている。**図 6.2** にコルモノイ

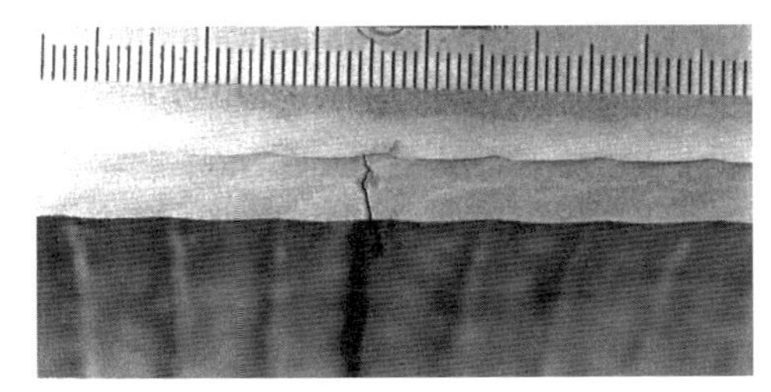

図 6.1　ステライト合金肉盛溶接部に発生した凝固割れの例

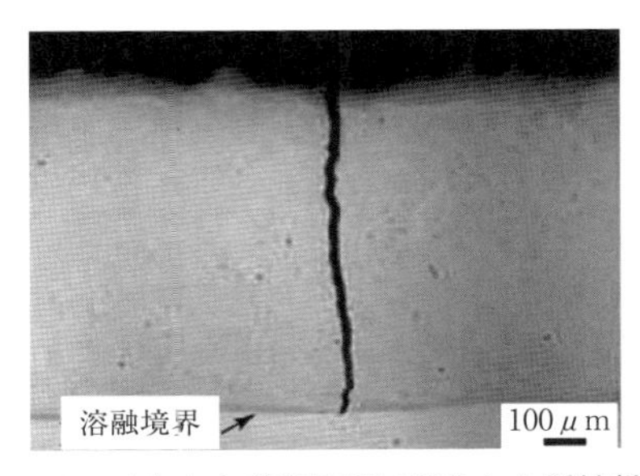

図 6.2　コルモノイ合金肉盛溶接部に発生した延性低下割れの例

合金粉末を用いたレーザ肉盛溶接部の延性低下割れの例を示す[3]。硬化肉盛金属の高温割れ感受性が高い理由は，溶加材に凝固温度範囲を拡げる元素を多量に含有していること，マトリックスの高温延性が低いこと，溶接金属の結晶粒径が大きいこと，などによる(1.3.2，3.1.3，4.1.2 参照)。高温割れを抑制するための基本的考え方は，通常の溶接と同じであるが，一般に肉盛溶加材の化学成分は，元来，高温割れ感受性が高い組成系となっていることから，溶加材の選定には，特に留意すべきである。例えば，ステンレス鋼やニッケル合金へのステライト合金肉盛などでは，母材への溶込みが大きくなると，溶接金属の割れ感受性が高くなるため，希釈率の抑制が必要な場合もある[4]。一方，硬化肉盛溶接では，マルテンサイトや炭化物などの生成により，溶接金属の硬さが非常に高く，じん性に乏しいことから，溶接冷却過程における低温割れ(水素ぜい化割れや焼割れ)の発生も懸念される。低温割れの抑制には，ぜい化を抑制するための合金成分(ニッケルなど)を多く含む溶加材の使用や，溶接入熱，予熱・パス間温度などの溶接条件の適正化，直後熱や溶接後熱処理(PWHT)などの採用，施工環境や溶加材の管理(吸湿防止，水素混入防止)など，一般的な溶接施工と同様の低温割れ抑制策を導入することが必要である。

なお，硬化肉盛溶接部に溶接割れなどが発生した場合の補修溶接に関しては，溶接欠陥を除去した後，充填補修や封止溶接，あるいは，再度肉盛補修を施工する手順が一般的である。しかしながら，肉盛補修溶接時に再び欠陥が発生することもあり，溶加材や溶接条件の選定などに十分留意する必要がある。

6.4.2　溶接割れ導入によるはく離の防止

硬化肉盛溶接においては溶接金属に積極的に割れを発生させる特殊な施工法も存在する。この施工法は，主に高クロム鋳鉄系溶加材(後述 6.5 (3)参照)を用いた肉盛溶接に採用されている。高クロム鋳鉄系溶加材の多くは 5% 程度の C を含み，現実的な方法では予熱の有無に拘わらず，**図 6.3** に示すような溶接ビードに横割れが連続的に発生する。このような割れは，きわめて延性の低い溶接金属が冷却過程で生じる引張応力に耐えきれない結果，発生するものであ

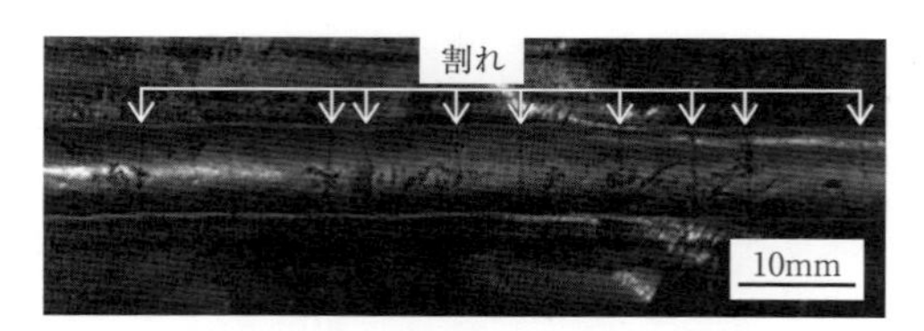

図 6.3　肉盛溶接金属の割れ(高クロム鋳鉄系溶加材)

る。このような割れを防止することは硬化肉盛溶接部に求められる特性からは得策ではなく，むしろ**図 6.4** に示すような亀甲状割れをあえて発生させることにより，残留応力を低減し，溶接金属のはく離を防止する施工法が採用されている。この施工法においては，硬化肉盛溶接金属の健全性とはく離防止の観点より，溶接施工条件を適切に設定し，亀甲状割れ発生数を管理することがきわめて重要となる。

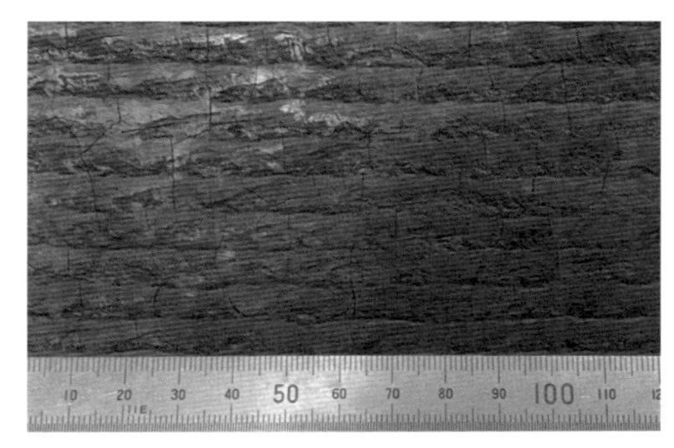

図 6.4　高クロム鋳鉄系溶加材による多層肉盛溶接部の亀甲状の割れ

6.5　溶接施工および溶接部の組織と硬さ分布

ここでは，高マンガンオーステナイト系，高クロム鋳鉄系，タングステン炭化物系，コバルトクロム合金系，ニッケルクロム合金系の溶加材を用いた溶接施工とその管理および溶接部の組織と硬さ分布について述べる。溶加材の特性を最大限に活かすためには，肉盛溶接を施工する際に一般的に以下の事項を配慮することが必要となる。

① 母材による溶接金属の希釈を極力少なくし，幅広のビードが得られる溶接施工条件を選定して施工する。ただし，融合不良のような溶接欠陥があってはならない。

② 母材と溶接金属の間に物理的，冶金的性質が大きく異なる場合にはバッファー層(下盛層)を設ける。

③ 多パス溶接の場合には，溶接ビードの重ね方に注意する。

④ 多層盛溶接となる場合には極力表面の汚染に留意し，スラグ巻込みなどの溶接欠陥が発生しないように，必要に応じて表面の汚染を除去しながら施工する。

(1) マルテンサイト系ステンレス鋼溶加材

マルテンサイト系溶加材による肉盛溶接として良く知られている施工例は，

製鉄所の連続鋳造設備用のロールである。この連鋳ロールの耐摩耗肉盛溶接は，ほとんどが13～17%Cr-2～6%Ni系ステンレス鋼に第三元素（Mo, Cu, Nbなど）を添加したワイヤあるいは帯状電極を用いたサブマージアーク溶接による場合が多い。

（i）溶接施工とその管理

a）溶接前処理

未使用の構造部材に硬化肉盛溶接を実施する場合には，表面の洗浄および表面検査を実施する。表面の洗浄は一般的な方法（例えば，洗浄液による洗浄）により，表面に付着する汚染を除去する。洗浄後は浸透探傷試験により表面検査を実施し，表面欠陥のないことを確認する。

使用履歴のある部材表面に補修溶接を行う場合には，補修部近傍表面の健全性を確認するとともに，損傷部位の洗浄を徹底する。なお，損傷表面に内部方向への二次割れなどの欠陥がある場合には，欠陥を除去した後にその部分の補修溶接を行い，外観試験および浸透探傷試験により問題がないことを確認して作業を進める。

b）溶接施工

溶接割れを防止するため，母材の炭素当量に応じた温度にて予熱を行う。溶接施工に当たっては，層間温度を維持しながら，適正溶接条件で施工する。さらに，300℃×30分程度の溶接直後熱を実施する。拘束度の緩和および予熱と溶接直後熱の併用による拡散性水素の放出が割れ防止に有効である。溶接直後熱の併用による予熱温度の低減は溶接作業の環境改善にも有効である。

c）溶接部の検査

一般的に肉盛溶接の検査に関しては，継手溶接の場合と異なり，肉盛溶接金属が表面層に限られ，かつ検査対象面が広いために，外観試験，浸透探傷試験などの表面検査により溶接部に溶接割れが発生していないことを確認する。補修対象部材の重要性などに応じて，表面直下の欠陥も検出できる磁粉探傷試験などを実施する場合もある。

d）溶接後熱処理（PWHT）

硬化肉盛溶接部のPWHTは肉盛溶接部の材質に合わせて条件を決める。ただし，PWHT後の硬化肉盛溶接部の耐摩耗性を維持できるか否かに関しては，事前に溶接施工試験により熱処理条件の妥当性を確認しておくべきである。

（2）高マンガンオーステナイト系鋼溶加材

高マンガンオーステナイト系溶加材は一般的に13%Mn系と16%Mn-16%Cr

系がある。いずれも加工硬化性があり衝撃負荷により硬さを増し(500HV～550HV)，耐摩耗性が向上する。いずれの溶加材もその溶着金属はある程度の硬さを有し，高温での硬さの低下も少ないために，常温および高温において衝撃負荷を受け，かつ摩耗を受ける部材に適用して優れた耐摩耗性を発揮する。主に衝撃負荷がかかるクラッシャ，建設機械などの部材の肉盛溶接に使用される。

高マンガンオーステナイト系溶着金属は400～850℃の温度域で炭化物(Mn_3C)の析出が起こり，ぜい化する。対策として，溶接入熱を小さくし，炭化物析出温度域を通過する際の冷却時間を短くすることや，場合によっては溶接部を強制冷却することが有効である。なお，溶接後に1,000～1,100℃に保持し，水じん処理を行う場合もあるが，肉盛厚さが大きい場合には，低熱伝導率に起因した表面と内部の温度差により割れが発生するという事例もあるために注意を要する。

(i)溶接施工とその管理

衝撃負荷を受ける機器には，通常母材として高マンガン鋼が使用される。このような母材に耐摩耗肉盛溶接を行う場合には，高マンガンオーステナイト系溶加材あるいは耐摩耗性をさらに改善するために衝撃負荷にも比較的耐える高クロム鋳鉄系溶加材(例えば，Ni-Hard Ⅳ，3%C-15%Cr 鋳鉄など)を使用する場合もある。

a)溶接前処理

溶接前処理は，前述の6.5(1)(i)a)と同様である。なお，表面硬さが高すぎる(例えば，550HV 程度)場合には，加工硬化した表面層を除去した後に補修するか，あるいは補修溶接を実施すべきではない。

b)溶接施工

母材が高マンガン鋼の場合には，熱影響部は400～850℃の温度域に加熱されると炭化物(Mn_3C)の析出をともない，ぜい化する。したがって，溶接施工に当たっては溶接入熱を小さくし，上記の炭化物(Mn_3C)析出温度域(400～850℃)を急冷する，あるいは場合によっては強制冷却を行う。

c)溶接部の検査

高マンガンオーステナイト系溶加材を使用する場合には，表面検査により溶接部に割れがないことを確認する。割れがある場合には，使用中に破壊する懸念があり，再使用すべきではない。なお，高クロム鋳鉄系溶加材を使用する場合には，肉盛金属に発生する亀甲状割れ(Cross Crack)が母材側にまで伝搬していないことを確認する。

d)溶接後熱処理

前述した通り，高マンガンオーステナイト鋼溶接部はぜい化するため，溶接後に水じん処理をする。

(ii)組織と硬さ分布

図6.5 は13%MnでのFe-Mn-C系合金の切断状態図を示す。図に示すように，1,000℃付近の高温の加熱によりオーステナイト単相化する溶体化処理が可能で，その後，水冷処理(水じん処理)を施すことにより，C量が1%程度以下では，室温において組織をオーステナイト単相とすることができる。

図6.6 [5] は高マンガン鋼母材に高マンガンオーステナイト系溶加材(0.95%C-13%Mn)によるミグ溶接部のマクロおよびミクロ組織(溶接まま)の一例を示す。組織はオーステナイトで，溶融境界部の溶込み状態も健全で，溶接金属は柱状組織が確認できる標準的な組織である。

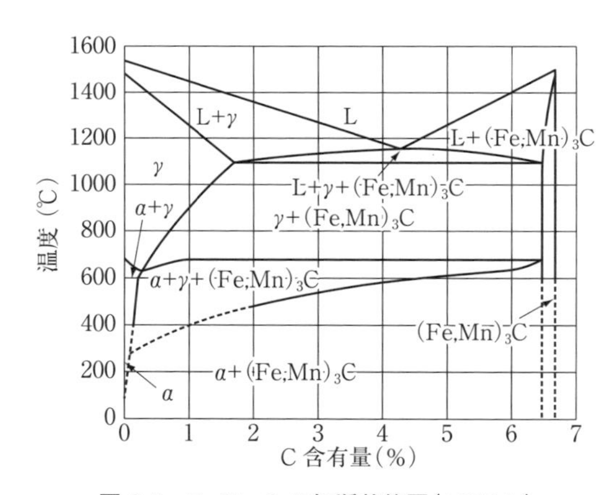

図6.5　Fe-Mn-Cの切断状態図(13%Mn)

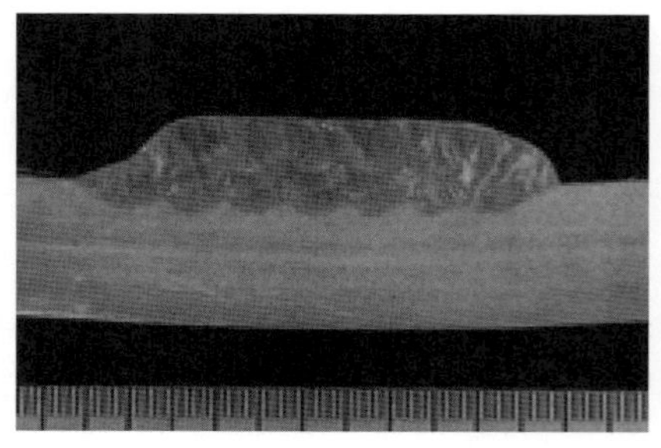

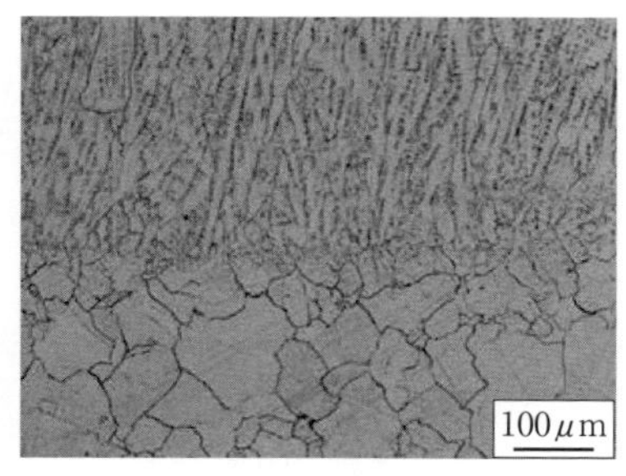

図6.6　高マンガン鋼(NM-13MN)の高マンガンオーステナイト系溶加材による溶接部のミクロ組織一例

(3) 高クロム鋳鉄系溶加材

高クロム鋳鉄系溶加材はCを3～6%，Crを15～35%含む特殊耐摩耗鋳鉄系溶加材としてよく知られている。高クロム鋳鉄系溶加材を用いた溶接金属では，**図6.7** [1)]に示すようにタングステン炭化物に次いで硬いクロム炭化物(Cr_7C_3)をマトリックス中に均一に分散・析出した組織となる。高クロム鋳鉄系溶加材を用いた肉盛溶接金属は特にすりへり摩耗に対して高い抵抗性を有しており，この特徴を生かした耐摩耗(耐すりへり摩耗)用途に使用されている。

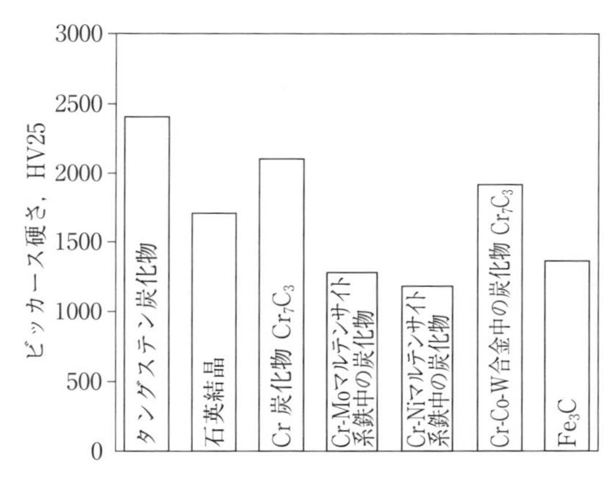

図6.7　溶着金属中の各種炭化物の硬さ

表6.9はJISにおいて定められている硬化肉盛用フラックス入りワイヤ(JIS Z

表6.9　硬化肉盛用アーク溶接 / フラックス入りワイヤの種類と溶着金属の化学組成の一例 (JIS Z 3326)

ワイヤの種類	シールドガス	化学組成(mass%)													
		C	Si	Mn	P	S	Ni	Cr	Mo	V	W	Nb	Al	Fe	他の元素の合計
YF2A-S	使用しない(セルフシールド)	0.40以下	1.5以下	3.0以下	0.03以下		–	3.0以下	1.5以下	–	–	–	3.0以下	残部	1.0以下
YF3B-S		0.10～1.50	3.0以下	3.0以下			–	3.0～10.0	4.0以下	–	4.0以下	–	3.0以下		2.0以下
YFCrA-S		2.5～6.0	3.5以下	3.0以下			–	20.0～35.0	6.0以下	–	6.5以下	7.0以下	–		5.0以下
YF2A-C YF2A-G	C：アルゴンガスに20%以上の炭酸ガスを含む混合ガス G：規定しない	0.30以下	1.5以下	3.0以下			–	3.0以下	1.5以下	–	–	–	–		1.0以下
YF3B-C YF3B-G		0.10～1.50	3.0以下	3.0以下			–	3.0～10.0	4.0以下	2.0以下	4.0以下	–	–		2.0以下
YF4A-C YF4A-G		0.15以下	1.0以下	3.0以下			8.0以下	10.0～14.0	2.0以下	–	–	–	–		2.0以下
YF4B-C YF4B-G		0.15～0.50	1.0以下	3.0以下			–	10.0～14.0	2.0以下	–	–	–	–		2.0以下
YFMA-C YFMA-G		1.10以下	0.8以下	11.0～18.0			3.0以下	4.0以下	2.5以下	–	–	–	–		1.0以下
YFME-C YFME-G		1.10以下	0.8以下	12.0～18.0			6.0以下	14.0～18.0	4.0以下	–	–	–	–		4.0以下
YFCrA-C YFCrA-G		2.5～6.0	3.5以下	3.0以下			–	20.0～35.0	6.0以下	–	6.5以下	7.0以下	–		5.0以下

3326)を示している。これらの溶加材は求められる耐摩耗性に応じて，高クロム炭化物系およびNb, V, Mo, WなどのCr以外の炭化物形成元素を添加した複合炭化物系に分けることができる。炭化物の大きさ，炭化物の硬さ，炭化物の安定性などにより耐摩耗性に差があるが，一般的大きいクロム炭化物(Cr_7C_3)の間に比較的小さい炭化物(VC, NbCなど)がマトリックスに分散・析出した組織となる複合炭化物系溶加材の方が耐摩耗性に優れている。また，炭化物の割合も重要であり30〜40%程度の割合が最も良好な耐摩耗性を発揮する[6)]。炭化物の割合がこれ以上に多くなると，ミクロ割れやはく離が生じやすい。

これらの高クロム鋳鉄系溶加材を用いた大型機器の現地での補修溶接では，セルフシールドアーク溶接を用いる場合が多い。なお，摩耗機器の構造部材として炭素鋼鋳鋼や高マンガン鋳鋼を使用する場合には，母材との適合性を考慮して，**表6.10**に示す下盛溶加材を使用し，その上に表6.9に示した溶加材を用いて硬化肉盛溶接を施工する。施工対象部材への稼働中の負荷が大きい場合には，溶融境界部におけるはく離を防止するために下盛溶接を実施する。

(i)溶接施工とその管理

a)溶接前処理

高クロム鋳鉄系溶加材を使用する場合には，溶接金属あるいは溶着金属表面に通常必ず亀甲状割れが発生するが，母材の溶接前処理に関しては，前述の6.5(1)(i)a)と同様である。ただし，母材が高クロム鋳鉄の場合には，ガウジングなどによる割れを除去するための加熱過程で表面に微細な割れが発生する場合があり，対象や適用条件によっては適用できない。

表6.10　母材が鋳鋼の場合に使用する下盛溶加材の一例

<table>
<tr><th rowspan="2">母材の材質</th><th rowspan="2">使用する溶加材</th><th colspan="7">溶加材の化学組成の一例(mass%)</th><th colspan="2">機械的性質</th></tr>
<tr><th>C</th><th>Si</th><th>Mn</th><th>P</th><th>S</th><th>Cr</th><th>Ni</th><th>加工硬化性</th><th>その他</th></tr>
<tr><td rowspan="2">炭素鋼鋳鋼あるいは溶接構造用鋳鋼</td><td>307系(19-9-6)</td><td>0.10</td><td>0.50</td><td>6.0</td><td>−</td><td>−</td><td>19.0</td><td>9.0</td><td rowspan="2">Mn含有量より加工硬化性は307-Oが良い。</td><td>耐食，耐キャビテーション用材料。異材溶接にも適用可。</td></tr>
<tr><td>309系</td><td>0.003</td><td>0.70</td><td>1.40</td><td>−</td><td>−</td><td>23.5</td><td>13.0</td><td>代表的な異材溶接用溶加材</td></tr>
<tr><td rowspan="3">高マンガン鋼鋳鋼</td><td>高マンガン鋼ワイヤ</td><td>0.40</td><td>0.50</td><td>16.0</td><td>−</td><td>−</td><td>14.0</td><td>−</td><td rowspan="3">いずれの材料も，母材との相性が良い。また，Mn添加鋼は加工硬化性も高い。</td><td>耐衝撃摩耗用材料</td></tr>
<tr><td>307系(19-9-6)</td><td>0.10</td><td>0.50</td><td>6.0</td><td>−</td><td>−</td><td>19.0</td><td>9.0</td><td>耐食，耐キャビテーション用材料。異材溶接にも適用可。</td></tr>
<tr><td>309系</td><td>0.003</td><td>0.70</td><td>1.40</td><td>−</td><td>−</td><td>23.5</td><td>13.0</td><td>代表的な異材溶接用溶加材</td></tr>
</table>

(注)　307-OのOはオープンアーク(ノンガス)を意味する。

b）予熱・ウォームアップ

肉盛溶接の場合には継手溶接に比べて拘束度が低いため低温割れ発生の可能性がある場合には予熱を行う。予熱を要しない場合でも，例えば，鋳鋼の場合には，表面に付着・吸着している水分を除去するために50℃前後の加熱ウォームアップを行い，結露を防止する。なお，延性のきわめて低い高クロム鋳鉄の硬化肉盛溶接においては，溶接金属部に所定の亀甲状割れ（2.5cm に 2～3 個）を発生させ，残留応力の軽減を図ることが多く，そのためにはあえて予熱は実施しない[2)]。

c）溶接施工

母材が炭素鋼あるいは高マンガン鋼の場合には，表 6.10 に示した下盛溶加材を使用して，下盛溶接を 1～2 層行う。その後，下盛溶接部表面に割れがないことを確認して，例えば，表 6.9 に示した高クロム鋳鉄系溶加材を使用して硬化肉盛溶接を行う。必要に応じて強制冷却を実施し，亀甲状割れをあえて発生させることにより残留応力を軽減することが肝要である。亀甲状割れを管理するためには，溶接入熱および強制冷却を含めたパス間温度を適切に制御することが重要である。溶接条件の一例を**表 6.11** に示す[7)]。なお，補修溶接を行う場合は，最初の 2・3 層の肉盛溶接施工後にハンマリング検査を行い，はく離がないことを確認する。

母材が高クロム鋳鉄の場合には下盛溶接は不要で，初層より高クロム鋳鉄系硬化肉盛溶加材による硬化肉盛溶接を行う。この場合も必要に応じて強制冷却を実施し，母材が炭素鋼の場合と同様に亀甲状割れをあえて発生させることが肝要である。亀甲状割れを管理する方法としては，溶接入熱と対象部材や肉盛溶接金属に応じたパス間温度を適切な条件に設定することである。

d）溶接部の検査

通常，溶接部の検査としては外観試験，溶接部近傍素材部の浸透探傷試験，専用ハンマによるハンマリング検査を実施する。

外観試験においては，前述の通り，表面に発生する亀甲状割れが溶接方向で

表 6.11　高クロム鋳鉄系溶加材を使用した硬化肉盛溶接条件の一例

母材	溶接条件				
	ワイヤ径（mm）	パス間温度（℃）	溶接電流（A）	アーク電圧（V）	溶接速度（cm/min）
高クロム鋳鉄または鋳鋼	例えば，Φ2.8	初層：120 以下 2 層目以降：150 以下	350 ～ 550 （ワイヤ送給速度：3 ～ 5m/min）	30	80～120

1ビード内で2.5cm当たり2～3個あることを確認する[7]。溶接部近傍素材部の検査では，浸透探傷試験により，母材が炭素鋼鋳鋼および高マンガン鋼鋳鋼の場合には割れがないこと，母材が高クロム鋳鉄の場合には進展した母材内の割れ長さが約10mm以内であることを確認する[7]。

また，溶着金属内部のはく離の有無を確認するために肉盛溶接完了後にハンマリング検査を実施する。内部にはく離がある場合のハンマリング検査では，軽い音とともに打点近傍の溶着金属に振動が確認される。

e)溶接後熱処理(PWHT)

通常，硬化肉盛溶接部のPWHTは実施しない。ただし，使用される母材によってはPWHTを施工せざるを得ない場合がある。PWHTを実施した場合は500～550℃×1hの条件では，硬化肉盛溶接部の硬さの低下はないが，保持温度が550℃を越えると肉盛溶接部のマトリックスがオーステナイト相からフェライト相に変化し，マトリックス中のC量が減少することにより硬さが低下するとの報告[8]もある。

(ii)組織と硬さ分布

図6.8[6),9),10)] (a)はFe-Cr-C系合金の3元系平衡状態図の液相面を示す。同図中には表6.3に示したASTM A532/A532Mに規定された耐摩耗鋳鉄素材および肉盛溶着金属の組成をプロットしている。また，図6.8 (b)は同図(a)の液相面の投影図であり，横軸にC量，縦軸にCr量を示し，境界線は共晶線を示す。また，図(c)は図(b)を一部拡大したものである。図(a)からわかるように，7%以上のCrを含有する高クロム鋳鉄のほとんどは初晶がオーステナイト相の領域に位置している。図(b)において共晶線に囲まれた領域は晶出する初晶を表しておりデルタフェライト，オーステナイト，M_7C_3，M_3C，$M_{23}C_6$の各相がある。i-k-oで囲まれる領域は初晶がオーステナイト相であり，p-j-k-l-qで囲まれる領域は初晶がM_7C_3である。ASTM A532/532Mにおいて規定されている耐摩耗鋳鉄を図(c)にプロットすると，これらの素材のほとんどは初晶がオーステナイト相であることがわかる。

図6.9[7)]の(a)はASTM A532/A532Mに規定された3%C-20%Cr鋳鉄素材のミクロ組織で，初晶のオーステナイト相の間にオーステナイト相とM_7C_3の共晶炭化物が晶出し，併せて初晶のオーステナイト相マトリックス中に微細な炭化物M_7C_3が晶出したものである。一方，(b)は高クロム鋳鉄系溶加材(5%C-25%Cr)による肉盛溶接金属のミクロ組織で，初晶として粗大なM_7C_3が晶出した後に，オーステナイト相とM_7C_3の共晶が晶出し，室温までの冷却過程でオーステナイト相の多くはマルテンサイト化し，一部は残留オーステナイ

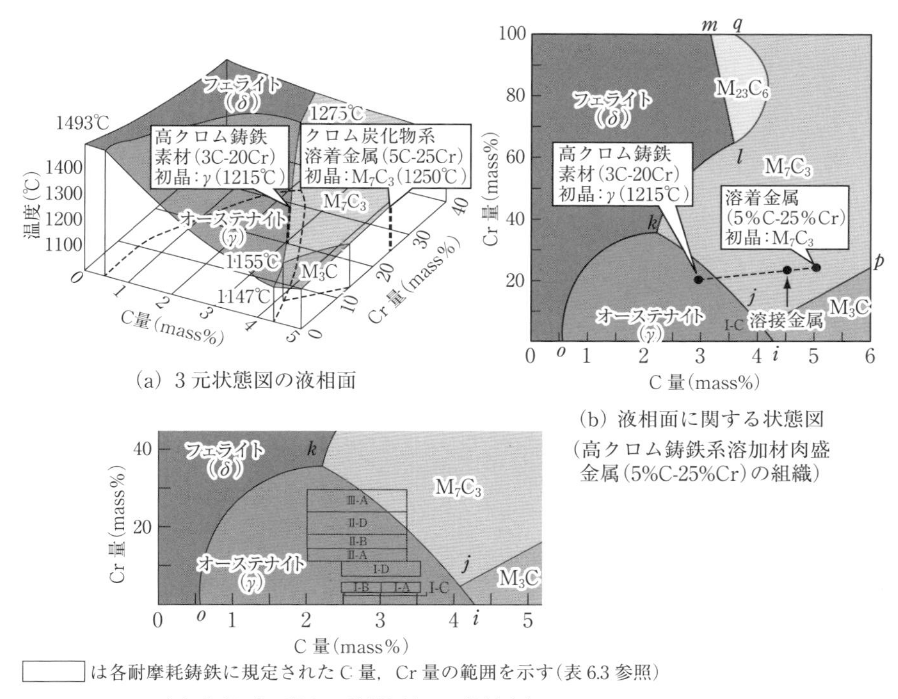

(a) 3元状態図の液相面

(b) 液相面に関する状態図
(高クロム鋳鉄系溶加材肉盛金属(5%C-25%Cr)の組織)

□ は各耐摩耗鋳鉄に規定されたC量，Cr量の範囲を示す(表6.3参照)

(c) 液相面に関する状態図(i-k-o 部拡大)
(ASTM A532/532M における高クロム鋳鉄母材の組織)

図6.8　Fe-Cr-C 系合金の3元状態図に ASTM A532/A532M に規定された耐摩耗鋳鉄素材および高クロム肉盛溶着金属をプロットしたもの

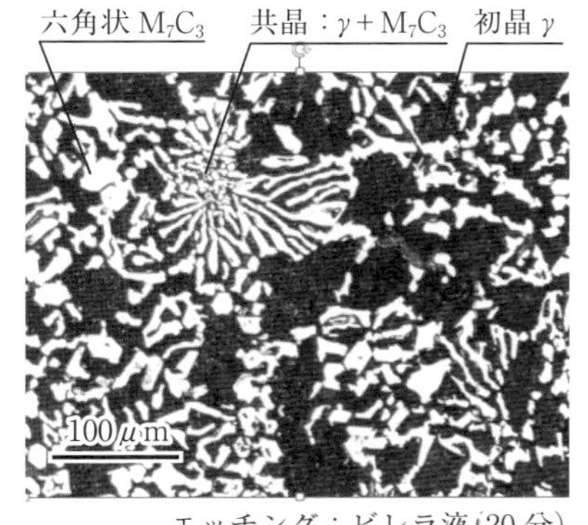

エッチング：ビレラ液(20分)
組織：3%C-20%Cr

(a) 3%C-20%Cr 鋳鉄素材

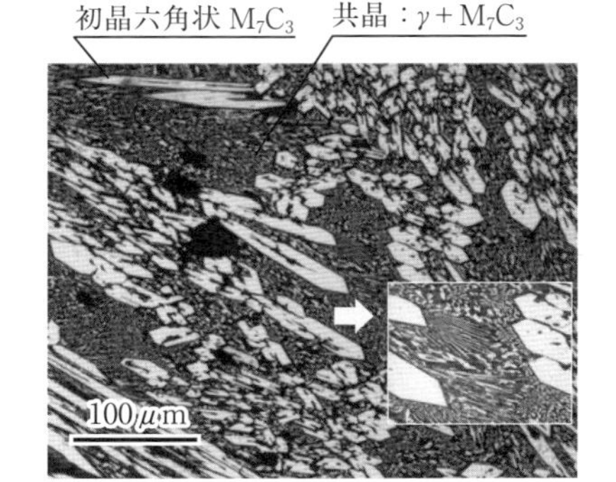

エッチング：ビレラ液(20分)
組織：5%C-25%Cr

(b) 5%C-25%Cr 肉盛溶接金属

図6.9　高クロム鋳鉄母材と硬化肉盛溶接金属のミクロ組織

表6.12　主な高クロム鋳鉄系溶加材の溶着金属の硬さ例

溶加材	硬さ(HRC)	
	温度(℃)	硬さ
5%C-25%Cr	室温	60～64
5%C-22%Cr-7%Nb		61～65
5%C-22%Cr-10%V		62～66
5%C-22%Cr-6%Nb-5%Mo-V, W		63～67

トとして混在した組織となっている。

表6.12[7]は主要な高クロム鋳鉄系肉盛溶接金属の硬さを示したものである。高クロム鋳鉄母材の硬さはこの表に示した溶加材の肉盛溶接金属の硬さと大きな差がないが，上述した組織の違いにより，高クロム鋳鉄系溶加材の肉盛溶接金属の耐摩耗性は高クロム鋳鉄素材の約2倍またはそれ以上となる。

(4) タングステン炭化物系合金溶加材

タングステン炭化物としてはWCとW_2Cが知られており，図6.3に示した通り，各種炭化物の中で最も高い硬さを示す。Coをバインダーとして WCおよびW_2Cを高密度に焼結したものは超硬合金と呼ばれ，切削工具や金型などに使用されている。タングステン炭化物粒を60%程度含んだ溶加材もあるが，稼働中のはく離には注意を要する。また，タングステン炭化物粒を溶融金属中に添加する方法もある。いずれの場合にもきわめてもろく，多層盛溶接すると前述の通りはく離する恐れがあるため，実機の肉盛溶接施工は，2層程度にとどめるべきである。

(i) 溶接施工とその管理

タングステン炭化物系合金溶加材の場合，溶接施工とその管理は溶接前処理から溶接後熱処理にいたるまで，前述の高クロム鋳鉄系溶加材の場合と同様である。

(ii) 組織と硬さ分布

タングステン炭化物は理想の耐摩耗材料と言われており，ミグ溶接や粉体プラズマ溶接が硬化肉盛溶接に使用されている。しかし，タングステン炭化物の比重が大きいために，タングステン炭化物粒子は肉盛部の底部に沈降し，求める耐摩耗性が得られない。したがって，溶接施工においては比重の大きなタングステン炭化物が溶着金属中に一様に分散するような配慮が望まれる。その対策として，ホットワイヤティグ溶接が有効である。ホットワイヤティグ溶接は，

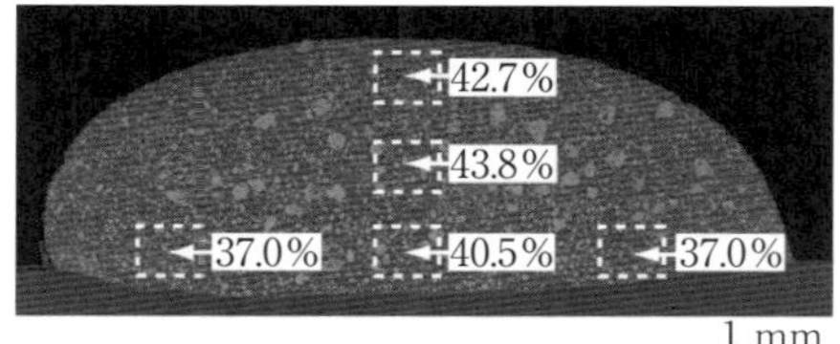

(a) 溶接部のマクロ組織(WC 面積率)

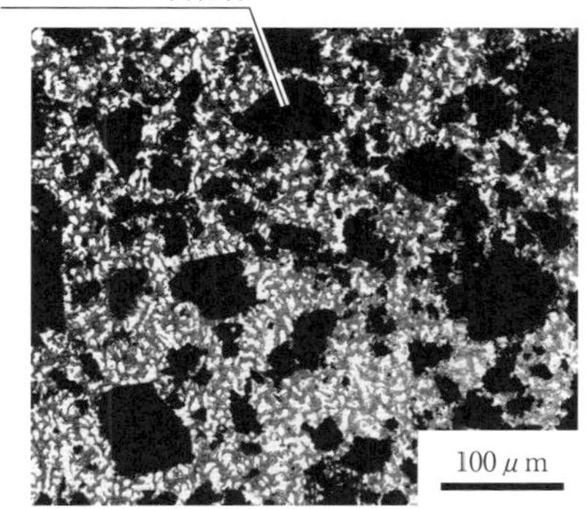

(b) 溶着金属のミクロ組織

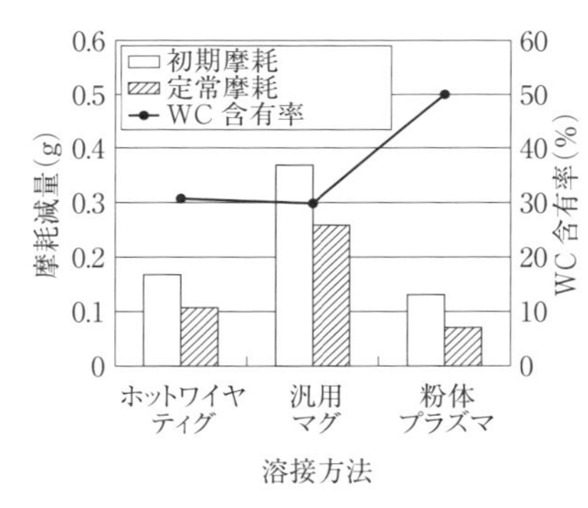

(c) 肉盛部の耐摩耗性

図 6.10　ホットワイヤティグ溶接法による溶接部のマクロ組織，ミクロ組織および耐摩耗性の一例

溶融池の温度が低く凝固が速いため，タングステン炭化物の沈降を防ぐことができる。**図 6.10**[11])はその事例を示す。図(a)より，40% 程度のタングステン炭化物が表面から底部にいたるまで均一に分散していることがわかる。また，図(c)より，タングステン炭化物が均一に分散するホットワイヤティグ溶接の肉盛溶接部は，30% 程度の炭化物の割合でも良好な耐摩耗性が得られることがわかる。

(5) コバルトクロム合金溶加材（ステライト系合金溶加材）

コバルトクロム合金溶加材は高温における硬さの低下が少なく，室温および高温において良好な耐摩耗性を発揮し，耐食性にも優れる万能型耐摩耗溶加材である。**図 6.11**[1])にコバルトクロム合金(ステライト合金)の高温硬さを示す。潤滑剤が行き渡らない箇所や，高温で表面の潤滑ができない箇所などのメタル同士が接触する箇所での耐摩耗用に適するほか，高速流体によるキャビテーションや浸食摩耗に対しても有効である。コバルトクロム合金系の溶加材の代表的なものとして，ステライトやトリバロイ(ともに登録商標)が知られている。

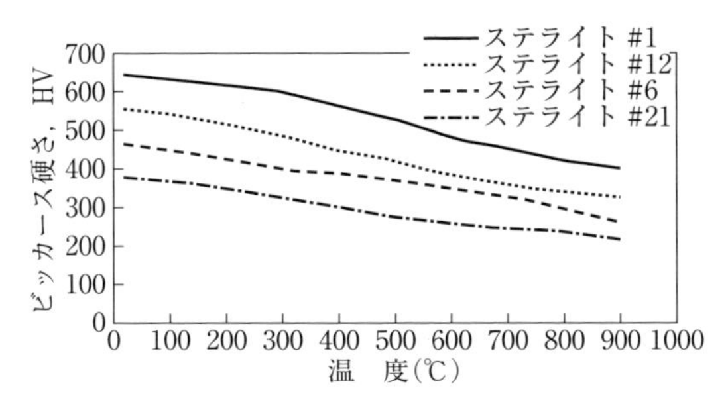

図 6.11　ステライト合金の 900℃までの硬さ

表 6.13　コバルトクロム合金およびニッケルクロム合金溶接ワイヤの種類(AWSA5.21)

種類	UNS Number	化学組成(mass%)											
		C	Mn	Si	Cr	Ni	Mo	Fe	W	Co	B	V	その他
ERCoCr-A (ステライト#6)	R30006	0.9〜1.4	max 1.0	max 2.0	26〜32	max 3.0	max 1.0	max 3.0	3.0〜6.0	残部	−	−	max 0.50
ERCoCr-B (ステライト#12)	R30012	1.2〜1.7	max 1.0	max 2.0	26〜32	max 3.0	max 1.0	max 3.0	7.0〜9.5	残部	−	−	max 0.50
ERCoCr-C (ステライト#1)	R30001	2.0〜3.0	max 1.0	max 2.0	26〜33	max 3.0	max 1.0	max 3.0	11.0〜14.0	残部	−	−	max 0.50
ERCoCr-E (ステライト#21)	R30021	0.15〜0.45	max 1.5	max 1.5	25〜30	1.5〜4.0	4.5〜7.0	max 3.0	max 5.0	残部	−	−	max 0.50
ERCoCr-F	R30002	1.5〜2.0	max 1.0	max 1.5	24〜27	21〜24	max 1.0	max 3.0	11〜13	残部	−	−	max 0.50
ERCoCr-G	R30014	3.0〜4.0	max 1.0	max 2.0	24〜30	max 4.0	max 1.0	max 3.0	12〜16	残部	−	−	max 0.50
ERNiCr-A	N99644	0.20〜0.60	−	1.2〜4.0	6.5〜14.0	残部	−	1.0〜3.5	−	−	1.5〜3.0	−	max 0.50
ERNiCr-B	N99645	0.30〜0.80	−	3.0〜5.0	9.5〜16.0	残部	−	2.0〜5.0	−	−	2.0〜4.0	−	max 0.50
ERNiCr-C	N99646	0.50〜1.00	−	3.5〜5.5	12〜18	残部	−	3.0〜5.5	−	−	2.5〜4.5	−	max 0.50
ERNiCr-D	N99647	0.6〜1.1	−	4.0〜6.6	8.0〜12	残部	−	1.0〜5.0	1.0〜3.0	max 0.10	0.35〜0.60	−	max 0.50
ERNiCr-E	N99648	0.1〜0.5	−	5.5〜8.0	15〜20	残部	−	3.5〜7.5	0.5〜1.5	max 0.10	0.7〜1.4	−	max 0.50*
ERNiCrMo-5A	N10006	max 0.12	max 1.0	max 1.0	14〜18	残部	14〜18	4.0〜7.0	3.0〜5.0	−	−	max 0.40	max 0.50
ERNiCrFeCo	F46100	2.5〜3.0	max 1.0	0.6〜1.5	25〜30	10〜33	7〜10	20〜25	2.0〜4.0	10〜15	−	−	max 0.50

※ Sn：0.5 〜 0.9

用いられる溶接方法としては，ティグ溶接，ガス溶接，被覆アーク溶接，ミグ溶接，粉体プラズマ溶接などがあり，部材の形状，サイズ，数量などにより選択される。**表 6.13** は AWS が規定しているコバルト合金溶加材の化学組成で

表 6.14　ステライトの化学組成と溶着金属の硬さ

	項目／材質	溶接棒の化学組成(mass%)								ロックウェル硬さ HRC				
		Co	Cr	Ni	W	Mo	Fe	C	その他	酸素アセチレン	被覆アーク	ティグ	粉末プラズマ	
コバルト合金	ステライト®No.1 (AWS:ECoCr-C)	Bal.	30	≦3	12	−	≦3	2.5	−	54	46	−	54	×印…不適当 ＊印…加工硬化後 ティグ………2層以上の硬さ 被覆アーク………2層以上の硬さ 酸素アセチレン……1層以上の硬さ
	ステライト®No.6 (AWS:ECoCr-A)	Bal.	28	≦3	4	−	≦3	1	−	44	37	39	40	
	ステライト®No.12 (AWS:ECoCr-B)	Bal.	29	≦3	8	−	≦3	1.4	−	48	40	−	47	
	ステライト®No.21 (AWS:ECoCr-E)	Bal.	27	2.5	−	5	≦2	0.25	−	×	33	25 (44*)	30	
	ステライト®No.32 (AWS:−)	Bal.	26	22	12	−		1.8	−	43	−	40	44	
	ステライト®No.1016 (AWS:−)	Bal.	32	≦3	17	−	≦3	2.5	−	57	−	−	58	
	ステライト®No.190 (AWS:−)	Bal.	26	−	14	−	−	3.2	−	56	−	57	−	

・ステライト®(Stellite®)はデロロステライトグループ(Deloro Stellite Group)の商標。

ある。**表 6.14**[12]は代表的な市販ステライト合金の化学組成と溶着金属の硬さの一例を示す。

(i)溶接施工とその管理

コバルト合金溶加材は高温時の硬さの低下が少なく，幅広い温度域において使用される万能型耐摩耗肉盛溶加材である。また，各種酸に対する耐食性にも優れ，従来，いろいろな分野で使用されている。

a)溶接前処理

溶接前処理は前述の6.5(1)(i)a)と同様である。

b)溶接施工

コバルトクロム合金溶加材の肉盛溶接は，ガス溶接，レーザ溶接などの種々の溶接方法により施工されている。コバルトクロム合金溶加材の溶接性はきわめて悪いために，十分な予熱温度，パス間・層間温度管理と溶接条件の適正化を徹底して溶接を施工することが肝要である。この合金の中で最も溶接性の良好なステライトNo.6の場合の予熱温度の一例を**表 6.15**[2]に示す。

また，母材と溶加材の熱膨張に大きな差がある場合には，適当な厚さ(数ミ

表 6.15　ステライト No.6 の予熱温度の一例

母材に求められる予熱温度	肉盛溶接時の予熱温度
250℃以下の場合	250～300℃
250℃以上の場合	母材に求められる予熱温度と同じ
予熱なし(ニッケル合金など)	200～250℃

り程度)の下盛層(バッファー層)の溶接を行う場合もある。例えば，母材が炭素鋼あるいは低合金鋼の場合には 309 ステンレス鋼，母材がマルテンサイト系あるいはフェライト系ステンレス鋼の場合にはニッケル合金のアロイ 82 やアロイ 625 などの溶加材を下盛層に使用する。PWHT 温度または使用温度が高い場合には肉盛溶接金属と母材界面での炭素移行による脱・浸炭層形成によるトラブルを避けるため，下盛用の溶加材に 309 ステンレス鋼の使用を避ける。

なお，ガス溶接時のアセチレンガスからの浸炭により，溶着金属が高硬度・低じん性になる場合があるために，アセチレン過剰炎(約 2,500℃の還元炎)による施工にならないように注意する[1),2)]。

c)溶接部の検査

通常，外観試験および浸透探傷試験により割れの有無を確認する。

d)溶接後熱処理

溶接直後に溶接部全体を 350℃以上に均熱する。加熱後は保温材などにより溶接部を保護し，徐冷することで冷却時の収縮ひずみによる割れの発生を防止する。

(ii)組織と硬さ分布

図 6.12[2)] は最も溶接性の良好なステライト No.6 の肉盛溶接部の硬さ分布とミクロ組織を示している。この試料は 9Cr-1Mo 鋼母材では使用温度が高い場合の炭素移行を考慮して，アロイ 82 を使用した下盛溶接を行い，硬化肉盛溶加材としてステライト No.6 を溶接したものである。肉盛溶接金属の硬さは 400HV 程度を示している。**図 6.13**[2)] はステライト No.21 の被覆アーク溶接による溶接部の硬さ分布を示している。ステライト No.21 はステライト No.6 と比べて硬さは劣るものの，延性・じん性に優れることが知られている。**図 6.14**[13)] は AWS A5.21 ERCoCr-A（ステライト No.6)のガス溶接による溶接金属のミクロ組織を示す。樹枝状晶の Cr と W を含む Co 固溶体の間に Co 固溶体と Cr-W 複合炭化物の共晶が生成した組織である。

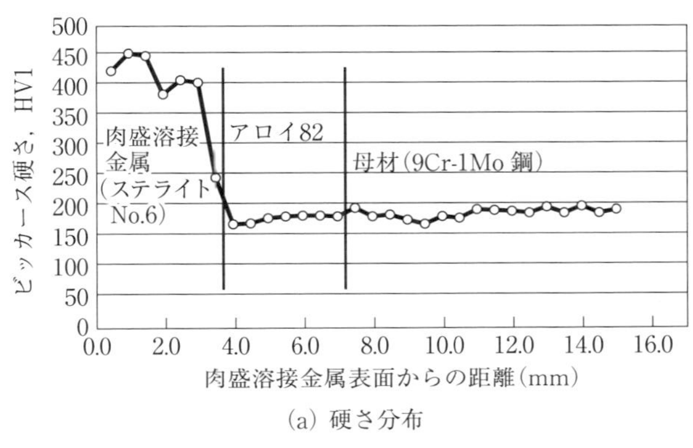

(a) 硬さ分布

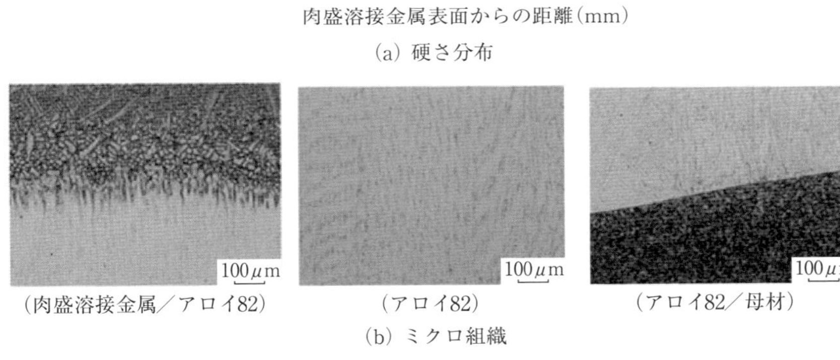

(肉盛溶接金属／アロイ82)　(アロイ82)　(アロイ82／母材)

(b) ミクロ組織

図 6.12 9Cr-1Mo 鋼のステライト No.6 による肉盛溶接金属(アロイ 82 使用)の硬さ分布とミクロ組織

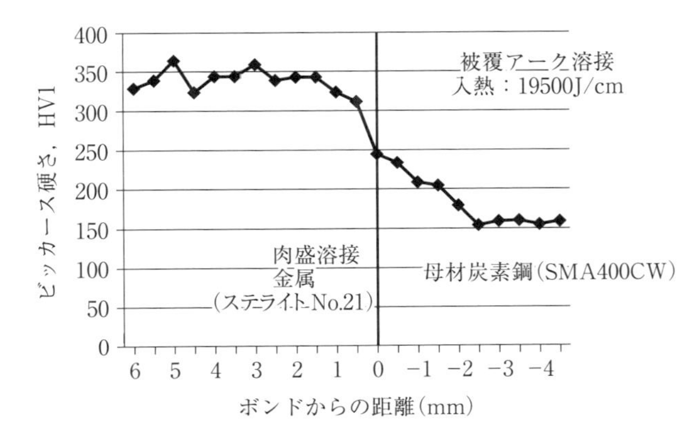

図 6.13 ステライト No.21 肉盛溶接部の硬さの一例

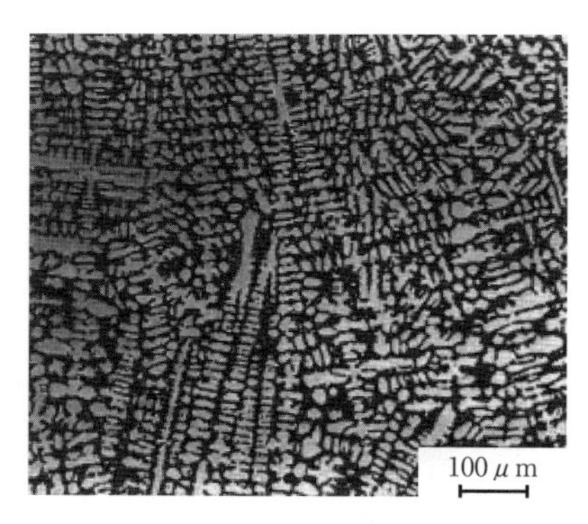

図 6.14　ERCoCr-A の肉盛溶接金属のミクロ組織

(6) 硬化肉盛用ニッケルクロム合金溶加材（コルモノイ系合金溶加材）

ニッケルクロム合金(コルモノイ系合金)溶加材はアメリカのウォールコルモノイ社の開発によるもので，耐食性のあるニッケルクロム合金にBやSiを添加し，Crのホウ化物や炭化物を均一に分散させ，優れた耐摩耗性と耐久性を発揮する溶加材である。コルモノイ系合金の成分はNiが65～85%，Crが8～20%，Bが2～4.5%の組成を有し，Ni-Cr固溶体のマトリックス中に非常に硬いCrのホウ化物を分散析出させたものである。この合金は低応力の使用条件下で，耐すりへり摩耗性を発揮する材料である。表6.13にAWSが規定しているコルモノイ系合金溶加材の組成を示す。この溶加材は通常ガス溶接およびティグ溶接で使用される。また，溶射で使用される場合もある。溶射では施工後に再溶融処理(Fusing)を施すことにより，緻密で母材との密着力の高い良質な皮膜を得ることも可能であるが，この処理は現場施工には不向きである。**表6.16**[14]は代表的なコルモノイ系合金溶加材による特性の一例を示す。

(i) 溶接施工とその管理

コルモノイ系合金溶加材はステライト系合金溶加材と同様に耐食性にも優れている。施工には溶射が用いられる場合が多いが，ガス溶接やティグ溶接が用いられることもある。一般に，この溶加材の肉盛施工の対象は小物のバルブ，ポンプなどの低応力下でのすりへり摩耗が生じる部材である。融点が低く(約1,050℃)，硬さの高い(HRC56～HRC61) AWS A5.21 ERNiCr-C（コルモノイ No.6)を用いて施工される場合が一般的である。

溶接前処理，溶接施工，溶接部の検査，PWHTはいずれもステライト合金系溶加材の場合と同様である。溶接施工に当たっては，希釈率が大きくなると凝固割れ感受性が高くなるため，母材による希釈を極力抑える。小物部材に使

表 6.16　コルモノイ系合金（ニッケルクロム合金）溶加材の種類，化学組成および物性値の一例

(a)種類

材質	用途
コルモノイNo.6	コルモノイ合金中広範囲に使用される。 研磨仕上げ，原子力用バルブ，ポンプ。
コルモノイNo.56	No.5 と No.6 の中間硬度で熱間に用いる。押し出し機など。
コルモノイNo.5	耐衝撃性を考慮に入れている。 仕上げは超硬バイト。
コルモノイNo.4	No.5 よりさらに，耐衝撃性に富み，ポンプ部品，ガラス瓶製造用のプランジャーに適用。
コルモノイNo.21	ガラス金型，鋳物部品の修理用。 ヤスリ仕上げ。

(b)化学組成（mass%）

材質	Cr	Fe	Si	B	C	Ni
コルモノイNo.6	13.5	4.75	4.25	3.0	0.75	Bal.
コルモノイNo.56	12.5	4.5	4.0	2.75	0.70	Bal.
コルモノイNo.5	11.5	4.25	3.75	2.5	0.65	Bal.
コルモノイNo.4	10.0	2.5	2.25	2.0	0.45	Bal.
コルモノイNo.21	5.0	3.5	3.0	1.0	0.25	Bal.

(c)物性値

材質	比重	融点（℃）	熱膨張係数 室温～700℃	硬さHRC
コルモノイNo.6	7.80	1040	8.14×10^{-6}	56～61
コルモノイNo.56	7.95	1050	–	50～55
コルモノイNo.5	8.14	1065	8.41×10^{-6}	45～50
コルモノイNo.4	8.22	1105	8.56×10^{-6}	35～40
コルモノイNo.21	8.34	1220	8.66×10^{-6}	18～23

用されることが多いため，通常下盛層の溶接を実施しない。

(ii)組織と硬さ分布

コルモノイ系合金溶加材は，通常ガス溶接あるいはティグ溶接による肉盛溶接施工に用いられる。硬い Cr のホウ化物や炭化物を分散させることにより高い耐摩耗性および耐食性が得られるため，このような特性が要求される箇所に使用される。表 6.16 に示すように，肉盛溶接金属の硬さは Cr と B に大きく依存する。約 12% 以上の Cr および 2.5% 以上の B を含有する組成の溶加材が使用される（硬さ HRC50～62 程度）。

図 6.15[5)] は炭素鋼母材にコルモノイ No.6 を溶加材に用いたガス溶接による

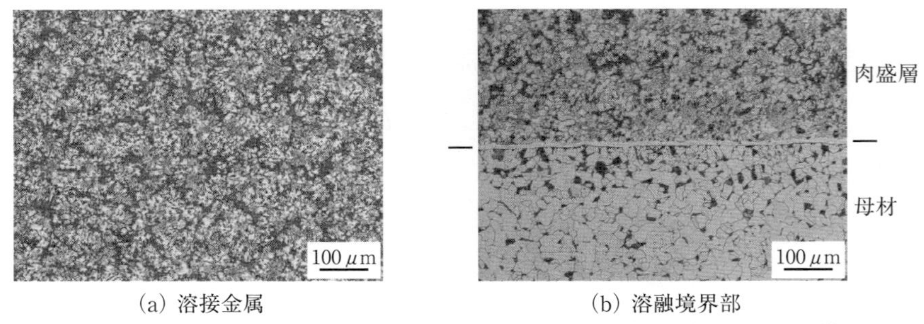

(a) 溶接金属　　　　(b) 溶融境界部

図 6.15　コルモノイ No.6 を用いたガス溶接による肉盛溶接部のミクロ組織

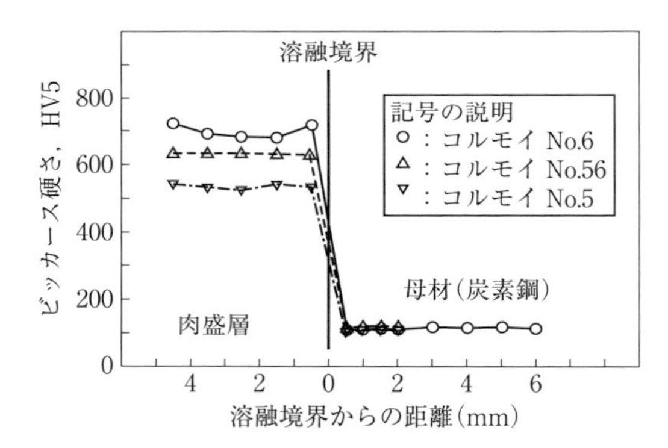

図 6.16　コルモノイ肉盛部硬さ分布の比較(ガス溶接)

肉盛溶接部のミクロ組織を示している。ボンド部近傍の HAZ においては鉄のホウ化物および炭化物の生成量が増加していることがわかる。

図 6.16[5] はコルモノイ No.5，No.6 および No.56 の硬さ分布を比較したものである。溶接金属の硬さは No.6 が 700HV 程度で最も高く，No.56 (630HV 程度)，No.5 (540HV 程度) と低くなっている。この結果は表 6.16 に示したコルモノイ系合金溶加材を用いた溶着金属の硬さとほぼ対応している。

6.6　耐摩耗性

ここでは，各種摩耗現象別に，6.5 項で述べた溶加材について，耐摩耗性を比較する。

(1) すりへり摩耗・浸食摩耗

図 6.17[1]に各種肉盛金属の軽度の耐すりへり摩耗特性を示す。また，同図はすりへり摩耗要素の大きな浸食摩耗についても適用できる。この図から，低圧縮応力下の比較的軽度のすりへり摩耗に関しては，おおむね肉盛溶接金属の硬さの高い方が耐摩耗性は良いといえる。一方，高クロム鋳鉄系溶加材とタングステン炭化物溶加材との比較よりわかるように，この関係は逆転しており，耐摩耗性は硬さのみで推察することは必ずしも妥当ではない。すなわち，肉盛溶接金属の耐摩耗性は金属組織や炭化物の形状・寸法・割合など，硬くもろいタングステン炭化物の表層の微細はく離も考慮して判断しなければならない。

高圧縮応力下の重度の摩耗に関しては**図 6.18**[1]に示すように，硬さの高い方が耐摩耗性が優れているといえる。また，図 6.17と図 6.18の比較から，低圧縮応力下では高圧縮応力下よりも硬さ上昇が耐摩耗性を向上させる効果が大きい

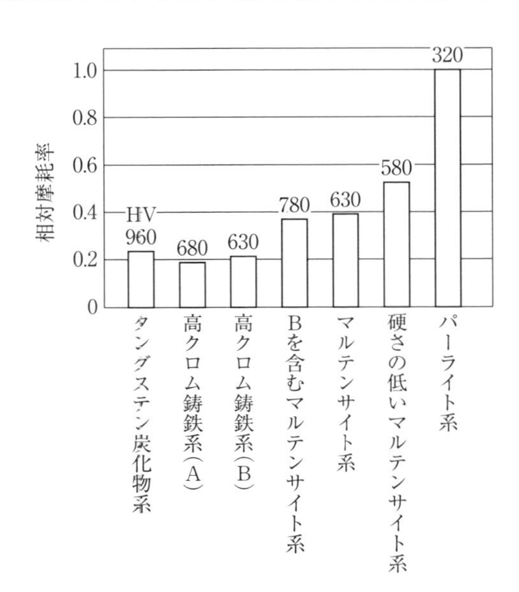

図 6.17　各種肉盛金属の軽度のすりへり摩耗特性(湿カーボランダム中での撹拌摩耗試験)

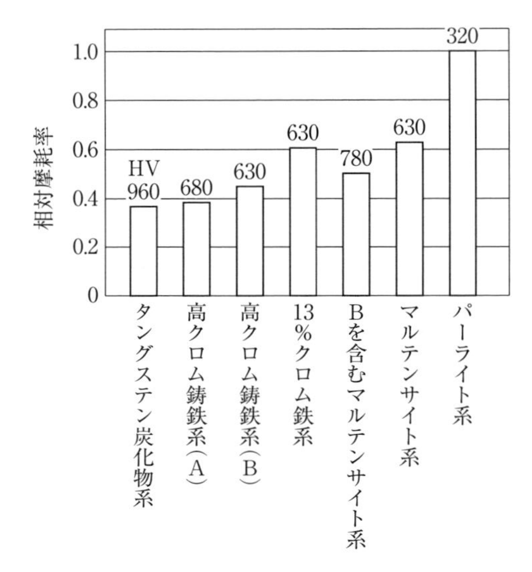

図 6.18　各種肉盛金属の重度のすりへり摩耗特性(対花崗岩円盤すべり摩耗試験)

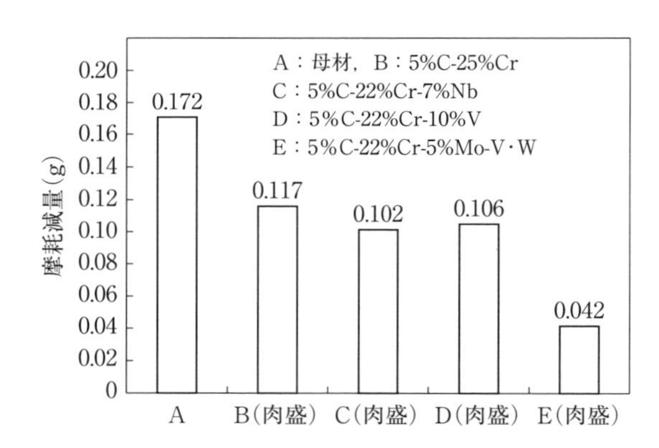

図 6.19　高クロム鋳鉄系母材および肉盛金属のラバーホイール試験(ASTM G-65)結果の一例

ことがわかる。**図 6.19**[7]はすりへり摩耗性に優れる高クロム鋳鉄母材と高クロム鋳鉄系溶加材による肉盛溶接金属のラバーホイール試験結果(ASTM G 65)について示したものである。肉盛金属は 6.4.1 (3)で述べた組織の違いにより母材の 2 倍程度の耐摩耗性を有していることがわかる。なお，実機においては被粉砕物に含まれる不純物も摩耗度合いに影響を与えるため，ラバーホイール試験結果が実機での耐摩耗性と一致しないことも多い。

一方，高温環境下で使用される部材への硬化肉盛溶接においては，その溶接

表 6.17 各種硬化肉盛溶加材の高温硬さの一例

種類	JIS または AWS	高温硬さの一例(HV)					
		300℃	400℃	500℃	600℃	700℃	800℃
マルテンサイト系	DF3B-B	430	410	350	225	110	−
	YF4A-C	410	390	370	190	−	−
高マンガンオーステナイト系	YFME-C	−	250	220	210		
コバルトクロム合金系（ステライトNo.1)	DCoCrC	570	555	540	505	465	400
ニッケルクロム合金系	ERNiCr-C	680	−	600	−	490	−

金属が高温において，ある程度の硬さを維持し，併せて耐酸化性などを具備することが求められる。例えば，次節の実機適用事例において述べる製鉄所の連続鋳造設備のロール(連鋳ロール)や焼結工程の鬼歯・受け歯などはその一例である。高温環境に曝される部材へ適用される溶加材の溶着金属の高温硬さの一例を表 6.17[7]に示す。

(2) 凝着摩耗

耐凝着摩耗性は一般に硬さの高い方が良好である。同時に，摩耗条件下の局部的摩擦熱に耐えるためには高温での硬さが高いことも重要であり，この点でコバルトクロム系溶加材が優れている。

(3) 衝撃摩耗

耐衝撃摩耗に関しては，一般にマトリックスがオーステナイトでじん性に富み，加工硬化性が大きい高マンガンオーステナイト系溶加材が優れている。

(4) 高速流体による摩耗

高速流体による摩耗には，硬さが高く，じん性が大で，圧縮強さの大きい材料が有利である。図 6.20[1]

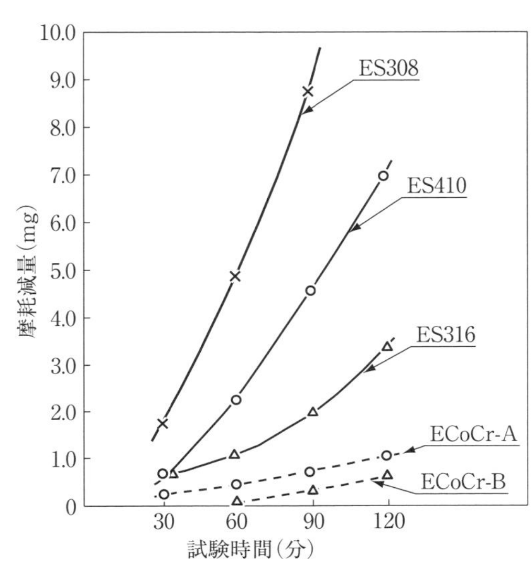

図 6.20 各種肉盛金属の磁わい振動式キャビテーション試験結果

に示すごとく，試験片を水中で上下に激しく振動させ，表面にキャビテーション損傷を与える磁わい振動式キャビテーション試験において，コバルトクロム系溶加材が優れていることがわかる。

(5) 表面疲労による転がり摩耗

転がり摩耗を生じさせる原因は，表面から0.25mm程度の箇所に繰返し負荷されるせん断応力による疲労である。したがって，転がり摩耗の原因である疲れ強さを大きくするためには引張強さを大きくする必要がある。そのため，レールの補修には，加工硬化性に富み引張強さの大きな高マンガンオーステナイト系溶加材を使用する。

6.6　実機適用事例

ここでは，いくつかの代表的な未使用材料および経年使用材への硬化肉盛溶接の適用事例について述べる。

(1) 未使用材料への適用事例

母材の耐摩耗性が十分でない場合，その上に硬化肉盛溶接を行うことを前提に使用されている構造部材は多い。このような場合には，硬化肉盛溶接を実施し耐摩耗性を付与する。

例えば，建設機械のツース(爪)やバケットなどには，未使用部材(通常は炭素鋼)の状態で事前に高クロム鋳鉄系溶加材を使用した硬化肉盛溶接を適用する，あるいはタングステン炭化物を添加する硬化肉盛溶接により摩耗対策を講じる場合がある。この対策は，特に過酷な環境で使用される高価な大型建設機械には効果的である。

また，通常の炭素鋼板の上に高クロム鋳鉄系溶加材を使用して硬化肉盛溶接を施した耐摩耗肉盛プレートが製鉄プラント，セメントプラントなどの各種プラントにおいて，幅広く使用されている。このような硬化肉盛プレートを使用して**図6.21**に示すように部材(例えば，耐摩耗ダクト，耐摩耗シュートなど)を製作し，恒久対策とする場合も多い。**図6.22**はこのようにして製作した耐摩耗部材の一例を示している。

また，燃料や廃材などの輸送用として使用される炭素鋼製搬送用スクリューコンベアの寿命延長のために，主に高クロム鋳鉄系溶加材を使用して，耐摩耗

図 6.21　肉盛プレートを使用した部材

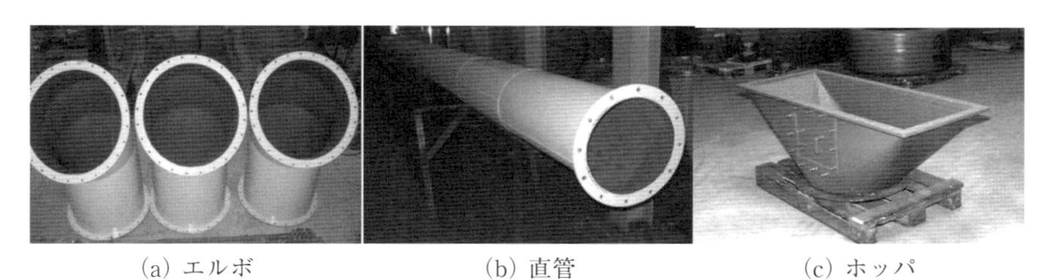

(a) エルボ　(b) 直管　(c) ホッパ

図 6.22　耐摩耗肉盛施工した部材の例

(a) 耐摩耗肉盛溶接施工状況　(b) 耐摩耗肉盛溶接施工済み

図 6.23　搬送用スクリューコンベアの耐摩耗肉盛溶接

肉盛溶接が実施され，著しい効果を上げている。その一例を**図 6.23**[7]に示す。

図 6.24[15]は耐摩耗性をそれほど有さない軟鋼などのスリット部と耐摩耗肉盛溶接によりタングステン炭化物粒を分散させた高耐摩耗ブロック部で構成される竪型ミルローラの一例である。ローラ表面の凹凸により被粉砕物の噛込み性が増すことで粉砕効率の向上，高耐摩耗ブロック部による粉砕面の長寿命化が

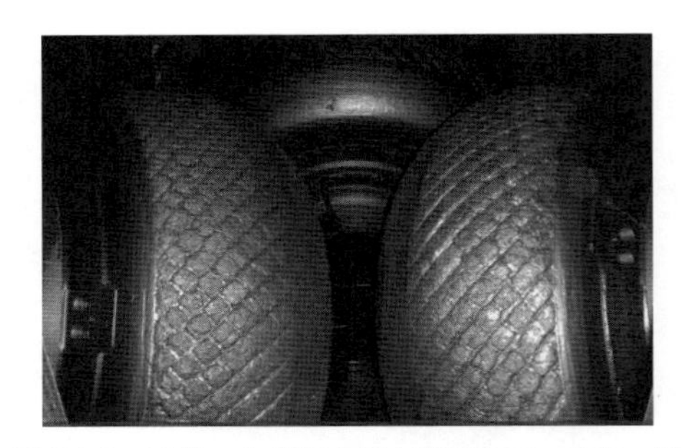

図 6.24　スリットを有する高耐摩耗ローラの一例

期待されている。

(2) 経年使用材への適用事例（補修）

一定期間使用された構造部材が表面損傷を受け，所定の機能を果たさなくなると，機器の設置現場で補修を行う，あるいは実機より取外し，工場などの施工しやすい場所で補修を行う。構造部材が大型であればあるほどその取外し作業は大規模になるため，設置現場での補修作業が有利である。したがって，経年使用材の硬化肉盛溶接による補修は設置現場での作業になる場合が多い。損傷を受けた摩耗面は割れなどの欠陥をともなう場合もあるため，これらの損傷部を除去あるいは補修し，表面を仕上げた後に硬化肉盛溶接により補修する。

このような経年使用材が大型で高価な場合には，計画的メンテナンスに合わせて，硬化肉盛溶接により補修作業を行い，繰返し使用されることが一般的である。このような実施例として以下のようなものが挙げられる。

a) 製鉄用連続鋳造設備の成型ロールの硬化肉盛溶接

連鋳ロールの補修には，耐熱・耐食・耐摩耗溶加材を使用した肉盛溶接を行う。肉盛溶加材としては，連鋳ロールの部位により異なり，ベンディングゾーンについては Cr 量 13～17%，Ni 量 2～6% を含むステンレス鋼が主流で，第3元素として，Mo，Cu，Nb などを添加したものが多い。また，低炭素により耐食性を向上させ，窒素添加により強度を高めた特殊な溶加材による施工法により，溶接熱影響部に発生するすじ状模様のビードマークが発生しない特殊な連鋳ロール[16]もあり，海外では広く採用されている。なお，使用中に熱応力によるヒートクラックが発生し，そのヒートクラックがロールの折損事故を引き起こさないように，**図 6.25** に示すように最終層はサブマージアーク溶接による軸方向肉盛溶接を行う場合もある。

このような小径の連鋳ロールの肉盛溶接には，ミグおよびマグ溶接による自

図 6.25 帯状電極を用いたサブマージアーク溶接による補修状況

動肉盛溶接が採用される場合もあるが，ほとんどの場合サブマージアーク溶接が用いられる。

b)炭素鋼鋳鍛造製ロータリーキルンの受けローラおよびタイヤの補修溶接

ロータリーキルンは鉱石，セラミックスなどの原料を連続的に予熱・焼成・冷却するもので，キルン胴体に取り付けられたタイヤを介して一対の支持ローラにより支えられている。ロータリーキルンの概略を**図 6.26** に示す。炉内焼成温度が 1,000℃程度またはそれ以上ときわめて高いため各種ロータリーキルン本体には耐火レンガが内側に敷き詰められており，この部分には高温での高い疲れ強さと延性が求められる。ロータリーキルンにはセメントキルンのように大規模なものから，樹脂粉末の焼成や乾燥材粉末の水分除去などに用いられる比較的小規模のものまである。

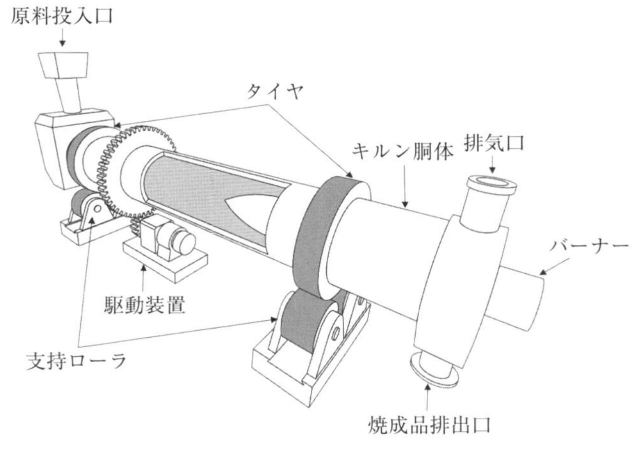

図 6.26 ロータリーキルンの概要図

また，タイヤ(通常炭素鋼)はキルン胴体を保護する当板として使用されており，取外しができないために設置現場において被覆アーク溶接あるいは半自動溶接により，定期的に硬化肉盛溶接が実施されることが多い。溶接後は直後加熱が局部的に実施される。なお，このロータリーキルンは，キルン胴体に亀裂が生じ，その補修溶接が求められる場合がある。このような場合には高温における強度と延性が良好なニッケル合金の溶加材(例えば，アロイ 82 やアロイ 625 など)を使用した補修溶接が施工される。

c)ローラプレスの硬化肉盛溶接

一対のローラ間に被粉砕物が連続供給され，ローラ間による圧縮により粉砕するローラプレスが海外で広く使用されている。このようなローラプレスには，**図 6.27**[17]に示すように，最大応力が表面より 20 ～ 30mm 程度内側に存在し，その繰返し負荷により表面のはく離にいたる。**図 6.28** はこのような低合金鋼ローラ表面に高クロム鋳鉄系溶加材を使用して，一定の肉盛厚さの硬化肉盛溶接を行い，再生した事例を示す。

d)砂岩，泥岩，礫岩などの堆積岩破砕用クラッシャ部材の硬化肉盛溶接

図 6.29 は高マンガン鋼鋳鋼製ジャイレトリクラッシャ（旋回式クラッシャ）のマントルおよびコーンケーブを高クロム鋳鉄系溶加材により，設置現場で遠隔での制御により自動補修している状況を示す。大型開発プロジェクトに必要となる大規模土取り設備などの摩耗部材を取外すことは困難を極めるために，設置現場で耐摩耗肉盛溶接を行う。なお，高マンガン鋼の補修肉盛溶接は，前述した通り，熱影響部のぜい化を防ぐために小入熱で急冷しながら施工し，PWHT は実施しない。なお，熱影響部がぜい化する高マンガン鋼製機器の補

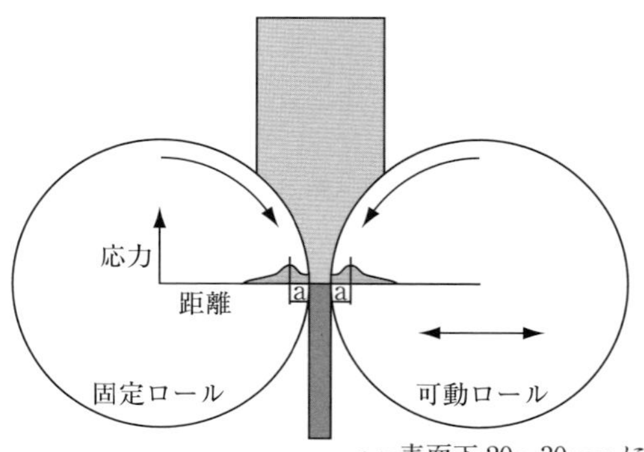

図 6.27　接触部の応力状態

図 6.28　再生されたローラプレス

図 6.29　設置現場でのジャイレトリクラッシャ自動肉盛補修施工の一例

修回数には制限がある。

e) レールの補修溶接

鉄道のレールには通常加工硬化性の高い高マンガン鋼が採用される。また，このレール表面層はレールの上を転がる車輪による接触圧力や摩擦などによる損傷を受ける。このような鉄道のレールは，日本では，一定走行ごとに新規のレールに交換されることが一般的である。一方，運転頻度のそれほど多くない国では高マンガン鋼の溶加材を用いたミグ溶接による補修が採用されている。表面検査の後に，専用台車に搭載された自動研削装置および自動溶接装置による研削・補修溶接を行い，最終的に浸透探傷試験により欠陥がないことを確認している。

f) 竪型ミルのローラおよびテーブルライナの硬化肉盛溶接

日本では，粉砕効率および粉砕性能が高い竪型ミルが発電プラント，セメントプラント，製鉄プラントなどで幅広く使用されている。粉砕ミルの原理は圧縮粉砕と摩擦粉砕によるものであり，製造メーカーごとにそのメンテナンス性を含めてそれぞれ特徴がある。長時間使用した竪型ミルの補修溶接において，最も重要なことは長時間使用によりぜい弱化した硬化肉盛溶接金属の除去である。補修溶接時の溶接金属が凝固する際に，ぜい弱化した下層の硬化肉盛部が補修時の溶着金属から凝固収縮や熱収縮による引張応力を受ける結果，母材と硬化肉盛金属の境界がはく離する場合がある。既存の肉盛金属のぜい化の程度は補修溶接前のハンマリング検査，2～3層の補修肉盛溶接後の再ハンマリング検査により確認する。なお，ハンマリング検査において問題がある場合には，施工する面の既存硬化肉盛溶接金属を完全に除去する。**図6.30**は，竪型ミル内における主要摩耗部材である高クロム鋳鉄母材のローラとテーブルライナの高クロム鋳鉄系溶加材を用いた自動溶接補修を示しており，ローラとテーブルライナの同時ミル内自動溶接補修あるいは複数個のローラの同時ミル内自動溶接補修の実施状況である。

g）製鉄プラントの鬼歯および受け歯の硬化肉盛溶接

製鉄所の焼結工程では，一日当たり10,000 t程度のコークスが生産される。焼結工程において，コークスは破砕機の鬼歯および受け歯により破砕される。

600℃程度の高温で破砕することになり，鬼歯および受け歯には高温での耐摩耗性が要求される。

この鬼歯・受け歯の硬化肉盛溶接には，高温での耐摩耗性に優れたMoを含む複合炭化物系の溶加材が使用され，セルフシールドアーク溶接により連続的に施工される。肉盛する母材表面に鋼板の格子を溶接して，小ブロックに分割

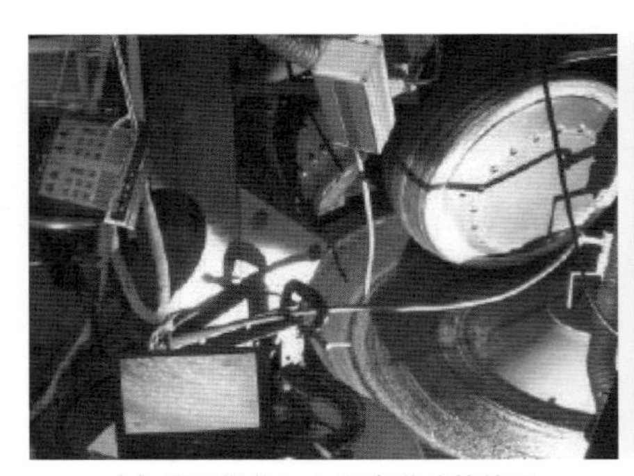

(a) 遠隔操作による自動溶接施工

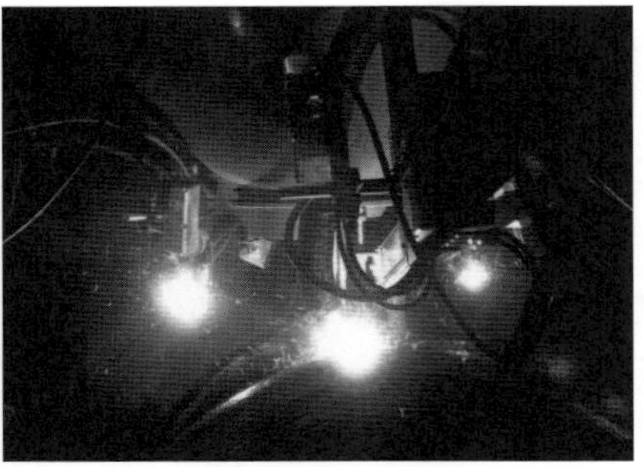

(b) ミル内での同時施工（ローラ3個）

図6.30　竪型ミル内自動肉盛溶接によるローラとテーブルライナの補修

(a) 鬼歯

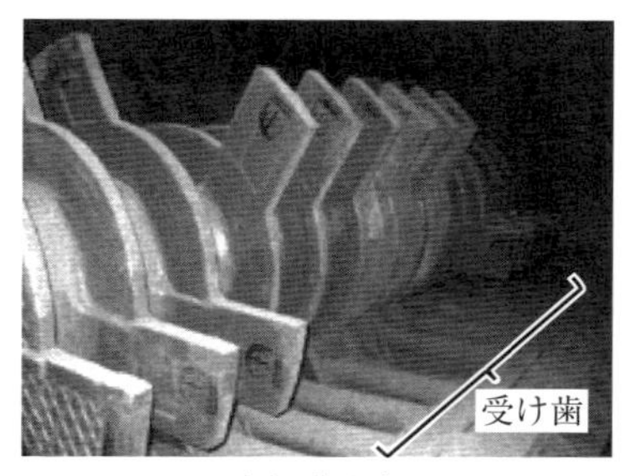

(b) 受け歯

図 6.31　硬化肉盛溶接された鬼歯と受け歯

された格子内１つ１つの部位に耐摩耗性に優れた溶加材を用いて連続的にセルフシールドアーク溶接を行い，寿命が 50% 改善されたという報告もある[18]。**図 6.31** は本施工法で完成した鬼歯と受け歯である。

参考文献

1) (社)日本溶接協会 溶接棒部会技術委員会 調査第７分科会，“肉盛り溶接材料の選び方・使い方”，1981 年 4 月発行
2) 浅井知：“Co 基合金の肉盛溶接”，日本溶接協会 特殊材料溶接研究委員会資料，資料番号 SW-WG-17
3) 徐国建，沓名宗春，張宏，劉忠杰，羽田光明，小出宏夫：“Ni 基合金粉末を用いた機械部品へのプラズマ肉盛及び高効率レーザ肉盛”，溶接学会論文集，23-3(2005) pp.412-421
4) 濵名亮佑，山下正太郎，平田弘征，才田一幸，阿部大輔，渡辺康介，松岡孝昭：“Ni 基合金 713LC と Co 基合金 Stellite 31 の異材溶接金属における凝固割れ感受性に対する理論的検討”，溶接学会全国大会講演概要 第 112 集(2023) pp.58-59
5) ㈱ウェルディングアロイズ・ジャパン社内資料
6) 大城桂作：“合金泊鋳鉄の凝固”，鋳物，66-10(1994)，第 10 号，pp.764-771
7) “高クロム鋳鉄の硬化肉盛溶接”，日本溶接協会 特殊材料溶接研究委員会資料，資料番号 SW-WG-37(DW-13)
8) 榊原紀幸，納富啓，上戸好美，谷口雅彦，西尾一政：“高炭素－高クロム－鉄系硬化肉盛の熱処理による耐摩耗性の変化”溶接学会論文集，28-1(2010)，p.48-53
9) R.S.Jackson：JISI 208(1970), p.163
10) A.Wiengmoon, T.Chairuangsri and J.T.H.Pearce：“An Unusua Structure of As-cast 30% Cr Alloy White Iron”,ISIJ International, Vol.45 (2005), No.11, pp.1658-1665
11) Shuai Gao, Hirotaka Nakashin, Motomichi Yamamoto, Kenji Shinozaki, Kota Kadoi, Hiroshi Watanabe, Tatsunori Kanazawa, A.P.Gerlich：“Development of WC Hard-facing Welding Process using Pulse Heated Hot-wire Gas Tungsten Arc Welding System”，溶接学会論文集，31-4(2013)，pp.57-60
12) ㈱三菱マテリアル，技術資料，耐摩耗合金データ集
13) 溶接学会溶接冶金研究会編“溶接・接合部組織写真集”
14) ㈱井田熔接ホームページ
15) ING 社ホームページ

16) 青田利一："オープンアーク溶接法による連続鋳造ロールの耐摩耗性肉盛溶接", 溶接技術, 8月号(2002), pp.113-117
17) Robert Scandella："Roller presses Improvement of wear resistance", F.L.Smidth International Maintenance Seminar, 1998
18) Fabrice Scandella："Alveolar hardfacing：A remarkable technology for extending the service life of hot sinter crusher components", Report of Institut de Soudure, Vol.62(2008), No.4, pp.29-38

第7章

クラッド鋼の溶接

クラッド鋼の溶接には，母材同士，合せ材同士，母材と合せ材の境界部があり，それぞれにおいて適切な溶加材，溶接条件を選定する必要がある。また，母材同士，合せ材同士を個別に溶接した場合もそれぞれの溶接時の熱影響により，クラッド鋼の母材と合せ材の境界部で金属組織の変化が生じ，特性が劣化する場合もあることにも注意を要する。本章では，クラッド鋼溶接時の留意事項，適用事例について説明する。

7.1 クラッド鋼の概要

JIS G 0601 ではクラッド鋼の製造法による分類として，圧延クラッド鋼，爆着クラッド鋼，拡散クラッド鋼，爆着圧延クラッド鋼，肉盛圧延クラッド鋼，鋳込み圧延クラッド鋼，拡散圧延クラッド鋼，肉盛クラッド鋼が挙げられている。

炭素鋼，低合金鋼に合せ材としてステンレス鋼やニッケル合金，チタンなどの高機能材を組み合わせたクラッド鋼を用いるメリットは下記の通りである。

(1) 経済性

例えば，厳しい腐食環境で使用される構造物には高価な高耐食材料を用いる必要があるが，高耐食性が必要とされるのは主に表層部分である。腐食環境に接しない部分は鋼とし，合せ材部分のみを高価な高耐食材料としたクラッド鋼を用いることが経済的に有利となる場合が多い。

ただし，実際には，鋼と合せ材の厚さ比率を反映した素材コストに鋼 / 合せ材を接合するための施工コストが加わるため個々のケースで経済性に差異があることに留意する必要がある。

(2) 機能分担

クラッド鋼の適用には，合せ材である高価な材料が鋼に置き換わったことによる経済性向上とは別に，鋼と合せ材にそれぞれの機能を分担させることが可能となるメリットがある。例えば，ステンレス鋼や純チタンのように，優れた耐食性をもっていても降伏強さが必ずしも高くない材料を構造物に用いる場合には，強度確保の観点から相応の板厚が必要である。その対策として高張力鋼などの構造用鋼に合せ材を接合したクラッド鋼を用いれば板厚の増加を抑えることが可能となる。すなわち，合せ材に耐食性を，構造鋼側に強度をそれぞれ機能分担させるメリットがある。

一方でクラッド鋼であるがゆえに溶接や熱処理，成形加工において留意すべき点がある。クラッド鋼の溶接に際しては，1)溶加材と合せ材，鋼との希釈によってできる溶接金属の組織を適正に保つこと，2)鋼／合せ材接合界面の劣化を防止することが主な留意点として挙げられるが，それらの要件は合せ材の種類によって異なるため，それぞれの場合については後の各節にて述べる。また，熱処理に際しては，鋼側にとっては最適な熱処理条件であっても合せ材側の性能劣化を招くことがあるため注意を要する。

7.2　各種クラッド鋼の溶接に関する基本的留意事項

7.2.1　冶金学的な観点での基本事項

クラッド鋼における冶金学的な基本事項は，合せ材に用いられている材料と鋼との間での金属間化合物の形成の有無により大別される。なお，本章では特に断らない限り，合せ材と接合された鋼を母材と呼ぶ。

ステンレス鋼やニッケル合金のように通常の溶接過程では金属間化合物を形成しない材料が合せ材であるクラッド鋼の溶接に際しては，溶加材と母材，合せ材が溶融して形成される溶接金属が，第3章，第4章で示された要件を満たす組織となるよう溶加材と施工条件を選定することがポイントとなる。特に，ステンレスクラッド鋼では第3章に述べられている異材溶接の場合と同様の考え方にて，シェフラ組織図を用いて適正な組織を得るための溶加材の組成と希釈率の範囲を予測できる。

チタン，ジルコニウム，アルミニウムのように金属間化合物を形成する材料が合せ材であるクラッド鋼の溶接に際しては，母材と合せ材の溶融混合を避けることはいうまでもなく，クラッド界面が高温に加熱されないよう開先形状，溶接条件に留意する必要がある。

7.2.2　施工における基本事項

(1)継手・開先

クラッド鋼同士を溶接する場合の注意点は，合せ材を母材側で使用される溶加材で溶かさないことであり，その点を留意して開先加工を行う。突合せ継手の両面溶接を行う場合の開先形状例を**図7.1**に示す[1)]。いずれの継手も，母材側から母材用の溶加材を用いて溶接後に，合せ材側から合せ材用の溶加材を用いて溶接を行う。母材と合せ材の境界部の溶接には，異材溶接用の溶加材を用いる。a)，b)，c)，d)は板厚が比較的薄い継手であるが，板厚によって母材側に開先をとるかどうかを判断する。a)のように特に板厚が薄く母材側の溶接時に合せ材を溶かしてしまう恐れがある場合は，異材溶接に適した溶加材を適用する。b)，d)，f)のように合せ材を突合せ部を中心にあらかじめ機械加工で広くはつってカットバックを形成しておけば，母材の初層溶接の溶込みが深くなったとしても，合せ材を溶かしてしまうことを回避できる。チタン，ジルコニウムクラッド鋼では合せ材をカットバックする場合が多い。

角継手の開先形状例を**図7.2**に示す。合せ材が内側，外側いずれに配置されていても母材を最初に溶接するのが原則である。合せ材が内側にある場合，

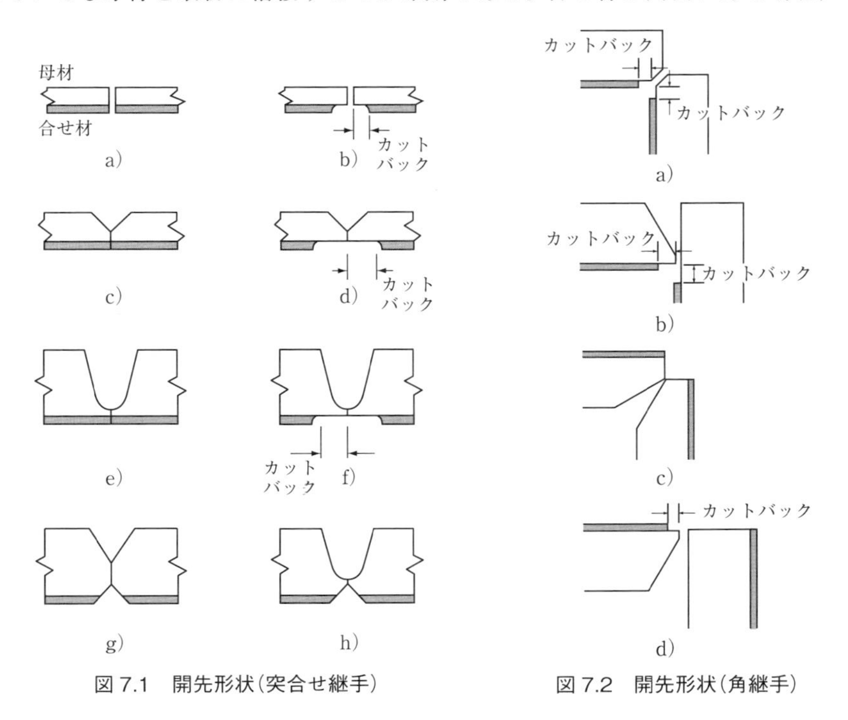

図7.1　開先形状(突合せ継手)

図7.2　開先形状(角継手)

a)，b)は，母材溶接後に内側からルート部をガウジングではつって開先を形成後，合せ材用の溶加材を用いて溶接する。合せ材が外側にある場合，c)，d)は，母材をルート部から溶接後，合せ材側を溶接する。

(2) 母材の溶接

クラッド鋼の溶接は，原則として母材の溶接を行った後，合せ材の溶接を行う。母材の溶接には，母材に適した溶加材および施工法を選定して溶接割れなどの溶接欠陥を防止しながら，適正な機械的性質を確保する。母材の溶接完了後，合せ材側を機械加工，グラインダ研削，ガウジングなどの方法で母材側の溶接金属が完全に露出するまで裏はつりを行い，開先を形成し，合せ材側の溶接を行う。開先角度が狭すぎると，融合不良やスラグ巻込みが生じやすいので注意する。

(3) 合せ材側の溶接

合せ材側からの溶接に先立って開先面の浸透探傷試験を行い，合せ材のはく離や母材溶接部の欠陥がないことを確認する。

合せ材の溶接に際しては肉盛溶接と同様に，異種金属による希釈，炭素移動，熱疲労および熱衝撃などに留意し，溶加材の選定，溶接条件の決定を行う。詳細は第3～5章および7.3～7.5節を参照。

7.3　ステンレスクラッド鋼の溶接

本書ではステンレス鋼を合せ材としたクラッド鋼を，以下ステンレスクラッド鋼と称す。

7.3.1　溶加材

ステンレスクラッド鋼の溶接では，溶接部に母材同等以上の強度と合せ材同等以上の耐食性の確保が要求される。そのため，基本的には母材同士の溶接には母材の鋼種に適した溶加材を，合せ材同士の溶接には合せ材同等の耐食性と機械的性質を有する共金系の溶加材を適用する。溶接において最も注意を要する部分は母材の溶接から合せ材の溶接に移る境界部である。境界部の溶接は異材溶接となることから，溶加材の選定，溶接条件，後熱処理などを考えなくてはならない。境界部の溶接には，合せ材用の溶加材よりも合金成分が多い異材溶接用溶加材を用いて，Cr，Niなどの合金成分の希釈による低下を抑える。

合せ材がオーステナイト系ステンレス鋼の場合では，境界部に合せ材と共金系の溶加材を用いると，フェライト量の低下による高温割れやマルテンサイト生成による硬化が生じるので，溶接部の健全性を確保するためにも中間層には異材溶接用の309L系や309LMo系などの高合金系溶加材を用いる必要がある。その他，合せ材を溶接する際は以下の点に留意する。

・希釈を抑える溶接法，溶接条件(低電流，低速度，十分なビード重ね)を選択する。
・合せ材溶接金属の性能確保のため単層盛ではなく，多層盛溶接にする(3.5.1(2)参照)。層当たりの肉厚を薄くするため，できるだけ下向き姿勢で溶接する。

合せ材の溶接には，合せ材の厚さにもよるがサブマージアーク溶接のように層当たりの肉厚が大きく，母材の希釈が大きい溶接法よりも，ティグ溶接，被覆アーク溶接，マグ溶接の方が適している。ステンレスクラッド鋼合せ材と溶加材の組合せ例を**表7.1**に示す。合せ材がスーパーオーステナイト系ステンレス鋼(PRE≧40)の場合には，合せ材の溶接にアロイ625系もしくはアロイC276系など高PREのニッケル合金溶加材を用いる。ニッケル合金の溶接金属は高温割れ感受性の高いfcc(面心立方)構造の単相組織となるため，PやS等の不純物元素の量を低減した溶加材を用いると同時に低電流，低速度での溶接施工が必要である。(詳細は7.4節を参照)

表7.1　ステンレスクラッド鋼合せ材と溶加材の組合せ例

	被覆アーク溶接棒	ティグ／ミグ溶接用ソリッドワイヤ	フラックス入りワイヤ
ステンレス鋼	JIS Z 3221 ES xxx	JIS Z 3321 YS xxx	JIS Z 3323 TS xxx
ニッケル合金	JIS Z3224 E xxxx	JIS Z 3334 S xxxx	JIS Z 3335 T xxxx

合せ材	1層目 異材溶接用ステンレス鋼溶加材	2層目以降 合せ材用ステンレス鋼溶加材
304	309, 309L	308, 308L
304L	309L	308L
310, 310S	309, 310	310
316	309Mo, 309LMo	316, 316L
316L	309LMo	316L
317L	309LMo	317L
321, 347	309(L), 309(L)Nb	347, 347L
405, 410 410S	430Nb, 430または 309, Ni 6082, (E Ni 6182)	430Nb, 430または 308, 309, Ni 6082, (E Ni 6182)
329J3L	309LMo, 2209	2209
312L	Ni 6625, Ni 6276	Ni 6625, Ni 6276

7.3.2 溶接施工とその管理

(1)開先形状と溶接施工手順

ステンレスクラッド鋼同士を溶接する場合の注意点は，合せ材を母材側の溶加材で溶かさないことであり，その点を留意して開先加工を行う(詳細は7.2.2項を参照)。

ステンレスクラッド鋼の溶接は，原則として母材の溶接を行った後，合せ材の溶接を行う。**図7.3**，**図7.4**に溶接施工手順を示す。母材の溶接は7.2.2項参照のこと。合せ材側からの溶接に先立って開先面の浸透探傷試験を行い，合せ材のはく離や母材溶接部の欠陥がないことを確認する。合せ材側の溶接に関しては，1層目の溶接では，異材溶接用溶加材を用いて，特に電流を低めにして過度な希釈によるマルテンサイト生成に起因する硬化，割れを防止する。希釈の低減は，溶接金属中の合金成分の濃度低下防止や母材からのC混入による耐食性劣化防止にも有効である。

小径の内面クラッド鋼管の突合せ継手のように，両側からの溶接が困難で鋼管外面からの片面溶接を行わなければならないケースがある。この場合の溶接施工手順を**図7.5**に示す。合せ材であるステンレス鋼の部位を先に溶接しなければならないため，その上を炭素鋼の溶加材で溶接すると溶接金属中にCr，Niなどの合金成分が混入して硬化し，健全な溶接金属が得られない。そのため，内面クラッド鋼管の片面溶接では，合せ材の溶接に用いた高合金系溶加材を母材の溶接にも用いて仕上げる方法が一般的である。

図7.2に示した角継手の場合の溶接施工手順を**図7.6**に示す。

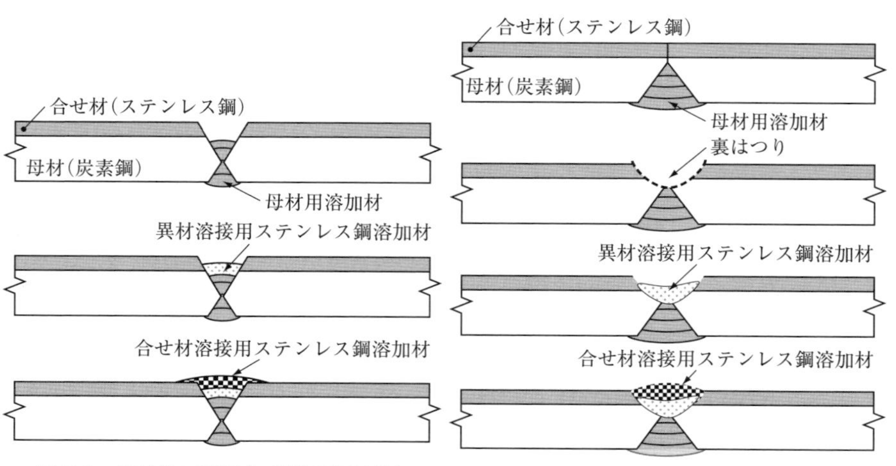

図7.3　溶接施工手順(X開先両面溶接)

図7.4　溶接施工手順(Y開先両面溶接)

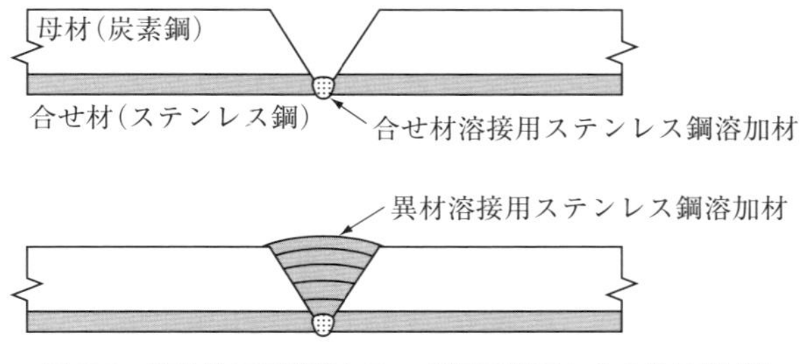

図 7.5 溶接施工手順(クラッド鋼管外面からの片面溶接)

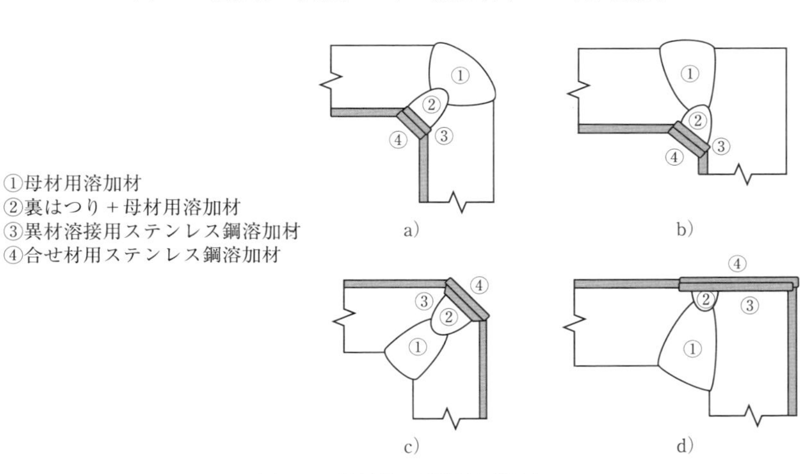

図 7.6 溶接施工手順(角継手)

(2) 予熱，パス間温度の管理

母材の溶接における予熱およびパス間温度管理は，母材の種類や板厚，溶接方法などを考慮して決定するが，合せ材の溶接における一般的な条件は，3.2.2 項の溶接施工とその管理を参考とすればよい。母材と合せ材の境界部の溶接においてオーステナイト系ステンレス鋼の溶加材を用いて溶接する場合は，母材側の予熱，パス間温度の低めの条件を適用する。一方，フェライト系ステンレス鋼の溶加材を用いる場合は，母材と溶加材の適正予熱およびパス間温度条件のうち高い方の温度条件を適用するのが一般的である。

(3) 溶接後熱処理（PWHT）

溶接後熱処理は主に硬化部の材質改善，溶接時に母材に発生した残留応力の除去や水素放出などの目的で行われるが，合せ材にも同一の熱処理が行われることになるため，ステンレス鋼側の性能変化を十分に把握して，条件を検討する必要がある。詳細は3.2.3項の溶接後熱処理(PWHT)を参照のこと。

(4) 施工管理および溶接部の検査

ステンレスクラッド鋼の溶接施工では，母材の溶接と合せ材の溶接とでは異なる溶加材，溶接法を用いることが多く，単一材の溶接より複雑なため，あらかじめ溶接施工法を検討の上，施工管理および溶接部の検査方法を決定しておく必要がある。クラッド鋼ではない一般材料の溶接施工と並行して実施されることが多いため，素材および溶加材の管理を特に厳しく行い，溶接手順書の確認や指定通りの手順で実際に溶接が行われたことを確認することが大切である。

JIS Z 3043「ステンレスクラッド鋼溶接施工方法確認試験方法」が制定されていて，試験項目としては①継手引張試験，②継手曲げ試験(母材側を外側に曲げる表曲げ，合せ材側を外側に曲げる裏曲げ，および側曲げ)が規定されており，また，参考試験項目として③クラッド鋼の母材側の溶接金属，溶接熱影響部(HAZ)の衝撃試験，④クラッド鋼の合せ材側の溶接金属の成分分析，⑤オーステナイト系溶接金属のフェライト量試験が規定されている。

確立した溶接施工方法に従って溶接を行う場合，健全な溶接部を確保するために溶接施工前後および溶接過程において必要な検査が行われる。準備した開先について，その形状，角度，目違い，ギャップ，清浄度(汚れや酸化)などが規定通りであることを確認する。また，母材側の溶接後，合せ材の溶接を行う前にガウジングやグラインダなどで開先を形成する場合には，特に母材溶接部のルート部を十分にはつって融合不良やスラグ巻込みなどの溶接欠陥が残らないようにすることが肝要である。溶接終了後は，溶接部の健全性を調べるために，以下の(a)～(d)に示す非破壊検査が行われる。

クラッド鋼の溶接部に発生する代表的な溶接欠陥としては，溶接割れおよび融合不良がある。誤って炭素鋼溶加材で合せ材を溶接すると低温割れが生じることがあるが，適正な溶加材の適用と適切な溶接条件による希釈を抑えた施工により防止可能である。合せ材側の溶接は，一般に低希釈とするために低電流で行われることから，母材／下盛溶接金属境界部で融合不良が生じやすい。また，T継手で入熱が大きい場合は，母材／合せ材界面で割れが生じる危険性がある。

(a) 放射線透過試験

放射線により内部の割れ，融合不良，ポロシティ(ブローホール)を検出する。JIS Z 3104「鋼溶接継手の放射線透過試験方法」が規定されている。

(b) 浸透探傷試験

表面に存在する割れやピットなどの溶接欠陥を検出するのに用いる。特別な機器が不要で，現場にて容易に判定結果を得ることができる。クラッド鋼の溶接では，溶接前の開先面に実施することにより合せ材のはく離を確認することができる。JIS Z 2343「非破壊検査－浸透探傷試験」が規定されている。

(c) 超音波探傷試験

試験材表面から超音波を入射し内部欠陥に起因した反射波(エコー)を検出する方法である。クラッド鋼では母材と合せ材の境界部でエコーが現れ判定が難しい場合は合せ材と母材側の両面から検査を行うことがある。JIS Z 3060「鋼溶接部の超音波探傷試験方法」が規定されている。

(d) 磁粉探傷試験

表面近傍の欠陥を検出するためには有効な手段であるが，試験には磁束を用いることから合せ材がオーステナイト系ステンレス鋼のような非磁性体の場合には適用できず，母材側の検査に限定される。JIS Z 2320「非破壊検査－磁粉探傷試験」によって行われる。

7.3.3　溶接継手の性質

日本高圧力技術協会クラッド研究委員会が行った圧延および爆着クラッド鋼の溶接継手の試験結果を示す。

(1) SUS316L クラッド鋼継手 [2)3)]

表 7.2 に示す 2 種類の SUS316L クラッド鋼を用いて**表 7.3** に示す要領にて突合せ溶接継手を作製した。合せ材側の溶接金属から合せ材までの硬さ分布を**図 7.7** に示す。継手Aでは合せ材の溶接熱影響部が少し軟化しているが，硬化領域はない。**表 7.4** に溶接継手の引張試験および側曲げ試験結果を示す。引張試験における破断位置は母材である。側曲げ試験結果も良好であり，健全な継手であるといえる。

ステンレスクラッド鋼を用いた溶接構造物においては，腐食環境に接することとなる合せ材溶接部の最外面での耐食性が重要となる。クラッド鋼の溶接では中間層の溶加材に 309 系等，合せ材と異なる溶加材を用いることが多い。ク

表 7.2　SUS316L クラッド鋼の合せ材および母材の化学組成(mass %)

種類	部材	C	Si	Mn	P	S	Ni	Cr	Mo
圧延クラッド	合せ材	0.019	0.62	1.68	0.029	0.013	12.5	16.6	2.45
	母材	0.13	0.24	0.67	0.010	0.012	－	－	－
爆着クラッド	合せ材	0.019	0.64	1.44	0.021	0.009	13.4	17.3	2.39
	母材	0.16	0.24	0.65	0.012	0.003	－	－	－

表 7.3　SUS316L クラッド鋼突合せ継手の溶接施工要領

継手	A	B
クラッド鋼の種類	圧延クラッド鋼	爆着クラッド鋼
溶接方法	被覆アーク溶接およびサブマージアーク溶接	
溶加材 (被覆アーク溶接)	E4916相当, 5.0mm ES309-16相当, 5.0mm ES316L-16相当, 5.0mm	
溶加材 (サブマージアーク溶接)	JIS Z 3183 S502-H相当, 4.0mm (600～700A　AC)	
予熱, パス間温度	15℃～150℃	
板厚	合せ材3 mm, 母材20 mm	合せ材3 mm, 母材22 mm
溶接姿勢	下向き	
開先形状	30°　18　30° 3　3　3 60°	
溶接順序	9　11　10　6　8　7　4　5　1　2　3 1-3：サブマージアーク溶接 , 4-5: 被覆アーク溶接(E4916) 6-8：被覆アーク溶接(ES309) 9-11：被覆アーク溶接(ES316L)	

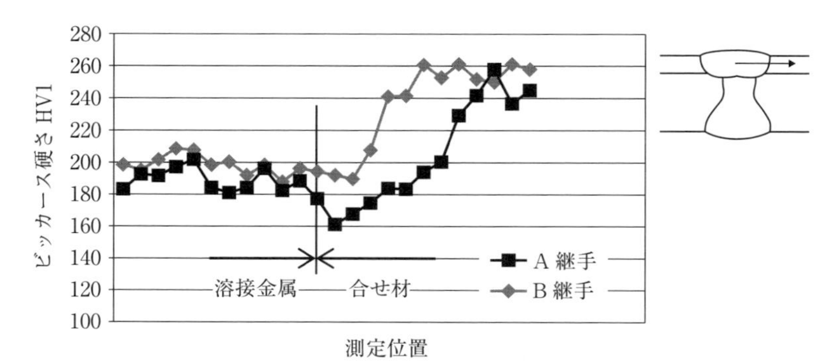

図 7.7　SUS316L クラッド鋼溶接継手の合せ材部の硬さ分布

表 7.4　SUS316L クラッド鋼溶接継手の機械的性質

継手		A	B
引張試験	引張強さ(MPa)	546	545
	破断位置	母材	母材
側曲げ試験	曲げ試験結果	良好	良好

ラッド鋼の溶接継手の合せ材溶接部において原質部と同等の耐食性を確保するためには，合せ材最外面の溶接金属組成に留意する必要がある。

表7.3に示すクラッド鋼溶接継手の合せ材の溶接継手の部分から採取した試験材での耐食性評価の例を**図7.8**，**図7.9**，**表7.6**に示す。図7.8，表7.6に示すように，耐全面腐食性，耐孔食性に関しては溶接継手は合せ材の原質部に比べて低い耐食性となっていた。**表7.5**に示すように中間層に溶加材(ES309)を用いた場合には溶接金属のMo量は合せ材の原質部(表7.2)に比べて低くなっており，そのため耐全面腐食性，耐孔食性が低くなっていたものと理解される。したがって，合せ材溶接部において合せ材の原質部と同等の耐食性を確保するた

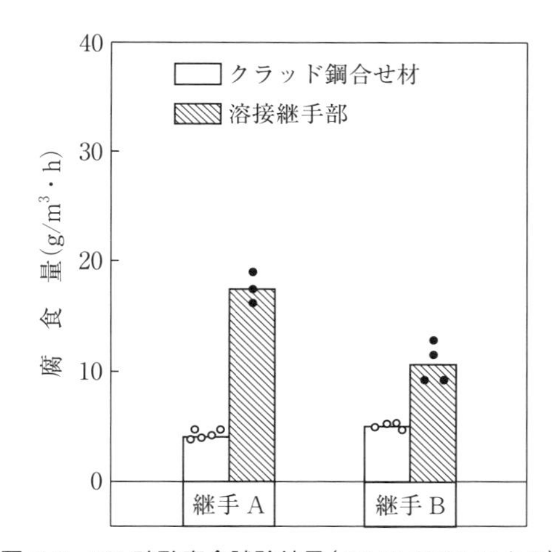

図7.8　5% 硫酸腐食試験結果(JIS G 0591による)

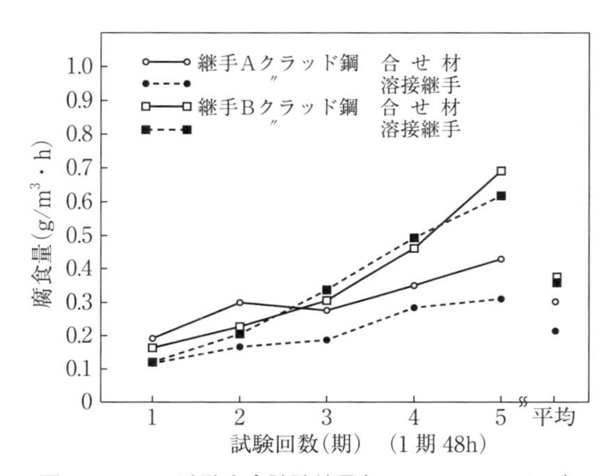

図7.9　65% 硝酸腐食試験結果(JIS G 0573による)

表 7.5　SUS316L クラッド鋼合せ材側溶接金属の化学組成（mass%）

継手	C	Si	Mn	Ni	Cr	Mo	N
A	0.044	0.32	1.45	12.47	19.57	1.69	0.066
B	0.042	0.33	1.50	12.35	20.27	1.44	0.056

表 7.6　10%$FeCl_3$・$6H_2O$ 孔食試験結果（g/m^2・h）（40℃ 4h）

	試験片	腐食量
継手A	合せ材	8.7
	溶接継手部	12.9
継手B	合せ材	19.1
	溶接継手部	13.0
一般のSUS316L	−	4.0〜6.0

試験片寸法：2t×40w×30 l

めには，最外面の溶接金属が概ね原質部に近い組成となるよう留意する必要がある。なお耐粒界腐食性に関しては図7.9に示すように溶接継手は合せ材の原質部と同等の耐食性を示している。耐粒界腐食性はMoの影響を受けず，合せ材側の溶接金属おいてはC量が0.045%以下で母材からのCのピックアップの影響も比較的少なく，耐粒界腐食性低下の原因となるCr炭化物の析出も少なかったことによるものと理解される。

(2) SUS405 クラッド鋼継手[2)3)]

表7.7に示す化学組成の合せ材および母材からなるSUS405クラッド鋼の爆着クラッド鋼を用いて突合せ継手を作製した。施工要領を**表7.8**に示す。炭素鋼側を炭素鋼用溶加材を用いた被覆アーク溶接およびサブマージアーク溶接後，合せ材側には3通りの組合せのステンレス鋼被覆アーク棒を用いている。すなわち，継手AはES430，ES410を，継手BはES309を，継手CはES430Nb，ES409Nbを適用し，継手A, Cには625℃のPWHTを施している。継手の硬さ試験，引張試験，および曲げ試験の結果をそれぞれ**図7.10**，**表7.9**に示す。溶接のままの継手Bは合せ材のHAZでのマルテンサイトの生成による硬化が見られるが，継手A, CではPWHTによる焼き戻し効果により硬さ

表 7.7　SUS405 クラッド鋼の合せ材および母材の化学組成（mass %）

種類	部材	C	Si	Mn	P	S	Cr	Al
爆着クラッド	合せ材	0.06	0.58	0.30	0.016	0.004	13.9	0.2
	母材	0.16	0.24	0.65	0.012	0.003	−	−

表 7.8　SUS405 クラッド鋼突合せ継手の溶接施工要領

継手	A	B	C
クラッド鋼の種類	爆着クラッド鋼		
溶接方法	被覆アーク溶接およびサブマージアーク溶接		
溶加材 （被覆アーク溶接）	E4916相当, 4.0mm ES430-16, 4.0mm ES410-16, 4.0mm	E4916相当, 4.0mm ES309-16, 4.0mm	E4916相当, 4.0mm ES430Nb-16, 4.0mm ES409Nb-16, 4.0mm
溶加材 （サブマージアーク溶接）	JIS Z 3183 S502-H相当, 4.0mm		
板厚	合せ材3 mm, 母材22 mm		
予熱, パス間温度	15℃～180℃		100℃～250℃
PWHT	625℃×1h	なし	625℃×1h
溶接姿勢	下向きでの両面溶接		
開先形状 および積層順序			
溶接順序 ②-⑤：被覆アーク溶接	①　；サブマージアーク溶接 ②　；E4916 ③　；ES430 ④⑤；ES410	①　；サブマージアーク溶接 ②　；E4916 ③　；ES309 ④⑤；ES309	①　；サブマージアーク溶接 ②　；E4916 ③　；ES430Nb ④⑤；ES409Nb

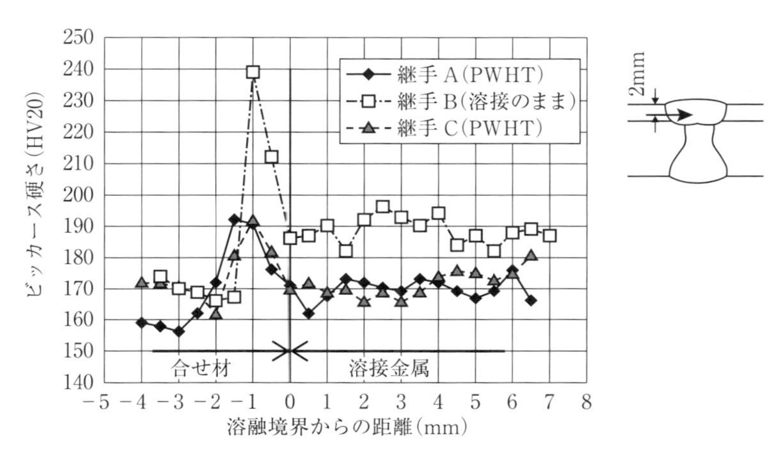

図 7.10　SUS405 クラッド鋼溶接継手の合せ材部の硬さ分布

表 7.9　SUS405 クラッド鋼溶接継手の機械的性質

継手		A	B	C
引張試験	引張強さ(MPa)	450	493	486
	破断位置	母材	母材	母材
側曲げ試験	曲げ試験結果	良好	良好	良好

が低下している。引張試験の破断位置はいずれも母材であり，側曲げ試験結果も良好である。

(3) 二相ステンレスクラッド鋼継手[4)]

ASTM A516 Gr.60/SUS329J1 (25Cr-5Ni-2Mo, 44＋3.3mm)および API X52/SUS329J3L (22Cr-5Ni-3Mo-N, 16＋4mm)の二相ステンレスクラッド鋼合せ材側の溶接施工条件例を**表 7.10** に示す。合せ材側溶接入熱は 10 ～ 20kJ/cm としている。2 層目以降は共金溶加材を用いており，**表 7.11** に示すように，最終パスの溶接金属化学組成は，合せ材よりも Ni が少し高く，Cr，Mo は概ね同等となっている。**表 7.12** にこれら二相ステンレスクラッド鋼溶接部の全面腐食

表 7.10　二相ステンレスクラッド鋼合せ材側の溶接条件

合せ材	溶接方法	層	溶加材	溶接電流 A	溶接入熱 kJ/cm
SUS329J1 (25Cr-5Ni-2Mo)	被覆アーク溶接	1	AWS E309Mo, 4.0 ϕ	150, AC	10.7
		2	合せ材相当, 4.0 ϕ		
		3			
SUS329J3L (22Cr-5Ni-3Mo-N)	ミグ溶接	1	AWS ER309Mo, 1.6 ϕ	180, DCEP	19.5
		2	合せ材相当, 1.6 ϕ	160, DCEP	17.8

表 7.11　合せ材側最終パス溶接金属の化学組成(mass%)

合せ材	C	Si	Mn	P	S	Ni	Cr	Mo	N
SUS329J1(25Cr-5Ni-2Mo)	0.039	0.44	1.65	0.023	0.007	8.27	25.68	1.91	−
SUS329J3L(22Cr-5Ni-3Mo-N)	0.032	0.41	1.16	0.022	0.007	8.16	23.08	2.83	0.101

表 7.12　二相ステンレスクラッド鋼溶接部の耐食試験結果

合せ材	腐食減量 ($g/m^2 \cdot h$)(N=2の平均)	
	全面腐食 5% H_2SO_4, 沸騰, 6h	孔食 3% $FeCl_3$, 50℃, 48h
SUS329J1(25Cr-5Ni-2Mo)	3.1	3.2
SUS329J3L(22Cr-5Ni-3Mo-N)	1.7	2.2

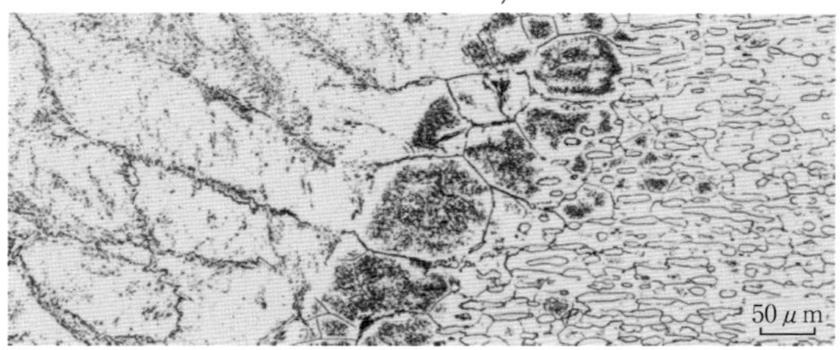

a）SUS329J1（25Cr-5Ni-2Mo）

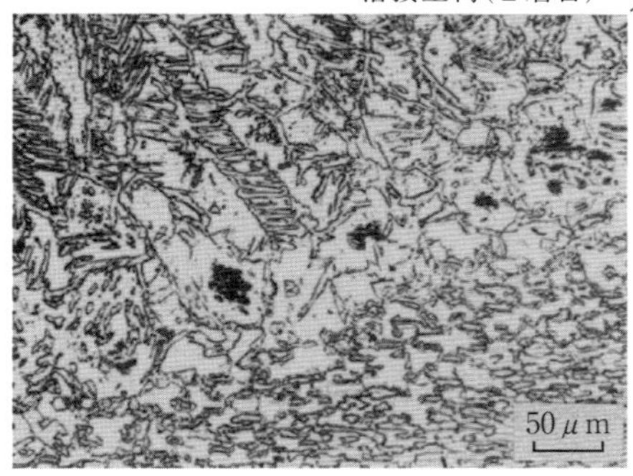

b）SUS329J3L（22Cr-5Ni-3Mo-N）

図 7.11　二相ステンレスクラッド鋼合せ材の溶接継手のミクロ組織の例

および孔食試験結果を示す。SUS329J1（25Cr-5Ni-2Mo）と SUS329J3L（22Cr-5Ni-3Mo-N）の比較では SUS329J3L の方が優れた耐食性を示している。

図 7.11 は SUS329J1（25Cr-5Ni-2Mo）と SUS329J3L（22Cr-5Ni-3Mo-N）の溶接継手のミクロ組織である[5]。SUS329J1 の溶接金属，HAZ では母材（フェライトとオーステナイトの相比が概ね 1:1）に比べてフェライトが著しく多くなっており，それにともないクロム窒化物の析出も顕著となることが知られている。N を 0.1％以上含む SUS329J3L の溶接金属，HAZ では N の固溶度が大きいオーステナイトが増加し，フェライトとオーステナイトの相比が 1 に近づいていることがわかる。SUS329J1 と SUS329J3L の HAZ での耐食性の差異は Mo 量，Ni 量の違いの他に，上述した組織の差に起因して，耐食性を劣化させる窒化物の析出が抑えらることによると考えられる。

(4) スーパーオーステナイト系ステンレスクラッド鋼継手

スーパーオーステナイト系ステンレスクラッド鋼(JSL310Mo(類似規格SUS312L))の継手を模擬し，合せ材部をアロイC276系フラックス入りワイヤで溶接した事例を示す。スーパーオーステナイト系ステンレス鋼合せ材の化学組成を**表7.13**に，溶接に用いたアロイC276系フラックス入りワイヤ溶着金属の化学組成を**表7.14**に示す。

表7.15に示す形状の溝開先をとり，合せ材部を横向きで2層の溶接を行った断面マクロ組織を**図7.12**に示す。高温割れや融合不良などの溶接欠陥はなく，曲げ試験結果(**図7.13**)も良好である。各肉盛層のEPMAによる化学分析結果を**表7.16**に示す。2層目の溶接金属では炭素鋼母材による希釈の影響は小さく，Crが16.3%，Moが14.8%となっている。光学顕微鏡によるミクロ組織を**図7.14**に示す。スーパーオーステナイト系ステンレス鋼合せ材および溶接金属はそれぞれ，オーステナイトとfcc(面心立方)構造の単相組織である。合せ材HAZはオーステナイト結晶粒の粗大粒や析出物は見られない。溶接金属

表7.13　スーパーオーステナイト系ステンレスクラッド鋼の化学組成(mass%)

化学成分	C	Si	Mn	P	S	Cr	Ni	Mo	Cu	N
合せ材	0.02	0.25	0.52	0.013	0.0003	24.9	22.9	4.6	1.5	0.19

表7.14　アロイC276系フラックス入りワイヤ全溶着金属の化学組成(mass%)

C	Si	Mn	P	S	Cu	Ni	Cr	Mo	Fe	W
0.023	0.19	0.30	0.006	0.002	0.013	残	15.4	16.8	6.9	3.3

表7.15　クラッド鋼合せ材部の溶接施工条件

溶接法	溶接電流(A)	アーク電圧(V)	開先形状および積層要領
フラックス入りワイヤアーク溶接 横向き100%CO_2	180	28	30mm

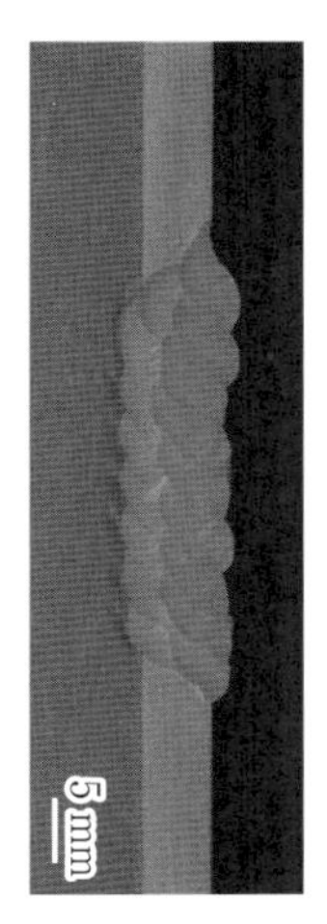

図 7.12 スーパーオーステナイト系ステンレスクラッド鋼横向き肉盛溶接部の断面マクロ組織

図 7.13 曲げ試験結果
（上：表曲げ，下：側曲げ）

表 7.16 溶接金属の化学組成（mass %）

分析位置	Ni	Mo	Cr	Fe	W
1層目	47.7	12.6	15.0	21.8	2.8
2層目	54.4	14.3	16.3	12.2	2.8

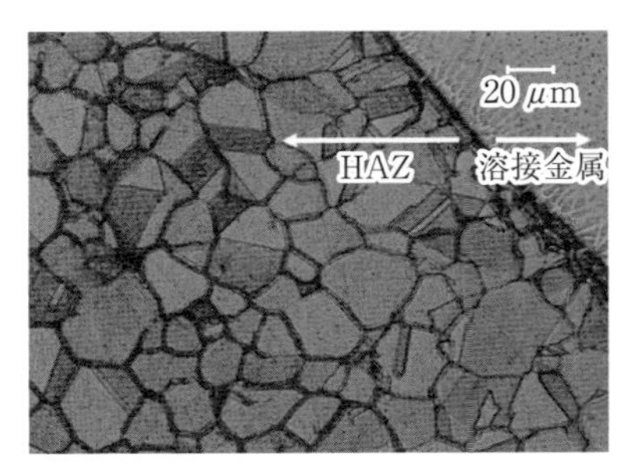

図 7.14 ミクロ組織（左：合せ材のボンド部，右：溶接金属）

はセルラーデンドライト状の凝固組織となっている。

合せ材の肉盛溶接部について硬さ分布を測定した結果を**図 7.15** に示す。合せ材の母材よりも溶接部がやや硬さが上昇しているが，目立った硬化層はない。溶接金属の 1 層目，2 層目のみから試験片を採取し，JIS G 0578 に準拠した孔食試験を行った結果を**表 7.17** に示す。合せ材の CPT が 60℃[6)]であるのに対し，

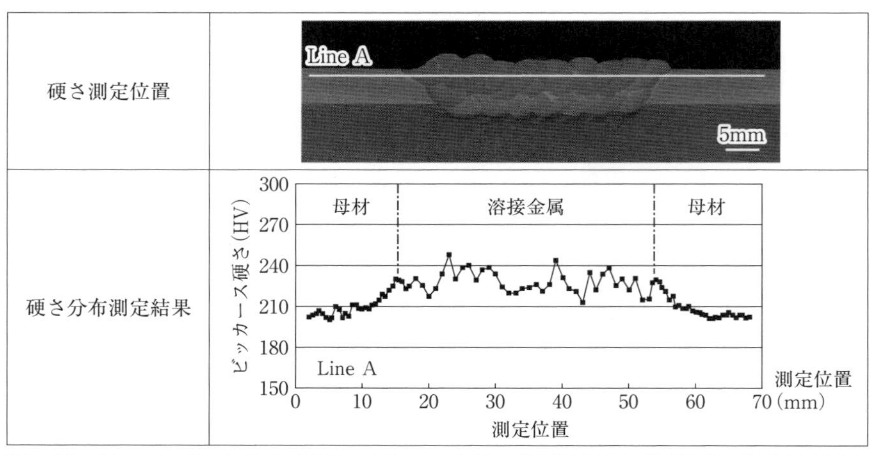

図 7.15　スーパーオーステナイト系ステンレスクラッド鋼横向き肉盛溶接部の硬さ分布測定結果

表 7.17　JIS G 0578 による孔食試験結果

溶液	6%$FeCl_3$ 水溶液	
試験片サイズ	30×20×2 mm	
試験時間	24 時間	
試験温度：70℃	孔食なし	
試験温度：80℃ 試験後外観	(裏，肉盛 1 層目に相当)	(表，肉盛 2 層目に相当)
	孔食あり	孔食あり

Mo 量が高いニッケル合金の溶接金属は 70℃で孔食は発生していない。80℃で孔食が発生するが，肉盛表面に相当する 2 層目に相当する溶接金属では孔食の発生が少ない。

7.3.4　適用事例

(1) 南極観測船しらせ [7),8)]

日本から南極昭和基地への物資輸送を担う南極観測船は，南極海域の海水面の氷を割りながら進む砕氷船である(**図 7.16**)。砕氷船の船首や喫水部の船舶塗装は海氷の摩擦によりはく離すると，腐食が進行して航行効率が低下するほか，

図 7.16　南極観測船２代目しらせ[9)]

海洋汚染にもつながる。2008 年に進水した 2 代目しらせの耐氷帯外板には高耐食ステンレスクラッド鋼が採用された。**図 7.17** にクラッド鋼の適用部位を示す。氷点下でのじん性を確保するため船体用圧延鋼 EH36 鋼（引張強さ：490 ～ 620MPa）を母材として，最も厳しい腐食環境となる喫水部には合せ材にスーパーオーステナイト系ステンレス鋼である JSL310Mo（類似規格 SUS312L）を，船首の没水域には SUS317L を使ったクラッド鋼が使われている。合せ材の溶接にはスーパーステンレス鋼用としてアロイ C276 系が用いられている。

(2) ケミカルタンカー [10)]

ケミカルタンカー（**図 7.18**）は，特殊な液体化学製品を大量に運ぶための専用タンカーであり，積荷の薬品によって船倉の金属類が腐食されることのないよう，特殊な防食措置が施され，タンクがステンレス鋼およびステンレスクラッド鋼で作られることがある。**図 7.19** に二相ステンレス鋼 SUS329J3L 母材と二相ステンレスクラッド鋼の組合せと開先形状の一例を示す。突合せ溶接のほかにすみ肉溶接の事例がある。

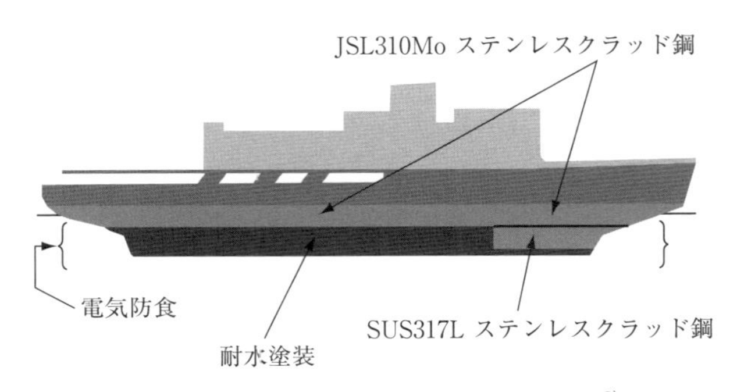

図 7.17　ステンレスクラッド鋼の適用部位[8)]

図 7.18　19,700DWT ケミカルタンカー

母材	溶加材	開先形状	断面マクロ
①炭素鋼（16mmt） ②SUS329J3Lクラッド鋼 （13*＋3**mmt）	炭素鋼用 サブマージアーク溶接 ＋ TS2209フラックス入り ワイヤアーク溶接	V開先	
①SUS329J3Lクラッド鋼 ②SUS329J3Lクラッド鋼 （13*＋3**mmt）	炭素鋼用フラックス入りワイヤアーク溶接 ＋ TS2209フラックス入り ワイヤアーク溶接	V開先	
①SUS329J3Lクラッド鋼 （13*＋3**mmt） ②SUS329J3L（16mmt）	TS2209フラックス入り ワイヤアーク溶接	レ型開先	
①SUS329J3L（16mmt） ②SUS329J3Lクラッド鋼 （13*＋3**mmt）	TS2209フラックス入り ワイヤアーク溶接	T継手 （完全溶込み）	
①SUS329J3Lクラッド鋼 ②SUS329J3Lクラッド鋼 （13*＋3**mmt）	TS2209フラックス入り ワイヤアーク溶接	上向水平 すみ肉	

図 7.19　ケミカルタンカーにおけるクラッド鋼の溶接の例
（*：母材板厚　**：合せ材板厚）

7.4 ニッケルおよびニッケル合金クラッド鋼の溶接

7.4.1 溶加材

ニッケルおよびニッケル合金クラッド鋼の溶接では，母材強度の確保および合せ材と同等以上の耐食性を確保することが重要である。したがって，母材同士の溶接には母材の鋼種に適した溶加材を，合せ材同士の溶接には共金系の溶加材を適用する。合せ材がインコロイの場合は，一般的にインコネル系の溶加材が適用される。合せ材側溶接時の１層目ならびに２層目以降に用いられる代表的な溶加材を**表 7.18** に示す。ニッケル合金の溶接金属は高温割れ感受性が高いため，ＰやＳなどの不純物元素が少ない溶加材を用いる。

母材側の溶接方法として，被覆アーク溶接，サブマージアーク溶接，マグ溶接，ミグ溶接，ティグ溶接などが用いられる。母材部に要求される強度，じん性などの機械的性質，溶接姿勢や板厚などを考慮して選択する。

ニッケルおよびニッケル合金の溶接金属は，7.4.2 項に示すように Fe が過度に溶融混合すると耐食性が劣化するので，母材による希釈を抑制する溶接法，溶接条件を選択し，多層盛で行うことが望ましい。そのため，合せ材の溶接方法としては，被覆アーク溶接，ティグ溶接，ミグ溶接などが適している。

表 7.18 代表的なニッケルおよびニッケル合金クラッド鋼合せ材と適用溶加材[11)]

合せ材の種類	1層目	2層目以降
ニッケル	Ni2061	Ni2061
モネル	Ni2061	Ni4061, Ni4060
インコネル625	Ni6625	Ni6625
インコロイ825	Ni6625	Ni6625
ハステロイX	Ni6002	Ni6002
ハステロイB	Ni1001	Ni1001
ハステロイC276, C22	Ni6276	Ni6276

被覆アーク溶接(JIS Z 3224)Exxxx，ティグ溶接，ミグ溶接(JIS Z 3334)Sxxxx

7.4.2 溶接施工とその管理

(1)溶接施工とその管理

ニッケルおよびニッケル合金クラッド鋼の溶接では，ステンレスクラッド鋼の溶接と比較して，用いるニッケル合金溶加材の Ni 量が高いため炭素鋼の溶込みが大きくなっても，マルテンサイトが形成しにくい。そのため，ニッケルおよびニッケル合金クラッド鋼の溶接施工は，基本的にステンレスクラッド鋼の溶接施工と同様に，原則として母材の溶接を行った後，合せ材の溶接を行う[12]。なお，突合せ溶接継手形状は 7.2.2 項，溶接施工手順は図 7.3，図 7.4 参照。合せ材側からの溶接に先立って開先面の浸透探傷試験を行い，合せ材のはく離や母材溶接部の欠陥がないことを確認する。

合せ材に用いられるニッケル合金の溶接金属は母材の溶融により Fe 量が増加する，このことから**図 7.20** に示すように Fe の増加によって耐孔食性に有効な元素が相対的に減少し，CPT が低下し耐食性が低下する[13]。溶接金属への Fe の混入を防ぐには**図 7.21** に示すように，入熱を下げて希釈を低く抑えるか，

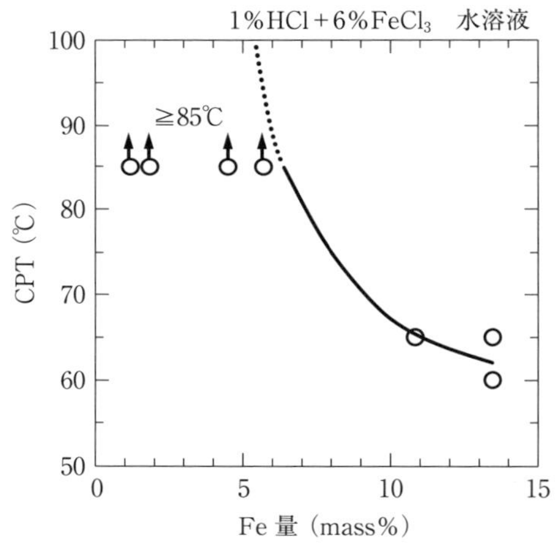

図 7.20　アロイ 625 の臨界孔食発生温度（CPT）と溶接金属中の Fe 量の関係[13]

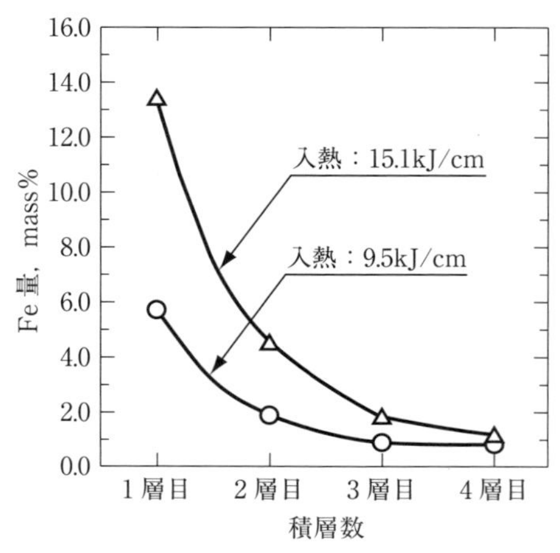

図 7.21　ミグ溶接におけるアロイ 625 の溶接金属中の Fe 量と積層数の関係[13]

層数を多くして施工する必要がある。また，ニッケル合金の溶接金属はfcc（面心立方）構造の単相の凝固組織であり，高温割れ感受性が高い。そのため，予熱・パス間温度を低く保ち，低入熱での施工が望ましい。低入熱で施工する場合には融合不良やスラグの巻込みを生じないように注意が必要である。

小径の内面クラッド鋼管の突合せ継手や円周溶接のように，内側からの溶接が困難で鋼管外面からの片面溶接を行わなければならないケースがある。この場合，ニッケル合金の溶加材を用いて合せ材を先に溶接した後，炭素鋼の溶加材を用いて積層した場合には，内面層のニッケル合金溶接金属の合金成分のピックアップにより鋼管外面側の炭素鋼溶接金属中でのNi等の合金成分が増加し，マルテンサイトが生成して硬化組織となる場合がある。このリスクを避けるため，クラッド鋼の全層にニッケル合金の溶加材を用いる場合が多い。

(2) 予熱，パス間温度の管理

ニッケルおよびニッケル合金の溶接では予熱は不要であるが，クラッド鋼の場合には母材からの要求で実施する場合がある。母材側の予熱およびパス間温度は4.2.3項の溶接施工とその管理を参照のこと。

(3) 溶接後熱処理（PWHT）

ニッケルおよびニッケル合金では一般にPWHTは不要である。クラッド鋼の場合には母材の性能回復の目的で，PWHTを実施することがあるが，PWHTの条件には合せ材の材質を劣化させないように十分注意する必要がある。詳細は4.2.4項の溶接後熱処理（PWHT）を参照のこと。

(4) 施工管理および溶接部の検査

ニッケルおよびニッケル合金クラッド鋼では，JIS Z 3044「ニッケル及びニッケル合金クラッド鋼溶接施工方法の確認試験方法」が制定されており，これに従って試験を行うことが規定されている。

確立した溶接施工方法に従って溶接を行う場合，良好な溶接部を得るために必要な検査が行われる。また，溶接終了後は溶接部の健全性を調べるために，非破壊検査が行われる。（検査の詳細については，7.3.2項（4）参照）

7.4.3　溶接継手の性質

(1) 金属組織と硬さ分布

アロイ825クラッド鋼（SM490/アロイ825，13.5＋3.5mm）の溶接継手の断面マクロ組織とミクロ組織を**図 7.22**～**図 7.27** に示す。合せ材の溶接は，アロイ 625 系フラックス入りワイヤ(ENiCrMo-3)を用いたマグ溶接で，3 層盛されている。アロイ 825 クラッド鋼溶接継手のミクロ組織を図 7.22 に示す。

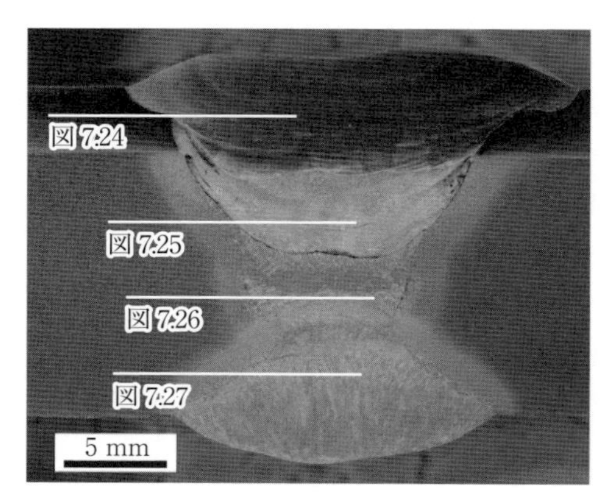

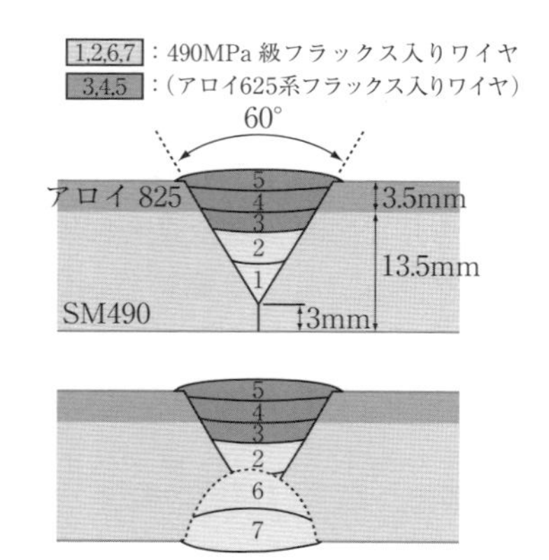

図 7.22　アロイ 825 クラッド鋼溶接継手の断面マクロ組織

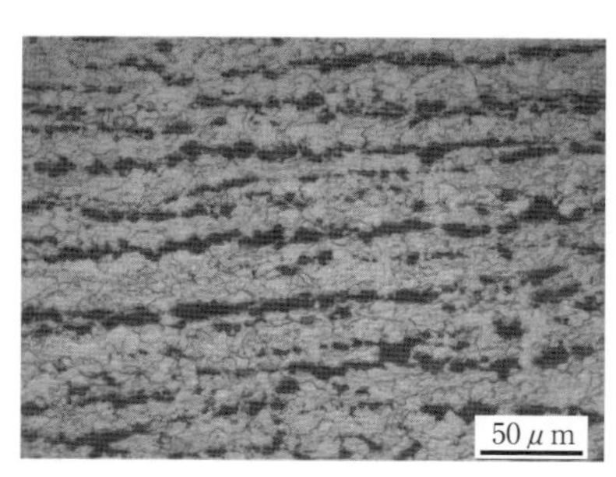

(a) 母材(SM490)

(b) 合せ材(アロイ 825)

図 7.23　アロイ 825 クラッド鋼のミクロ組織

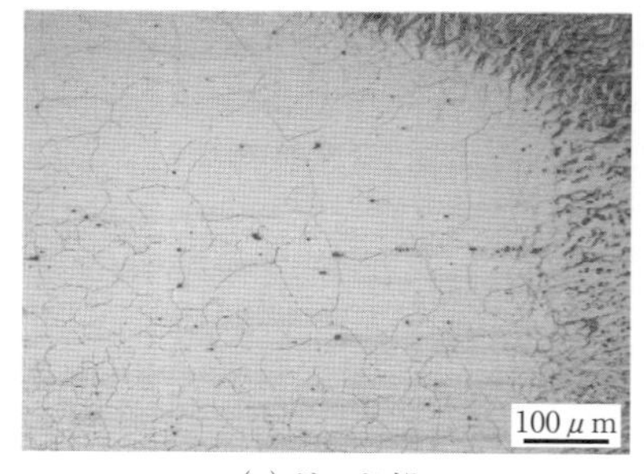

(a)ボンド部

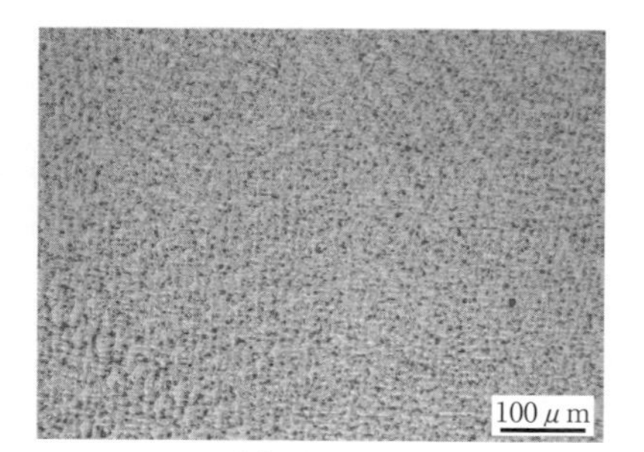

(b) 溶接金属

図 7.24　アロイ 825 クラッド鋼溶接継手のミクロ組織(合せ材側表面から 1.4mm)

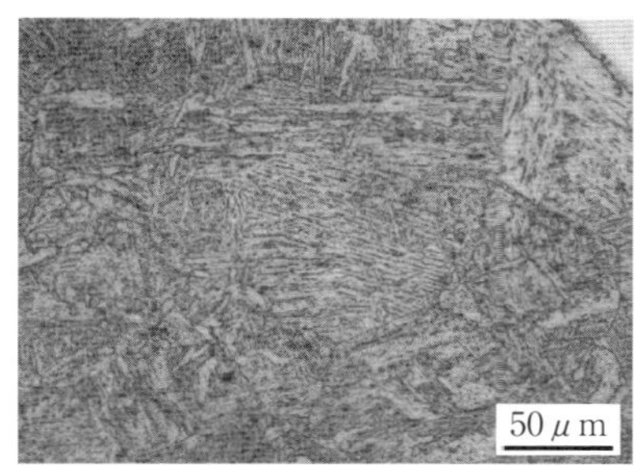

(a) ボンド部

100 μm

(b) 溶接金属

図 7.25 アロイ 825 クラッド鋼溶接継手のミクロ組織(合せ材側表面から 6.8mm)

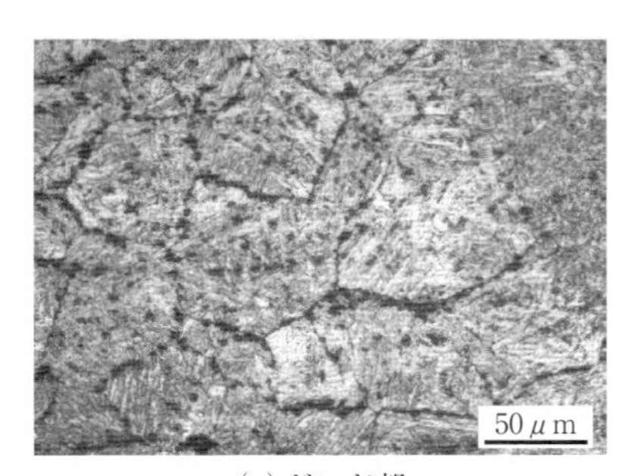

(a) ボンド部

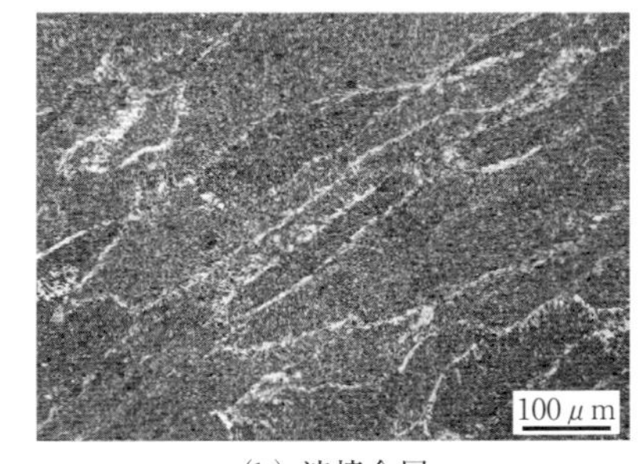

(b) 溶接金属

図 7.26 アロイ 825 クラッド鋼溶接継手のミクロ組織(合せ材側表面から 10.6mm)

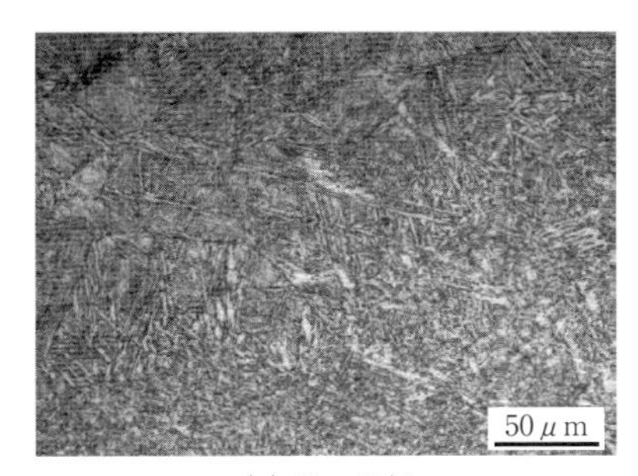

(a) ボンド部

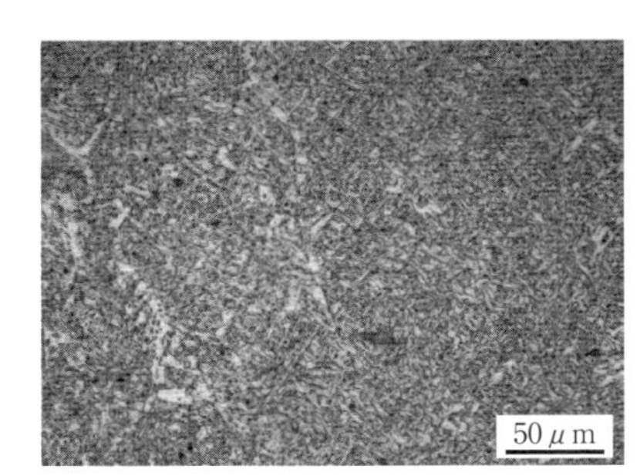

(b) 溶接金属

図 7.27 アロイ 825 クラッド鋼溶接継手のミクロ組織(合せ材側表面から 14.8mm)

SM490 は一般的な炭素鋼のフェライト，パーライト組織，アロイ 825 はオーステナイト組織となっている。図 7.24 ～図 7.27 は溶接継手のミクロ組織で，観察位置は合せ材側表面からそれぞれ 1.4mm（5 層目，合せ材・アロイ 625 系フラックス入りワイヤ)，6.8mm (2 層目，母材・アロイ 625 系フラックス入りワイヤ)，10.6mm (1 層目，母材・490MPa 級フラックス入りワイヤ)，14.8mm

(6層目，母材・490MPa級フラックス入りワイヤ)である。合せ材の溶接熱影響部(HAZ)では結晶粒の粗大化が観察される。アロイ625系フラックス入りワイヤを用いた溶接金属では，デンドライト状の組織が観察される。溶接金属が母材と接している合せ材側表面から6.8mm位置において，生成が懸念されることがあるボンドマルテンサイトは認められない。

アロイ825クラッド鋼の断面硬さ測定位置および硬さ分布をそれぞれ**図7.28**，**図7.29**に示す。測定位置は合せ材側端面からそれぞれ1.4mm(合せ材)，10.6mm(母材)である。母材のHAZでは硬さの上昇が認められるが，合せ材のHAZでは硬さの上昇は認められない。溶接金属については，アロイ625系フラックス入りワイヤと490MPa級フラックス入りワイヤを用いたそれぞれの層において，硬化領域は認められない。

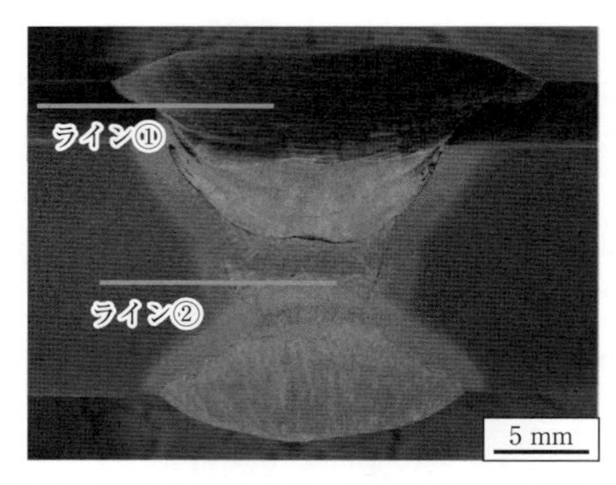

図7.28　アロイ825クラッド鋼溶接継手の硬さ分布

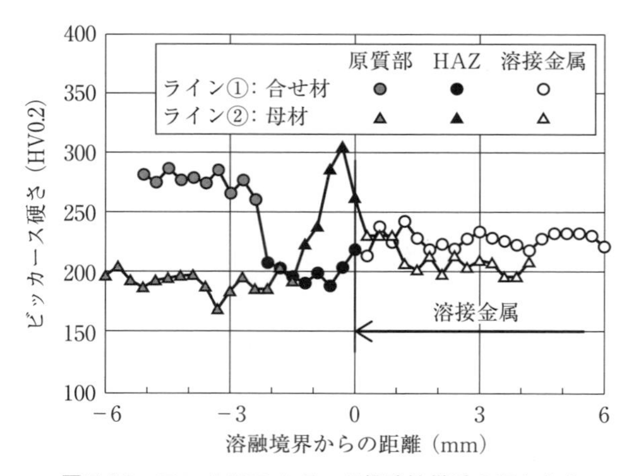

図7.29　アロイ825クラッド鋼溶接継手の硬さ分布

(2)機械的性質および耐食性

(a)アロイ825クラッド鋼管[14)]

極低炭素のアロイ825と低炭素鋼母材からなるクラッド鋼で，母材はサブマージアーク溶接による両面溶接，合せ材の溶接はアロイ625の溶加材を使用した2電極ティグ溶接ホットフイヤ法が用いられている。鋼管Aは，通常クラッド鋼板を圧延→成形→溶接→熱処理のプロセスで製造した鋼管で，鋼管Bは，TMCP型クラッド鋼板を圧延→成形→溶接(熱処理なし)のプロセスで製造した鋼管である。アロイ825クラッド鋼管溶接部の機械的特性と腐食試験結果をそれぞれ**表7.19**と**表7.20**に示す。溶接部は良好な強度と低温じん性を示しており，耐孔食性，ストラウス試験による耐粒界腐食性については母材と同等以上である。なお，ヒューイ試験による耐粒界腐食性評価では溶接部では母材よ

表7.19 アロイ825クラッド鋼管溶接部の機械的性質

<table>
<tr><th rowspan="3">鋼管</th><th rowspan="3">グレード</th><th rowspan="3">製造工程</th><th colspan="5">鋼管母材</th><th colspan="4">シーム溶接部</th></tr>
<tr><th colspan="2">引張試験</th><th colspan="2">シャルピー試験</th><th>DWTT※1</th><th colspan="2">引張試験</th><th colspan="2">シャルピー試験</th></tr>
<tr><th>降伏応力(MPa)</th><th>引張強さ(MPa)</th><th>破面遷移温度(℃)</th><th>吸収エネルギー(J)(−20℃)</th><th>85% SATT(℃)※2</th><th>引張強さ(MPa)</th><th>破断位置</th><th>ノッチ位置</th><th>吸収エネルギー(J)(−20℃)</th></tr>
<tr><td rowspan="2">A</td><td rowspan="2">X60</td><td rowspan="2">焼入れ</td><td rowspan="2">485</td><td rowspan="2">591</td><td rowspan="2">−90</td><td rowspan="2">431</td><td rowspan="2">−30</td><td rowspan="2">637</td><td rowspan="2">クラッド鋼管母材</td><td>溶接金属</td><td>324</td></tr>
<tr><td>HAZ</td><td>422</td></tr>
<tr><td rowspan="2">B</td><td rowspan="2">X65</td><td rowspan="2">TMCP</td><td rowspan="2">502</td><td rowspan="2">592</td><td rowspan="2">−63</td><td rowspan="2">343</td><td rowspan="2">−12</td><td rowspan="2">629</td><td rowspan="2">クラッド鋼管母材</td><td>溶接金属</td><td>118</td></tr>
<tr><td>HAZ</td><td>176</td></tr>
</table>

※1 DWTT：Drop weight tear test. 落重引裂試験
※2 85%SATT：Shear Area Transition Temperature. 延性破面率が85%になる温度

表7.20 アロイ825クラッド鋼管溶接部の腐食試験結果

<table>
<tr><th rowspan="2">鋼管</th><th rowspan="2">熱処理</th><th rowspan="2">評価位置</th><th colspan="4">孔食試験(ASTM G48 method A 24h)(g/m²·h)</th><th colspan="2">粒界腐食試験(ASTM A262)(g/m²·h)</th></tr>
<tr><th>20℃</th><th>30℃</th><th>40℃</th><th>50℃</th><th>ヒューイ試験</th><th>ストラウス試験</th></tr>
<tr><td rowspan="2">A</td><td rowspan="2">焼入れ</td><td>合せ材</td><td>孔食なし</td><td>孔食なし</td><td>−</td><td>1.26</td><td>0.07</td><td>粒界腐食なし</td></tr>
<tr><td>溶接部</td><td>孔食なし</td><td>孔食なし</td><td>−</td><td>1.16*</td><td>0.51**</td><td>粒界腐食なし</td></tr>
<tr><td rowspan="2">B</td><td rowspan="2">TMCP</td><td>合せ材</td><td>孔食なし</td><td>孔食なし</td><td>−</td><td>1.51</td><td>0.08</td><td>粒界腐食なし</td></tr>
<tr><td>溶接部</td><td>孔食なし</td><td>孔食なし</td><td>−</td><td>0.86*</td><td>0.36**</td><td>粒界腐食なし</td></tr>
</table>

*合せ材に孔食発生 **溶接金属が選択的に腐食

試験片採取位置(矯正後) 試験片寸法：2×25×50 (mm)

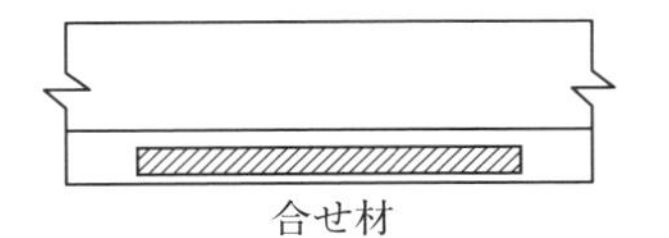

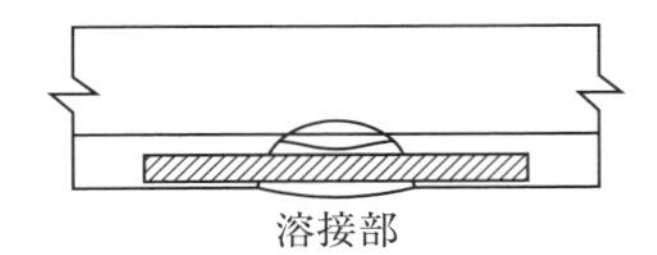

りも大きい腐食速度を示した。

(b) アロイ625クラッド鋼管[15)]

アロイ625とX65グレードの炭素鋼を使用したクラッド鋼は，圧延→鋼管成形→溶接→熱処理というプロセスで製造されている。母材はサブマージアーク溶接による両面溶接，合せ材の溶接は，アロイ625系の溶加材を使用した2電極ティグ溶接ホットワイヤ法が用いられ，2層溶接することで炭素鋼による希釈を最小限に抑えている。**表7.21**にアロイ625クラッド鋼管溶接部の機械的性質を示す。母材，溶接部ともに良好な強度と低温じん性を示している。また，せん断試験ではクラッド界面は370MPa以上の高いせん断強度が得られており，優れた接合特性を示している。

耐食性については，石油・ガス用ラインパイプの環境である高温・高 H_2S-CO_2-Cl^- 条件で評価されている。応力腐食割れ試験およびすき間腐食試験の結果を**表7.22**に示す。アロイ625は，比較材として試験したアロイ825よりも

表7.21　アロイ625クラッド鋼管溶接部の機械的性質

グレード	鋼管サイズ外径×管厚(mm)	母材							シーム溶接部			
		引張試験※1			シャルピー試験		DWTT	せん断※2	引張試験		シャルピー試験	
		降伏応力(MPa)	引張強さ(MPa)	伸び(%)	破面遷移温度(℃)	吸収エネルギー(J)(−30℃)	85% SATT(℃)	(MPa)	引張強さ(MPa)	破断位置	吸収エネルギー(J)(−30℃) 溶接金属	吸収エネルギー(J)(−30℃) HAZ
X65	508×(19.1＋3.0)	548	658	44	−96	328	−23	395	708	クラッド鋼管母材	119	167

※1：合せ材除去，※2：ASTM A256, L方向

表7.22　アロイ625クラッド鋼管溶接部の応力腐食割れ試験・すき間腐食試験結果
(5%NaCl-5atmH_2S-20atmCO_2，150℃，720h)

	評価位置	625	825	25Ni-20Cr-4Mo	316L
SCC (4点曲げ ε = 0.5%)	合せ材	○	○	○	●
	溶接部	○	○	○	●
すき間腐食	合せ材	○	●	●	●
	溶接部	○	●	●	●

○：No SCC，すき間腐食なし
●：SCC，すき間腐食
試験片採取位置

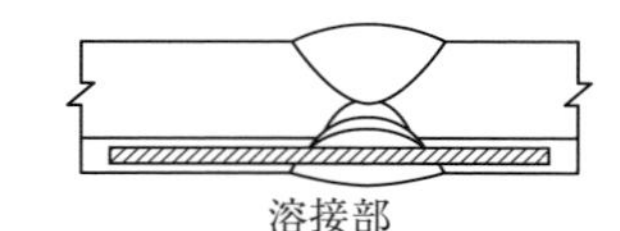

高耐食性であり，合せ材，溶接部(合せ材と溶接金属を含む試験片)ともに応力腐食割れとすき間腐食は発生していなかった。

7.4.4　適用事例

ニッケルおよびニッケル合金は，一般のステンレス鋼に比べ耐食性，耐応力腐食割れ性などが優れており，これらのクラッド鋼は天然ガス輸送用のラインパイプ(**図 7.30**)[16]，排煙脱硫(FGD，Flue Gas Desulfurization)装置(**図 7.31**)[16]や熱交換器(**図 7.32**)[17]などに使用される。ラインパイプでは縦シーム溶接(長手方向の製管溶接)や円周溶接が，合せ材にはティグ溶接がそれぞれ適用されることが多い。図 7.32 に示す熱交換器はアロイ 600 と SS400 からなるクラッド鋼で，円周溶接が適用されている。**図 7.33** に示す開先形状で，母材の溶接にはマグ溶接や被覆アーク溶接，合せ材の溶接にはインコネル系の溶加材を用いたティグ溶接が適用されている[17]。

図 7.30　ラインパイプ(管内面側にニッケル合金)

図 7.31　排煙脱硫装置(FGD)

図 7.32　熱交換器

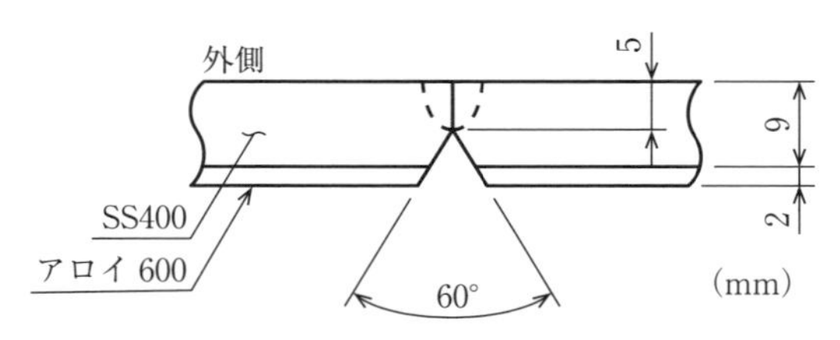

図 7.33　熱交換器の開先形状

7.5　チタン・ジルコニウムクラッド鋼の溶接

チタン・ジルコニウムクラッド鋼はステンレス・ニッケル合金クラッド鋼とは異なり母材と合せ材の金属間化合物生成の観点から溶融混合やクラッド界面での Fe, Ti の相互拡散が許容されない。したがってクラッド鋼の溶接継手は母材同士，合せ材同士の溶接およびクラッド界面への熱影響にともなう材質や特性変化が留意すべき点となる。

7.5.1　チタンクラッド鋼の溶接

(1) チタンクラッド鋼の概要

チタンクラッド鋼は JIS G 3603 として規格化されており，爆着法，圧延法によって製造される。この規格では**表 7.23** に示すように合せ材部分であるチタンの層を強度部材として扱う場合を 1 種，それ以外を 2 種としている。1 種ではクラッド界面のせん断強さ 140MPa 以上と規定されている。

母材は軟鋼もしくは 490MPa 級以下の低合金鋼，合せ材には JIS 第 1 種もしくは第 2 種の純チタンが用いられることが多い。

表 7.23　チタンクラッド鋼の種類（JIS G 3603 抜粋）

種類			記号	摘要
圧延クラッド鋼	圧延クラッド鋼	1 種	R1	1 種：合せ材を含めて強度部材として設計したものおよび特別の用途のもの。特別の用途の例としては，構造物の製作時に厳しい加工を施す場合などを対象としたもの。
	爆着圧延クラッド鋼	2 種	R2	
爆着クラッド鋼		1 種	BR1	
		2 種	BR2	
		1 種	B1	2 種：1 種以外のクラッド鋼に対して適用するもの。例えば，合せ材を腐れ代として設計したもの，ライニングの代わりに使用するものなど。
		2 種	B2	

(2) 溶接施工とその管理

(a) 溶加材

溶加材には鋼側は強度（場合によってはじん性）をチタン側は耐食性をそれぞれ考慮して必要性能に応じたそれぞれの共金溶加材を用いる。鋼側の溶接には被覆アーク溶接，マグ溶接等が用いられるが，チタン側の溶接にはほとんどの場合，ティグ溶接が用いられる。

(b) 継手・開先

チタンと鋼が溶融混合するとぜい弱な金属間化合物が生成し割れの原因となる。チタンと鋼の溶融混合を避けるため**図 7.34 (a)**[18] に示すように，開先面からそれぞれさらに，5 ～ 10mm 程度の範囲の合せ材を完全に削除（カットバック）した開先とする。

クラッド鋼の突合せ溶接では通常，鋼側を板厚相当まで積層した後，**図 7.35**[20]

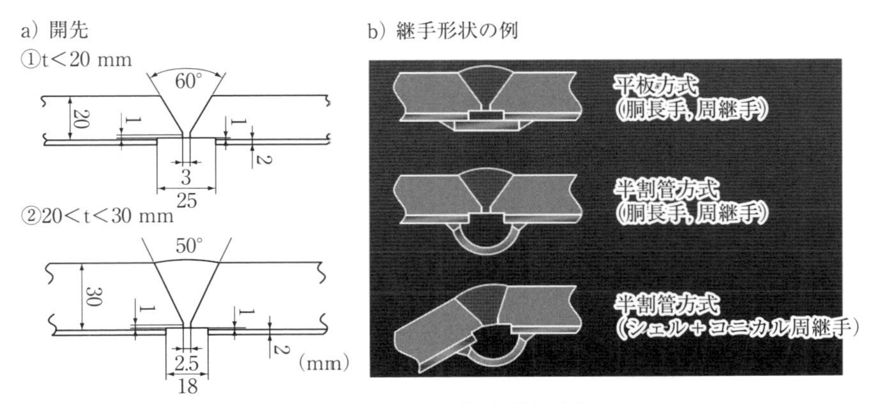

図 7.34　開先，継手形状の例

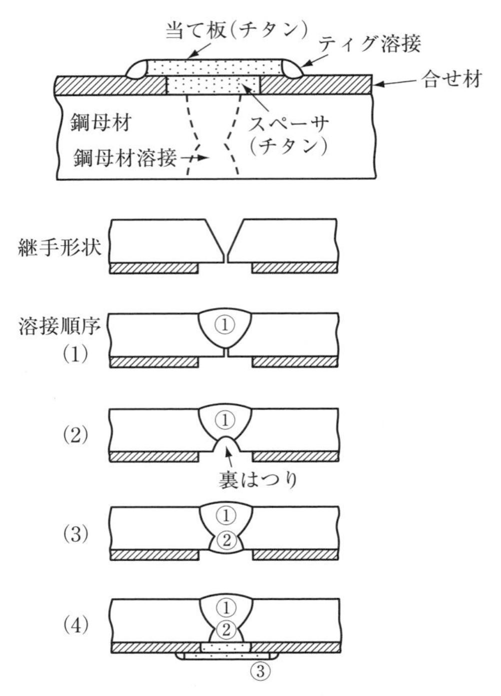

図7.35　チタンクラッド鋼の溶接施工手順の例

の例のように合せ材が除去された部分にスペーサー（通常は純チタン)を入れ，その上からスペーサーよりも幅の広い純チタン板を載せてすみ肉溶接することが多い。スペーサーは内圧等による板厚方向の応力を受け持つために必要とされている。なお，純チタンは炭素鋼に比べて低強度であることから繰り返し荷重を受けた場合に応力集中部での塑性ひずみが高くなり，疲労破壊を生じやすくなる。対策として図7.34に示すように継手形状には平板方式ではなく半割管方式が採用されることがある。

(c)チタンの溶接の要点

チタンクラッド鋼の溶接においても合せ材であるチタン同士の溶接が重要となる。

チタンは活性金属であることから大気中で高温に加熱されるとO，Nを吸収し硬化，ぜい化を生じやすい。チタンの溶接技術については専門書に詳細に記載されているためここでは，ティグ溶接を対象にポイントのみを簡単に述べる。チタンは限界値以上のO，Nを吸収すると**図7.36**[19]に示すように，曲げ試験にて割れを生じる可能性が高くなる。これは**図 7.37**[19]に示すように，O，N が吸収された溶接金属では硬化が生じ延性が低下することに起因している。また，O, N, H を吸収した溶接金属では**図 7.38**[19]に示すようにじん性(シャルピー衝撃値)が低下する。

図 7.39[19]に示す例のように，純チタンではシールドガス中の酸素分圧の増加にともなう溶接雰囲気からの溶接金属への O の吸収量の増加(Δ[O])がオーステナイト系ステンレス鋼 SUS304L に比べて顕著である。そのためティグ溶接

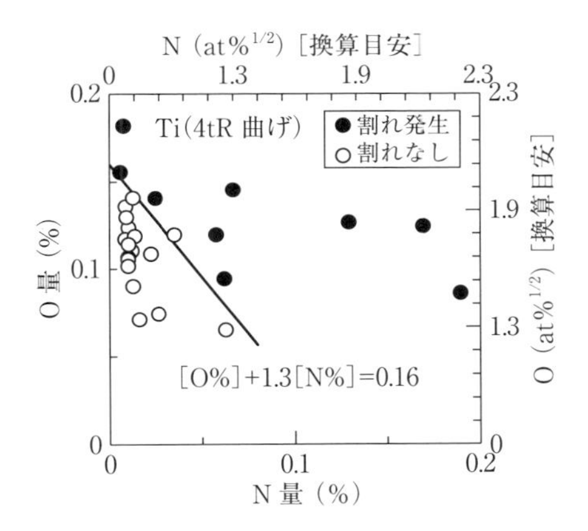

図 7.36 O，N の吸収による純チタン溶接金属の曲げ性能劣化

図 7.37 O，N 吸収による純チタン溶接金属の硬化

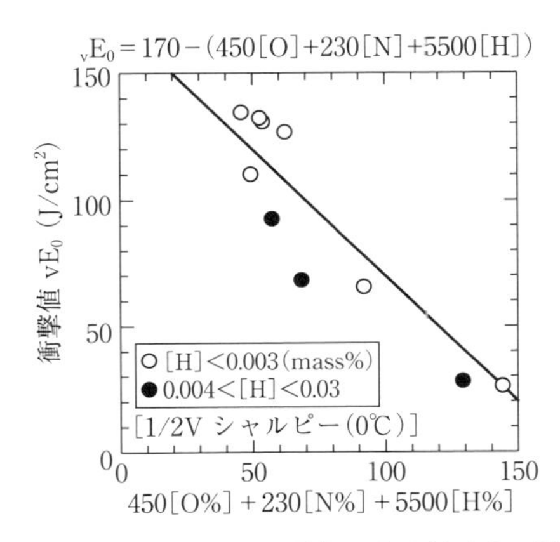

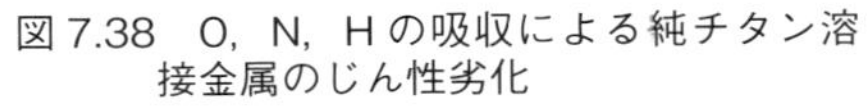
図 7.38 O，N，H の吸収による純チタン溶接金属のじん性劣化

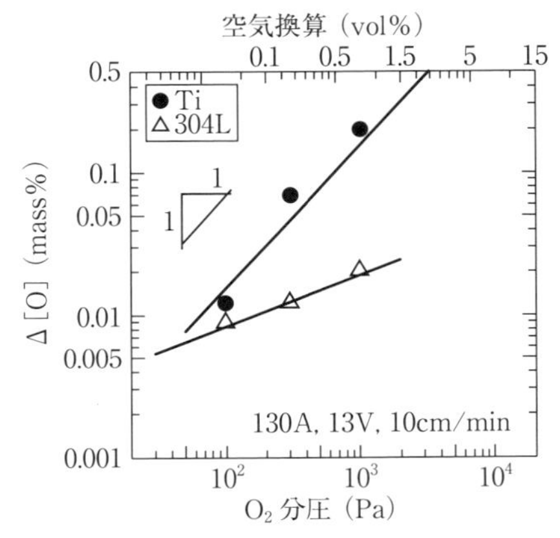

図 7.39 ティグ溶接雰囲気中の酸素量と純チタン溶接金属への O の吸収量(SUS304 との比較)

においてはトーチシールドに加え，**図 7.40** に示す補助シールドジグを用いて溶融池後方に Ar を供給して，溶融池ならびに凝固直後の溶接金属を大気から保護する方法が通常行われている[19]。

(d) 施工条件

表 7.24[20] にチタンクラッド鋼の合せ材側（純チタン）の溶接施工条件例を示す。図 7.40 に示した補助シールドジグを用いてシールドを強化し，チタン側の溶接部の酸化を防いでいる。表に示す例では鋼との溶融混合による金属間化合物の生成リスクを軽減するため，1mm のカットバックを行っている。

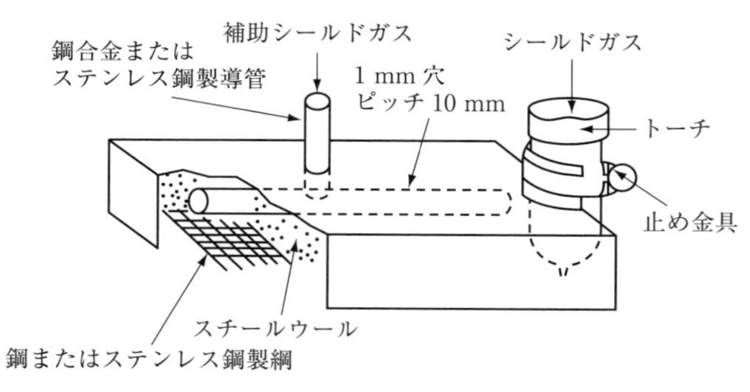

図 7.40　溶接用補助シールドジグの例

表 7.24　チタンクラッド鋼（合せ材側）の溶接施工条件の例

溶接方法	溶接姿勢	溶加材	溶接電流 (A)	アーク電圧 (V)	溶接速度 (cm/min)	補助シールドガス (Ar) (L/min)
ティグ溶接	下向き	S Ti0100J	80-150	10-20	5-10	40-80

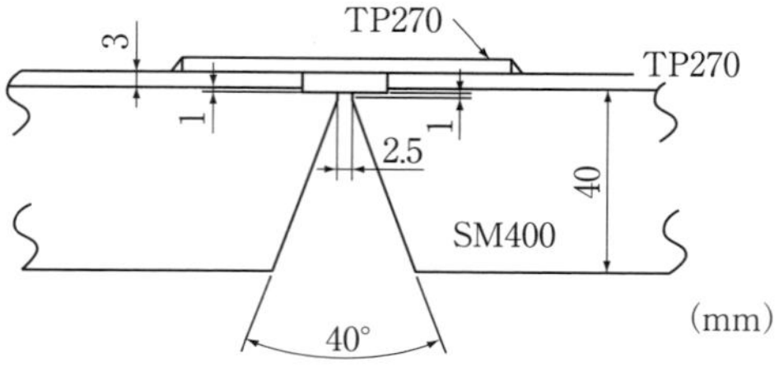

(3) 溶接継手の性質

(a) 金属組織と硬さ分布

合せ材である純チタンのティグ溶接継手のミクロ組織および硬さ分布の例を**図 7.41**[21)]，**図 7.42**[21)]にそれぞれ示す。純チタンは焼入性を有しないため溶接部には硬化部は無く，ほぼ平坦な硬さ分布となっている。

a）溶接金属

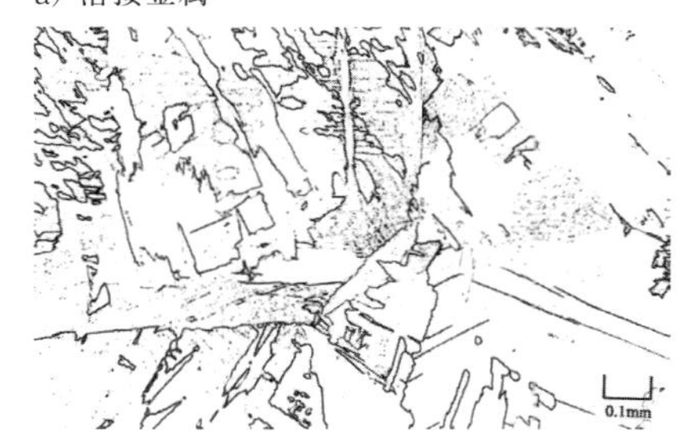

b）溶融境界

c）母材

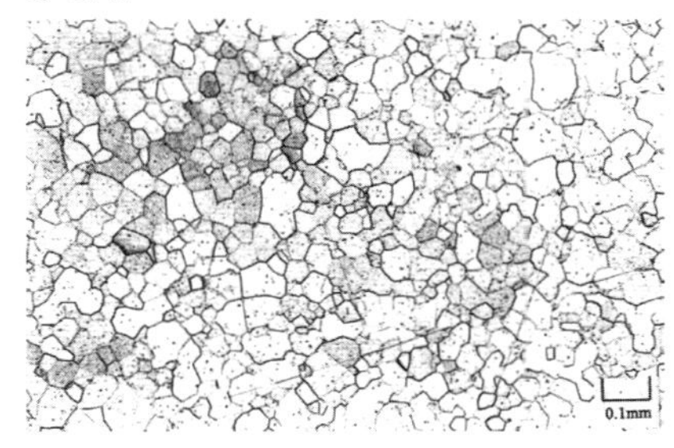

図 7.41　純チタンの溶接継手のミクロ組織の例

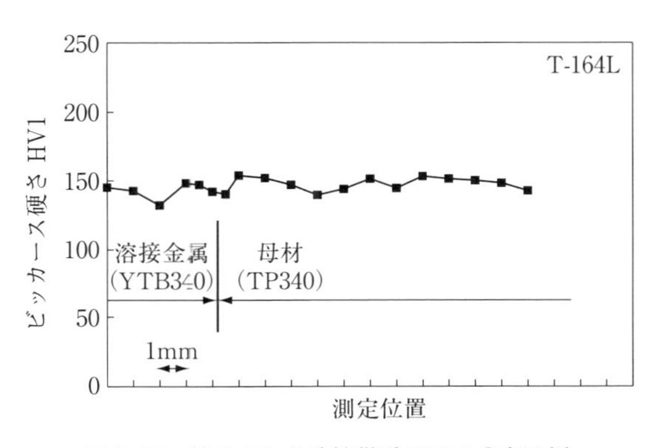

図 7.42　純チタンの溶接継手の硬さ分布の例

(b)常温の機械的性質

鋼の厚さ12mmのSM400鋼と厚さ3mmのJIS第1種純チタンからなる圧延チタンクラッド鋼を用いてティグ溶接により作製した突合せ溶接継手およびT継手の常温での曲げ試験結果の例を**図7.43**[22]に示す。クラッド界面でのはく離を生じることなく良好な曲げ性能が確保され施工確認試験の基準を満足する結果が得られている。

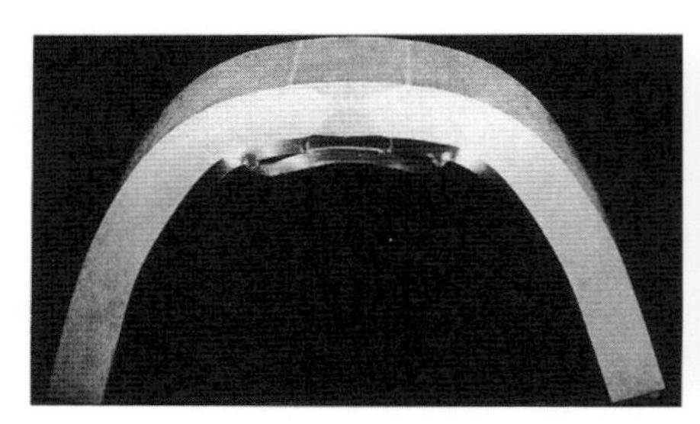

図7.43　突合せ溶接継手の表曲げ試験結果およびT字溶接継手の曲げ試験結果

(4)溶接トラブル事例

チタンは鋼と溶融混合するとぜい弱な金属間化合物相を生じ，割れが生じる場合がある。以下にその事例を紹介する。

(a)トラブルの発生状況[23]

チタンクラッド鋼板(純チタン1種TP270と軟鋼SM400，それぞれ板厚3mm，15mm)を突合せ溶接した結果，溶接継手の合せ材(純チタン)側の溶接金属に以下に示す割れが生じた。**図7.44**[23]に示す開先面から2mmの部分まで合せ材を除去したX形開先を用いて，最初にSM400の開先内に軟鋼用溶加材を用いて両面から(I)の部分を20kJ/cmの入熱でマグ溶接した後，両端面にV形開先加工した厚さ3mmの純チタン板(TP270H)を軟鋼溶接金属の上に載せクラッド鋼の合せ材(純チタン)との(II)の部分を20kJ/cmの入熱でティグ溶

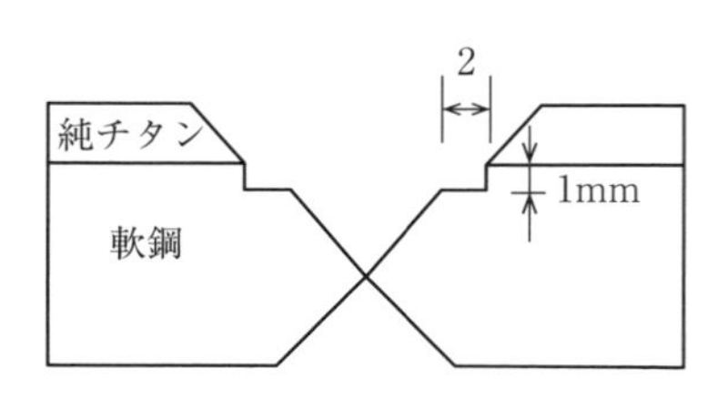

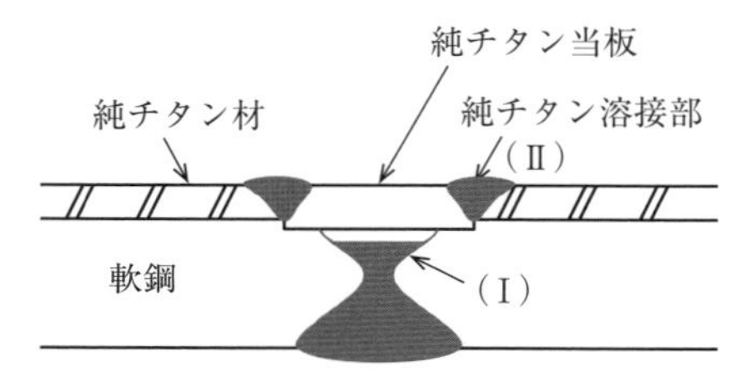

図7.44　開先形状と溶接手順

接した。断面を調査した結果，**図 7.45**[23]に示す通り溶接金属(①)および熱影響を受けたクラッド界面(②)に割れが認められた。

(b) 原因

図 7.45 の割れ①は合せ材側とチタンの当て板の溶接を行った際にクラッド鋼母材(軟鋼)の一部が溶融し，チタンと混合した結果，溶接金属にきわめて硬くぜい弱な金属間化合物が生成したことが原因である。Ti と Fe が溶融混合された際に形成されるぜい弱な金属間化合物に，溶接の冷却過程での収縮応力が作用して割れが生じたものと判断される。

図 7.46[23]はチタンクラッド鋼の上にビードオン溶接した例であるが，クラッド界面とその直下の軟鋼が一部溶融する溶接条件では，溶接金属に割れが発生することが確認されている。

また，軟鋼と溶融混合していない純チタン / 軟鋼のクラッド界面でも図 7.45 に示す割れ②が生じていた。これは界面で Fe と Ti が拡散して金属間化合物が生成したことが原因である。クラッド界面は 900℃以上に加熱されると顕著

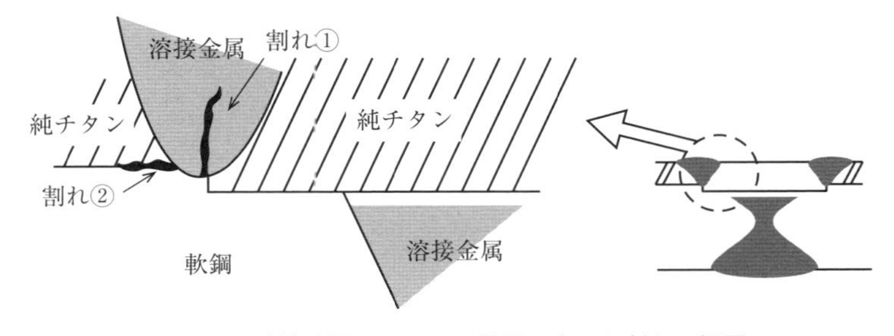

図 7.45 溶接金属，クラッド界面に生じた割れの概要

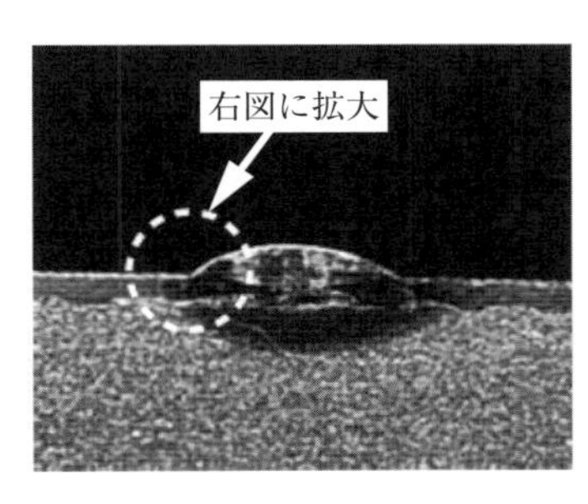

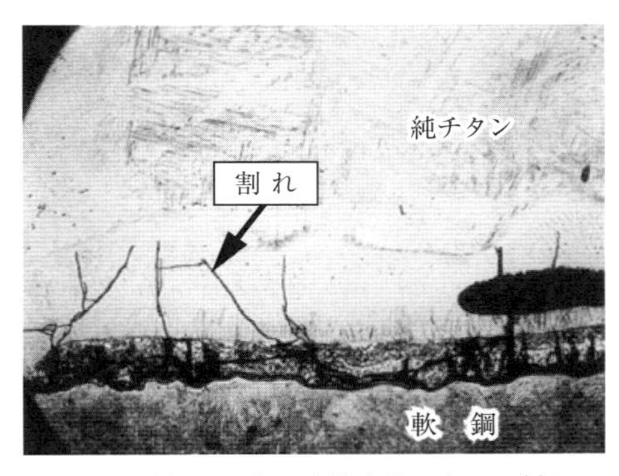

図 7.46 チタンクラッド鋼の上にビードオン溶接した際の溶接金属に生じた割れ

な硬化が生じる。**図7.47**[24]は純チタンの厚さが2mmの圧延チタンクラッド鋼に溶接入熱19kJ/cmでビードオン溶接した際のクラッド界面の組織および硬さ分布である。軟鋼と溶融混合しない場合でも溶接熱影響によりクラッド界面にはTi-Fe系金属間化合物による硬化層が生じている。この様なTi-Fe系金属間化合物が生成し，それに起因した硬化層の生成が純チタン/軟鋼のクラッド界面で発生する割れの原因となる。

(c) 対策

このような割れの防止には金属間化合物を形成させないことであり，純チタンと軟鋼を溶融混合させないことが重要である。そのためには，軟鋼部分の溶接において合せ材側の溶接時に900℃以上に加熱される範囲の合せ材を切除した開先を用いる。さらには，合せ材部分の溶接においては**図7.48**[20]の例に示すように，突合せではなくスペーサと当て板を用いた重ねすみ肉溶接とすること

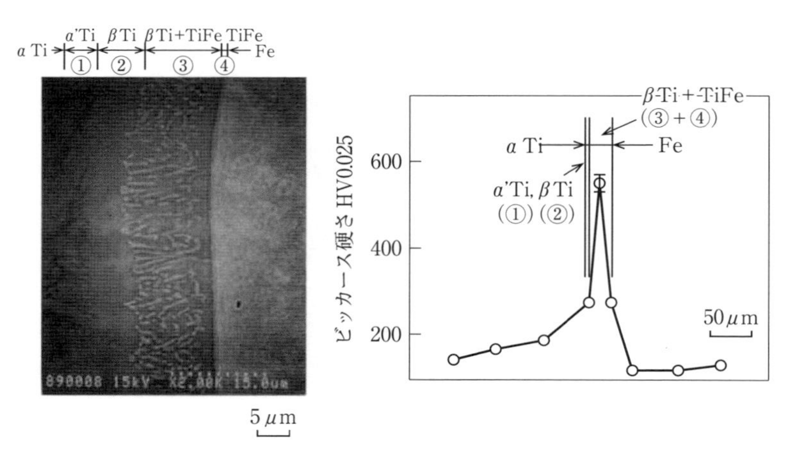

図7.47　チタン側へのビードオン溶接による圧延チタンクラッド鋼界面での金属間化合物生成と硬化の例(入熱量19kJ/cm)

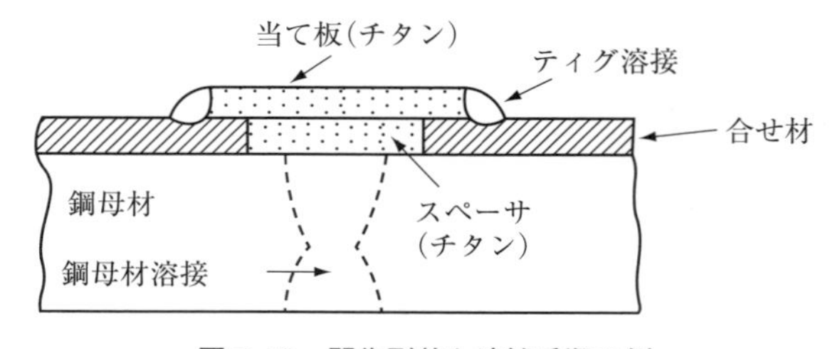

図7.48　開先形状と溶接手順の例

で軟鋼側の溶融リスクを抑える継手設計とすることが有効である。

重ねすみ肉溶接を用いる場合にも，クラッド界面への熱影響に対する配慮は不可欠であり，クラッド界面の最高加熱温度が900℃以下となるよう入熱管理を行うことが金属間化合物の生成による界面強さの低下の抑制に必要となる。**図7.49**に示す例では入熱が13kJ/cm以下にて界面せん断強さの低下が抑えられている。

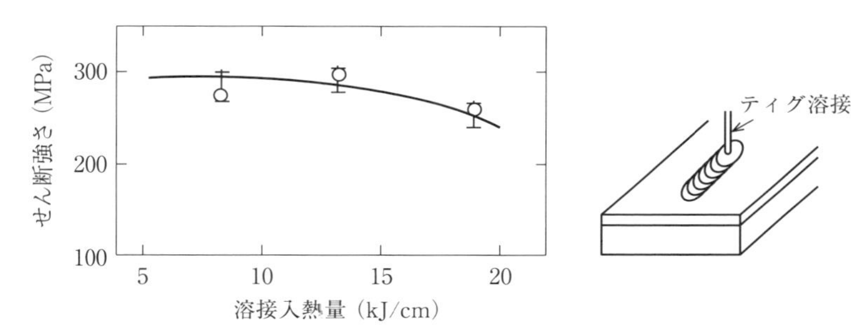

図7.49　圧延チタンクラッド鋼の界面強さに及ぼす溶接熱サイクルの影響

(5) 実機適用事例または溶接施工事例

製紙工業用パルプ漂白塔への適用事例を**図7.50**[25]に東京湾アクアライン橋脚の防食用途への適用事例を**図7.51**[26]にそれぞれ示す。

図7.50　チタンクラッド鋼を用いた製紙プラント用漂白塔

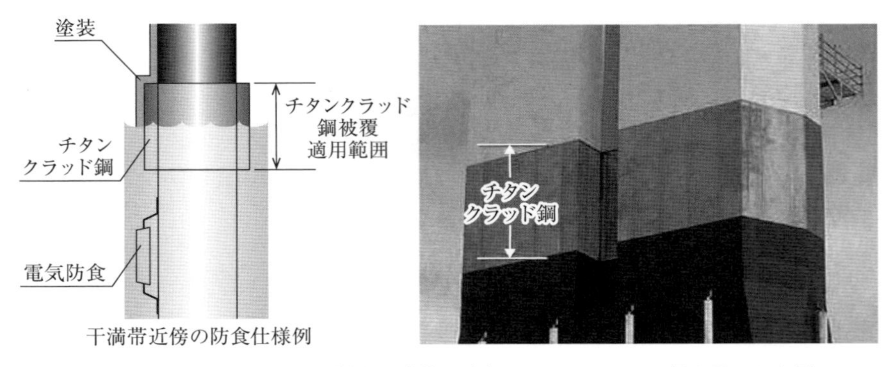

図 7.51　海洋に設置された橋脚干満帯の防食にチタンクラッド鋼を用いた事例

7.5.2　ジルコニウムクラッド鋼の溶接

ジルコニウムクラッド鋼はチタンクラッド鋼とは異なりJIS規格には規定されていないが，チタンクラッド鋼と同様，爆着法，圧延法によって製造可能と考えられる。しかし，実際には爆着法により製造される場合が多い。

(1) 溶接施工とその管理

(a) 溶加材

クラッド鋼の鋼側の溶接には被覆アーク溶接，マグ溶接等が用いられるが，ジルコニウム側の溶接にはほとんどの場合，ティグ溶接が用いられる。溶加材には鋼側は強度(場合によってはじん性)をジルコニウム側は耐食性を考慮して必要性能に応じた共金溶加材を用いる。

(b) 継手・開先

表 7.25[18] に開先の例を示す。チタンクラッド鋼と同様の開先，施工手順が用いられることが多い。

(c) ジルコニウムの溶接の要点

純ジルコニウムの溶接にはほとんどの場合，ティグ溶接が用いられる。純ジルコニウムはチタンと同様，活性金属であることから大気中で高温に加熱されるとO，Nを吸収し硬化，ぜい化を生じやすい。純ジルコニウムは限界値以上のO，Nを吸収すると**図 7.52**[27] に示すように，曲げ試験にて割れを生じる可能性が高くなる。**図 7.53**[27] に示すように，O，Nが吸収された溶接金属では硬化が生じ延性が低下するためである。また，O, N, Hを吸収した溶接金属では**図 7.54**[27] に示すようにじん性(シャルピー衝撃値)も低下する。

したがって純ジルコニウムでは純チタンと同様，ティグ溶接のトーチシール

表 7.25　ジルコニウムクラッド鋼（合せ材側）の溶接施工条件の例

溶接方法	溶接姿勢	溶加材	溶接電流 (A)	アーク電圧 (V)	溶接速度 (cm/min)	補助シールドガス (Ar) (L/min)
ティグ溶接	下向き	R60702	80-150	10-20	5-10	40-80

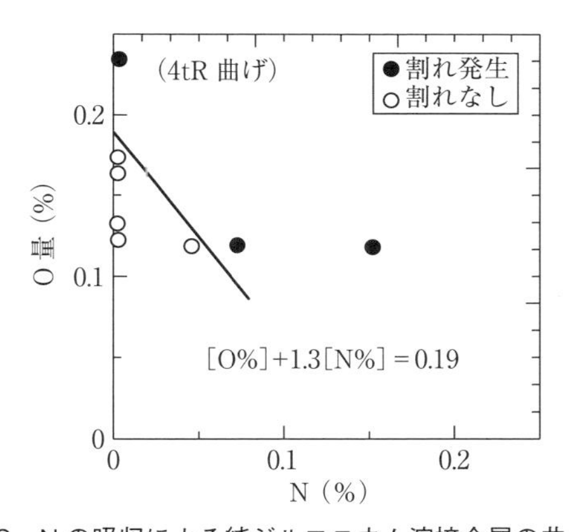

図 7.52　O，N の吸収による純ジルコニウム溶接金属の曲げ性能劣化

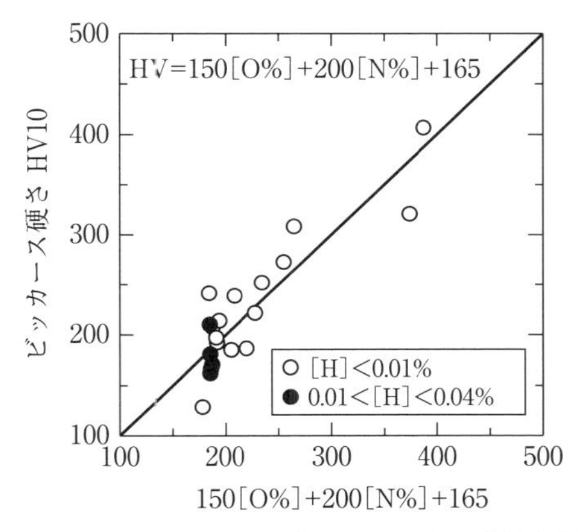

図 7.53　O，N の吸収による純ジルコニウム溶接金属の硬化

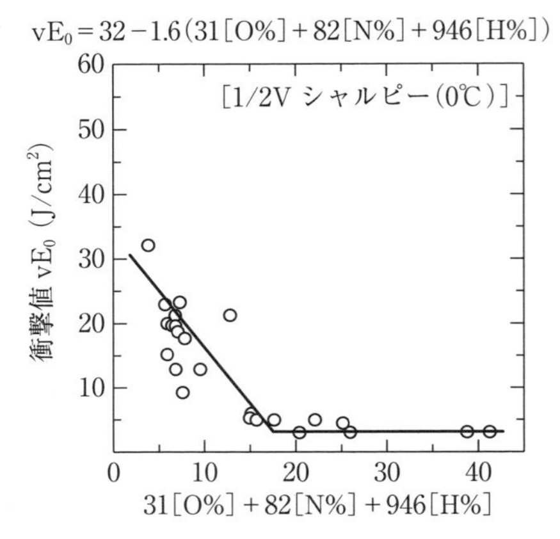

図 7.54　O，N の吸収による純ジルコニウム溶接金属のじん性劣化

ドに加え補助シールドジグを用いて溶融池後方に Ar を供給して，溶融池ならびに凝固直後の溶接金属を大気から保護する必要がある。

(d) 施工条件

合せ材が純ジルコニウムであるクラッド鋼での溶接において特に留意すべき点は，クラッド界面での金属間化合物の生成抑制のための入熱管理である。Zr と Fe はたとえ溶融混合されなくても高温では固相反応により金属間化合物が生成する。Zr/Fe クラッド界面での金属間化合物の成長速度は[28]，Ti/Fe クラッド界面のそれに比べて 10 倍以上であることからクラッド界面での温度上昇を抑制するための入熱管理に関してはチタンクラッド鋼以上に配慮する必要がある。

表 7.25[18] にジルコニウムクラッド鋼の合せ材側（純ジルコニウム SB551MR60702）の溶接施工条件例を示す。チタンクラッド鋼と同様の補助シールドジグを用いて Ar によるシールドを強化しジルコニウム側の溶接部の酸化を防いでいる。

(3) 溶接継手の性質

(a) 金属組織と硬さ分布

溶接継手のマクロ組織を**図 7.55** に示す。純ジルコニウムは常温では hcp 構造の結晶からなる α 相であるが高温では bcc 構造の結晶からなる β 相となる．溶接金属および $\alpha\rightarrow\beta$ 相変態温度以上の高温に加熱された HAZ は，母材とは組織形態は異なるが β 相から冷却された α 相であり急冷されても焼入れ組織とはならない。そのため**図 7.56**[29] に示すように溶接金属，HAZ は母材と概ね同

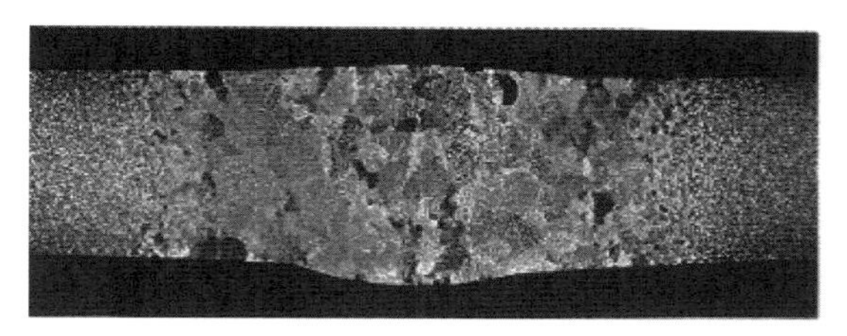

図 7.55 溶接継手(純ジルコニウム部)マクロ組織

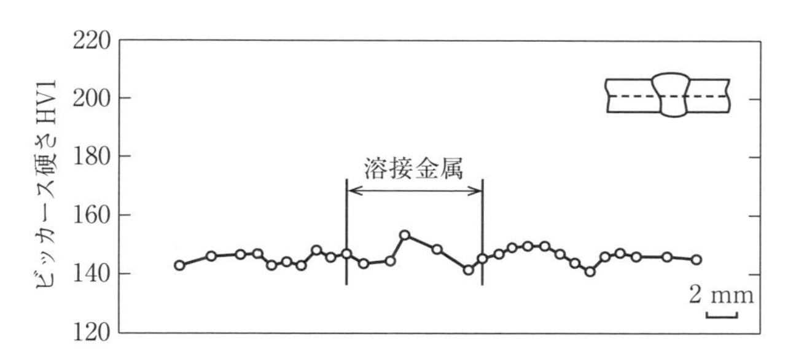

図 7.56 溶接継手(純ジルコニウム部)の硬さ分布

じ硬さとなる。

(b)常温の機械的性質

純ジルコニウム部分のティグ溶接継手の引張試験および曲げ試験結果の例を**表 7.26**[30)]に示す。引張試験では溶接金属で破断が生じている。引張強さはASTMに規定された母材の下限値を十分に上回っている。また，表曲げ，裏曲げ試験においては割れのない良好な結果が確認されている。

溶着金属の引張特性に及ぼす溶接入熱の影響を**図 7.57**[30)]に示す。降伏強さ，引張強さは入熱が大きくなるとわずかに低下する傾向があり，また，伸びも低下する傾向がある。

(c)疲労特性

母材厚さ 22mm と厚さ 3mm の Zr702 からなる爆着クラッド鋼を用いて作

表 7.26 純ジルコニウム溶接継手の機械的性質

継手引張		継手曲げ(曲げ半径:4 t R)	
引張強さ(MPa)	破断位置	表曲げ	裏曲げ
448	溶接金属	良好	良好
450	溶接金属	良好	良好
引張強さ≧380 (ASTM B550 Zr702)			

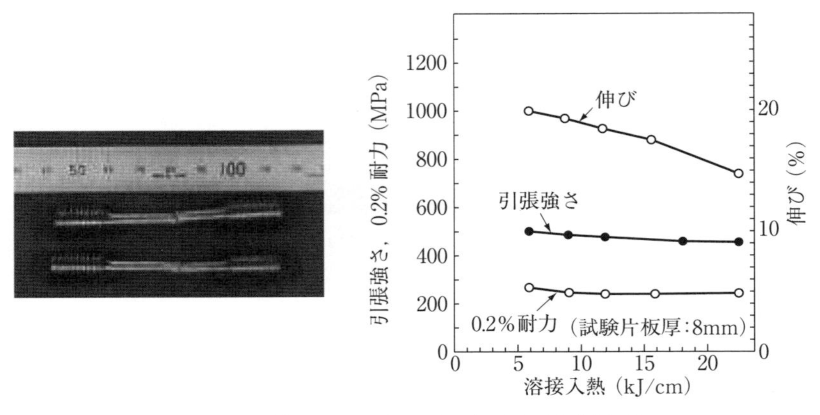

図7.57　純ジルコニウム部溶着金属の機械的性質

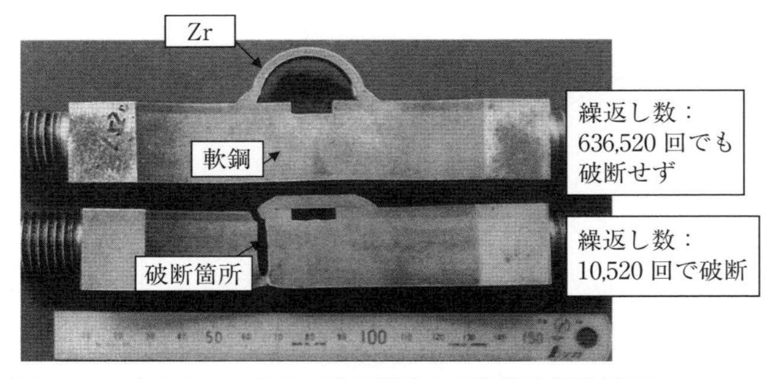

図7.58　純ジルコニウムクラッド鋼の溶接継手の疲労試験結果(繰返し応力196MPa)の例

製した突合せ溶接継手の常温での疲労試験の例を**図7.58**[30]に示す。試験片は，ジルコニウムのカバープレートが平板タイプと半割管タイプの継手をそれぞれ準備し，196MPaの繰返し応力下で試験を実施している。

平板タイプの継手は繰返し回数10,520回で純Zrの溶接部止端部から亀裂を生じて破断にいたっているが，半割管タイプの継手は636,520回を経て母材溶接部に割れが認められるものの，半割管に損傷はなく破断にはいたっていない。

機器の用途・設計条件などにより，溶接継手の構造を使い分けることが重要である。

参考文献

1) WELDING HANDBOOK Vol.4 Materials and Applications Part2, American Welding Society
2) 湊昭二：ステンレスクラッド鋼の溶接，圧力技術，19-5(1981)，p.22

3) 稲垣道夫：ステンレスクラッド鋼に関する総合的研究，圧力技術，15(1977)，p.2
4) T. Maruo, T. Fukuda and M. Shimazaki："Application of Duplex Stainless Steels to Hot Roll Bonded Clad Steels", Duplex Stainless Steels, R.A. Lula, Ed., conference proceedings, ASM, 1985, p.465
5) 新版 溶接・接合部組織写真集，溶接学会溶接冶金研究委員会編 黒木出版社 p.386, p.393
6) NKK 技報，No.132(1990)，p.96
7) 奥井啓悦：「しらせ」建造記録，日本マリンエンジニアリング学会誌，45-2(2010)，p.44
8) 山内豊：ユニバーサル造船テクニカルレビュー No.4(2009)
9) 海上自衛隊 HP,「砕氷艦「しらせ」型｜水上艦艇｜装備品」https://www.mod.go.jp/msdf/equipment/ships/agb/shirase/ (2021.09)
10) 株式会社臼杵造船所技術資料
11) 島崎正英他：溶接技術，35-10(1987)，pp.119-125
12) 日本高圧力技術協会：ニッケル及びニッケル合金クラッド鋼加工の技術指針(2015)
13) 山村美彦他：配管技術，40-3(1998)，pp.123-126
14) 辻正男他：溶接学会誌，58-3(1989)，pp.177-181
15) NKK 技報，No.132(1990)，p.102
16) 日本製鋼所技報，No.58(2007)，p.85-87
17) クロセ資料
18) 三井造船株式会社(現，三井 E&S)技術資料
19) 日本チタン協会編：チタン溶接トラブル事例集，産報出版(2019)，p.207
20) 日本チタン協会編：チタン溶接トラブル事例集，産報出版(2019)，p.160
21) 産総研加工技術データベース HP (2021.4) http://www.monozukuri.org/monozukuri/arc-weld/case/welding1/index.html
22) 原修一，小溝裕一，松川靖，村山順一郎：圧力技術 27(1989)，p.301
23) 日本チタン協会編：チタン溶接トラブル事例集，産報出版(2019)，p.115
24) 日本鉄鋼協会鉄鋼基礎共同研究会「鉄・チタン複合材料の製法と特性」(1993)，p.151
25) トーホーテック株式会社 HP (2021.4) http://www.tohotec.co.jp/products/weld/tank.html
26) 日鉄防食株式会社 HP (2021.4) https://acc.nipponsteel.com/solution/engineering.php
27) 日本チタン協会編：チタン溶接トラブル事例集，産報出版(2019)，p.219
28) 日本チタン協会編：チタン溶接トラブル事例集，産報出版(2019)，p.203
29) 三浦実，小川和博：住友金属(技報)，45(1993)，No6, p.59
30) 三井造船株式会社(現，三井 E & S)：私信

第8章

アルミニウムと鋼の異材溶接・異材接合

アルミニウムは緻密で安定な表面酸化皮膜により優れた耐食性を有するとともに，比強度が高く，加工性やリサイクル性にも優れることから適用分野が拡大している。特に，近年では，輸送機器の軽量化が重要な課題となり，自動車へのアルミニウムの適用が注目されている。これにともない構造物の主要構成材料である鉄鋼とアルミニウムの接合技術の確立が必要不可欠となっている。しかしながら，アルミニウムと鉄鋼の異材接合においては，従来の溶融溶接法を用いると接合部にぜい弱な金属間化合物(IMC)が生成し，接合継手特性が大きく低下するなどの問題点があり，溶融溶接の適用は一般に困難である。

そこで，本章では，溶融溶接以外の抵抗スポット溶接，摩擦攪拌接合，ブレイジング(ろう付)によるアルミニウムと鉄鋼の異材接合を対象として，それぞれの接合プロセスごとに施工の要点，施工部の組織や特性，適用事例等について述べる。さらに，トランジションピースを用いたアルミニウム合金と鉄鋼の異材溶接についても概説する。

8.1　アルミニウム / 鋼異材接合部の冶金現象

8.1.1　Fe-Al 状態図における金属間化合物

鉄鋼材料とアルミニウム合金との異材接合においては接合部における IMC 生成が接合強度に大きな影響を及ぼす。**図 8.1**[1] に Fe-Al 状態図を示す。平衡状態では Fe_3Al，FeAl，$FeAl_2$，Fe_2Al_5，$FeAl_3$ の 5 種類の IMC が存在し，そのほとんどが融点(固相線)直下の高温から安定であるため，溶融溶接の際には，溶接金属内では，IMC の生成はほとんど不可避となる。また，これらの IMC は，Ti-Fe 系などの IMC に比べて比較的低温側でも成長速度は大きいことが特徴である[2]。このため，アルミニウムクラッド鋼を用いた異材溶接部では溶接熱影響部でも，IMC の生成を回避することが困難である。鉄鋼材料と

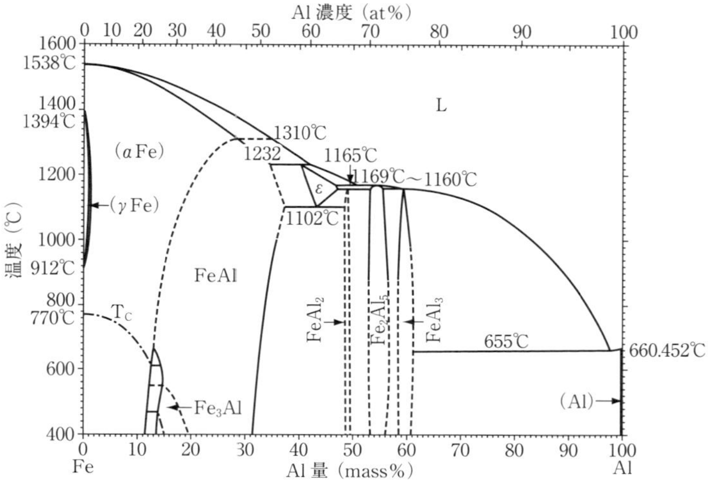

図 8.1 Fe-Al 状態図と金属間化合物（IMC）

アルミニウム合金との異材接合部に生成するIMCは次項で述べるごとく，接合部の機械的特性を著しく劣化させる要因となる。

8.1.2 Fe-Al 金属間化合物の機械的性質

Fe-Al二元系合金で生成する金属間化合物（以下，Fe-Al IMCと記す）の硬さ，じん性，延性の例を**表 8.1** および**図 8.2**[3] に示す。Feの含有量の高いFe_3Al，FeAlは硬さが500HV以下であり，Fe_2Al_5や$FeAl_3$に比べ比較的軟質であるため，低いながらも延性を有している。一方，Feの含有量の低いFe_2Al_5，$FeAl_3$は硬さが高く，低じん性で延性にも乏しい，きわめてぜい弱なIMCである。アルミニウムやその合金と鋼を溶融溶接する際，溶接金属内には一定の割合で

表 8.1 Fe-Al IMC の硬さ・破壊じん性

	ビッカース硬さ HV0.025	K_{IC} ($MPa \cdot m^{1/2}$)
$FeAl_3$	892	2.15
Fe_2Al_5	1013	2.30
FeAl	470	—
Fe_3Al	330	—

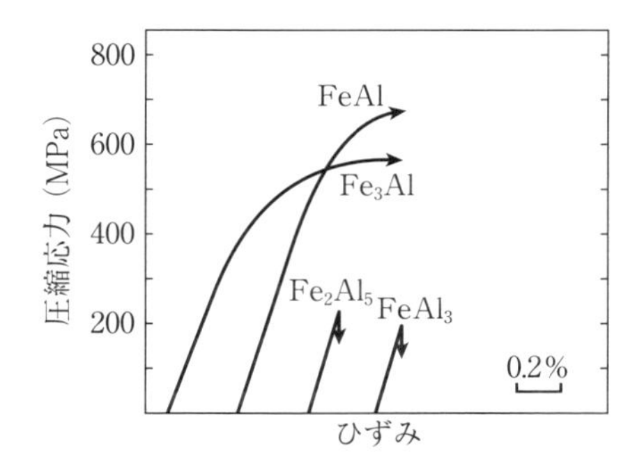

図 8.2 Fe-Al IMC の延性

それらのIMCが生成することから異材溶接はきわめて困難となる。

8.2　抵抗溶接

8.2.1　溶接施工

(1)継手

抵抗溶接は，被溶接材に通電することにより発生するジュール熱を利用して溶接する方法である。その中で，重ね継手のスポット溶接は，自動車車体の分野において最も広く利用されている抵抗溶接である[4)]。スポット溶接は，被溶接材を上下に配した電極で加圧しながら通電して接合する。**図8.3**にスポット溶接部の模式図を示す。通電された部分が溶融して溶接金属(ナゲット)，溶接金属中心から外周に向かってコロナボンドと呼ばれる圧接領域，熱影響部が形成される。

ナゲット(溶接金属)
コロナボンド(圧接部)
HAZ(熱影響部)

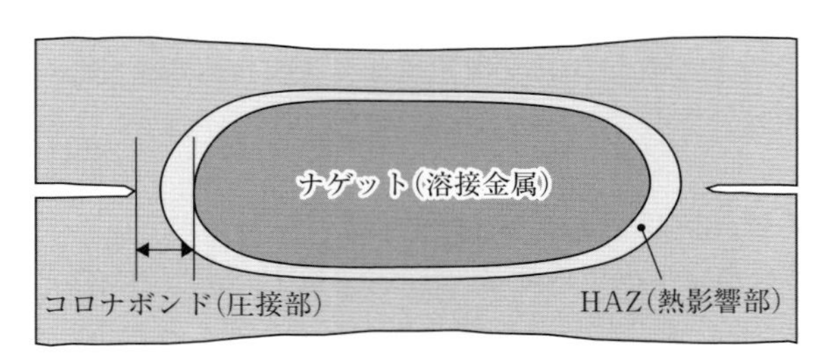

図8.3　スポット溶接部(同種材)の模式図

(2)溶接施工とその管理

スポット溶接では通電の状態に影響を及ぼす電極先端の形状の選定が重要となる。適用する材料，継手形状に応じてR形状，CF形状，DR形状など先端形状が異なる電極を使い分ける(**図8.4**)。電極の先端形状に応じて，電極と被溶接材の接触状態が変化する。その結果，板厚減少を含め，接合部の変形状態も変化する。主要なプロセスパラメータは溶接電流，通電時間，加圧力である。

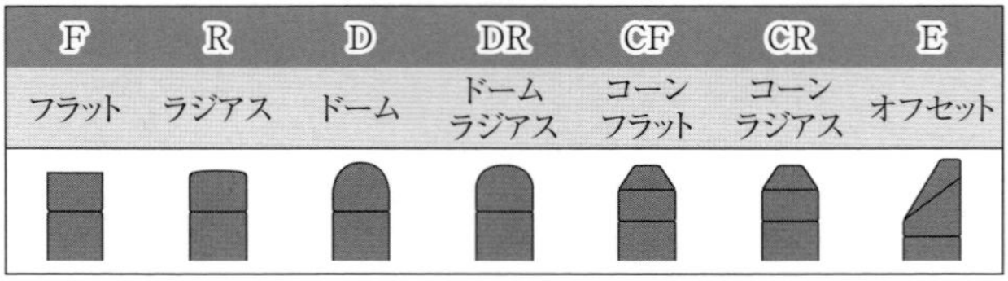

F
R
D
DR
CF
CR
E
フラット
ラジアス
ドーム
ドーム ラジアス
コーン フラット
コーン ラジアス
オフセット

図8.4　スポット溶接の電極形状

また，実際の生産ラインでスポット溶接を用いる場合，被溶接材の重ね面に対して，上下電極の打角線が傾く(電極軸が板表面に垂直でない)場合がある。さらに,部品の寸法誤差により被溶接材の重ね面にギャップが生じる場合があり，これらを考慮して，継手の品質を管理する必要がある[5)]。また，複数枚かつ板厚差が大きい溶接継手の作製には，二段加圧，二段通電制御を採用することで適正な溶接継手を得ている[6)]。

8.2.2　各種抵抗溶接部の組織・性質

(1)抵抗溶接部の組織

溶融亜鉛めっき鋼板(GI材，板厚0.55mm)および合金化溶融亜鉛めっき鋼板(GA材，板厚0.55mm)と，6000系アルミニウム合金をスポット溶接によって接合した事例を示す。鋼とアルミニウム合金の異材溶接継手においては，鋼とアルミニウム合金の融点差が大きいため，鋼は溶融することなく，アルミニウム合金が一部溶融，熱影響部を形成した状態で，界面にFe-Al IMCを形成し，冶金的に接合されている。**図8.5**[7)]に接合界面のSEM組織を示す。GI鋼板，GA鋼板ともに，亜鉛めっき中のZnとアルミニウム合金中のAlとのAl-Zn共晶反応を利用することで，接合界面に一時的に液相を形成して[7)]，接合を阻害するアルミニウム合金表面の酸化皮膜を除去するとともに，Fe-Al IMC層を生成することにより，冶金的な接合が可能である。その際，GA鋼板の溶接継手は，GI鋼板に比べて，界面に生成するFe-Al IMC層が厚くなりやすい。このため，GA鋼板の継手を作製する際には，GI鋼板の継手に比べて，プロセス中に生じる固液混合層の効果的な排出が要求される。そのための方策として排出性の高いDR形状の電極を用い，高加圧で溶接することが有効である。

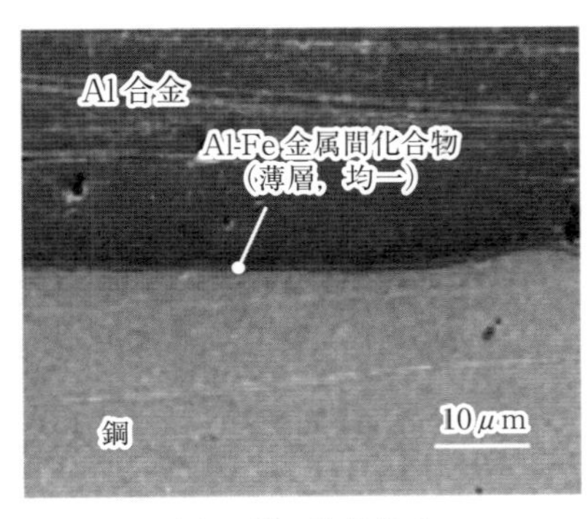

(a)GI材の溶接継手

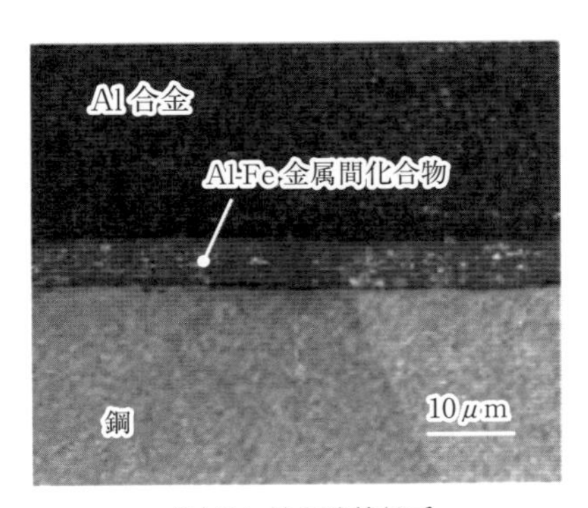

(b)GA材の溶接継手

図8.5　接合界面のSEM組織

(2) 抵抗溶接部の機械的特性

アルミニウム合金と鋼の異材溶接では，界面に形成されるFe-Al IMC層の厚さは，継手強度に大きな影響を及ぼす。IMC層の厚さが非常に薄い場合には未溶着部や未接合部の発生により継手強度は低くなる。IMC層が過剰に形成した場合もIMC層のぜい性的な破壊により強度は著しく低下する。すなわち，良好な継手強度を確保するためには，IMC層の厚さを適正値に制御する必要がある。

例えば，**図8.6**[7]にナゲット中央断面における厚さ2μm以下のFe-Al IMC層が生成する長さ（有効接合長さと定義する）と継手強度（十字引張強度）の関係を示す。有効接合長さと継手強度には明確な相関があり，本継手の場合には，継手強度を向上させるためには2μm以下のIMC層を生成することが有効である。

抵抗スポット溶接継手の破断モードを大別すると，(1)スポット溶接部の周囲の母材または熱影響部で延性的に破断するプラグ破断，(2)ナゲット内でぜい性的に破断する界面破断，(3)部分プラグ破断（プラグ破断と界面破断の混在モード）に分類できるが，接合部と母材の強度の大小関係によってはアルミニウム母材で破断する場合もある。一般的な鋼とアルミニウム合金の異材溶接継手では，プラグ破断は熱影響を受けやすいアルミニウム合金側で生じる。継手強度と界面に形成するFe-Al IMC層の厚さには密接な関係があり，2μm以下

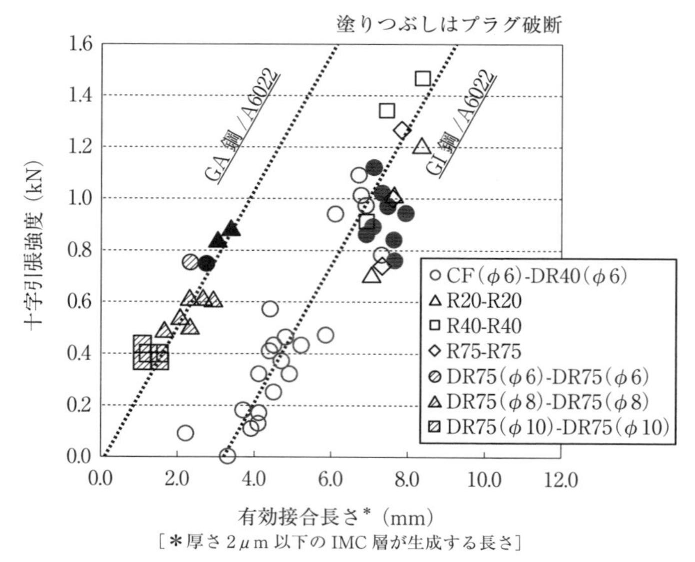

図8.6　Fe-Al IMC層が生成する長さ（有効接合長さ）と継手強度の関係
GI鋼/A6022 溶接電流：7～30kA，通電時間：80～240ms，加圧力：1.18～3.53kN
GA鋼/A6022 溶接電流：20～30kA，通電時間：240ms，加圧力：2.94～5.88kN

の薄くて均一な Fe-Al IMC 層を形成することで，アルミニウム合金母材内部で破断する良好な継手が得られる[7]。**図 8.7**[8]に異材抵抗スポット溶接継手の模式図を示す。鋼はアルミニウム合金に比べて高温強度が高いため，アルミニウム合金の板厚減少が生じやすい。継手強度向上のためには，アルミニウム合金の板厚減少を抑制しながら，鋼とアルミニウム合金の界面に薄くて均一な Fe-Al IMC 層を形成する領域(ナゲット)を拡大することが重要である。加圧力は溶接電流分布に影響を与えるのみならず，被溶接材であるアルミニウム合金の板厚減少にも大きく影響する。また，溶接条件のうち溶接電流，通電時間は Fe-Al IMC 層の形成状態に大きく影響する。これらの因子により溶接継手の破断モードも影響を受ける。

鋼とアルミニウム合金の異材溶接継手の疲労特性の評価事例を紹介する。鋼には板厚 0.55mm の GA 材(母板 SPCC 材)，アルミニウム合金には板厚 1.0mm の A6022 材を用い，疲労特性評価に用いた継手試験片形状は**図 8.8**[9]に示す

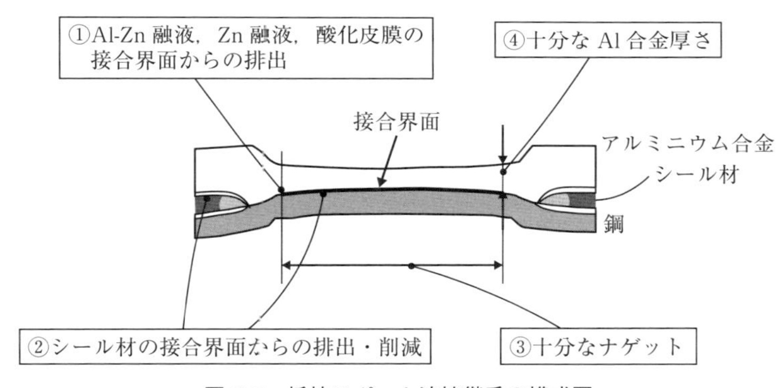

図 8.7　抵抗スポット溶接継手の模式図

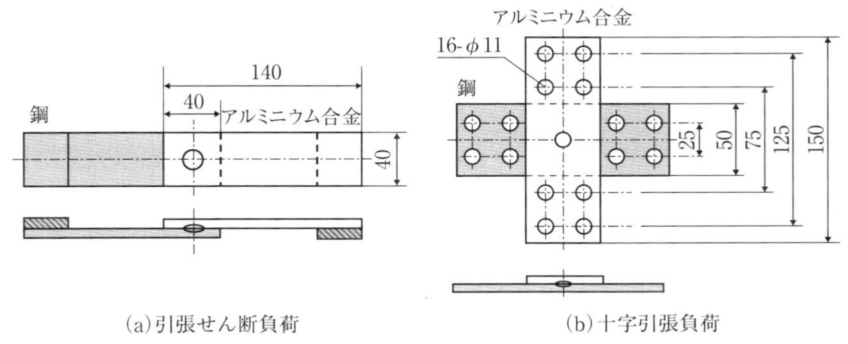

(a)引張せん断負荷　(b)十字引張負荷

図 8.8　疲労試験片形状

JIS Z 3138に準拠し，(a)引張せん断，(b)十字引張の負荷モードによる評価を実施している。疲労試験条件を**表8.2**に，抵抗溶接条件を**表8.3**にまとめる。**図8.9**[9]に鋼とアルミニウム合金の異材溶接継手の疲労特性評価結果を示す。引張せん断負荷に対する溶接継手の疲労限(繰り返し回数を最大10^7回で打ち切った最大荷重)は，スポット溶接，シールスポット溶接ともにA6022材の共材スポット溶接と同等強度であり，良好な疲労特性である。また，接合界面からはく離することなく，薄板側であるGA材の母材で破断している。十字引張負荷の疲労限についてもスポット溶接，シールスポット溶接ともにA6022

表8.2　疲労試験条件

試験パラメータ	引張せん断疲労試験	十字引張疲労試験
最大荷重と最小荷重との比	0.1(一定)	
繰り返し速度	6～20Hz (正弦波が崩れない最大サイクル)	30Hz
繰り返し回数	最大10^7回	

表8.3　抵抗溶接条件

	異材継手		共材継手
	スポット溶接	シールスポット溶接	スポット溶接
電極	鋼側:DR型* アルミニウム合金側:DR型*		R型**
溶接電流	30kA	27.5kA	32kA
通電時間	240ms	240ms	200ms
加圧力	5.88kN	5.88kN	1.18kN

*元径:ϕ16mm, 先端曲率半径:75mm, 先端径:ϕ8mm
**元径:ϕ16mm, 先端曲率半径:40mm

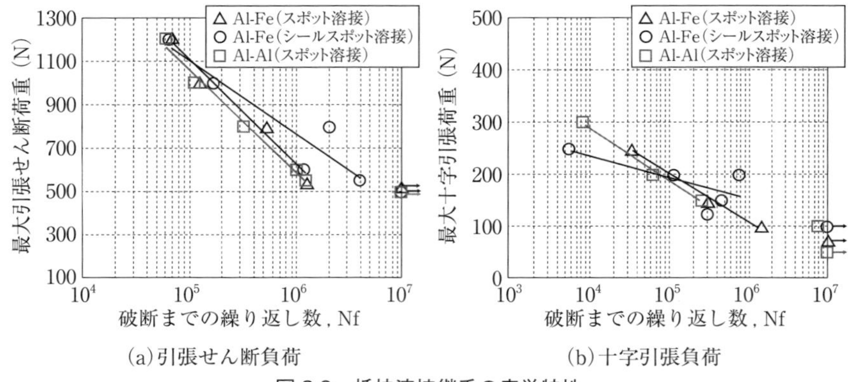

(a)引張せん断負荷　(b)十字引張負荷

図8.9　抵抗溶接継手の疲労特性

材の共材スポット溶接と同等強度であり，接合界面からはく離することなく，A6022材の母材側でプラグ破断している。

(3) 抵抗溶接部の耐食性（シールスポット溶接）

鋼とアルミニウム合金の異材溶接継手では，腐食電位差によって生じる異種金属接触腐食（ガルバニック腐食）を防止するため，溶接部近傍への水分の侵入を抑制する必要がある。その手段としてシールスポット溶接が検討されている。**図8.10**[5),8)]にシールスポット溶接の模式図を示す。接合界面に，シール材を配した状態で溶接を行い，加圧の付与により，シール材（例えば，熱硬化型エポキシ系樹脂）を接合界面から排出し，異種材料接合部の水分との接触を防止すると同時に，接合界面ではFe-Al IMC層を形成して継手を形成する。ウエルドボンド工法（接着剤をあらかじめ接合界面に塗布しておいてスポット溶接する方法）と類似した構成であるが，シールスポット溶接の場合はウエルドボンドのようにシール材の硬化による強度向上寄与分は期待しない。

図8.11[8)]にシールスポット溶接の複合サイクル腐食試験結果を示す。試験条

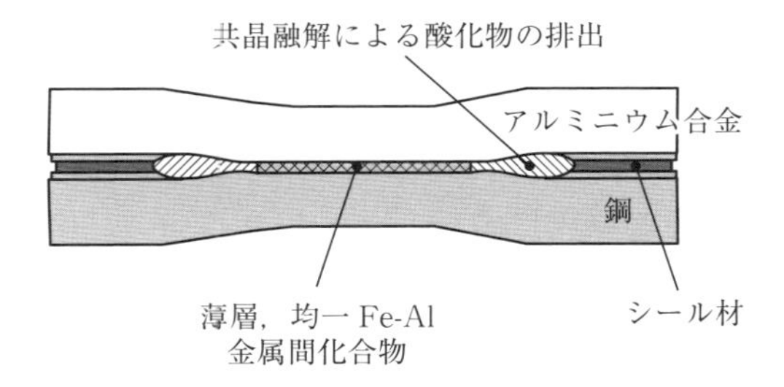

図8.10　シールスポット溶接の模式図

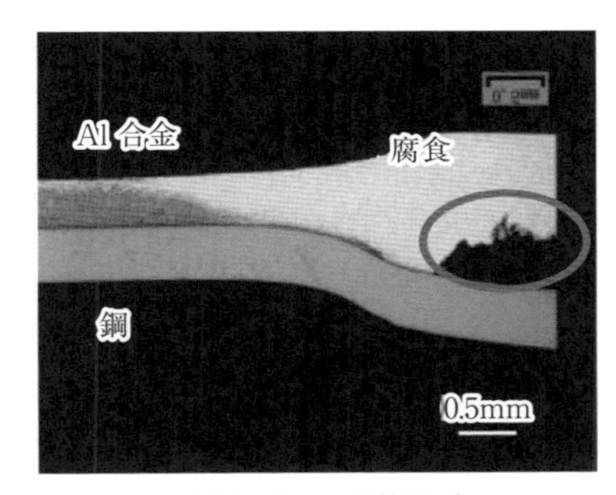

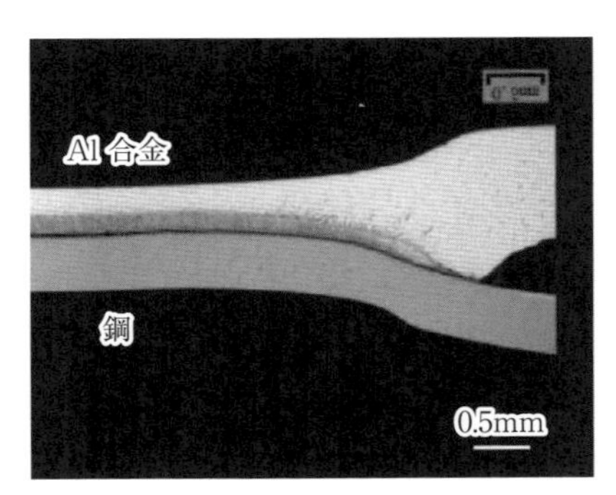

(a) スポット溶接継手　(b) シールスポット溶接継手

図8.11　複合サイクル腐食試験（CCT）結果

件は，1サイクルの中で塩水噴霧，乾燥，湿潤が付与されるサイクルである。スポット溶接継手はアルミニウム合金の一部に腐食が進行しているのに対して，シールスポット溶接継手には腐食は確認されず，良好な耐食性を示している。

図8.12[8)]にシールスポット溶接の接合界面のTEM組織を示す。観察部位において，接合界面にはシール材の残存は見られず，接合界面にFe-Al IMCが形成して冶金的に接合されている。

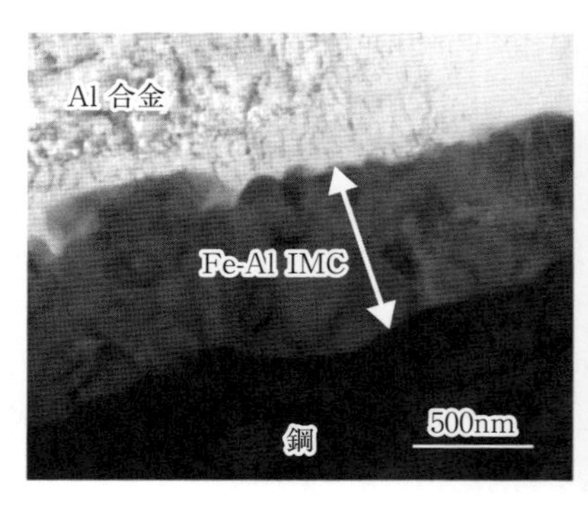

(a)スポット溶接継手界面

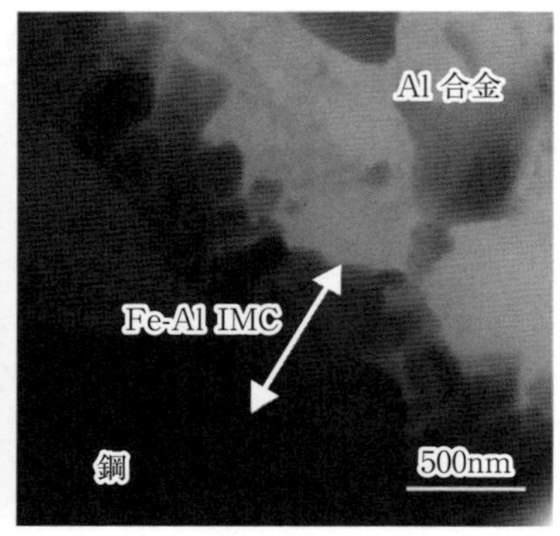

(b)シールスポット溶接継手

図8.12　接合界面のTEM組織

8.2.3　実施工における適用部位

自動車車体では，抵抗スポット溶接による鋼とアルミニウム合金の異材接合事例は,現時点において報告されていないが,フロントエンドモジュールやルーフパネルなど，SPR (Self-Pierce Riveting)が適用されている箇所への代替が検討されている。

8.3　摩擦撹拌接合

8.3.1　接合施工

(1)継手

摩擦撹拌接合は，ショルダ部とプローブ部から構成される回転ツールを被接合材に接触，挿入し，発生する摩擦熱により材料を軟化させ，被接合材界面近傍の材料を撹拌して塑性流動により接合する方法である。固相の状態で接合できるため，溶融接合のように溶融・凝固や固相状態での熱影響による材質劣化を抑えることができることから，航空機，鉄道車両などのアルミニウム合金の接合に広く実用化されている。また，マグネシウム合金，銅合金などの材料への適用についても検討され，その適用範囲を広げつつある[12),13)]。ツールを回転させながら走査させて線接合する方法はFSW（Friction Stir Welding），走査させずに点接合する方法はFSSW（Friction Stir Spot Welding）と呼ばれている。FSWにより突合せ継手および重ね継手，FSSWにより重ね継手を作製することができる。**図8.13**(a)[14)]に接合部(攪拌部)近傍の模式図を示す。接合部中央に形成される攪拌部，熱加工影響部(TMAZ：Thermo-Mechanically Affected Zone)，熱影響部(HAZ：Heat Affected Zone)，母材原質部からなる特徴的な接合部組織を形成する[14)]。特にFSW，FSSWにおける攪拌部は金属組織が微細化し，継手特性の改善効果が期待できる[15)]。FSWを鋼とアルミニウム合金の接合に適用した場合，接合界面にはFe-Al IMC層が形成され，冶金的に接合される。FSWで得られる接合部組織は，接合線に対して非対称となる。これは，接合方向に対する接合ツールの回転方向の違いにより接合部材に対するツール表面の相対速度が変化することに起因する。図8.13 (b)に示すように，ツールの回転方向と接合方向が一致する側を前進側(Advancing Side：AS)と呼び，反対側を後退側(Retreating Side：RS)と呼ぶ。一般的に

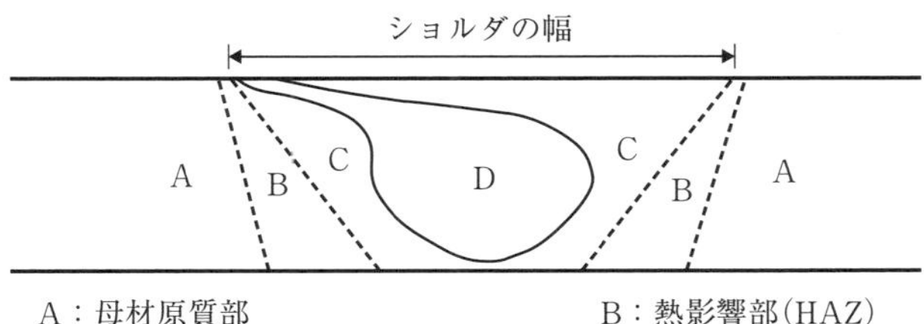

(a)接合部の模式図

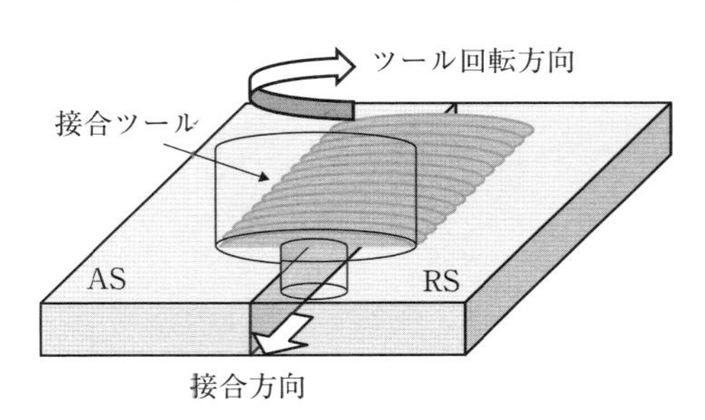

(b)接合方向(前進側と後退側)

図8.13　接合部の模式図および接合方向

同種材の接合においては，ツールの移動速度(接合速度)はツールの回転数よりは小さいため，材料の流動は，前進側と後退側でほとんど変わらないが，前進側で流動の淀みができやすいため，欠陥ができるのは，一般的に前進側となる。接合中の温度が高いのも前進側であるが，欠陥が発生するときなどは，逆に後退側の方の温度が高くなる[14)]。後述するように，鋼とアルミニウム合金の接合においてプローブを軟らかいアルミニウム合金側に挿入し，軟化させたアルミニウム合金の塑性流動により接合部の鋼表面を清浄化，活性化させて接合する方法では，鋼側を前進側とすることが有効であることが報告されている。

(2)接合施工とその管理

FSW，FSSWはプローブの形状をはじめ，ツールの回転速度，接合速度，プローブの挿入深さなどのプロセスパラメータが接合性に影響を及ぼす。プローブの形状についてはプローブの横断面形状を円型から楕円型，太鼓型に変化(**図8.14**参照)，プローブのねじ切りのピッチ，角度を変化させることで接合部における発熱と被接合材の撹拌状態の改善が検討されている[16)]。プロセスパラメータについては以下の点に留意して決定することが重要である。ツールの回転速度が高速で，接合速度が低速の領域では，接合部において過剰な発熱が生じるため，バリ(**図8.15**(a)[17)])が発生しやすくなり，外観は著しく悪化する。

一方，ツールの回転速度が低速で，接合速度が高速の領域では，発熱が不足するため，材料の塑性流動が不完全となり，トンネル状欠陥(図8.15(b)[17)])，溝状欠陥(図8.15(c)[17)])が生じる。場合によっては，材料から受ける抵抗力によりプローブが破損するため注意を要する。**図8.16**[14),17)]にツールの回転速度と接合速度の適正範囲の関係を示す。アルミニウム合金種(2000系，5000系，6000系および7000系)ごとにツールの回転速度と接合速度の適正範囲が異なる。

鋼とアルミニウム合金の異材摩擦撹拌接合では，突合せと重ね接合が実施

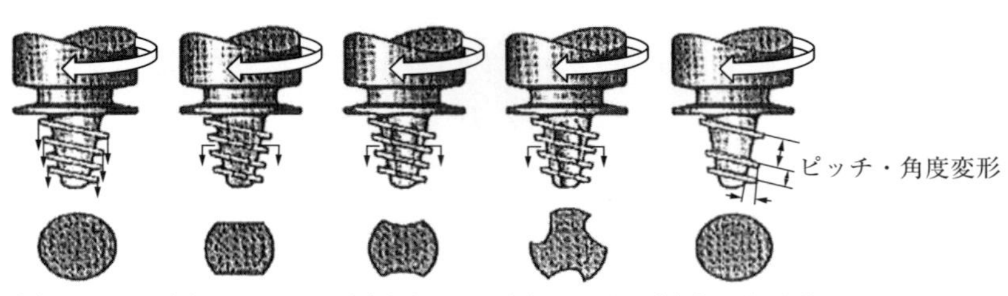

図8.14　各種プローブ形状

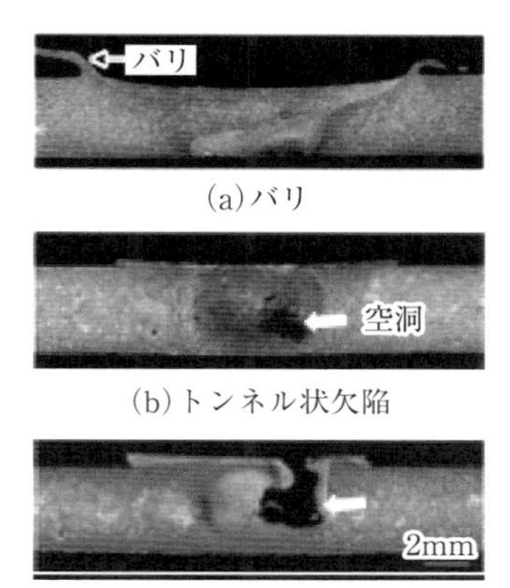

(a)バリ

(b)トンネル状欠陥

(c)溝状欠陥

図 8.15　FSW における接合欠陥

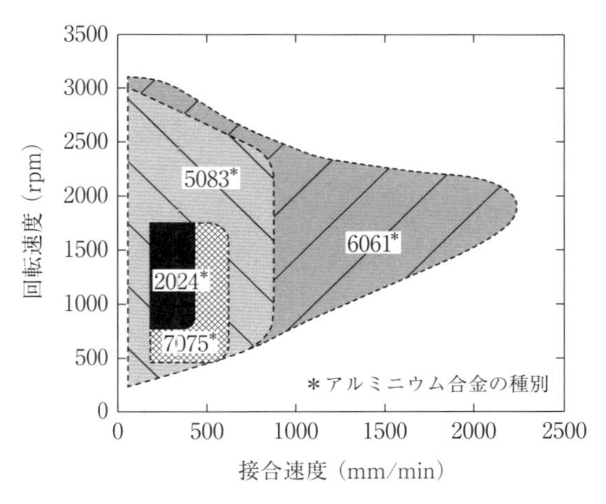

図 8.16　ツールの回転速度と接合速度の適正範囲の関係

されている。鋼とアルミニウム合金を突合せて摩擦攪拌接合する場合，Fe-Al IMC の生成を抑制し，かつ，鋼とプローブの接触によるツール摩耗を避けるため，**図 8.17** (a)[18]に示すようなツールをオフセットして挿入する方法が考案された。プローブは鋼側には接触させずに(あるいは，わずかに鋼側に食い込ませて)，軟らかいアルミニウム合金側に挿入し，プローブ周囲を塑性流動しているアルミニウム合金を鋼側に押しつけて，拡散現象を利用して両者を接合しようとするものである。図 8.17 (b)[19]は異材接合部の断面組織の一例を示したものであるが，塑性流動はアルミニウム合金側で生じ，鋼界面にはごく薄い拡散層(反応層)が形成されている。プローブが鋼側に接触することにより，鋼

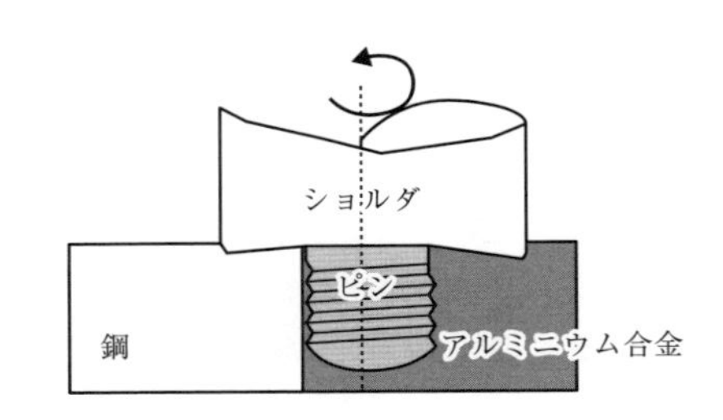

(a) 接合部断面とピン挿入位置

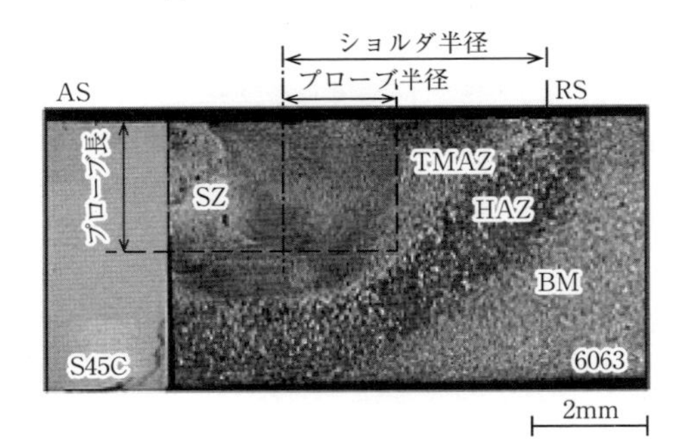

(b) 鋼とアルミニウム合金の異材接合部の断面組織

図 8.17　鋼とアルミニウム合金を摩擦攪拌接合

表面が清浄化，活性化されて強固な接合が達成されるため，鋼側を前進側とすることが有効である。以上のように，鋼とアルミニウム合金を摩擦攪拌接合する場合，接合状態を支配する塑性流動はアルミニウム側で生じるため，この点を考慮して接合条件を決定する必要がある。

8.3.2　各種接合部の組織・性質

GI 鋼板(板厚 0.55mm)および GA 鋼板(板厚 0.55mm)と，6000 系アルミニウム合金(板厚 1mm)を FSSW によって重ね接合した事例[18)-20)]を紹介する。接合に用いた回転ツールの形状は，ショルダ径が 15mm，プローブ(ピン)径が 6mm，9mm，プローブ長が 0.7mm である。接合条件として，プローブの挿入深さを 0.8mm とし，回転速度を 2000～3600rpm，保持時間を 1～5s としている。アルミニウム合金を鋼板上に重ねてアルミニウム合金側からツールを挿入して接合を行なっており，挿入深さを 0.8mm に管理することでショルダをアルミニウム合金に接触させ，プローブ先端は鋼側に挿入せず，アルミニウム合金側のみに挿入した状態で接合を行なっている。なお，継手強度は，引張せん断強

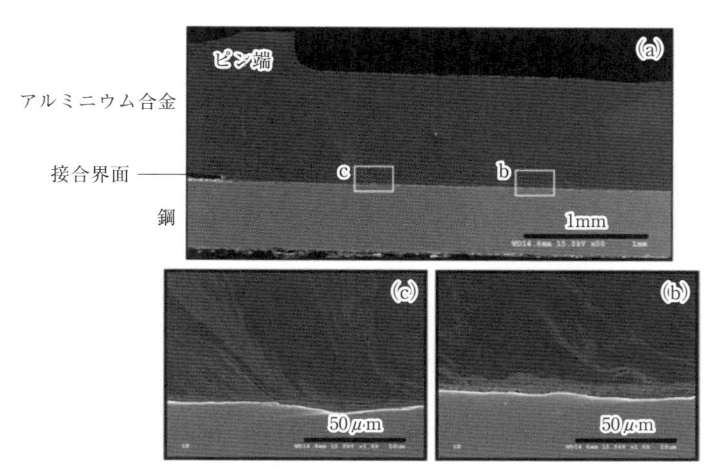

図 8.18　GI 鋼板とアルミニウム合金の接合界面の SEM 組織
(プローブ挿入深さ 0.1mm)

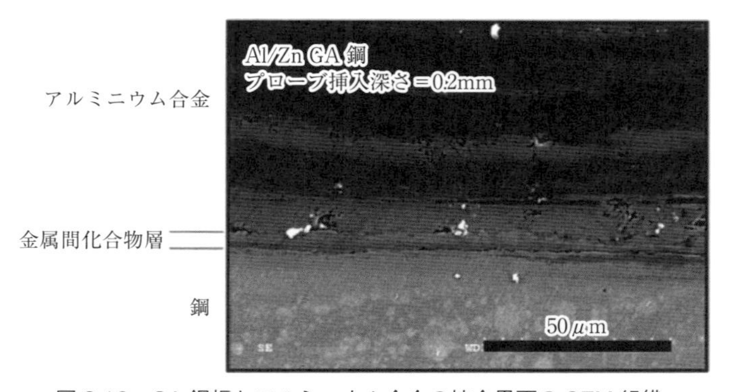

図 8.19　GA 鋼板とアルミニウム合金の接合界面の SEM 組織
(プローブ挿入深さ 0.2mm)

度，十字引張強度により評価している。**図 8.18**[18]に GI 鋼板とアルミニウム合金接合界面の SEM 組織(プローブ挿入深さ 0.1mm)を示す。GI 鋼板とアルミニウム合金の接合界面の形成過程は，プローブの挿入にともない，亜鉛めっきが内部に巻き込まれる形で Al-Zn 固溶体を形成し，その後，鋼とアルミニウム合金間の間で 1μm 以下の薄い Fe-Al IMC 層が生成される。

図 8.19[18]に GA 鋼板とアルミニウム合金接合界面の SEM 組織(プローブ挿入深さ 0.2mm)を示す。GI 鋼板の場合とは異なり，GA 鋼板とアルミニウム合金の場合は，プローブ挿入の初期段階から Fe-Al IMC が生成しはじめ，最終的には図 8.19 に示すごとく，3～10μm の厚い Fe-Al IMC 層が形成される。

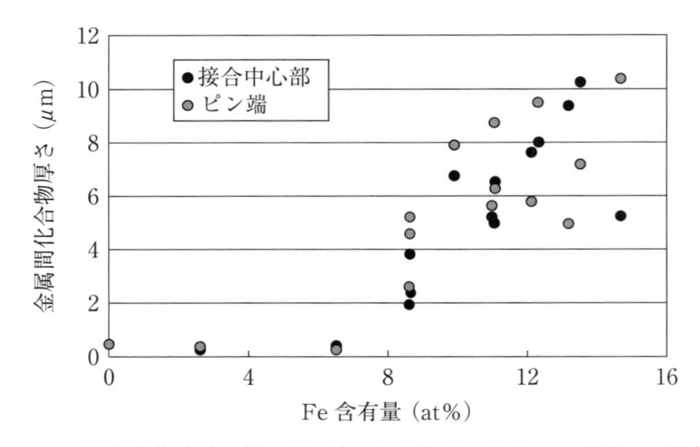

図 8.20　合金化溶融亜鉛めっき中の Fe 量と Fe-Al IMC 層厚さの関係

図 8.20[21]に亜鉛めっき中のFe量とFe-Al IMC層厚さの関係を示す。亜鉛めっき中のFeが増加すると，形成されるFe-Al IMC層の厚さが増大する。GI鋼板とアルミニウム合金の場合とは異なり，接合プロセス中に亜鉛めっき中のFeとアルミニウム合金中のAlが反応しながら，Fe-Al IMC層を形成しているためであると考えられる。したがって，GA鋼板とアルミニウム合金の接合を行う場合，このような接合メカニズムを念頭において接合条件を選定することが重要となる。

鋼とアルミニウム合金異材接合部での異種金属接触腐食（ガルバニック腐食）対策としては，GA鋼板とアルミニウム合金の間にシール材をはさんだ状態で接合施工が行われている[22]。**図 8.21** にこの接合施工法によるシール機能をもたせた接合部の模式図を示す。接合前に，GA鋼板とアルミニウム合金の間にシリコン樹脂シール材をはさんでおく。この状態でアルミニウム合金側からFSW施工すると，回転する接合ツールのプローブ先端がGA鋼板の表面に挿入されることによって，鋼板表面のめっき層，シール材が除去・排出され，鋼板表面に新生面が現れる。これにより，鋼とアルミニウム合金間でFe-Al IMC層が形成され接合が達成される。形成するIMC層厚を1μm以下に制御し，かつ，ガルバニック腐食防止のためのシール材を鋼とアルミニウム合金間の金属接合部の周囲に介在させることで，継手強度と耐食性の両立を図っている。

8.3.3　実施工における適用部位

図 8.22 にFSW，FSSWによる鋼とアルミニウム合金の異材接合の自動車部品への適用事例[22),23)]を示す。サブフレームアッシー（図 8.22（a））の接合に

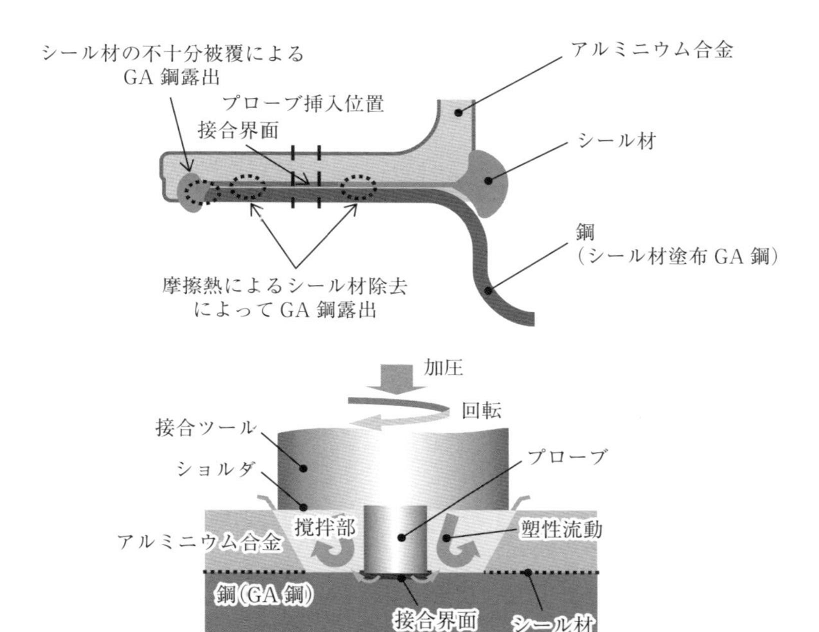

図 8.21　シール機能をもたせた FSW による接合継手構造

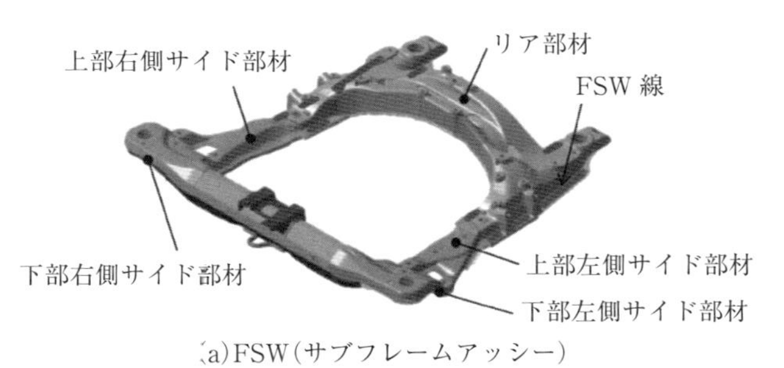

(a)FSW（サブフレームアッシー）

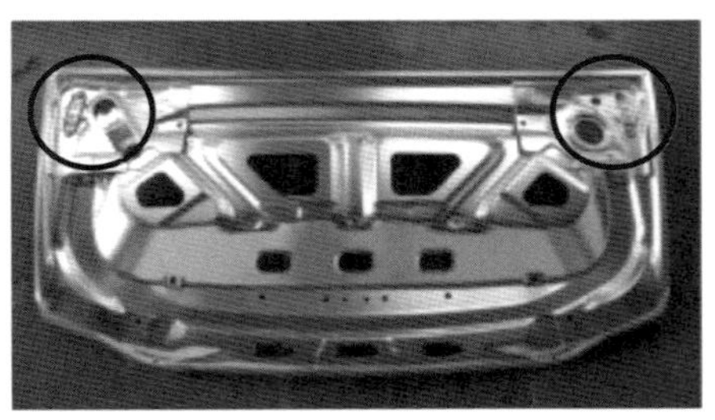

(b)FSSW（トランクリッドリテーナー）

図 8.22　FSW，FSSW の鋼とアルミニウム合金の異材接合（自動車部品）の適用事例

FSW，トランクリッドリテーナー（図8.22（b））の接合にFSSWが採用されている。鋼とアルミニウム合金の冶金的な異材接合継手の適用事例はいまだ限定的であるが，実使用環境下での長期にわたる信頼性データが蓄積されることで，その特性を考慮した設計が可能となり，一層の適用拡大が進んでいくと考えられる。

8.4　アーク／レーザブレイジング

アークおよびレーザを熱源に用いたろう付法として，アークブレイジング(アークろう付)およびレーザブレイジング(レーザろう付)が開発された。ここでは，アルミニウム合金と鋼の異材接合へのアーク／レーザブレイジングの適用性について述べる。

8.4.1　ブレイジング施工

(1)継手

ブレイジング(ろう付)は，被接合材の間に母材より低融点のろう材を介在させ，母材を溶融させることなく，ろう材の溶融，凝固を利用して接合する方法である。したがって，ブレイジングは基本的に他の溶融接合に比べて接合時の入熱を抑えることができるため，被接合材の溶融，材質劣化および熱ひずみの発生を低減できる。ただし，鋼とアルミニウム合金の異材接合にブレイジングを用いる場合は，鋼は固相の状態でろう材(液相)の界面で拡散反応層を形成するが，アルミニウム合金はろう材との反応で溶融し，冷却過程で凝固組織を形成することが報告されている[24)]。また，ブレイジングは中間材であるろう材で被接合材間のギャップを埋めることが可能なためすき間裕度が高く，様々な形状の継手(重ね継手，突合せ継手，フレア継手など)に適用できる。さらに，ブレイジングの外観は凹凸が少ない滑らかな表面とすることが可能で最終製品面として利用できることが多い。

(2)ブレイジング材料（ろう材）

鋼とアルミニウム合金の異材接合のろう材としては，IF（Interstitial Free）鋼板およびSUS304板とA5052アルミニウム合金板の接合で，アルミニウム合金の接合用のろう材であるBA4047（ソリッドワイヤ）（ノコロックろう付用フラックス併用)が用いられた事例がある[25)]。また，GA鋼板とアルミニウム合金(6000系)の接合で，ZnSi系ろう材(フラックスレス)あるいはZnAl系ろう材が使用された事例がある[24)]。これらに加え，フラックス中のフッ化物と優先的に反応して接合不良を引起こすMgの添加量を抑え，溶融金属のぬれ性を向上させる目的でSiを添加したAlSi系のフラックス入りワイヤ(FCW)も開発されている[26)]。

(3) ブレイジング施工とその管理

ブレイジングの熱源としてはアークやレーザが用いられている。また，アルミニウム合金表面の酸化皮膜の除去には，一部事例(ZnSi系ろう材)[23)]を除いてフラックスを用いる。フラックスはノコロックろう付用フラックスが用いられることが多い。フラックスを用いないレーザブレイジング法として，タンデムレーザブレイジングも検討されている[27)]。**図8.23**にタンデムレーザブレイジングの施工状況(模式図)を示す。タンデムレーザブレイジングでは，予熱ビームと主ビーム，2つのレーザビームを用いてブレイジングを行う。予熱ビームで鋼板表面を加熱し，めっき層を溶融させることで，ろう材のぬれ性を向上させ，フラックスレスでのブレイジングを実現している。

また，プロセス条件として，レーザの出力も重要となる。レーザによる入熱が不足，もしくは過剰になると，機械的特性もその影響を受ける[24)-27)]。

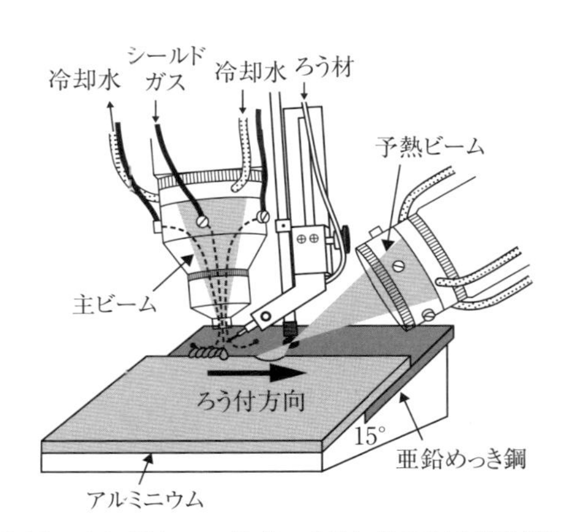

図8.23 タンデムレーザブレイジングの施工状況(模式図)

8.4.2 各種ブレイジング部の組織・性質

図8.24[24)]にGA鋼板(板厚1.2mm)とA6022アルミニウム合金板(板厚1.0mm)を，ZnAlろう(Zn-6mass%Al)およびZnSi (Zn-1mass%Si)ろうを用いて，フラックスレスで接合(継手形状はフレア継手)したときの継手強度を示す。な

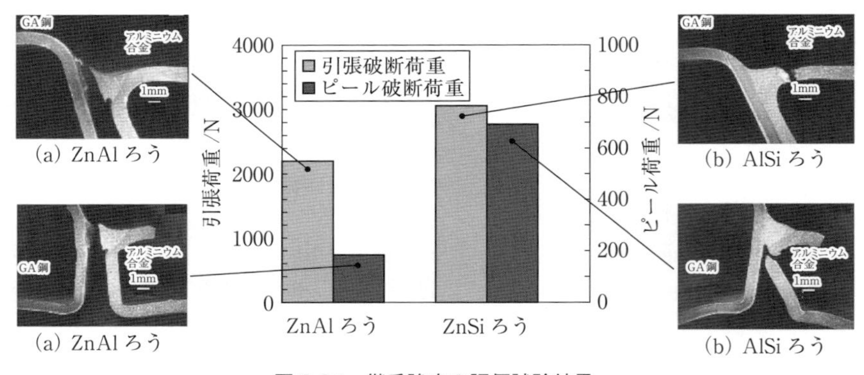

図 8.24　継手強度の評価試験結果

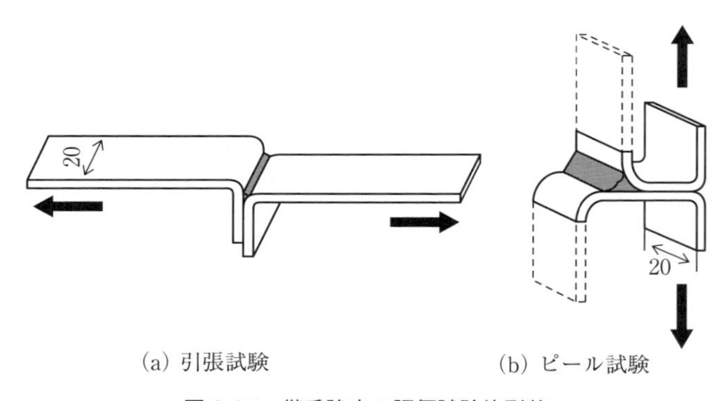

(a) 引張試験　　(b) ピール試験

図 8.25　継手強度の評価試験片形状

お，継手強度は引張試験とピール試験の２種類で評価されている(**図 8.25**[24]参照)。ZnAl ろうを用いた場合，引張破断荷重 2200N，ピール破断荷重 200N であったのに対して，ZnSi ろうを用いた場合は，引張破断荷重 3000N，ピール破断荷重 700N と高い値を示している。破断モードは，ZnAl ろうを用いた継手が引張試験，ピール試験ともに鋼板とろう材界面で破断しているのに対して，ZnSi ろうを用いた継手は，アルミニウム合金の母材(熱影響部)で破断している。

図 8.26[24]にブレイジング界面の組織観察結果を示す。ZnAl ろうを用いた継手では，アルミニウム合金とろう材の界面には Al-Zn の共晶溶融による溶融，凝固組織が形成されており，鋼とろう材の界面には厚さ 5 μm 以上の粗大な Fe-Al IMC 層が形成されている。一方，ZnSi ろうを用いた継手では，アルミニウム合金とろう層の界面には，ZnAl ろうを用いた継手の場合と同様，共晶溶融による溶融，凝固組織が形成されるが，鋼とろう層の界面には，明瞭

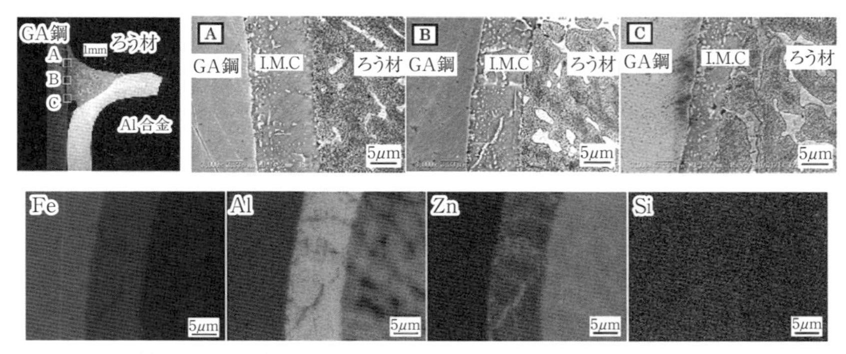

(a) ZnAl ろう（Zn-6wt%Al）界面組織（SEM 像，元素マッピング）

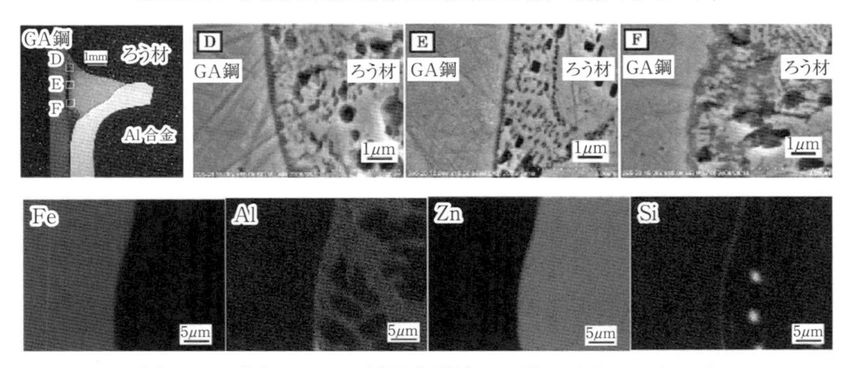

(b) ZnSi ろう（Zn-1wt%Si）界面組織（SEM 像，元素マッピング）

図 8.26　ブレイジング界面の組織

な Fe-Al IMC 層は形成されておらず，厚さ 100nm 程度の Si 濃化層が確認されている。TEM 観察およびエネルギー分散型 X 線分光分析の結果より，Si 濃化層は $Fe_3Al_2Si_3$ と推察される。$Fe_3Al_2Si_3$ は Fe_2Al_5，$FeAl_3$ などの Fe-Al IMC よりも生成自由エネルギーが低いため優先的に形成され，延性の低い Fe_2Al_5，$FeAl_3$ などの Fe-Al IMC 層の成長を抑制したものと考えられる[24]。

図 8.27[25]に IF 鋼板および SUS304 板（ともに板厚 1.2mm）と，A5052 アルミニウム合金板（板厚 1.2mm）を，BA4047 ろうとフラックス（ノコロックろう付用フラックス FL-7（$KAlF_4$+K_3AlF_6））を用いて接合した継手（重ねすみ肉継手（**図 8.28** 参照））のレーザ出力と継手強度（破断荷重／試験片幅）の関係を示す。A5052 と IF 鋼継手，A5052 と SUS304 継手のいずれもレーザ出力（1000 ～ 1500W）の増大とともに継手強度は増加するが，入熱が過剰になると継手強度の低下が確認されている。**図 8.29**[25]に特徴的な破断モードを示す。レーザの出

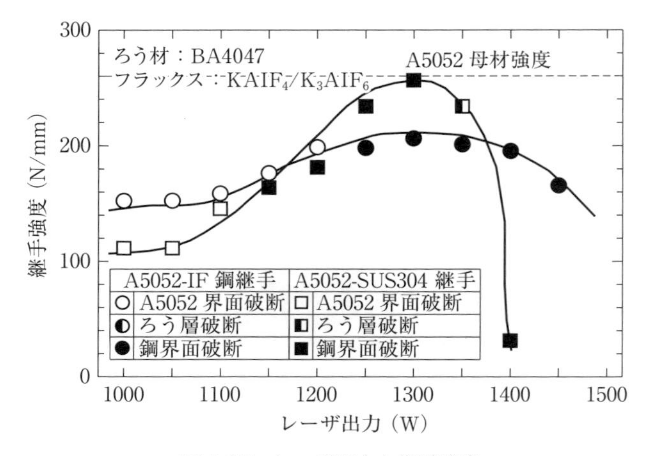

図 8.27　レーザ出力と継手強度

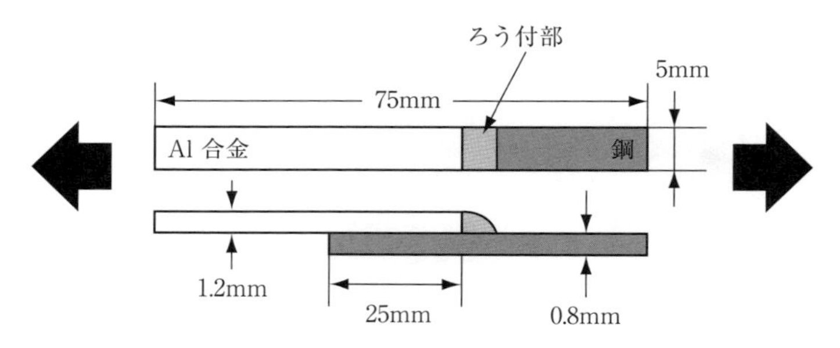

図 8.28　継手強度の評価試験片形状

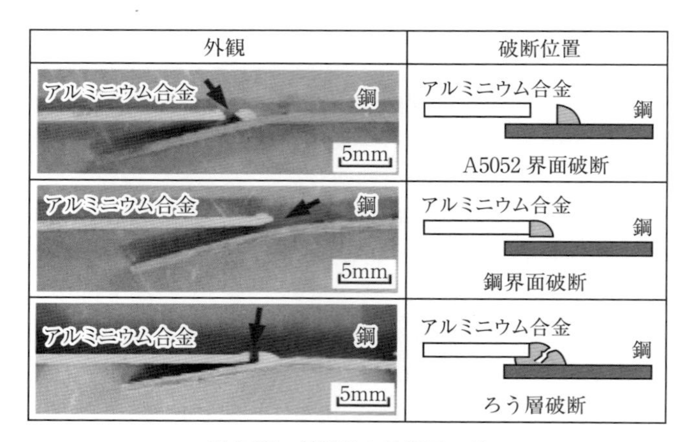

図 8.29　特徴的な破断モード

力の増大にともない，A5052とろう材の界面破断から鋼とろう材の界面破断，あるいは，ろう材の層内破断に移行している。

図8.30[25)]にろう材とIF鋼の界面組織を示す。界面には層状あるいは塊状のFe-Al IMCが生成している。

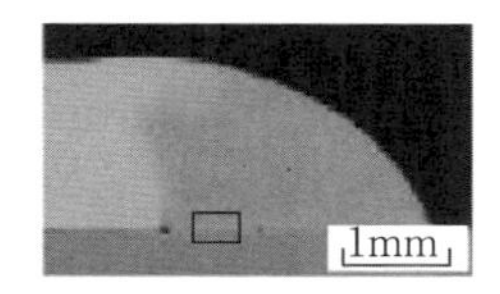

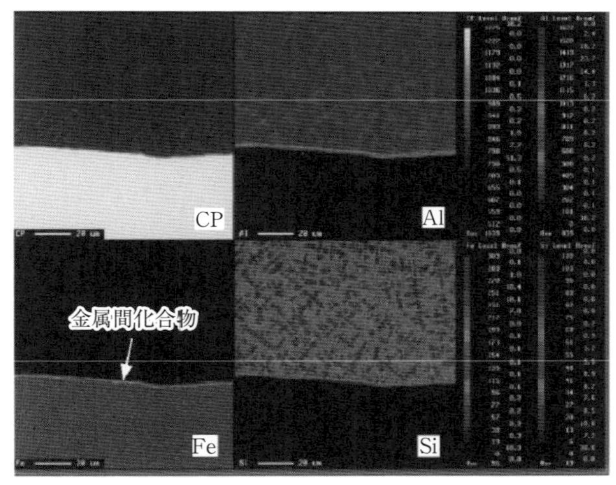

図8.30　ろう材とIF鋼の界面組織

8.4.3　実施工における適用部位

前述のとおり，ブレージングは工法の特質上，接合時の入熱を抑えることができるため，被接合材の材質劣化，および熱ひずみの発生を抑制できるだけでなく，重ね，突合せ，フレアといった様々な継手形状に適用可能である。すでに，これまで同種材同士の接合への適用に実績があるルーフパネル，トランクリッドの接合を含め，その適用領域の拡大が期待される。

8.5　トランジションピースを用いたアルミニウム合金／鋼異材溶接

アルミニウム合金／鋼異材溶接に関し，アルミニウムクラッド鋼をトランジションピースに用いたスポット溶接およびアーク溶接の事例を以下に紹介する。

8.5.1　クラッド鋼をインサートしたスポット溶接

表8.4に示す化学組成からなる厚さ1mmのアルミニウム合金(A5052)と厚さ0.8mmの冷延鋼板(SPCD)の接合に対して，アルミニウムクラッド鋼を介したスポット溶接にて異材溶接した事例[3]を以下に示す。アルミニウム合金(A5052)と厚さ0.8mmの冷延鋼板の間に挿入したアルミニウムクラッド鋼がトランジションピースの役割を担い，**図8.31**に示すようにスポット溶接によるナゲットはアルミニウム系材料同士界面(アルミニウム合金／クラッド鋼のア

表8.4　用いた材料の化学組成(mass%)

材料	Fe	C	Mn	P	S	Nb	Ti	Al
SPCD	Bal.	0.02	0.15	0.015	0.003	＜0.001	0.052	0.038
材料	Al	Cu	Mg	Si	Mn	Cr	Ti	Fe
A5052	Bal.	0.33	4.55	0.02	0.13	0.04	0.04	0.09

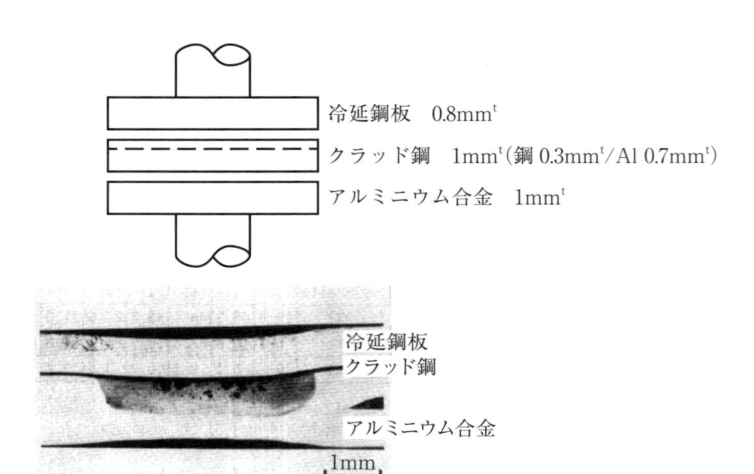

図8.31　アルミニウムクラッド鋼をトランジションピースに用いたアルミニウム合金／冷延鋼板異材スポット溶接継手

ルミニウム側)，鋼同士界面(冷延鋼板 / クラッド鋼の鋼側)の２ヵ所に同時に形成される。クラッド鋼板は温間圧延による接合にて製造された厚さ 1mm(純アルミニウム 0.7mm^t，0.02%C 鋼 0.3mm^t)である。溶接条件は加圧力 1960N，溶接電流 12 〜 14kA，通電時間 2 〜 10 サイクル(2/60 〜 10/60s)とした。

クラッド鋼が十分大きい場合には**図 8.32** に示すように板厚に見合った十分な大きさのナゲット径となる条件にて，十字引張試験(JIS Z 3137)で母材破断(ボタン破断)となる高い強度が得られている。Fe/Al は固相状態でも IMC の成長がきわめて速いため，十分なナゲット径となる溶接条件ではその熱影響によりクラッドのアルミニウム合金 / 鋼界面で**図 8.33** に示すように厚さ 2 〜 5 μm 程

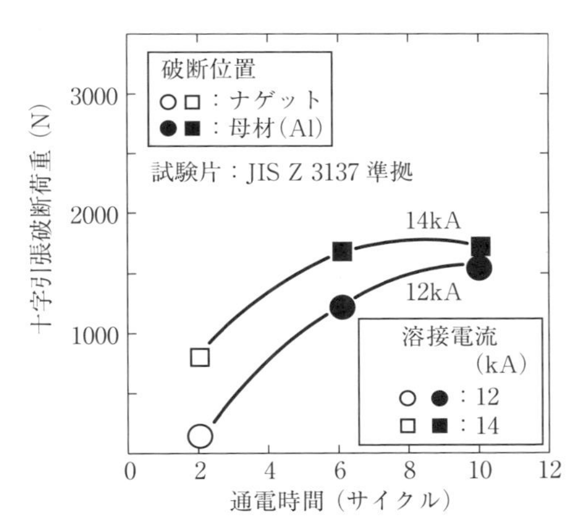

図 8.32　アルミニウム合金 / 冷延鋼板異材スポット溶接継手の十字引張試験時の破断荷重と溶接条件

図 8.33　アルミニウム合金 / 冷延鋼板異材スポット溶接継手のトランジションピースに用いたクラッド鋼界面での IMC の生成(12kA，6 サイクル)

度のぜい弱なIMC層(Fe_2Al_5)が生じ界面強度は低下する。したがって，**図8.34**に示すように挿入されたクラッド鋼の径が小さい場合には，このIMC層の影響を受け十字引張試験にてクラッド界面で破断が生じるが，十分な大きさのクラッド鋼をインサートとすることにより，十字引張試験にて母材破断(プラグ破断)となる高い強度が得られている。これは，**図8.35**に示すようにクラッド鋼を介した溶接法では溶接熱サイクルにより電極直下のインサート材／クラッド鋼界面でIMCが生成しても周囲の健全なクラッド鋼界面にて強度確保が可能となるためである。

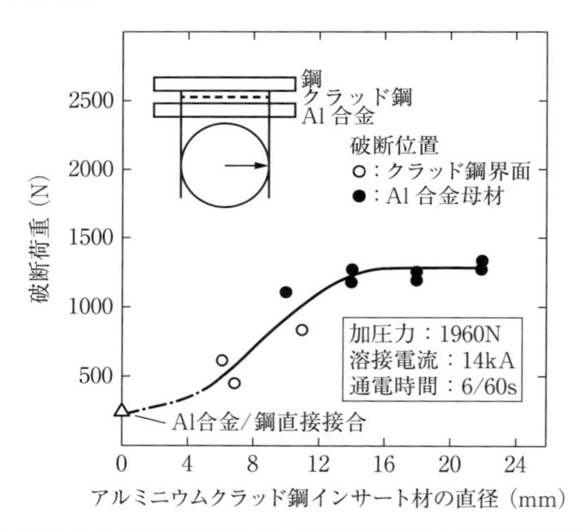

図8.34　アルミニウム合金／軟鋼異材スポット溶接継手の十字引張試験時の破断荷重に及ぼすインサートしたアルミニウムクラッド鋼の大きさ(直径)の影響

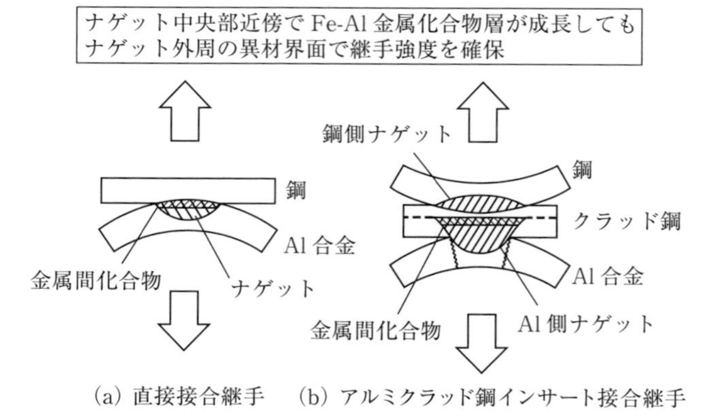

図8.35　アルミニウムクラッド鋼を介した異材スポット溶接法での十字引張強度の改善

8.5.2　爆着クラッド材をトランジションピースに用いた異材溶接

液化天然ガス(LNG)は－162℃と極低温であるため，LNG運搬船のMOSS方式貯蔵タンクでは極低温でもぜい化しないアルミニウム合金が使用される。一方，船体には極低温での使用は想定していない通常の鋼材を用いるため，タンクとの間には断熱構造を設ける必要がある。**図8.36** (a)にMOSS方式LNG運搬船模式図[28]，図8.36 (b)にアルミニウム合金製タンクの支持構造模式図[28]を示す。タンクを支持するスカート部には，タンク側のアルミニウム合金と船体構造用鋼の間に，熱伝導率の低いステンレス鋼(SUS304)が用いられている。一般にアルミニウム合金とステンレス鋼の溶融接合は困難であるため，アルミニウム合金スカートとステンレス鋼スカートの間には図8.36 (c)に示すように爆着クラッド材などのトランジションピースを用いて接合している[28]。

爆着は，**図8.37**[29]に示すように，重ね合わせた板材の上に設置した爆薬が爆発する際の瞬間的な高エネルギーを利用して異種金属を冷間で材料的に接合さ

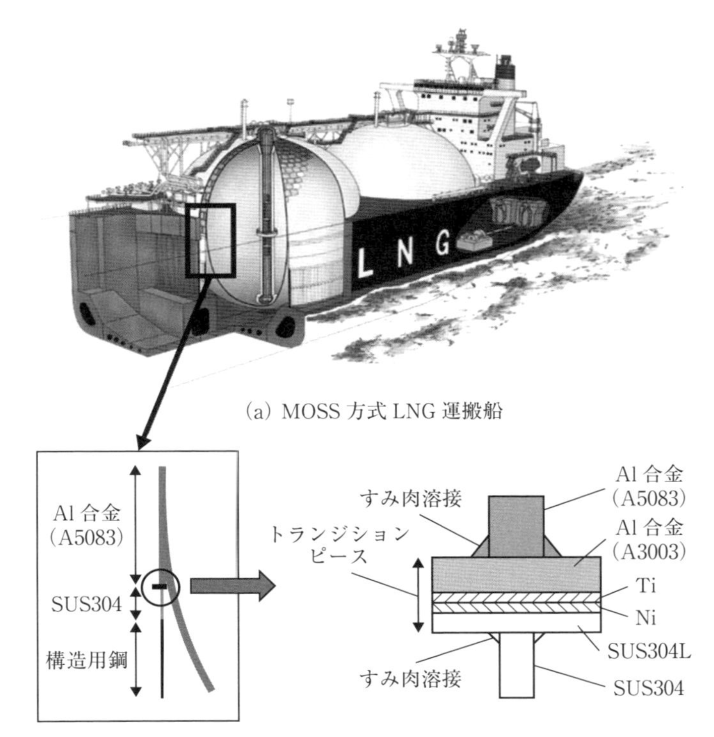

(a) MOSS方式LNG運搬船

(b) 球形タンクスカート部　(c) 爆着クラッド材によるトランジションピース

図8.36　LNG運搬船におけるアルミニウム合金 / ステンレス鋼クラッド材の使用例

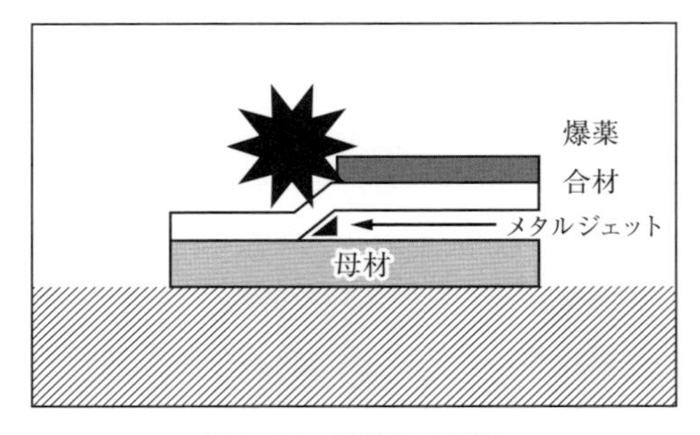

図 8.37　爆着法の原理

せる方法である。本方法では，圧延接合や拡散接合では接合が困難な異種金属をきわめて強固に接合することができる。図 8.36（c）の例で用いられているアルミニウム合金／ステンレス鋼クラッド材は，爆着による接合性を高めるためチタンおよびニッケルをインサート材として適用した4層構造を採用している。

アルミニウム合金／ステンレス鋼クラッド材の断面マクロ組織を**図 8.38** に示す。アルミニウム合金およびステンレス鋼とインサート材（チタン，ニッケル）との界面は，爆着の特徴である波状模様を呈していることが確認される。同クラッド材を室温下にて引張試験を実施した試験片外観を**図 8.39**[28] に示す。この試験片は，最も低強度なアルミニウム合金（A3003）で破断しており，母材強度よりも爆着で形成された異材界面の方が高強度を示していることがわかる。

図 8.40[28] に，LNG 運搬船タンクスカート部を模擬し，トランジションピースに用いたアルミニウム合金／ステンレス鋼クラッド材の上下にアルミニウム合金スカートおよびステンレス鋼スカートをすみ肉溶接した継手の引張試験前後の様子を示す。スカート模擬継手は，アルミニウム合金側すみ肉溶接部で破

図 8.38　4層クラッド材断面マクロ組織

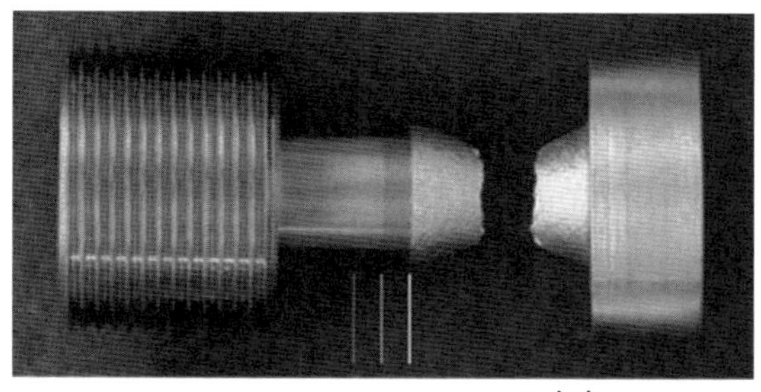

図 8.39 4層クラッド材引張試験後の試験片外観

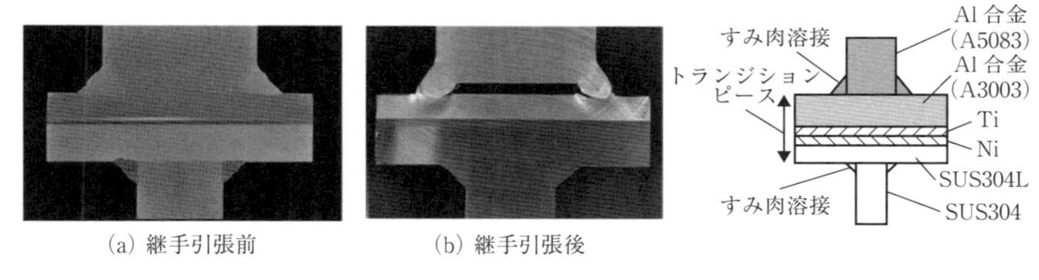

図 8.40 爆着クラッド材を用いたスカート模擬継手断面

断しているが，設計強度を十分に上回っていた。また，上下スカートのすみ肉溶接のアーク溶接による入熱による悪影響も認められなかった。

参考文献

1) ASM Handbook, Vol.3, Alloy Phase Diagram (2016), p.40
2) 日本チタン協会編：チタン溶接トラブル事例集，産報出版(2019), p.203
3) 泰山正則，小川和博，高隆夫：“アルミクラッド鋼インサート抵抗溶接法の検討 －鋼／アルミニウムの異材接合に関する研究(第 1 報)－”，溶接学会論文集，14-2(1996), pp.314-320
4) 近藤正恒：“溶接・接合技術の適用(自動車)”，溶接学会誌，79-8(2010), pp.750-759
5) Kenji Miyamoto, Shigeyuki Nakagawa, Chika Sugi, Hiroshi Sakurai, Akio Hirose：“Dissimilar Joining of Aluminum Alloy and Steel by Resistance Spot Welding”, SAE Int. J. Mater. Manf., 2-1 (2009), pp.58-67
6) 谷口公一，沖田泰明，池田倫正：“高張力薄鋼板の継手特性向上を実現する抵抗スポット溶接技術”，JFE 技報，34(2014), pp.8-13
7) 宮本健二，中川成幸，杉千花，津島健次，岩谷信吾，北條慎治，小椋智，廣瀬明夫，小林紘二郎：“抵抗スポット溶接による鋼と Al 合金の異材接合”，溶接学会論文集，32-2(2014), pp.83-94
8) 宮本健二，中川成幸，杉千花，小椋智，廣瀬明夫“抵抗スポット溶接による鋼と Al 合金のシールスポット溶接”，溶接学会論文集，32-2(2014), pp.95-106
9) Kenji Miyamoto, Shigeyuki Nakagawa, Chika Sugi, Hiroshi Sakurai, Akio Hirose：“Dissimilar Joining of Aluminum Alloy and Steel by Resistance Spot Welding”, SAE Int. J. Mater. Manf., 2-1 (2009), pp.58-67

10) 三菱自動車工業株式会社 広報
11) BMW AG（Bayerische Motoren Werke Aktiengesellschaft）広報
12) 中田一博：“銅合金のFSW”，溶接学会誌，74-3(2005)，pp.148-151
13) 西尾浩之，津村卓也，中田一博，大原正樹，五十嵐貴教：“高強度Mg合金複合材料の摩擦攪拌接合特性”，溶接学会全国大会講演概要，86(2010)，pp.32-33
14) 摩擦攪拌接合－FSWのすべて－，溶接学会編，産報出版(2006)
15) 藤井英俊，上路林太郎，森貞好昭：“組織の改善各種金属材料の摩擦攪拌プロセスによる高機能化”，スマートプロセス学会，3-6(2014)，pp.334-340
16) C. J. Dawes and W. M. Thomas：Proc. 1st Int. Symp. on FSW，(1999) CD-ROM
17) Y.G. Kim, H. Fujii, T. Tsumura, T. Komazaki, K. Nakata：“Three defect types in friction stir welding of aluminum die casting alloy”, Materials Science and Engineering, A 415(2006), pp.250-254
18) 佐藤裕，塩田敦朗，粉川博之，中川成幸，宮本健二，“Al合金／亜鉛めっき鋼板の異材摩擦攪拌点接合過程における亜鉛の挙動と金属間化合物の形成”，溶接学会全国大会講演概要(2009)，pp.203-203
19) 佐藤裕，多田雅史，塩田敦朗，粉川博之，中川成幸，宮本健二：“Al合金／亜鉛めっき鋼板の異材摩擦攪拌点接合継手の引張せん断強度に及ぼす亜鉛めっきの影響”，溶接学会全国大会講演概要(2009)，pp.201-201
20) 佐藤裕，塩田敦朗，粉川博之，中川成幸，宮本健二：“Al合金／亜鉛めっき鋼板の異材摩擦攪拌点接合継手の十字引張強度に及ぼす組織の影響”，溶接学会全国大会講演概要(2009)，pp.202-202
21) 佐藤裕，塩田敦朗，粉川博之：“Al合金／亜鉛めっき鋼板の異材摩擦攪拌点接合界面における金属間化合物形成に及ぼすめっき中鉄量の影響”，溶接学会全国大会講演概要(2009)，pp.106-106
22) 宮原哲也，佐山満，矢羽々隆憲，大浜彰介，畑恒久，小林努：“サブフレームへ適用可能なFSWを用いたスチールとアルミニウムの連続接合技術の開発”，Honda R&D Technical Review, 25-1(2013)，pp.71-77
23) 庄司庸平，高瀬健治，玄道俊行，坪邦彦，森川賢一，野口竜弘：“鉄とアルミ材の点接合技術の開発”，マツダ技報，24(2006)，pp.90-94
24) 脇坂泰成，鈴木孝典：“亜鉛合金ワイヤによるアルミニウム合金と 亜鉛めっき鋼板のレーザブレイジング”，溶接学会論文集，30-3(2012)，pp.274-279
25) 宋宇絃，才田一幸，安藤彰芳，西本和俊：“アルミニウムろうによる接合性の基礎的検討”，溶接学会論文集，22-2(2004)，pp.315-322
26) 松本剛，笹部誠二：“アルミニウム合金と鋼とのレーザブレイジング溶接による異材接合”，軽金属溶接協会誌，48(2010)，pp.15-19
27) 才田一幸，大西春樹，西本和俊：“タンデムビームによるアルミニウム合金と亜鉛めっき鋼のフラックスレス・レーザブレイジング”，溶接学会論文集，26-3(2008)，pp.235-241
28) 川崎重工業株式会社 技術資料
29) 旭化成株式会社，“https：//www.asahi-kasei.co.jp/baclad/jp/”，(2021.10.2)

参考資料
異材・肉盛溶接施工に関する規格・基準

ここでは，異材溶接，肉盛溶接，クラッド鋼溶接に関連する規格・基準，法令およびガイドラインについて概要をまとめる。規格には国際標準化機構(ISO)などの国際規格，日本産業規格(JIS)，欧州連合(EN)規格などの地域・国家規格，米国機械学会(ASME)規格，米国石油協会(API)規格，日本機械学会(JSME)規格，鋼船規則などの業界団体規格，特に溶接関連では米国溶接協会(AWS)規格，日本溶接協会規格(WES)などの溶接関連団体規格などがある。法令としては国で定める電気事業法，ガス事業法，高圧ガス保安法，労働安全衛生法などの政令，技術基準など各省庁が制定する省令とその解釈，さらには都道府県担当部局が定める告示，通達などがある。

国内法令関連では，溶接が関係するものとして政令である電気事業法，ガス事業法，高圧ガス保安法，労働安全衛生法の下に火力発電設備，原子力発電設備，ガス工作物，高圧ガス容器，ボイラおよび圧力容器のそれぞれについて，省令としての「技術基準」が定められている。火力発電設備に関しては，この「技術基準」（平成9年通産省令第51号）に定めている技術的要件を満たす内容を記載した「発電用火力設備の技術基準の解釈」（火技解釈:20130507商局第2号）の第10章に溶接部に関する記載がある。原子力発電設備に関しては，省令として「技術基準」（昭和40年通産省令第62号，昭和45年通産省令第81号）が定められていたが，日本機械学会がASME規格等を参考に「溶接規格」（JSME S NB1）を制定。その後，原子力規制委員会が規則として「技術基準規則」および「技術基準規則解釈」を制定し，その中にこの「溶接規格」が引用されている。貯槽等ガス工作物に関しては，省令に定められている「技術基準」（平成12年通産省令第111号）をもとに，経済産業省にて「ガス工作物技術基準の解釈例」が制定されており，第52条～第71条が溶接関連の記載となっている。高圧ガス容器に関しては，高圧ガス保安協会がKHK規格，日本高圧力技術協会がHPI規格を作成しており，技術基準として一部，告示，通達に引用されている。

関連する規格の番号，名称，位置付けと適用範囲，具体的な記載事項を**表A.1**に記載する。

表 A.1 関連規格まとめ

分類	規格団体	規格番号	名称	位置付けと適用範囲	具体的な関連記載事項
異材	JIS	JIS Z 3422-1	金属材料の溶接施工要領及びその承認－溶接施工法試験－第1部：鋼のアーク溶接及びガス溶接並びにニッケル及びニッケル合金のアーク溶接	ISO/DIS 15641-1を翻訳し技術的内容を変更した日本産業規格である。米国規格に倣ったJIS Z 3040とは異なり，本規格を含む一連の規格（JIS Z 3420，JIS Z 3421等）は，ISOに適合する形態で整備されている。 本規格では，鋼，ニッケルおよびニッケル合金，鋼とニッケルおよびニッケル合金の異材の溶接確認項目の承認範囲内における溶接施工法試験の条件およびすべての実際の溶接作業に対する承認された溶接施工法の有効性の限界を定めている。	溶接施工法の承認を得るための施工試験方法が規定されており，8.3.1.3にて鋼とニッケル合金の異材溶接継手の材料区分に対する承認範囲が示されている。
	AWS	AWS D10.8-96	Recommended Practice for Welding of Chromiun-Molybdenum Steel Piping and Tubing	アメリカ溶接協会で制定したクロムモリブデン鋼の溶接に関するガイドラインであるが，炭素鋼やステンレス鋼も含めた異材溶接に関する記載が多数ある。	炭素鋼，クロムモリブデン鋼，ステンレス鋼の異材溶接における推奨溶加材と考え方，予後熱温度，PWHT条件，トランジションピースやバタリングなどの使用について示されている。
	API	API Recommended Practice 582	Welding Guidelines for the Chemical, Oil, and Gas Industries	API（アメリカ石油協会）によって制定された化学・石油とガスプラントに関する溶接のガイドラインであり，基本的にはASME BPVC Sec.IXに準拠している。ただし，パイプラインと海洋構造物は対象範囲ではない。	6.2 Dissimilar Weldingの項があり，炭素鋼および異種ステンレス鋼との異材溶接継手における推奨溶加材が規定されている。また，炭素鋼（P1～P5）とステンレス鋼（P6～P8）の異材溶接継手について以下の記載がある。 ・溶加材に309，309L系ステンレス鋼を利用する場合は，設計温度が315℃を超えてはいけない。 ・PWHTが要求される場合は，肉盛を除いてNb入り309L系ステンレス鋼を用いてはいけない。 ・溶加材にニッケル合金を用いる場合は，使用温度と硫黄環境であるかどうかによって，推奨溶加材が場合分けされている。 ・ER310，ERNiCrFe-6は使用してはいけない。 Annex Aに各種材料の組み合わせ（炭素鋼と低合金鋼，炭素鋼とステンレス鋼およびステンレス鋼同士，炭素鋼，ニッケル合金と二相ステンレス鋼および二相ステンレス鋼同士）における推奨溶加材の一覧と注意事項が記載されている。
	経済産業省	20170323商局第3号	火力設備における定期事業者検査の時期変更承認に係る標準的な審査基準例及び申請方法等について	電気事業法にて規定されている発電用火力設備の定期検査方法における検査時期変更承認に関する基準を定めたもの。	ボイラ関連設備または蒸気タービンの定期検査を2年延長可能とする根拠の1つに，低合金鋼とステンレス鋼との異材溶接部にインコネル系溶加材を用いていることが，起動停止回数の増加による低サイクル疲労損傷リスクの防止対策となることが記載されている。

肉盛	JIS	JIS B 8285	圧力容器の溶接施工方法確認試験	ボイラを含む圧力容器の溶接施工方法の確認試験を規定したもの。JIS Z 3040「溶接施工方法の確認試験方法」に加え，圧力容器用途を考慮し，付属書Cにて確認試験結果の評価基準を示し，付属書Dでは，肉盛溶接やクラッド鋼の溶接における確認試験方法を規定している。	付属書Dで，肉盛溶接での試験片採取方法，試験種類・数量，試験片形状・方法，評価基準を規定している。JIS Z 3040には肉盛溶接部の試験方法は触れられていない。
	ASME	Boiler & Pressure Vessel Code Sec IX	Qualification Standard for Welding and Brazing Procedures	ASME（アメリカ機械学会）によって制定されたボイラ，圧力容器および原子力発電所用機器の設計，製造，検査を管理するための安全規則を定めたもので，セクションIXは溶接ろう付施工方法の承認に関する規則を定めている。	耐食肉盛と硬化肉盛に分けて，溶接施工要領書（WPS）の承認範囲，施工法承認記録（PQR），溶接技術検定（WPQ）に供する試験体形状と数量が規定されている。また，PQRで必要とされるマクロ，成分分析，硬さ，曲げ試験の試験片採取位置，試験片形状，検査方法，判定基準についても規定されている。耐食肉盛と硬化肉盛とでは，要求される試験項目と判定基準とが異なっている。
	API	API Recommended Practice 582	Welding Guidelines for the Chemical, Oil, and Gas Industries	API（アメリカ石油協会）によって制定された化学・石油とガスプラントに関する溶接のガイドラインであり，基本的にはASME BPVC Sec.IXに準拠している。ただし，パイプラインと海洋構造物は対象範囲ではない。	12.3 Weld Overlay and Clad Restoration（Back Cladding）の項があり，Weld OverlayはASME Sec.IXに従って認証することが記載されている。詳細はAnnex Bに記述があり，主な記載事項は以下である。 ・最低2層以上であること（自動機の場合は客先承認で1層施工も可） ・ESWについては断面観察による5%以上の溶込みと，融合不良のないこと。PWHT後のスポットUT,容器の場合は各パス1ヶ所，長手方向4ヶ所のUT（SA578, Level C）の実施。 ・PQRへの溶加材化学組成の記載，肉盛部の化学分析は切粉分析かポータブル分光，蛍光X線とすること。 ・SAWのフラックス組成に対する客先承認要求 ・肉盛部に対する100%PT要求（PWHTありの場合はPWHT後） ・母材にPWHT要求がある場合の，肉盛部への付加物溶接後のPWHTについて，肉盛厚さが3/16インチ以上であれば省略が可，3/16インチ未満の場合は別途WPSの取得が必要。 ・オーステナイト系ステンレス鋼肉盛時の溶加材選定，成分範囲，初層のFN規定（3～10, 347の場合は5～11）
	API	API Recommended Practice 934-A	Materials and Fabrication of 2 ¼Cr-1Mo, 2 ¼Cr-1Mo-¼V, 3Cr-1Mo, and 3Cr-1Mo-¼V Steel Heavy Wall Pressure Vessels for High-temperature, High-pressure Hydrogen Service	API（アメリカ石油協会）によって制定された高温・高圧水素環境で用いられるクロムモリブデン鋼製厚肉圧力容器の材料と製作に関するガイドラインである。	7.5 Weld overlayの項があり，高温・高圧水素環境で用いられるクロムモリブデン鋼製厚肉圧力容器における特徴的な要求である水素はく離割れ試験などを含めた記載がある。主な記載事項は以下である。 ・水素はく離割れ試験方法はASTM G146に準拠 ・水素はく離割れ試験条件（温度，水素分圧，冷却速度）は，製作機器の肉厚や実機運転条件に応じて要求 ・初層肉盛時の予熱は200°F（94℃）を要求，パス間温度は480°F（250℃）以下を要求 ・鋼種に応じてPWHTの温度と最小保持時間を要求

日本機械学会	JSME S NB1	発電用原子力設備規格　溶接規格	2000 年に通産産業省にて発行された「電気工作物の溶接の技術基準の解釈について」をもとにASME BPVC を参照しながら日本機械学会が2001 年に発行した発電用原子力設備の溶接に関する規格。その後制定された，省令「技術基準」では，以降，本規格が引用されている。数度にわたって見直しが行われており，現在 2022 年版が発行されている。	肉盛溶接に関しては ASME に準拠した記述となっているが，2012/2013 年見直し時に，以下の点が改正されている。 ・クラッド溶接部の非破壊検査は，母材で再熱割れの恐れがない場合に限り，PWHT 前に実施可能とする。 ・PWHT を施した P-1，3 材肉盛部を補修する場合，溶接金属が P-8，43 相当材で，残存厚さ 3mm 以下，溶接法が SMAW か GTAW の場合，予後熱は不要とする。
日本機械学会	JSME S NA1	発電用原子力設備規格　維持規格	原子力プラントの供用下における健全性を確保することを目的として，使用開始後の機器の劣化や損傷の評価・補修法を規定している。劣化や損傷が認められた場合の欠陥発生・進展の評価に基づき，各機器の供用条件下における健全性を評価し，継続使用可否に加え，補修技術も規定している。	RB-2310　溶接後熱処理が不要なテンパービード溶接方法において，クラッド材へ適用する際の適用範囲（クラッド材），開先形状，施工要領確認試験手順，溶接施工管理内容，溶接部の検査方法等が，発電用原子力設備規格　溶接規格を適宜引用しながら規定されている。
経済産業省	20130507 商局第 2 号	発電用火力設備 技術基準 解釈	「発電用火力設備に関する技術基準を定める省令（通産省令第 51 号）」に定める技術的要件を満たすべき技術的内容を具体的に例示したもので，火技解釈と呼ばれる。第 10 章に溶接部に関する技術内容が記載されており，2005 年に制定されて以降，改正が継続されており，2019 年にも改正が行われている。	肉盛溶接部に関する記載は別表第 26 超音波探傷試験に関する表に検査対象として肉盛溶接部がその他の部位と区別して取り上げられており，対比試験片形状と判定基準が規定されている。 対比試験片形状に関しては，溶接部の厚さで分類されており，肉盛溶接に関しては，その他の部位と異なり，厚さ 25mm 以上は同一の試験片が許容されている。
経済産業省	平成 23·09·09 原院第 2 号	発電用原子力設備に関する技術基準を定める省令の解釈について	発電用原子力設備に関する技術基準（通産省令第 62 号）についての解釈を定めたものであり，溶接部については，日本機械学会が 2001 年に制定した「発電用原子力設備規格 溶接規格（JSME S NB1）」で規定されている。	2011 年の「技術基準」改訂の際に，ウェルドオーバーレイ（WOL）工法が追加され，本解釈の中に別記 13 の形で規定されている。主な記載事項は以下である。 ・WOL 工法の定義：オーステナイト系ステンレス鋼配管で，溶接部の内表面に SCC が確認された部位について，原配管部の強度を期待せず，外面全周にわたり強度部材を構成するために，周方向に溶接金属を肉盛する溶接工法。 ・適用範囲：材質，径，肉厚，亀裂の形態，形状に関する制限 ・WOL 部の構造（積層厚，長さ，強度），溶接条件（入熱，溶接速度，ワイヤ送給速度など）の範囲 ・検査（PT，UT）の範囲と判定基準 ・施工法確認試験の試験片形状と試験項目，数量，判定基準
経済産業省		ガス工作物の技術基準解釈例	ガス事業法に基づき省令としてガス工作物に関する技術基準が制定されており，その解釈例としてガス事業者が，技術基準に適合すると考えられる複数の技術的仕様の中から，実際に採用する仕様を選択する際の目安として，技術基準に規定された性能を満たす一例を示しているもの。経済産業省の産業保安グループが作成しており，ほぼ毎年，改正が行われている。	肉盛溶接部は母材とみなし，溶接方法の組み合わせとしての確認試験は必要としない。

クラッド鋼	JIS	JIS Z 3043	ステンレスクラッド鋼溶接施工方法の確認試験方法	JIS G 3601 に規定するステンレスクラッド鋼の突合せ溶接を行う場合，あらかじめその溶接施工方法の適否を確認するための試験方法を規定している。	ステンレスクラッド鋼の突合せ溶接を行う場合の溶接施工方法の確認試験方法が規定されている。付属書では，クラッド材(母材・合せ材)，各種溶接法ごとの溶加材適用範囲が定められている。
	JIS	JIS Z 3044	ニッケル及びニッケル合金クラッド鋼溶接施工方法の確認試験方法	JIS G 3602 に規定するニッケルおよびニッケル合金クラッド鋼(肉盛クラッドを除く)の突合せ溶接を行う場合，あらかじめその溶接施工方法の適否を確認するための試験方法を規定している。	ニッケルおよびニッケル合金クラッド鋼の突合せ溶接を行う場合のクラッド材(母材・合せ材)，各種溶接法ごとの溶加材適用範囲ならびに溶接施工方法の確認試験方法が規定されている。
	高圧力技術協会	HPIS D105	ステンレスクラッド鋼加工の技術指針	ステンレスクラッド鋼製溶接構造物の製作にあたっての取り扱い，けがき，切断，成形加工，継手溶接，表面処理，試験検査および記録についての技術指針で片面クラッド鋼を対象としている	9 章にクラッド鋼溶接に関する全般の技術指針が，11 章に溶接施工確認試験とその検査方法が記載されている。
	高圧力技術協会	HPIS D113	銅及び銅合金クラッド鋼加工の技術指針	銅および銅合金クラッド鋼製溶接構造物の製作にあたっての取り扱い，けがき，切断，成形加工，継手溶接，表面処理，試験検査および記録についての技術指針で片面クラッド鋼を対象としている	9 章にクラッド鋼溶接に関する全般の技術指針が，11 章に溶接施工確認試験とその検査方法が記載されている。
	高圧力技術協会	HPIS D115	ニッケル及びニッケル合金クラッド鋼加工の技術指針	ニッケルおよびニッケル合金クラッド鋼製溶接構造物の製作にあたっての取り扱い，けがき，切断，成形加工，継手溶接，表面処理，試験検査および記録についての技術指針で片面クラッド鋼を対象としている	9 章にクラッド鋼溶接に関する全般の技術指針が，11 章に溶接施工確認試験とその検査方法が記載されている。
	高圧力技術協会	HPIS D116	チタンクラッド鋼加工の技術指針	チタンクラッド鋼製溶接構造物の製作にあたっての取り扱い，けがき，切断，成形加工，継手溶接，表面処理，試験検査および記録についての技術指針で片面クラッド鋼を対象としている	9 章にクラッド鋼溶接に関する全般の技術指針が，11 章に溶接施工確認試験とその検査方法が記載されている。
	日本海事協会	鋼船規則 K 編 材料	ステンレスクラッド鋼板	日本海事協会にて規定された，船体構造，艤装品，機関等の部材，部品に用いる材料に関する規則で，検査要領も合わせて規定されている。ただし，液化ガスばら積船および低引火点燃料船に用いられる材料については，別途規定がある。特別に認められた場合を除き，これらの材料はあらかじめ製造方法に関して承認を得た製造所で製造される必要がある。 本規則は定期的に改正が行われており，2019 年にも改正されている。	3.9 ステンレスクラッド鋼の項があり，主に以下に関して規定されている。 板厚，製造方法，構成材料，熱処理，機械的性質，耐食性，試験片採取位置・形状，検査方法，寸法許容差 なお寸法許容差に関しては，鋼船規則検査要領 3.9 項に測定位置と数量，負の許容差の値(0.3mm)が規定されている。2019 年の改正で，合せ材の耐力および引張強さの規格最小値が母材より大きい場合は母材に負の許容差を設けないこととなっている。

(1) 異材溶接

母材および溶加材の種類についてISO，JIS，AWS，ASME等の規格で材料区分が規定されている。材料区分はいずれの規格もほぼ同様の成分範囲で分類されており，異材溶接に関しては，材料区分の組合せによって溶接施工法確認試験の範囲が規定されている。溶接継手に求められる品質要求事項は通常の溶接継手と同様である。AWS規格D10.8-96の「Recommended Practices for Welding of Chromium-Molybdenum Steel Piping and Tubing（クロムモリブデン鋼管，チューブの溶接に関する推奨法）」には，異材溶接における推奨溶加材と考え方，予後熱温度，PWHT条件や施工方法等が詳細に記載されている。

海外における業界団体規格としては，高温・腐食環境での供用を考慮する必要のある石油化学およびガスプラントに関する規格であるAPIの推奨法Recommended Practice 582「Welding Guidelines for the Chemical, Oil, and Gas Industries」において，異材溶接の項が設けられており，適用温度範囲や溶加材に関する制限等が規定されている。また，Annex Aに各種材料の組合せにおける推奨溶加材の一覧と注意事項が記載されている。

国内法令に関しては，電気事業法に従って，高温・高圧・腐食環境での供用を考慮する必要のある火力発電設備において，経済産業省から定期検査を最大2年延長可能とする根拠の1つとして，低合金鋼とステンレス鋼の異材溶接部にインコネル系溶加材を用いることで，起動・停止にともなう疲労損傷リスクを下げる対策となることが記載されている。

(2) 肉盛溶接

肉盛溶接については，海外の業界団体規格である「ASME Boiler & Pressure Vessel Code Section IX」に，耐食肉盛と硬化肉盛に分けて施工法確認方法や試験方法・数量および要求される試験項目と判定基準が詳細に定められており，API規格もASMEに準拠することが記載されている。ただし，RP582のAnnex BにASMEに加えての要求事項として，エレクトロスラグ溶接（ESW）の検査基準や全面PTの要求などが記載されている。また，RP934-A「Materials and Fabrication of 2-1/4Cr-1Mo, 2-1/4Cr-1Mo-1/4V, 3Cr-1Mo, and 3Cr-1Mo-1/4V Steel Heavy Wall Pressure Vessels for High-temperature, High-pressure Hydrogen Service」ではクロムモリブデン鋼に対する肉盛溶接における水素はく離割れ防止の観点から，特に予後熱，PWHTに関して別途要求事項を規定している。

国内法令においては，火力発電設備に関する技術基準の解釈である「火技解釈」の中では肉盛溶接についてUT検査の扱いのみが他の溶接部と分けて規定されている。一方，原子力発電設備に関する技術基準および解釈の引用元となっているJSME溶接規格はASME規格に準拠しており，その見直しにおいて，ウェルドオーバーレイ(WOL)工法が追加となり，適用範囲や確認試験方法とその判定基準等が制定されている。また，肉盛部のPWHT後の検査や予後熱に関する扱いにも改定がなされている。貯槽などガス工作物に関する技術基準解釈例では，肉盛溶接部は母材とみなし，確認試験の実施は要求されていない。

JISにおいては，ボイラを含む圧力容器の溶接施工方法の確認試験を規定した規格の付属書として，耐食用途の肉盛溶接施工法の確認試験方法と評価基準が規定されているのみである。

なお，肉盛溶接は肉盛溶接補修として溶接補修技術の1つとしても扱われているが，本書ではこの部分に関しては記載していない。溶接補修の分野では，規格・基準に関しても，米国ではASME等が中心となり維持管理規格という形で制定しており，国内でも所轄省庁ごとに別途法令が定められている。特に国内では，肉盛補修溶接部の強度確認が十分に行えないという考え方の元に，肉盛補修溶接部の厚さを強度計算上必要となる厚さに含めるかどうかは，案件ごとの判断となっていたが，近年，事前に強度確認がなされた溶接条件にて施工が行えた場合は，肉盛溶接部を強度部材の一部に加えてよいという方向に扱いが見直されつつある。

(3) クラッド鋼

クラッド鋼関連の規格としては，材料および二次加工製品に関する規格がISO，ASTM，JISおよびASME，API，日本海事協会(NK)，高圧力技術協会(HPI)規格として制定されている。対象材料としては，合せ材としてステンレス鋼，ニッケル合金，チタン，銅および銅合金，ジルコニウムに関する規格がある。

一方，溶接に関する規格としては，ステンレスクラッド鋼，ニッケルおよびニッケル合金クラッド鋼の溶接施工法確認試験に関する規格がJISで，銅および銅合金クラッド鋼の溶接施工法確認試験に関する規格がHPI規格で制定されている。また，HPI規格にはステンレス鋼，ニッケル合金，チタン，銅および銅合金の加工技術に関する技術指針が整備されており，それらの中に溶接に関して記載がされている。

索　引

記号・数字

欧　文

和　文

あ

異材・肉盛溶接とクラッド鋼の溶接

定価はカバーに表示してあります。

2025年1月30日　初版第1刷発行

編　者　一般社団法人 日本溶接協会
　　　　特殊材料溶接研究委員会
発行者　大　友　亮
発行所　産報出版株式会社
〒101-0025　東京都千代田区神田佐久間町1丁目11番地
TEL 03-3258-6411／FAX 03-3258-6430
ホームページ　https://www.sanpo-pub.co.jp
印刷・製本　株式会社精興社

 / ISBN978-4-88318-074-5 C3057